高职高专建筑设计专业系列教材
省级重点专业建设成果

建筑力学与结构

主　编　罗恒勇　胡忠义
副主编　向学敏　马　相
参　编　严小波　林申正　罗尚君
主　审　郭莉梅　田　野

中国轻工业出版社

图书在版编目（CIP）数据

建筑力学与结构/罗恒勇，胡忠义主编．—北京：中国轻工业出版社，2021.6
高职高专建筑设计专业“十三五”规划教材
ISBN 978-7-5184-0835-1

Ⅰ.①建… Ⅱ.①罗… ②胡… Ⅲ.①建筑科学—力学—高等职业教育—教材 ②建筑结构—高等职业教育—教材 Ⅳ.①TU3

中国版本图书馆CIP数据核字（2016）第045026号

责任编辑：李建华　　陈　萍
策划编辑：李建华　　责任终审：劳国强　　封面设计：锋尚设计
版式设计：宋振全　　责任校对：吴大鹏　　责任监印：张　可

出版发行：中国轻工业出版社（北京东长安街6号，邮编：100740）
印　　刷：北京君升印刷有限公司
经　　销：各地新华书店
版　　次：2021年6月第1版第5次印刷
开　　本：787×1092　1/16　印张：21
字　　数：480千字
书　　号：ISBN 978-7-5184-0835-1　定价：49.00元
邮购电话：010-65241695
发行电话：010-85119835　传真：85113293
网　　址：http://www.chlip.com.cn
Email：club@chlip.com.cn
如发现图书残缺请与我社邮购联系调换
210545J2C105ZBW

前言

本书根据建筑装饰技术专业人才就业岗位职业能力的需要，总结近几年高职高专教学研究和课程改革的经验，将原“建筑力学”和“建筑结构”两门课程综合编写成本教材，重构建筑力学到建筑结构的知识体系，也打破了一贯从建筑力学到建筑结构的编写思路，本教材在编写上注重力学与结构知识的完美融合，以适应职业岗位能力培养目标的需要。

本书在内容编写上突出以下几点：①强调把握“三基”（基本概念、基本计算和基本方法），注重应用。②强化技术标准、规范规程的学习及应用。③提高结构构造要求的比重。④弱化了理论推导和繁冗计算。本书在内容上主要围绕以下三方面问题来决定取舍：①如何解决结构和构件的强度（承载力）、刚度和稳定性的问题？其必要的力学基本知识有哪些？②直接引入国家技术标准、规范规程及成熟的构造经验后，结构设计中的理论及计算弱化到什么程度而不至于影响学员对问题的理解？③后续工作过程化的“核心课程”需要哪些必备、够用的力学结构知识？如何提高相关岗位技术人员解决现场结构问题的能力？

本书教材框架构成是：采用项目化的编写体例，体现“学中做，做中学”的教学理念，以混凝土结构为知识载体，重点介绍框架结构中梁、板、柱、楼盖、楼梯、雨篷、阳台的结构设计原理和构造要求以及多高层结构的基本构造要求，内容取舍上将“建筑力学”和“建筑结构”知识进行整合，分为八个项目：项目一、认识建筑力学与结构；项目二、建筑力学基本知识及结构计算简图；项目三、建筑结构的基本知识；项目四、轴心受压（拉）柱的设计；项目五、受弯构件的设计；项目六、偏心受压（拉）构件的设计；项目七、现浇框架结构；项目八、多层与高层房屋结构。每个项目都对应有多个任务，每个任务包含任务导航、知识导航、任务技能和任务习题，每个项目完成均有项目小结。本教材按施工一线高技能人才的规格编写，同时兼顾西部区域用人的差异性，内容上可依据培养目标做适当调整。

本书由宜宾职业技术学院罗恒勇、胡忠义任主编，宜宾职业技术学院向学敏、马相任副主编，参编人员有严小波、林申正、罗尚君。编写分工为：由胡忠义编写项目一并统稿；项目四和项目六由罗恒勇编写；项目二、项目三、项目五由向学敏、严小波、罗尚君合作编写；项目七和项目八由马相、林申正合作编写，本书由宜宾职业技术学院郭莉梅教授和宜宾市建筑勘察设计院高级工程师田野任主审。

本书具有较强的针对性、实用性和通用性，可作为高等职业院校建筑装饰技术、工程造价、工程管理、建筑设备、建筑工程技术等专业的教学用书，也可供建筑施工企业工程造价管理人员学习参考。

本书编写过程中，得到了编者所在学院的大力支持，同时参阅并借鉴了许多同类教材的相关内容。郭莉梅教授审阅了本书书稿，并提出了许多宝贵意见，在此一并表示衷心的感谢！

由于编者水平和经验有限，书中难免存在疏漏和不足之处，恳请读者及同行批评指正。

编　者

目 录

项目一　认识建筑力学与结构

项目导读

建筑物在建造和使用过程中，都会受到各种荷载的作用，而要保证建筑物的安全，必须使建筑物能够抵抗各种荷载的作用，并使建筑物经济可行，这就需要研究建筑物的组成和构件在外界荷载作用下的受力原理，并对构件进行设计。这就是本门课程研究的核心内容。

学习目标

知道建筑力学研究的主要内容
知道力学与结构的关系
了解各类结构的优缺点及应用范围
掌握作用的概念
理解建筑结构的定义、组成、分类以及钢筋与混凝土共同工作的原因

任务一　认识建筑力学和建筑结构

任务导航

任务导言

认识建筑力学和建筑结构的研究内容，明确学习建筑力学的目标，掌握建筑结构的分类。

任务目标

知道建筑力学和结构的研究内容，并明确两者之间的关系。

任务布置

根据所给构件的受力情况，正确分析构件组合变形的情况。

任务分析

能识别常见建筑物的结构类型。

知识导航

1.1.1　建筑力学的任务和主要内容

建筑力学是一门基础课程，它为学生提供基本的力学知识和计算方法，为进一步学习相关的专业课程打好必要的基础。

建筑物无论是在建造过程中还是在使用过程中都会受到各种力的作用，一般情况下房屋建筑会受到下列一些作用力：

①楼面活荷载——人群、家具设备等。

②屋面活荷载——积雪、商场屋面的人群、施工（检修）荷载。

③各种构件自身重量——如楼板、墙身自重。

④外墙面上的风力。

这些力工程上通常称为荷载。

建筑物中支承和传递荷载而起骨架作用的部分称为结构，而一个结构往往是由许多构件按一定的形式组成的，如房屋结构由梁、板、墙、柱和基础等构件组成。而这些结构和构件在承受荷载和传递荷载时会引起周围物体对它们的反作用（如地基对基础的反作用力），同时结构和构件本身因受荷载作用而产生内力和变形，但结构本身具有一定抵抗变形和破坏的内力。合理的结构及构件应该在施工和使用过程中满足以下两方面的基本要求：

①结构和构件在荷载作用下不能破坏，同时也不能产生过大的形状改变，即保证结构安全正常使用。

②结构和构件所用的材料应尽可能少，降低工程造价。

盲目强调结构及构件的安全，势必会用好的材料、大的截面尺寸而造成浪费；反之，过分强调节约只会采用低等级材料、小的截面尺寸而降低安全性。所以，要合理解决安全与经济这对矛盾，使所设计的结构或构件既安全合理，又经济耐用。

建造一个庞大的建筑物之前，设计人员将对它的所有构件一一进行受力分析，构件的尺寸大小、所用的材料、排列的位置都要通过计算来确定。这样才能保证建筑物的牢固和安全。这种繁复而细致的计算工作，必须要有科学的计算理论作为依据。建筑力学便是提供这些建筑结构受力分析和理论计算为依据的一门学科。

建筑力学将讨论下列几方面的内容：

①力系的简化和力系平衡问题。即结构和构件上所受到的各种力都要符合保持平衡状态的条件。

②强度问题。即研究结构和构件在荷载作用下其内部产生的力和结构抵抗破坏的能力。

③刚度问题。即讨论结构和构件在荷载作用下的变形大小和抵抗变形的能力。

④稳定问题。即讨论受压构件的稳定相，避免受压构件因过于细长，当压力超过一定值时突然从原来的直线状态变成曲线形状，改变受压工作形状而破坏，即失稳破坏。

⑤研究杆件几何组成规则。即保证各部分不发生相对运动，使杆件体系能形成稳固的结构体系。

1.1.2　建筑结构的分类

建筑是供人们生产、生活和进行其他活动的房屋或场所。各类建筑都离不开梁、板、墙、柱、基础等构件，它们相互连接形成建筑的骨架。建筑中由若干构件连接而成的能承受作用的平面或空间体系称为建筑结构，在不致混淆时可简称结构。这里所说的“作用”，是指能使结构或构件产生效应（内力、变形、裂缝等）的各种原因的总称。作用可分为直接作用和间接作用。直接作用即习惯上所说的荷载，是指施加在结构上的集中力或分布力系，如结构自重、家具及人群荷载、风荷载等。间接作用是指引起结构外加变形或约束变形的原因，如地震、基础沉降、温度变化等。

建筑结构由水平构件、竖向构件和基础组成。水平构件包括梁、板等，用以承受竖向荷载；竖向构件包括柱、墙等，其作用是支撑水平构件或承受水平荷载；基础的作用是将建筑物承受的荷载传至地基。

建筑结构有多种分类方法。按照承重结构所用的材料不同，建筑结构可分为混凝土结构、砌体结构、钢结构、木结构和混合结构五种类型。

(1) 混凝土结构

混凝土结构是钢筋混凝土结构、预应力混凝土结构和素混凝土结构的总称。

素混凝土结构是指由无筋或不配置受力钢筋的混凝土制成的结构，在建筑工程中一般只用作基础垫层或室外地坪。

钢筋混凝土结构是指由配置受力的普通钢筋、钢筋网或钢筋骨架的混凝土制成的结构。在混凝土内配置受力钢筋，能明显提高结构或构件的承载能力和变形性能。

由于混凝土的抗拉强度和抗拉极限应变很小，钢筋混凝土结构在正常使用荷载下一般是带裂缝工作的。这是钢筋混凝土结构最主要的缺点。为了克服这一缺点，可在结构承受荷载之前，在使用荷载作用下可能开裂的部位，预先人为地施加压应力，以抵消或减少外荷载产生的拉应力，从而达到使构件在正常的使用荷载下不开裂，或者延迟开裂、减小裂缝宽度的目的，这种结构称为预应力混凝土结构。

钢筋混凝土结构是混凝土结构中应用最多的一种，也是应用最广泛的建筑结构形式之一。它不但被广泛应用于多层与高层住宅、宾馆、写字楼以及单层与多层工业厂房等工业与民用建筑中，而且水塔、烟囱、核反应堆等特种结构也多采用钢筋混凝土结构。钢筋混凝土结构之所以应用如此广泛，主要是因为它具有如下优点：

①就地取材。钢筋混凝土的主要材料是砂、石，水泥和钢筋所占比例较小。砂和石一般都可由建筑工地附近提供，水泥和钢材的产地在我国分布也较广。

②耐久性好。钢筋混凝土结构中，钢筋被混凝土紧紧包裹而不致锈蚀，即使在侵蚀性介质条件下，也可采用特殊工艺制成耐腐蚀的混凝土，从而保证了结构的耐久性。

③整体性好。钢筋混凝土结构特别是现浇结构有很好的整体性，这对于地震区的建筑物有重要意义，另外对抵抗暴风及爆炸和冲击荷载也有较强的能力。

④可模性好。新拌和的混凝土是可塑的，可根据工程需要制成各种形状的构件，这给合理选择结构形式及构件断面提供了方便。

⑤耐火性好。混凝土是不良传热体，钢筋又有足够的保护层，火灾发生时钢筋不致很快达到软化温度而造成结构瞬间破坏。

钢筋混凝土也有一些缺点，主要是自重大，抗裂性能差，现浇结构模板用量大，工期长等。但随着科学技术的不断发展，这些缺点可以逐渐克服。例如采用轻质、高强的混凝土，可克服自重大的缺点；采用预应力混凝土，可克服容易开裂的缺点；掺入纤维做成纤维混凝土可克服混凝土的脆性；采用预制构件，可减小模板用量，缩短工期。

应当注意的是，钢筋和混凝土是两种物理力学性质不同的材料，在钢筋混凝土结构中之所以能够共同工作，是因为：

①钢筋表面与混凝土之间存在黏结作用。这种黏结作用由三部分组成：一是混凝土结硬时体积收缩，将钢筋紧紧握住而产生的摩擦力；二是由于钢筋表面凹凸不平而产生的机械咬合力；三是混凝土与钢筋接触表面间的胶结力。其中机械咬合力约占50%。

②钢筋和混凝土的温度线膨胀系数几乎相同［钢筋为1.2×10^{-5}，混凝土为$(1.0\sim1.5)\times10^{-5}$］，在温度变化时，两者的变形基本相等，不致破坏钢筋混凝土结构的整体性。

③钢筋被混凝土包裹着，从而使钢筋不会因大气的侵蚀而生锈变质。

上述三个原因中，钢筋表面与混凝土之间存在黏结作用是最主要的原因。因此，钢筋混凝土构件配筋的基本要求，就是要保证两者共同受力，共同变形。

（2）砌体结构

由块体（砖、石材、砌块）和砂浆砌筑而成的墙、柱作为建筑物主要受力构件的结构称为砌体结构，它是砖砌体结构、石砌体结构和砌块砌体结构的统称。砌体结构主要有以下优点：

①取材方便，造价低廉。砌体结构所需用的原材料如黏土、砂子、天然石材等几乎到处都有，因而比钢筋混凝土结构更为经济，并能节约水泥、钢材和木材。砌块砌体还可节约土地，使建筑向绿色建筑、环保建筑方向发展。

②具有良好的耐火性及耐久性。一般情况下，砌体能耐受400℃的高温。砌体耐腐蚀性能良好，完全能满足预期的耐久年限要求。

③具有良好的保温、隔热、隔音性能，节能效果好。

④施工简单，技术容易掌握和普及，也不需要特殊的设备。

砌体结构的主要缺点是自重大，强度低，整体性差，砌筑劳动强度大。

砌体结构在多层建筑中应用非常广泛，特别是在多层民用建筑中，砌体结构占绝大多数。目前高层砌体结构也开始应用，最大建筑高度已达10余层。

（3）钢结构

钢结构系指以钢材为主制作的结构。钢结构具有以下主要优点：

①材料强度高，自重轻，塑性和韧性好，材质均匀。

②便于工厂生产和机械化施工，便于拆卸，施工工期短。

③具有优越的抗震性能。

④无污染，可再生，节能、安全，符合建筑可持续发展的原则，可以说钢结构的发展是21世纪建筑文明的体现。

钢结构易腐蚀，需经常油漆维护，故维护费用较高。钢结构的耐火性差。当温度达到250℃时，钢结构的材质将会发生较大变化；当温度达到500℃时，结构会瞬间崩溃，完全丧失承载能力。

钢结构的应用正日益增多，尤其是在高层建筑及大跨度结构（如屋架、网架、悬索等结构）中。

（4）木结构

木结构是指全部或大部分用木材制作的结构。这种结构易于就地取材，制作简单，但易燃、易腐蚀、变形大，并且木材使用受到国家严格限制，因此已很少采用。

（5）混合结构

由两种及两种以上材料作为主要承重结构的房屋称为混合结构，混合结构包含的内容较多。多层混合结构一般以砌体结构为竖向承重构件（如墙、柱等），而水平承重构件（如梁、板等）多采用钢筋混凝土结构，有时采用钢木结构。其中以砖砌体为竖向承重构件，钢筋混凝土结构为水平承重构件的结构体系称为砖混结构。高层混合结构一般是钢－混凝土混合结构，即由钢框架或型钢混凝土框架与钢筋混凝土筒体所组成的共同承受竖向和水平作用的结构。

钢－混凝土混合结构体系是近年来在我国迅速发展的一种结构体系。它不仅具有钢结构建筑自重轻、截面尺寸小、施工进度快、抗震性能好的特点，还兼具钢筋混凝土结构刚度大、防火性能好、成本低的优点，因而被认为是一种符合我国国情的较好的高层建筑结构形式。例如，我国大陆已经建成的混合结构高层建筑有 88 层、高 420m 的金茂大厦，101 层、高 492m 的上海环球金融中心。

注 意

建筑力学研究的内容和建筑结构的分类。

任务技能

1. 理解强度、刚度和稳定性的基本概念和在构件设计中的作用。
2. 建筑结构按材料不同可以分成哪几类？各有什么优缺点？
3. 钢筋和混凝土在一起共同工作的原因是什么？

项目二　建筑力学基本知识及结构计算简图

项目导读

建筑力学基本知识是建筑力学入门的基础。这部分内容涉及力的量化及图示，是学习后面知识的基础。这部分知识有较强的前后逻辑性，学生应打好基础，掌握静力学的基本概念，掌握受力分析的方法，并能画出物体及物体系统的受力图；掌握构件计算简图的简化方法，并能正确运用；掌握一般力系的平衡条件，能对构件的支座反力进行计算。

学习目标

掌握静力学基本公理
掌握平面汇交力系的合成方法与平衡条件
掌握力矩与力偶的概念
掌握常见约束类型，能分析约束反力
掌握受力图的绘制方法
掌握构件计算简图的简化方法
掌握利用平面一般力系平衡条件求解支座反力的方法

任务一　静力学的基本知识

任务导航

任务导言

静力学是研究物体在力系作用下的平衡规律的科学，相对于地球静止不动的建筑物和沿直线匀速起吊的物体，都处于平衡状态，以此为出发点，逐步学习掌握建筑力学的基本要素——基本公理、力系的合成与平衡、力矩和力偶、约束反力、受力图。

任务目标

掌握静力学的基本概念，掌握受力分析的方法，并能画出物体及物体系统的受力图。

任务布置

根据所给的建筑构件受力情况，画出受力图。

任务分析

能正确分析物体的受力情况，能区别开物体及物系，通过分析绘制构件的受力图。

知识导航

2.1.1　静力学简介

静力学是研究物体在力系作用下的平衡规律的科学。

平衡是物体机械运动的特殊形式，严格地说，物体相对于惯性参照系处于静止或做匀速直线运动的状态，即加速度为零的状态都称为平衡。对于一般工程问题，平衡状态是以地球为参照系确定的。例如，相对于地球静止不动的建筑物和沿直线匀速起吊的物体，都处于平衡状态。在静力学中具体讨论物体的受力分析、力系的简化和各种力系的平衡条件及其应用。

2.1.2　力与刚体

(1) 力

力是物体之间的机械作用，这种相互作用使物体的运动状态和形状发生变化。力使物体运动状态发生改变的效应称为力的外效应，而力使物体形状发生改变（即产生变形）的效应称为力的内效应。本项目主要研究力的外效应，而力的内效应在本书后续项目中研究。在本项目中，如果不特别指明，则力对物体的效应都是指外效应。

实践证明，力对物体的效应（包括内、外效应）取决于三个要素：大小、方向和作用点。在国际单位制中，力的单位是 N（牛）或 kN（千牛）。

在力学中要区别两类量：标量和矢量。在确定某种量时，只需一个数就能确定的量称为标量，例如长度、时间、质量都是标量。在确定某种量时，不但要考虑它的大小，而且要考虑它的方向，这类量称为矢量。矢量有两方面的含义：第一它具有大小和方向，可以用一个“矢”来表示；第二要按特定的运算规律进行运算，其中最基本的就是矢量的加法法则——平行四边形法则。

力对物体的效应不仅决定于它的大小，而且还决定于它的方向和作用点，所以是矢量。

（2）刚体

一般情况下，工程结构中的构件在力的作用下产生的变形是很微小的，在很多工程问题中，这种微小的变形对于研究物体的平衡问题影响极小，可以略去不计。忽略了物体微小的变形后便可把物体看成刚体。刚体是指在力的作用下保持其形状和大小不变的物体，或者说，在力的作用下其内任意两点之间的距离保持不变的物体。刚体是对物体加以抽象后得到的一种理想模型。在研究平衡问题时，将物体看成刚体能大大简化问题的研究。然而也应当注意，当研究另一类性质的问题时，例如研究物体内力的分布规律时，即使变形很小，也不能把物体视为刚体，而必须作为变形体来处理。所以，一个物体能否看作刚体，不仅取决于物体变形的大小，而且与要解决问题的要求有关。

2.1.3　静力学基本公理

在静力分析方面，经过长期的经验积累与总结，以及实践的检验，表明是符合客观实际的普遍规律，称为静力学公理。静力学公理是研究静力平衡问题的基础和依据。

2.1.3.1　公理一——二力平衡原理

受两个力作用的刚体，其平衡的必要和充分条件是：此两力的大小相等，方向相反，并且作用在同一直线上，简称为此两力等值、反向、共线。

这是最简单的平衡力系。例如不计重量的拉杆 AB，其两端分别受到两个力 F_A 和 F_B 的作用［图 2－1（a）］，由经验知道，要使拉杆平衡，这两个力必须而且只需大小相等、方向相反且作用在同一直线上。再如钢丝绳提升重物［图 2－1（b）］，重物受到钢丝绳拉力 F_T 和重力 G 的作用，这两个力方向相反，作用在同一直线上。实践证明，

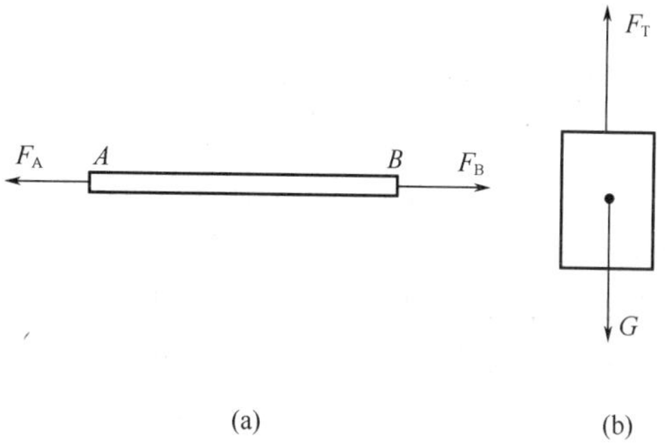

图 2－1　二力平衡
（a）二力杆　（b）重力平衡

要使重物匀速上升、匀速下降或静止（即处于平衡状态），必须且只需使 $F_T = -G$。

二力平衡原理只适用于刚体。它是论证刚体平衡条件的基础。

在两个力作用下且处于平衡的刚体称为二力体。如果物体是某种件或构件，则称为二力杆或二力构件。

2.1.3.2　公理二——加减平衡力系原理

在作用于刚体上的任意一个力系上，加上或减去任意一个平衡力系，并不改变原力系对刚体的效应。

此公理是对刚体而言的，是研究力系等效代换的基础，它不适用于变形体，因为加减平衡力系会影响到物体的变形。

应用本公理可以得出如下重要推论。

推论1　力的可传性

作用在刚体上的一个力，可沿其作用线任意移动作用点而不改变此力对刚体的效应。必须指出，力的可传性只适用于刚体而不适用于变形体。

根据力的可传性，对于作用于刚体上的力来说，力的三要素为大小、方向和作用线，这样，力矢就可以沿其作用线滑动。因此，作用于刚体上的力是滑动矢量。

2.1.3.3　公理三——力的平行四边形法则

作用于物体上同一点的两个力可以合成为一个合力，合力也作用于该点，其大小和方向由以两分力为邻边所构成的平行四边形的对角线表示，如图2-2所示。

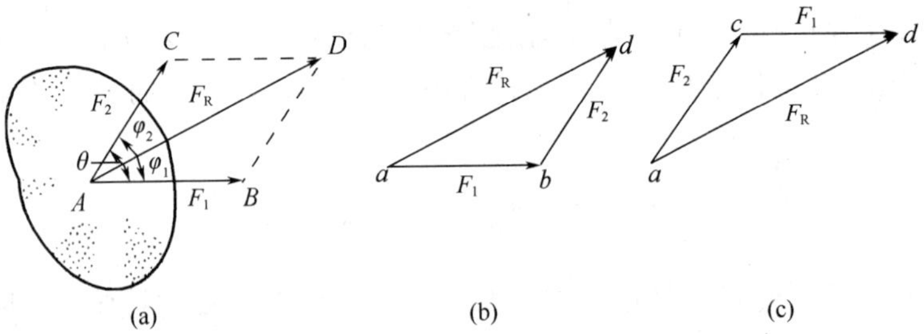

图2-2　力的平行四边形法则

（a）二力求合力　（b）（c）合力与两分力顺次闭合为三角形

力的平行四边形法则指出，两个力相加（合成）要用平行四边形法则求矢量和。合力可用下列矢量等式来表示［图2-2（a）］：

$$F_R = F_1 + F_2 \tag{2-1}$$

为了求出合力 F_R 的大小和方向，可以用几何作图法，或利用三角公式计算。用几何作图法时，可选取适当的力比例尺作平行四边形，然后直接从图上量取对角线的长度，它按比例表示合力 F_R 的大小，对角线与分力间的夹角表示合力的方向，可用量角器量出。利用三角公式计算时，若已知 F_1、F_2 和它们的夹角 θ，则由余弦定理可得

$$F_R = \sqrt{F_1^2 + F_2^2 - 2F_1F_2\cos\theta} \tag{2-2}$$

如图2-2（b）所示，也可以用力三角形法则求合力 F_R，从任意点 a 作力矢 F_1，再以力矢 F_1 的末端 b 作为力矢 F_2 的始端画出力矢 F_2（即两分力首尾相连），那么矢量 $\overrightarrow{ad}$

就代表合力矢 F_R。分力矢和合力矢所构成的三角形 *abd* 称力三角形。如果先画 F_2，后画 F_1［图2-2（c）］，也能得到相同的合力矢 F_R。可见力满足矢量的加法法则，即

$$F_R = F_1 + F_2 = F_2 + F_1 \tag{2-3}$$

根据以上三个公理，可以得出如下推论：

推论2　三力平衡汇交定理

当刚体受三个力作用而处于平衡时，若其中两个力的作用线相交于一点，则此三力必共面和共点。

2.1.3.4　公理四——作用和反作用定律

这个定律就是牛顿第三定律。两个物体间相互作用的一对力，总是大小相等，方向相反，作用线相同，且分别作用于这两个物体上。

必须把作用和反作用定律与二力平衡原理严格地区别开来。作用和反作用定律表明两个物体相互作用的力学性质，而二力平衡原理则说明一个刚体在两个力作用下处于平衡时两个力应满足的条件。

2.1.4　平面汇交力系的合成与平衡

按照力系中各力的作用线是否在同一平面内，可将力系分力平面力系和空间力系两类。对平面力系进行分析计算，不但在实际工程技术问题中有广泛的应用，而且可以作为空间力系分析的基础。若作用于物体上的力分布在一个平面上，或物体所受的力可以等效简化到同一个平面内，均可作为平面力系进行分析。

本部分将讨论两种基本的平面力系：平面汇交力系和平面力偶系。基本平面力系的简化和平衡，是分析复杂平面力系的基础。

（1）平面汇交力系合成与平衡的几何法

所谓平面汇交力系是各力的作用线都位于同一平面内且交于同一点。

①平面汇交力系合成的几何法：现在用几何法来研究平面汇交力系的合成。设有一作用于刚体上的平面汇交力系 F_1、F_2、F_3、…，如图2-3（a）所示，设其作用线共同汇交于同一点 *O*。显然，合力 F_R 的作用线必过点 *O*，其大小及方向如图2-3（b）所示。

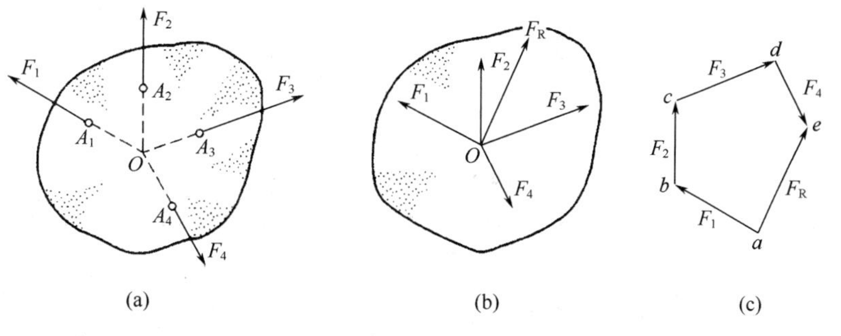

图2-3　平面汇交力系合成的几何法

（a）作用于刚体上的平面汇交力系　（b）合力 F_R 的作用线过点 *O*　（c）力的三角形法形成力的多边形

为求该力系的合力，可连续应用力三角形法将各力依次合成。即先将力 F_1 与 F_2 合成

为一合力 F_{R1}，再将力 F_{R1} 与 F_3 合成为一合力 F_{R2}。这个合力 F_{R2} 就是 F_1、F_2、F_3 的合力。实际上，作图时力 F_{R1}、F_{R2} 可不必画出，只要把各力首尾相连，则连接第一个分力始端与最后一个分力末端的矢量就是合力 F_R，如图 2－3（c）所示。这样作出的多边形称为力多边形。合力是力多边形的封闭边。这种用力多边形求合力的几何方法称为力多边形法则。可以证明，任意改变力合成的先后次序，虽然所得到的力多边形形状不同，但合力 F_R 完全相同，即合力 F_R 与各分力的合成次序无关。

上述方法可推广到由 n 个力组成的平面汇交力系的情况。从而可得如下结论：平面汇交力系一般可合成为一合力，合力作用线通过力系的汇交点，合力矢等于各力的矢量和，即

$$F_R = F_1 + F_2 + \cdots + F_n = \sum_{i=1}^{n} F_i \tag{2-4}$$

②平面汇交力系平衡的几何条件：由于平面汇交力系可用其合力来代替，因此，平面汇交力系平衡的必要与充分条件是：该力系的合力等于零，即

$$F_R = 0 \quad 或 \quad \sum_{i=1}^{n} F_i = 0 \tag{2-5}$$

在平衡情形下，力多边形中最末一力的终点与第一力的起点重合，则该力系的力多边形的封闭边变为一点，即合力等于零。因此，任何两个相邻的力都首尾相接，构成一个封闭的力多边形。由此，可得平面汇交力系平衡的几何条件：各力矢构成的力多边形自行封闭。

【例 2－1】重量 20kN 的球置于光滑斜面上，并用无重软绳系在垂直墙面上［图 2－4（a）］。已知斜面与水平面成 30°角，绳与垂直墙面成 60°角，求绳的拉力及斜面对于球的约束力。

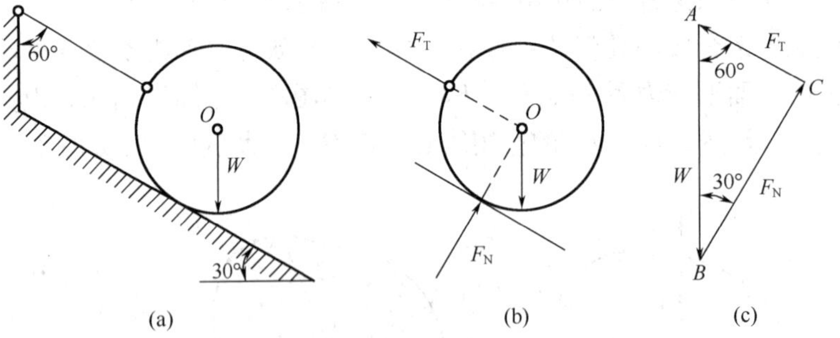

图 2－4　例 2－1 图

（a）小球的受力状态　（b）小球的受力分析　（c）小球所受力形成自行封闭三角形

【解】取球为研究对象，作球的受力图。作用于球上的力有：重力 W 垂直向下，绳拉力 F_T，光滑斜面的约束力 F_N（垂直于斜面）。这三个力的作用线都通过球的中心，因而构成平面汇交力系。因为球处于平衡状态中。故这三个力所构成的力三角形应自行封闭，如图 2－4（c）所示。可用三角公式算出要求的未知力

$$F_T = W \cdot \sin 30° = 10(\text{kN})$$

$$F_N = W \cdot \cos 30° = 17.3(\text{kN})$$

通过以上例题，总结出几何法解题的主要步骤如下：

①选取研究对象。根据题意，选取合适的物体作为研究对象，并画出简图。

②画受力图。在研究对象上，画出它所受的全部主动力和约束力。

③作出力多边形。选择适当的比例尺，从已知力开始作出该力系的力多边形。根据首尾相连的矢序规则和封闭特点，可以确定未知力的指向。

④求出未知量。量出未知量的大小和方向，或者用三角公式计算未知量的大小和方向。

(2) 平面汇交力系合成与平衡的解析法

①力在坐标轴上的投影：汇交力系合成的解析法是以力在坐标轴上的投影为基础的。

设在刚体上点 A 作用一力 F，为求力 F 在轴 x 上的投影，可通过力 F 的两端 A 和 B 分别向轴 x 作垂线，垂足为 a 和 b（图 2-5），线段 ab 的长度冠以适当的正负号就表示这个力在轴 x 上的投影，记为 F_x。如果从 a 到 b 的指向与投影轴 x 的正向一致，则力 F 在轴 x 上的投影 F_x 为正值，反之为负值。

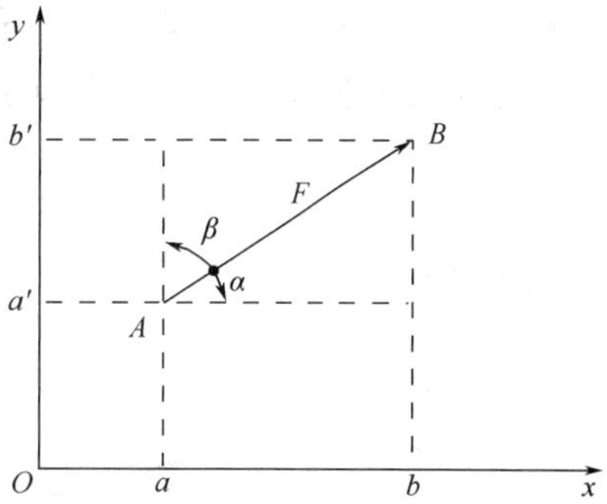

图 2-5　力在坐标轴上的投影

若力 F 与轴 x 之间的夹角为 α，F 与轴 y 之间的夹角力 β，则有

$$\left.\begin{aligned} F_x &= F\cos\alpha \\ F_y &= F\cos\beta \end{aligned}\right\} \tag{2-6}$$

即力在某轴上的投影，等于力的大小乘以力与该轴的正向间角的余弦。当夹角为锐角时，投影为正值；当夹角为钝角时，投影为负值。可见，力在轴上的投影是个代数量。

此外，只考虑力 F 与轴 x 之间的夹角为 α，也能算出投影 F_x 和 F_y，有

$$\left.\begin{aligned} F_x &= F\cos\alpha \\ F_y &= F\sin\alpha \end{aligned}\right\} \tag{2-7}$$

如果已知一力在直角坐标轴上的投影分别为 F_x 和 F_y，则该力的大小和方向为：

$$\left.\begin{aligned} F &= \sqrt{F_x^2 + F_y^2} \\ \cos\alpha &= \frac{F_x}{F},\ \cos\beta = \frac{F_y}{F} \end{aligned}\right\} \tag{2-8}$$

则力的解析表达式

$$F = F_x i + F_y j \tag{2-9}$$

②平面汇交力系合成的解析法：合力投影定理：合力在任一轴上的投影等于各分力在同一轴上投影的代数和，即

$$F_{Rx} = F_{1x} + F_{2x} + \cdots + F_{nx} = \sum_{i=1}^{n} F_{ix} \tag{2-10}$$

设由 n 个力组成的平面汇交力系作用在刚体上，则合力

$$F_R = F_{Rx} i + F_{Ry} j \tag{2-11}$$

由合力投影定理可得合力在轴 x、y 上的投影为

$$\left.\begin{aligned}F_{Rx}&=F_{1x}+F_{2x}+\cdots+F_{nx}=\sum F_{ix}\\F_{Ry}&=F_{1y}+F_{2y}+\cdots+F_{ny}=\sum F_{iy}\end{aligned}\right\}\tag{2-12}$$

由此可按式（2-8）求得合力的大小和方向。

需要指出的是，本法所讲述的概念和结论适用于任何矢量。

③平面汇交力系的平衡方程：由于平面汇交力系平衡的必要和充分条件是力系的合力等于零。由式（2-12）可知，要使合力 $F_{Ry}=0$，必须也只需

$$\sum F_x=0,\quad \sum F_y=0\tag{2-13}$$

由此可得平面汇交力系解析法平衡的必要和充分条件是：各力在作用面内两个任选的坐标轴（不共线）上投影的代数和分别等于零。式（2-13）称为平面汇交力系的平衡方程。这是两个独立的方程，可以求解两个未知量。

2.1.5 力矩和力偶

（1）力矩

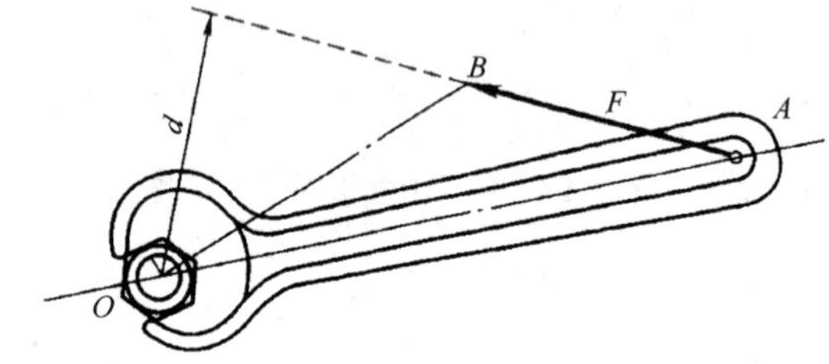

图2-6 力矩的概念

平面内力对点之矩的概念，简称力矩，下面来研究这个概念。以扳手扳动螺帽为例（图2-6）来说明，设螺帽能绕点 O 转动。由经验知，螺帽能否被扳动，不仅取决于作用在扳手上的力 F 的大小，而且还和从点 O 到力 F 的作用线的垂直距离 d 有关。只有乘积 Fd 达到或者超过某值时，才能扳动螺帽。可见，这个乘积可用来作为力 F 绕点 O 转动效应的度量。由于转动有正反两个可能方向，所以乘积 Fd 也要冠以适当的正负号来表明这两个不同的转向。这个量称为平面内力 F 对点 O 的矩，简称力矩。距离 d 称为力 F 对点 O 的力臂；点 O 称为矩心。用符号 $M_O(F)$ 表示力 F 对点 O 的矩，有

$$M_O(F)=\pm Fd\tag{2-14}$$

通常规定，使物体产生逆时针方向转动效应的力矩取正值；反之取负值。

力矩的单位在国际单位制中是 N·m，或 kN·m。

（2）合力矩定理

合力矩定理：平面汇交力系的合力对于平面内任一点的矩等于力系中所有各力对于该点之矩的代数和，即

$$M_O(F_R)=\sum_{i=1}^{n}M_O(F_i)\tag{2-15}$$

合力矩定理建立了合力对点之矩与分力对同一点之矩的关系。这个定理也适用于有合力的其他各种力系。它提供了计算力矩的又一方法，此外利用它还可以确定力系的合力作用线位置。

【例2-2】图2-7所示每1m长挡土墙所受压力的合力为 F，它的大小为160kN，方向如图所示。求土压力 F 使墙倾覆的力矩。

【解】土压力 F 可使墙绕点 A 倾覆，故求 F 对点 A 的力矩。采用合力矩定理进行计算比较方便。

$$
\begin{aligned}
M_A(F) &= M_A(F_1) + M_A(F_2) = F_1 \times \frac{h}{3} - F_2 b \\
&= 160 \times \cos 30^\circ \times \frac{4.5}{3} - 160 \times \sin 30^\circ \times 1.5 \\
&= 87(\text{kN} \cdot \text{m})
\end{aligned}
$$

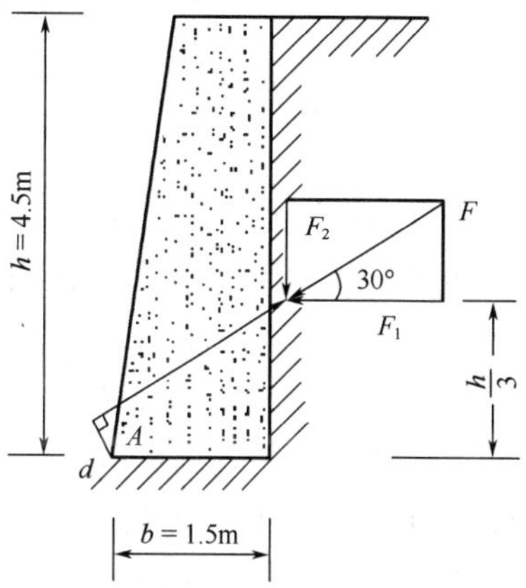

图 2－7　例 2－2 图

（3）力偶

平面内一对等值反向且不共线的平行力称为力偶，它是一个不能再简化的基本力系。它对物体的作用效果是使物体产生单纯的转动。例如用手拧开水龙头、用钥匙开锁、用旋具上紧螺钉、两手转动方向盘等，往往就是利用力偶工作。如图 2－8 中两个人推动绞盘横杆的力 F 与 F' 如果平行且相等，就构成一个力偶，记作（F，F'）。

力偶对物体的转动效应与组成力偶的力的大小和力偶臂的长短有关，力学上把力偶中的一力的大小与力偶臂（二力作用线间垂直距离）的乘积 Fd 并加上适当的正负号，称为此力偶的力偶矩，用以度量力偶在其作用面内对物体的转动效应，记作 m（F，F'）或 m，如图 2－9 所示力偶矩的大小为：

$$
(F, F') = m = \pm Fd \qquad (2-16)
$$

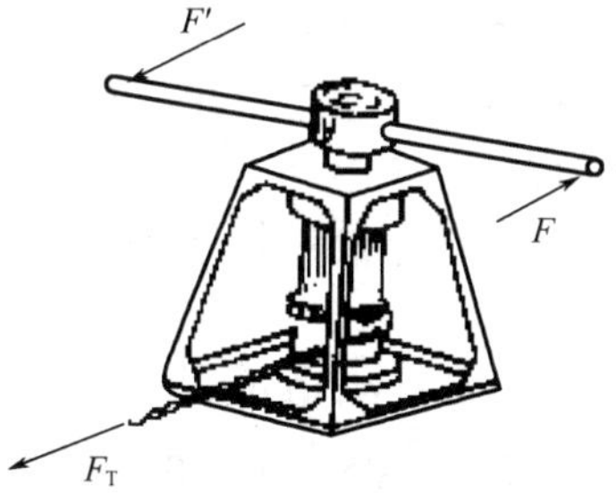

图 2－8　绞盘横杆力偶实例

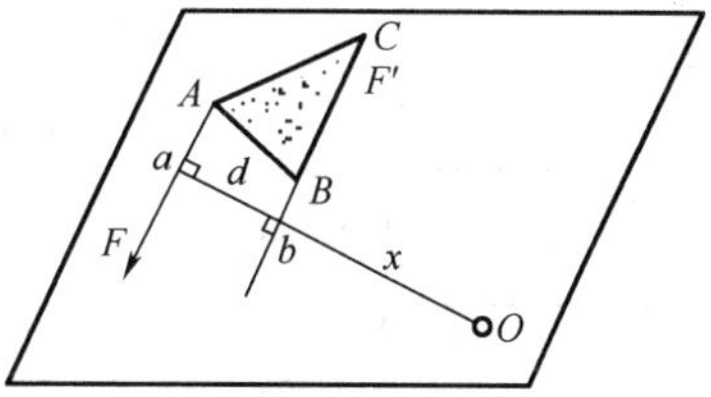

图 2－9　力偶矩的大小计算

力偶矩与力矩一样，也是代数量。正负规定：力偶使物体逆时针转动时，力偶矩为正，反之为负。由图 2－9 可见，力偶矩也可采用三角形面积表示，即

$$
m = \pm 2S_{\triangle ABC} \qquad (2-17)
$$

综上所述，力偶对物体的转动效应取决于力偶矩的大小、力偶的转向及力偶的作用面，此即为力偶的三要素。

力偶有如下的重要性质：

①力偶没有合力。

力偶既不能用一个力代替，也不能与一个力平衡。

如果在力偶作用面内任取一投影轴，则有：力偶在任一轴上的投影恒等于零。

既然力偶在轴上的投影为零，可见力偶对于物体不会产生移动效应，只产生转动效应。

力偶和力对物体作用的效应不同，说明力偶不能和一个力平衡，力偶只能与力偶平衡。

②力偶对其所在平面内任一点的矩恒等于力偶矩。

如图2-9所示，在力偶作用面内任取一点 O 为矩心，以 $m_O(F, F')$ 表示力偶对点 O 之矩，则

$$m_O(F,F') = m_O(F) + m_O(F') = F(x+d) - Fx = Fd$$

因为矩心 O 是任意选取的，由此可知，力偶的作用效果决定于力的大小和力偶臂的长短，与矩心的位置无关。

③同一平面内的两个力偶，只要其力偶矩（包括大小和转向）相等，则此两力偶彼此等效。

由上述3个等效定理的推证，得出如下推论：

推论1　力偶可以在其作用面内任意移转，而不影响它对刚体的效应。

推论2　只要力偶矩保持不变，可以同时改变力偶中力的大小和力偶臂的长度，而不改变它对刚体的效应。

上述推论告诉我们，在研究有关力偶的问题时，只需考虑力偶矩，而不必讨论其力的大小，力臂的长短。正因如此，在受力图中常用一个带箭头的圆弧线↺或↻来表示力偶矩，并标上字母 m，其中 m 表示力偶矩的大小，箭头表示力偶在平面内的转向。

④在同一个平面内的 n 个力偶，其合力偶矩等于各分力偶矩的代数和。

【例2-3】如图2-10所示，在刚体的某平面内受到三个力偶的作用。已知 $F_1=300\text{N}$，$F_2=600\text{N}$，$M=200\text{N}\cdot\text{m}$，求合力偶。

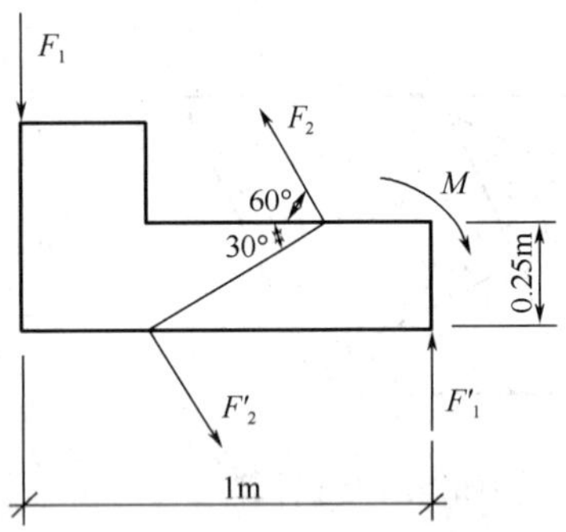

图2-10　例2-3图

【解】三个共面力偶合成一个合力偶。

各分力偶矩为

$$m_1 = F_1 d_1 = 300 \times 1 = 300(\text{N}\cdot\text{m})$$

$$m_2 = F_2 d_2 = 600 \times 0.25 \div \sin 30° = 300(\text{N}\cdot\text{m})$$

$$m_3 = -m = -200(\text{N}\cdot\text{m})$$

合力偶矩为

$$M = m_1 + m_2 + m_3 = 300 + 300 - 200 = 400(\text{N}\cdot\text{m})$$

即合力偶矩的大小等于400（N·m），转向为逆时针方向，与原力偶系共面。

2.1.6　约束与约束反力

（1）约束与约束反力的概念

在工程结构中，每一个构件都和周围的其他构件相互联系着，并且由于受到这些构件的限制不能自由运动。一个物体的运动受到周围物体的限制时，这些周围物体称为该物体的约束。例如，柱就是梁的约束，基础是柱子的约束。

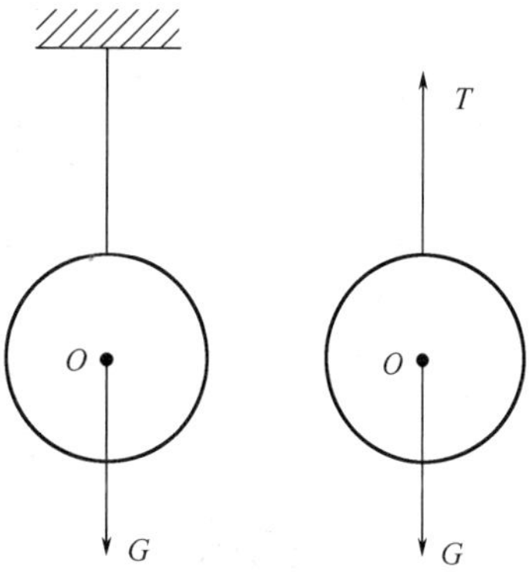

图 2－11　柔体约束及其反力

如果没有柱子的限制，梁就会掉下来。柱子要阻止梁的下落，就必须给梁施加向上的约束反力。因此，正确地分析约束反力是进行受力分析的关键。

①柔体约束：用柔软的皮带、绳索、链条阻碍物体运动而构成的约束称为柔体约束。这种约束只能限制物体沿着柔体中心线使柔体张紧方向的移动，且柔体约束只能受拉力，不能受压力，所以约束反力一定通过接触点，沿着柔体中心线背离被约束物体的方向，且恒为拉力。如图 2－11 中的力 T。

②光滑接触面约束：当两物体在接触面处的摩擦力很小而可略去不计时，就是光滑接触面约束。这种约束不论接触面的形状如何，都不能限制物体沿光滑接触面方向的运动或离开光滑面，只能限制物体沿着接触面的公法线向光滑面内的运动，所以光滑接触面的约束反力是通过接触点，沿着接触面的公法线指向被约束的物体，只能是压力。如图 2－12 中的 N。

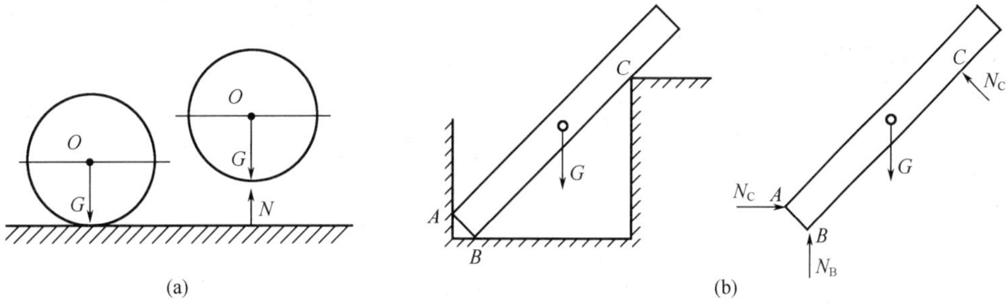

图 2－12　光滑接触面约束及其反力

（a）小球受光滑接触面约束　（b）杠杆受光滑接触面约束

③圆柱铰链约束：圆柱铰链简称铰链，它是由一个圆柱形销钉 C 插入两个物体 A 和 B 的圆孔中构成，并假设销钉与圆孔的面都是完全光滑的，如图 2－13（a）、图 2－13（b）所示。圆柱铰链约束只能限制物体在垂直于销钉轴线的平面内沿任意方向的相对移动，而不能限制物体绕销钉做相对转动。圆柱铰链的约束反力垂直于销钉轴线的平面，通过销钉中心，而方向未定，可用 R 来表示，如图 2－13（c）所示。在对物体进行受力分析时，通常将圆柱铰链的约束反力用两个相互垂直的分力来表示，如图 2－13（d）所示。两分力的指向可以任意假设，是否为实际指向则要根据计算的结果来判断。

④链杆约束：两端用光滑销钉与其他物体连接而中间不受力的直杆，称为链杆。图 2－14（a）所示为建筑物中放置空调用的三脚架，其中杆 BC 即为链杆约束。

链杆约束计算简图如图 2－14（c）所示。由于链杆只能限制物体沿着链杆中心线的运动，而不能限制其他方向的运动，所以，链杆的约束反力沿着链杆中心线，指向未定，如图 2－14（b）、图 2－14（d）所示。图中反力的指向是假设的。

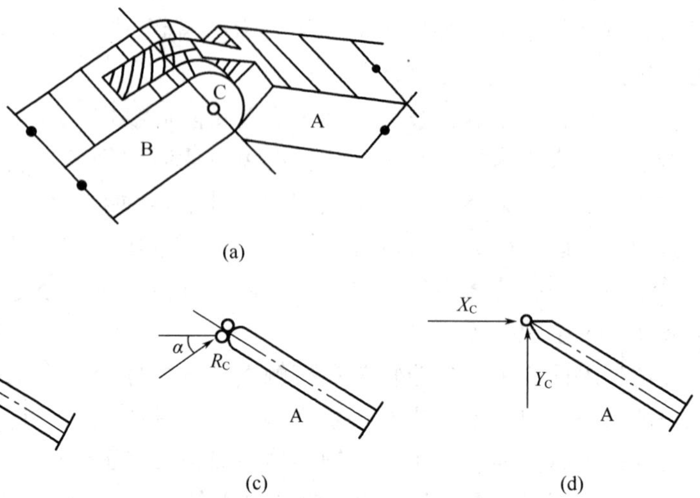

图 2－13　圆柱铰链约束及其反力

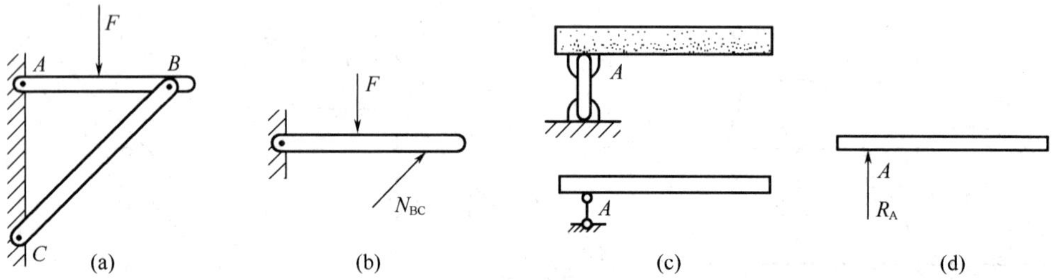

图 2－14　链杆约束及其反力

（2）支座的简化和支座反力

工程上将结构或构件连接在支承物上的装置，称为支座。在工程上常常通过支座将构件支承在基础或另一个静止的构件上。支座对构件就是一种约束。支座对它所支承的构件的约束反力也称支座反力。支座的构造是多种多样的，其具体情况也是比较复杂的，这样就需要加以简化，并归纳成几个类型，以便于分析计算。通过简化，建筑结构的支座通常分为固定铰支座、可动铰支座和固定端支座三类。

①固定铰支座：将构件用光滑的圆柱形销钉与固定支座连接，则该支座成为固定铰支座，如图 2－15（a）所示。构件与支座用光滑的圆柱铰链连接，构件不能产生沿任何方向的移动，但可以绕销钉转动。可见固定铰支座的约束反力与圆柱铰链相同，即约束反力一定作用于接触点，垂直于销钉轴线，并通过销钉中心，而方向未定。固定铰支座的简图如图 2－15（b）所示。约束反力如图 2－15（c）所示，可以用 R_A 和一未知方向的 α 角表示，也可以用一个水平力 X_A 和垂直分力 Y_A 来表示。

②可动铰支座：如果在固定铰支座下面加上辊轴，则该支座成为可动铰支座，如图 2－16（a）所示。可动铰支座的计算简图如图 2－16（b）所示。这种支座只能限制构件

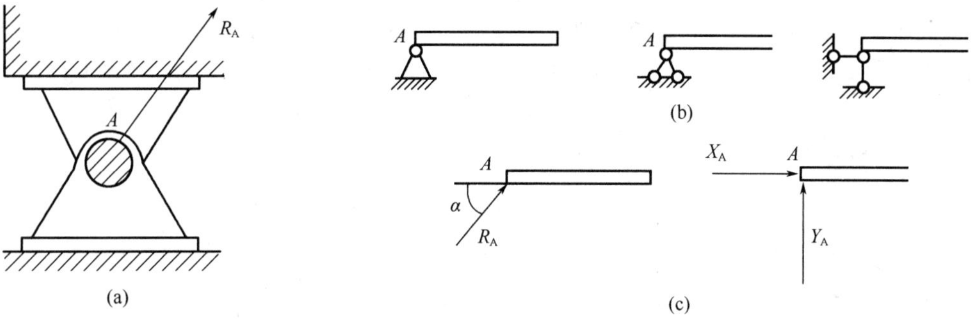

图 2－15　固定铰支座及其反力

（a）固定铰支座　（b）简图　（c）支座反力

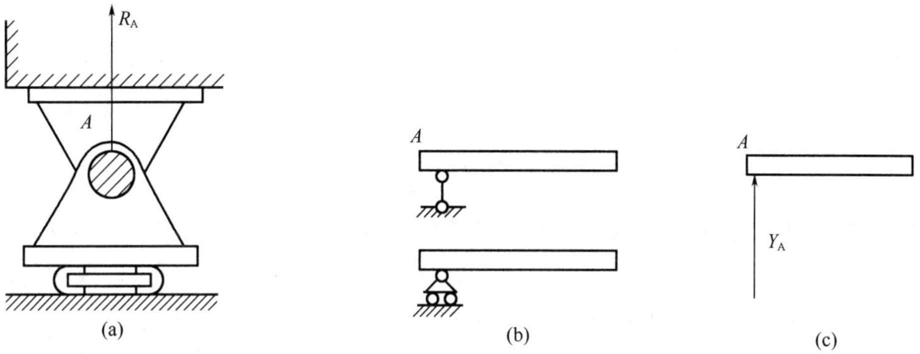

图 2－16　可动铰支座及其反力

（a）可动铰支座　（b）简图　（c）支座反力

垂直于支承面方向的移动，而不能限制物体绕销钉轴线的转动，其支座反力通过销钉中心，垂直于支承面，指向未定，如图 2－16（c）所示。图中反力的指向是假定的。

在图 2－17（a）中，楼面梁 L1 搁置在砖墙上，砖墙就是梁的支座，如略去梁与砖墙之间的摩擦力，则砖墙只能限制梁向下运动，而不能限制梁的转动与水平方向的移动。这样，就可以将砖墙简化为可动铰支座，如图 2－17（b）、图 2－17（c）所示。

图 2－17　楼面梁 L1 的支座简化

（a）支承在墙的梁 L1　（b）（c）支座简图

③固定端支座：固定端支座构件与支承物固定在一起，构件在固定端既不能沿任何方向移动，也不能转动，因此，这种支座对构件除产生水平反力和竖向反力，还有一个阻止转动的力偶。图 2－18（b）和图 2－18（d）分别是柱和挑梁的固定端支座简图及支座反力。

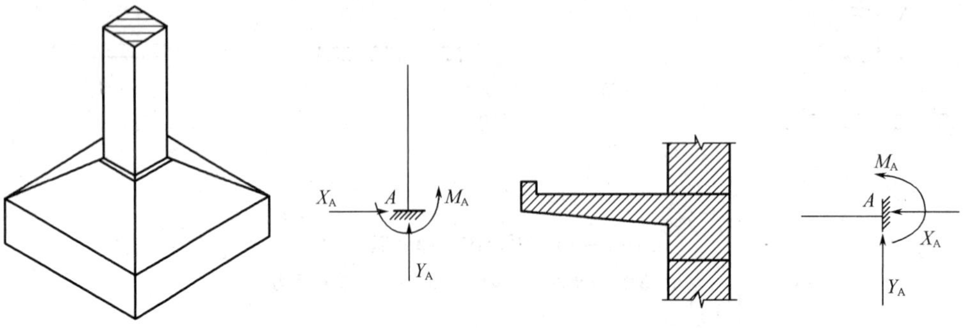

(a) (b) (c) (d)

图 2－18 固定端支座及其反力

（a）柱与基础 （b）柱的计算简图及支座反力 （c）挑梁 （d）挑梁的计算简图及支座反力

2.1.7 受力图（案例）

在工程实际中，建筑结构通常是由多个物体或构件相互联系组合在一起的。因此，进行受力分析前，必须首先明确要对哪一种物体或构件进行受力分析，即要明确研究对象。为了分析研究对象的受力情况，又必须弄清研究对象与哪些物体有联系，受到哪些力的作用，这些力是什么物体给它的，哪些是已知力，哪些是未知力。为此，需要将研究对象从它周围的物体中分离出来。被分离出来的研究对象称为脱离体。在脱离体上画出周围物体对它的全部主动力和约束反力，这样的图形称为受力图。受力图是对物体进行力学计算的依据，必须认真对待，熟练掌握。

画受力图的步骤如下：

①明确分析对象，画出分析对象的分离简图。

②在脱离体上画出全部主动力。

③在脱离体上画出全部的约束反力，注意约束反力与约束应一一对应。

（1）单个物体的受力图

在画单个物体受力图之前，先要明确对象，然后画出研究对象的简图，再将已知的主动力画在简图上，然后根据约束性质在各相互作用点上画出对应的约束反力。这样，就可以得到单个物体的受力图。

【例 2－4】重量为 F_W 的小球放置在光滑的斜面上，并用绳子拉住，如图 2－19（a）所示。画出此球的受力图。

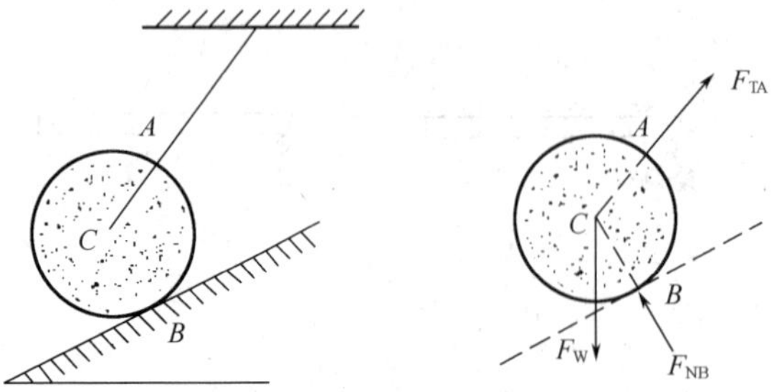

(a) (b)

图 2－19 例 2－4 图

【解】以小球为研究对象，解除小球的约束，画出脱离体，小球受到重力（主动力）F_W，同时小球受到绳子的约束反力（拉力）F_{TA}和斜面的约束反力（支持力）F_{NB}［图2－19（b）］。

【例2－5】水平梁*AB*受已知力*F*作用，*A*端为固定铰支座，*B*端为移动铰支座，如图2－20（a）所示。梁的自重不计，画出梁*AB*的受力图。

【解】取梁为研究对象，解除约束，画出脱离体，画主动力*F*；*A*端为固定铰支座，它的反力可用方向、大小都未知的力F_A，或者用水平和竖直的两个未知力F_{Ax}和F_{Ay}表示；*B*端为移动铰支座，它的约束反力用F_B表示，但指向可任意假设，受力图如图2－20（b）、图2－20（c）所示。

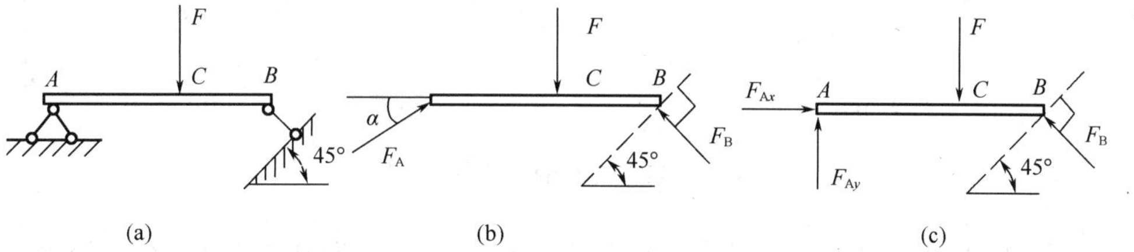

图2－20　例2－5图

【例2－6】图2－21（a）所示的杆AB重*G*，在*C*处用绳索拉住，*A*、*B*处分别支在光滑的墙面及地面上。试画出杆AB的受力图。

【解】以杆AB为研究对象，将其单独画出。作用在杆上的主动力是已知的重力*G*，重力*G*作用在杆的中点，垂直向下；光滑墙面的约束反力N_A通过接触点*A*，垂直于杆并指向杆；光滑地面的约束反力N_B，它通过接触点*B*垂直于地面并指向杆，绳索的约束反力是T_C，作用于绳索与杆的接触点*C*，沿绳索中心背离杆。杆AB的受力图如图2－21（b）所示。

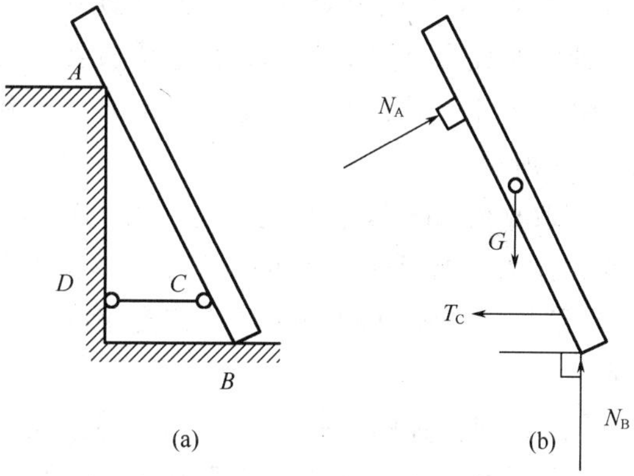

图2－21　例2－6图

（2）物体系统的受力图

物体系统受力图的画法与单个物体受力图的画法基本相同，区别只在于所取的研究对象可能是整个物体系统或物体系统中的某一部分或某一物体。画整个系统的受力图时，只需将物体系统看作为一个整体，就像对单个物体一样。此外，当需要画出物体系统中某一部分或某个物体的受力图时，要注意被拆开的约束处，须加上相应的约束反力，且约束反力是相互间的作用，也一定遵循作用力与反作用力公理。

【例2－7】梁AC和CD用铰链C连接，并支承在三个支座上，*A*处为固定铰支座，*B*、*D*处为可动铰支座，受已知力*F*的作用，如图2－22（a）所示。试画出梁AC、CD及整个梁 AD 的受力图。

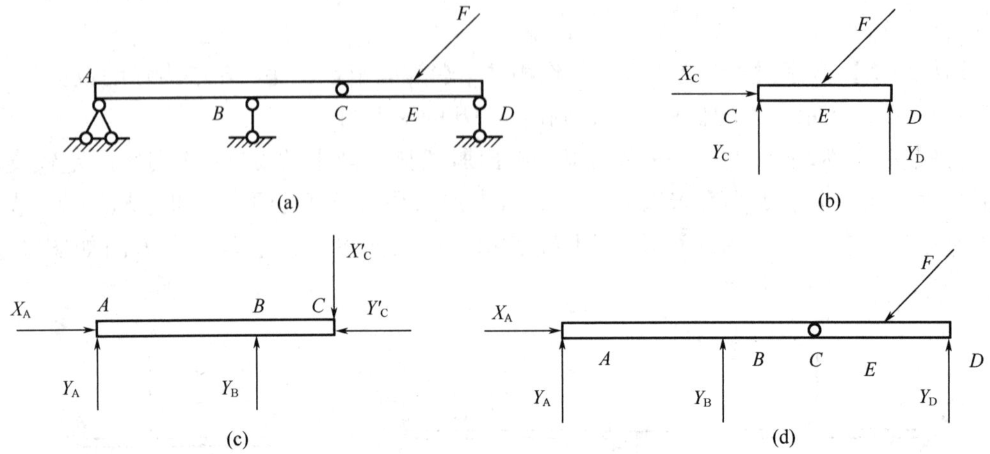

图 2－22　多跨静定梁的受力图

【解】①以梁 CD 为研究对象。梁 CD 上受到的主动力为已知力 F；D 处为可动铰支座，其约束反力是垂直于支承面的 Y_D，其指向假设为向上；C 处为铰接，其反力用两个相互垂直的分力 X_C 和 Y_C 表示，指向假设如图 2－22（b）所示。

②取梁 AC 为研究对象。A 处为固定铰支座，其反力可用 X_A 和 Y_A 表示；B 处为可动铰支座，其反力可用 Y_B 表示；C 处为铰接，其反力用两个互相垂直的分力 X'_C 和 Y'_C 表示（X'_C 和 X_C 大小相等，方向相反，Y_C 和 Y'_C 大小相等，方向相反）。梁 AC 的受力图如图 2－22（c）所示。

③取整梁 AD 为研究对象。此时，没有解除 AC 和 CD 两段梁之间的铰链约束，故其相互作用力不必画出。因此，作用在整梁上的力有主动力 F，A 处固定铰支座的约束反力 X_A 和 Y_A，B 和 D 两处的可动铰支座的约束反力 Y_B 和 Y_D，其受力图如图 2－22（d）所示。

【例 2－8】如图 2－23（a）所示的三铰拱 ABC，在拱 AC 上作用荷载 F，不计拱的自重试分别画出拱 AC、CB 以及整个系统的受力图。

【解】①拱 CB。因不计自重，拱 CB 为二力构件，则 $F_B = -F_C$，其受力图如图 2－23（b）所示。

②拱 AC。根据作用和反作用定律，在铰链 C 处受到拱 CB 施加的约束力 F'_C，且 $F'_C = -F_C$。在 A 处固定铰链支座施加的约束力，由于方向未定，可用两个大小未知的正交分力 F_{Ax} 和 F_{Ay} 表示。其受力图如图 2－23（c）所示。

另外，由于拱 AC 在 F、F'_C 和 F_A 三个力作用下平衡，也可根据三力平衡汇交定理，确定铰链 A 处约束力 F_A 的方向。其受力图如图 2－23（d）所示。

③整个系统。由于中间铰链 C 处所受的力是内力，它们成对出现，不影响系统的平衡，因而受力图上只需画出系统以外的物体施加于系统的外力。画出荷载 F，根据二力平衡条件确定 F_B 的作用线，A 处约束力用两个正交分力 F_{Ax} 和 F_{Ay} 表示（也可由三力平衡汇

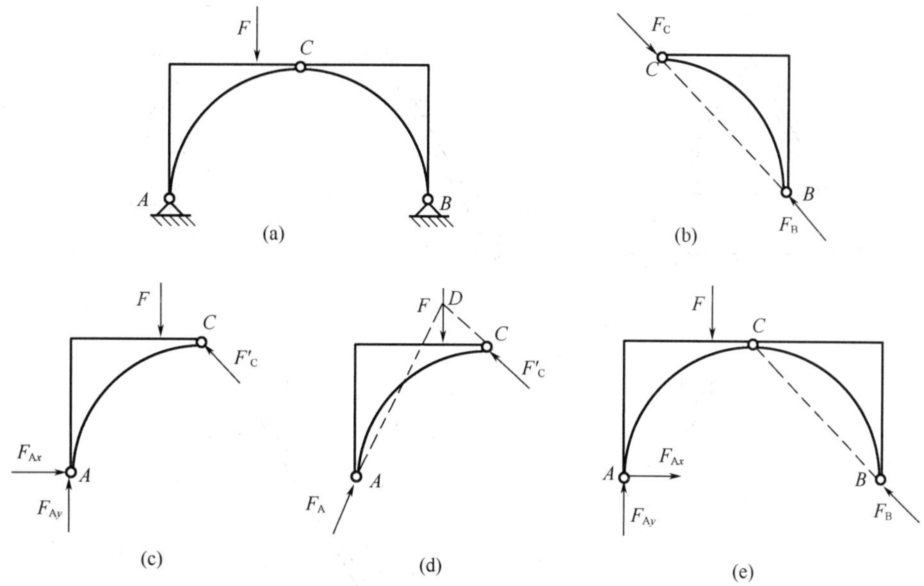

图 2－23　例 2－8 图

交定理确定 F_A的方位)。其受力图如图 2－23（e）所示。

若考虑左右两拱的自重，试作上述各研究对象的受力图。

【例 2－9】杆 AB 和 BC 在 B 处用铰链连接，在 B 处作用一力 F_1，在 H 处作用一力 F_2。杆 DE 分别用铰链与杆 AB 和 BC 相连，如图 2－24（a）所示。若不计各杆自重和摩擦，试分别画出杆 AB（连销钉 B）和杆 BC 的受力图。

【解】①杆 AB（连销钉 B)。外力 F_1直接作用在销钉 B 上，拆除的杆 BC 对销钉 B 施加的约束力，因方向未知，用两个正交分力 F_{Bx}和 F_{By}表示；地面为光滑接触面，杆 AB 的 A 端受到法向约束力 F_{NA}的作；杆 DE 是二力杆，受到沿杆轴线方向的力 F_D作用。因此，杆 AB（连销钉 B）的受力图如图 2－24（b）所示。

②杆 BC。杆 BC 的孔受到销钉施加的正交分力 F'_{Bx}、F'_{By}是杆 AB 上力 F_{Bx}、F_{By}的反作用力；C 处受到光滑接触面法向约束力 F_{NC}的作用；E 处受到沿二力杆 DE 轴线方向的力 F_E作用。杆 BC 的受力图如图 2－24（c）所示。

若考虑对杆 BC 应用三力平衡汇交定理，则杆 BC 和杆 AB（连销钉 B）的受力图分别如图 2－24（d)、图 2－24（e）所示。

综上所述，画受力图时应注意以下几点：

①明确研究对象。首先要明确画哪个物体的受力图，然后把与它相联系的所有约束去掉，单独画出它的简图。

②研究对象受的力要全部画出。在建筑力学中，除重力外，物体之间都是通过直接接触才会出现相互作用的力。因此，凡是研究对象与其他物体连接之处，一般都受到力的作用，千万不要遗漏。

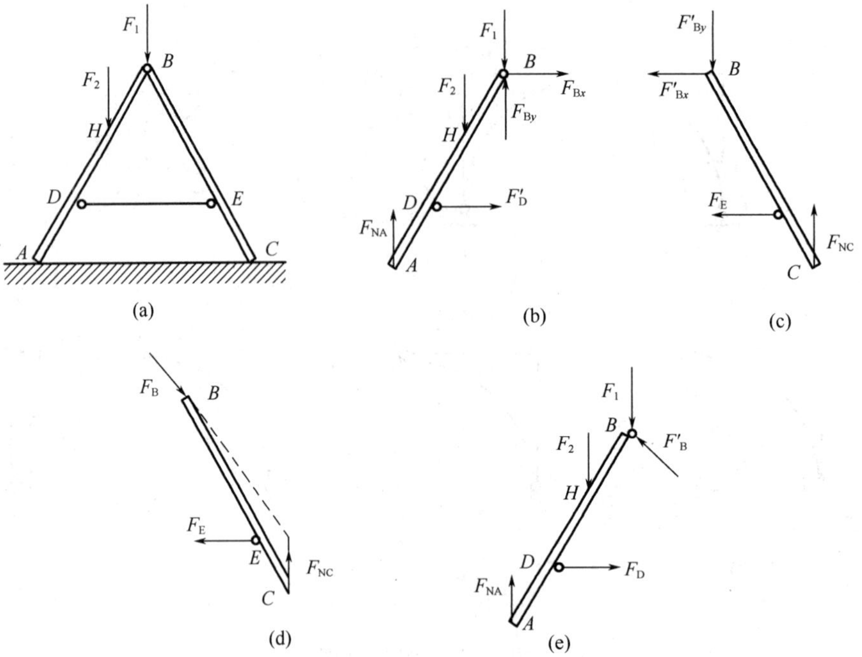

图 2-24 例 2-9 图

③主动力照原样画出即可。约束反力是由约束的性质和类型确定的，什么样的约束，必定产生什么样的约束反力，不能根据主动力的方向简单推断。

④注意作用力与反作用力关系。作用力的方向一旦确定，反作用力的方向必定与它相反，不能再随意假设。此外，在以几个物体构成的物体系统为研究对象时，系统中各物体间没有拆开约束的约束反力不必画出来。

⑤同一约束的反力，在各受力图中假设的指向必须一致。

注 意

作物体和物系的受力图时，一律只考虑研究对象之外的部分对研究对象的作用。

任务技能

1. 理解平面汇交力系的合成与分解，并完成任务习题。
2. 理解受力图的绘图原理，并完成任务习题。

任务习题

1. 已知 $F_1=200\text{N}$，$F_2=300\text{N}$，$F_3=100\text{N}$，$F_4=250\text{N}$，求下图所示平面汇交力系的合力。

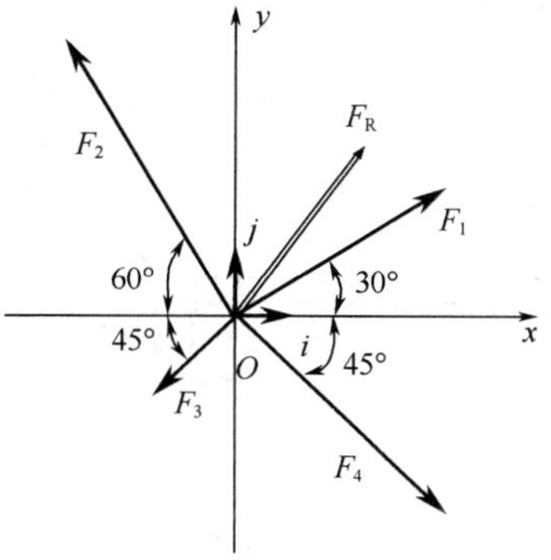

1 题图

2. 画出下图中各物体或构件的受力图。未画重力的物体，其重力均不计，所有接触处均为光滑接触。

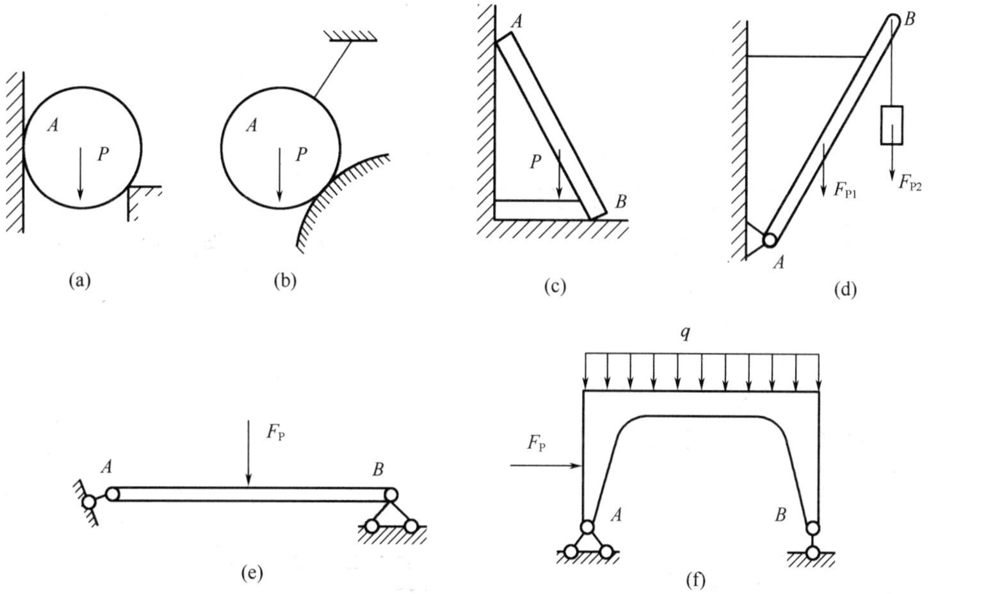

2 题图

3. 画出图中所示各物体的受力图（所有的接触面都是光滑的，凡未注明的重力不计）。

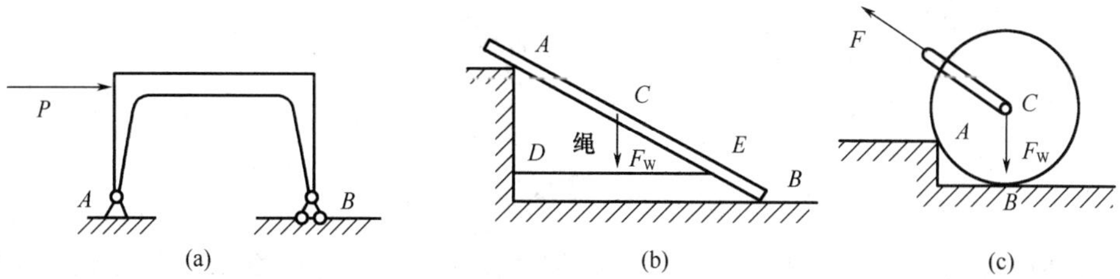

3 题图

4. 画出图中所示 AB 杆的受力图。

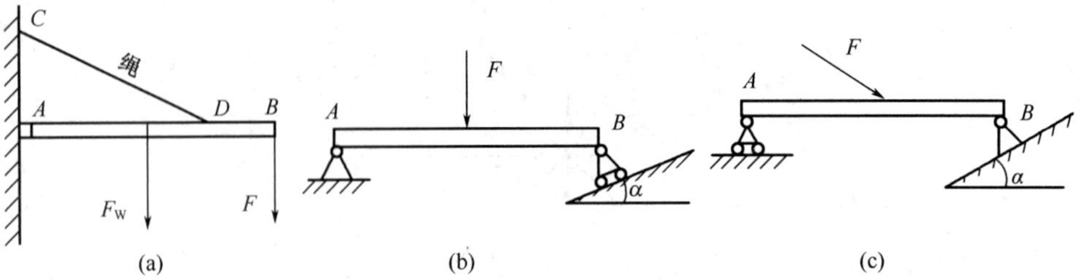

4 题图

5. 如图所示，已知 $F_1 = F_2 = F_3 = F_4 = F_5 = F_6$，$\alpha = 30°$，试分别求各力在坐标轴上的投影。

6. 如图所示，$F_1 = 10\text{N}$，$F_2 = 6\text{N}$，$F_3 = 8\text{N}$，$F_4 = 12\text{N}$。试求其合力。

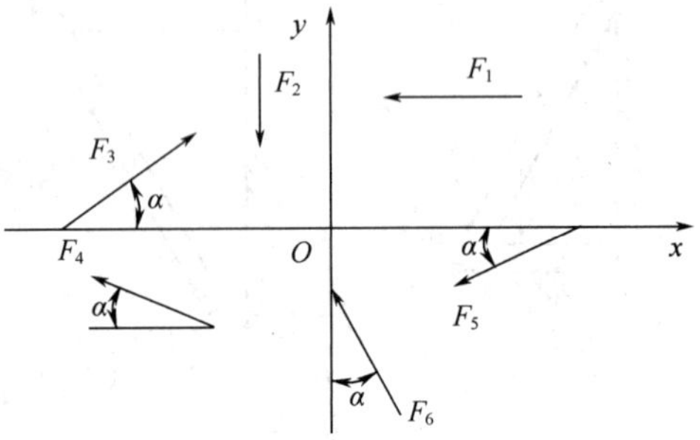

5 题图

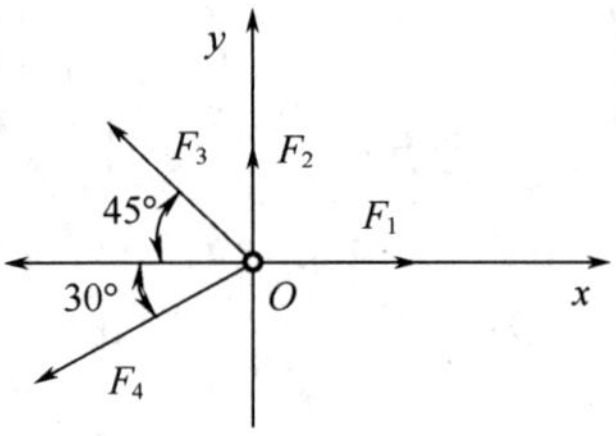

6 题图

7. 求图中各力对 O 点之矩。

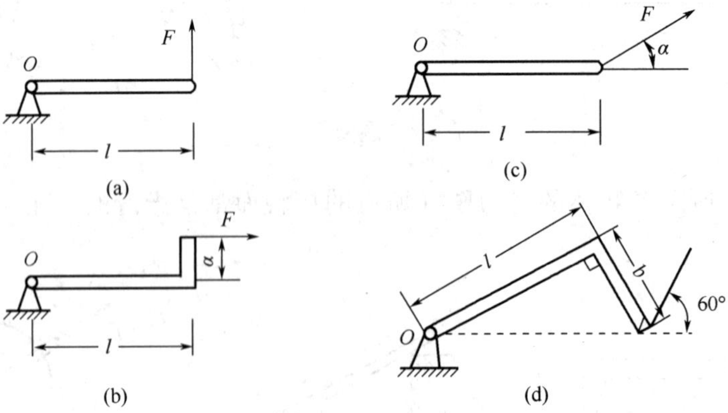

7 题图

8. 支架由杆 AB、AC 构成，A、B、C 处都是铰接，在 A 点处有铅垂重力 F_W，求图中所示三种情况下杆 AB、AC 的受力。

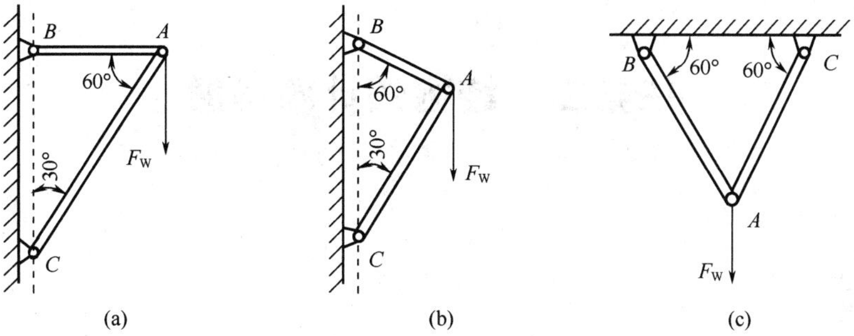

8 题图

任务二　结构的计算简图

任务导航

任务导言

计算简图是对结构构件进行受力分析、内力计算的基础，掌握了构件、支座及荷载的简化方式，才能对构件模型进行科学地简化，从而画出计算简图。

任务目标

掌握构件、支座及荷载的简化方式，画出常见的计算简图。

任务布置

通过对任务的学习和讲解，能够画出常见构件模型的计算简图。

任务分析

根据计算简图的常见简化方式，对构件模型进行简化作图。

知识导航

2.2.1　计算简图

在实际结构中，结构的受力和变形情况非常复杂，影响因素也很多，完全按实际情况进行结构计算是不可能的，而且计算过分精确，在工程实际中也是不必要的。为此，在进行结构力学分析之前，应首先将实际结构进行简化，即用一种力学模型来代替实际结构，它能反映实际结构的主要受力特征，同时又能使计算大大简化。这样的力学模型称为结构的计算简图。因此，力学所研究的并非结构实体，而是结构的计算简图。

（1）结构计算简图的选择原则

①反映结构实际情况——计算简图能正确反映结构的实际受力情况，使计算结果尽可能准确。

②分清主次因素——计算简图可以略去次要因素，使计算简化。计算简图的简化程度与结构构件的重要性、设计阶段、计算的复杂性及计算工具等许多工具有关。

（2）计算简图的简化方法

一般工程是由杆件、节点、支座三部分组成的。要想得出结构的计算简图，就必须对结构的各组成部分进行简化。

①结构、杆件的简化：一般的实际结构均为空间结构，而空间结构常常可分解为几个平面结构来计算。结构构件均可用其杆轴线来代替。

②结点的简化：杆系结构的结点，通常可分为铰结点和刚结点。

a. 铰结点的简化原则：铰结点上各杆间的夹角可以改变；各杆的铰结点既不承受也不传递弯矩，能承受轴力和剪力。其简化示意图如图 2－25（a）所示。

b. 刚结点的简化原则：刚结点上各杆间的夹角保持不变，各杆的刚结点在结构变形时转动同一角度；各杆的刚结点既能承受并传递弯矩，又能承受轴力和剪力。其简化示意图如图 2－25（b）所示。

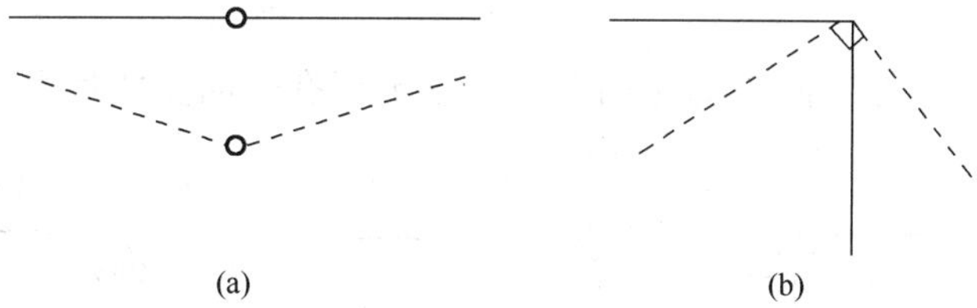

图 2－25　铰结点和刚结点的简化

③支座的简化：平面杆系结构的支座，常用的有以下三种。

a. 可动铰支座：杆端 A 沿水平方向可以移动，绕 A 点可以转动，但沿支座杆轴方向不能移动，如图 2－26（a）所示。

b. 固定铰支座：杆端 A 绕 A 点可以自由转动，但沿任何方向不能移动，如图 2－26（b）所示。

c. 固定端支座：A 端支座为固定端支座，使 A 端既不能移动，也不能转动，如图 2－26（c）所示。

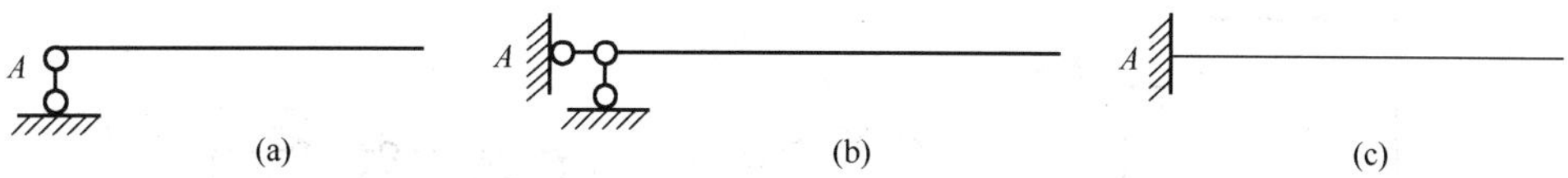

图 2－26　支座简化示意图

（a）可动铰支座　（b）固定铰支座　（c）固定端支座

④荷载的简化：荷载是主动作用丁结构上的外力，指的是使结构或构件产生内力和变形的外力及其他因素。或习惯上指施加在工程结构上使工程结构或构件产生效应的各种直接作用，常见的有：结构自重、楼面活荷载、屋面活荷载、屋面积灰荷载、车辆荷载、吊车荷载、设备动力荷载以及风、雪、裹冰、波浪等自然荷载。

结构上的荷载比较复杂，根据实际受力情况，通常可将荷载简化为集中荷载或分布荷载等。

⑤结构的平面简化：一般结构实际上都是空间结构，各部分互相联结成为一个空间整体，以便承受空间各个方向可能出现的荷载。在适当的条件下，根据受力状态和结构的特点，可以设法将空间结构分解为平面结构，这种简化称为结构的平面简化。这是结构简化时经常碰到的问题。

2.2.2 工程中常见结构的计算简图

平面杆系结构是本书分析的对象，按照它的构造和力学特征，可分为以下五类。

(1) 梁

梁是一种受弯构件，轴线常为一直线，可以是单跨梁，如图 2-27 (a)、图 2-27 (b) 和图 2-27 (c) 所示；也可以是多跨梁，如图 2-27 (d) 所示。其支座可以是固定铰支座、可动铰支座，也可以是固定端支座。工程中常见的单跨静定梁有三种形式：简支梁 [图 2-27 (a)]、悬臂梁 [图 2-27 (b)] 和外伸梁 [图 2-27 (c)]。

(2) 拱

拱的轴线为曲线，在竖向力的作用下，支座不仅有竖向支座反力，而且还存在水平

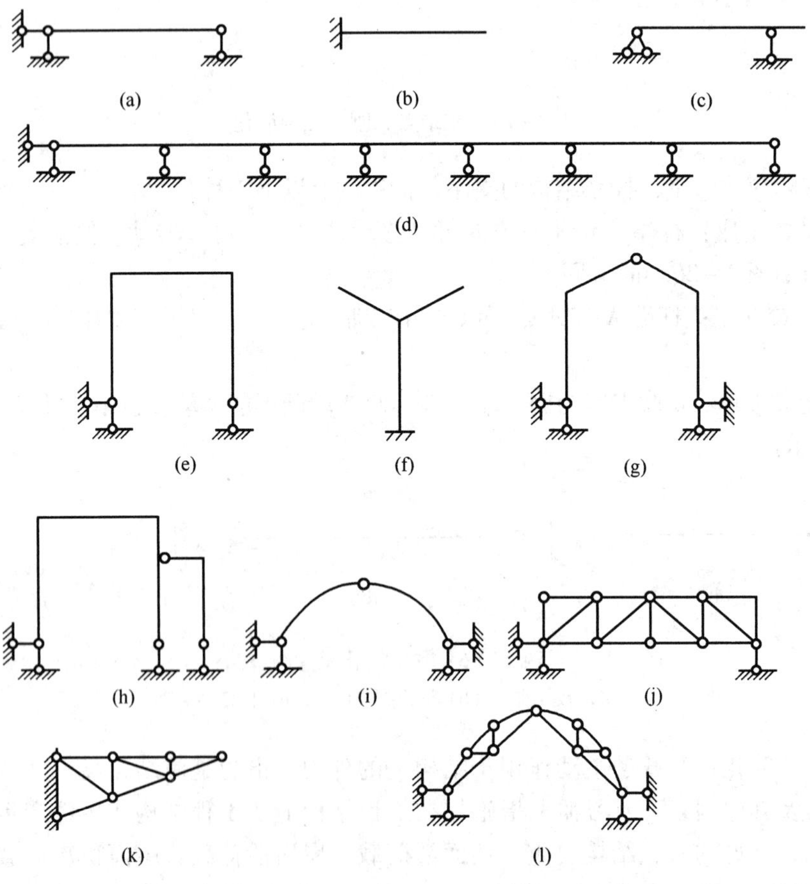

图 2-27 不同平面杆系结构简图

(a) 简支梁 (b) 悬臂梁 (c) 外伸梁 (d) 连续梁 (e) 简支刚架 (f) 悬臂刚架 (g) 三铰刚架 (h) 组合刚架 (i) 三铰拱 (j) 简支桁架 (k) 悬臂桁架 (l) 三铰拱式桁架

支座反力；拱内不仅存在剪力、弯矩，而且还存在轴力。由于支座水平反力的影响，拱内的弯矩往往小于同样条件下的梁的弯矩。三铰拱式结构如图 2－27（i）所示。

（3）刚架

刚架由梁、柱组成，梁、柱节点多为刚节点。在荷载作用下，各杆件的轴力、剪力、弯矩往往同时存在，但以弯矩为主。图 2－27（e）、图 2－27（g）、图 2－27（h）所示分别为简支刚架、悬臂刚架、三铰刚架和组合刚架。

（4）桁架

桁架是由若干杆件通过铰结点连接起来的结构，各杆轴线为直线，支座常为固定铰支座或可动铰支座。当荷载只作用于桁架节点上时，各杆只产生轴力。如图 2－27（j）、图 2－27（k）、图 2－27（l）所示分别为简支桁架、悬臂桁架、三铰拱式桁架。

（5）组合结构

组合结构即结构中一部分是链杆，一部分是梁或刚架，在荷载作用下，链杆中往往只产生轴力，而梁或刚架部分则同时还存在弯矩和剪力。

任务技能

结合结构简图的绘制原则，观察周围建筑的构件并尝试完成其计算简图，并完成任务习题。

任务习题

在下图所示的房屋结构，试将其各种结构构件进行力学简化，画出计算简图，并讨论各个构件的受力情况。

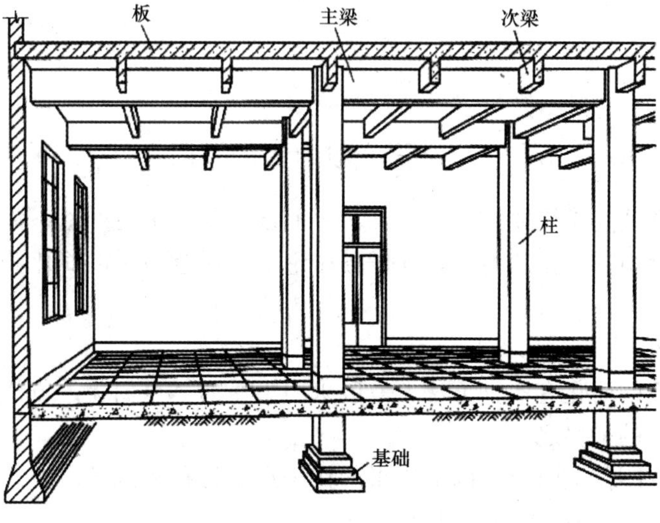

题图

任务三　静力平衡条件及构件支座反力计算

任务导航

任务导言

静力平衡条件的推导涉及多个基本力学概念，应在理解推导过程的基础上，重点掌握利用静力平衡条件进行构件支座反力计算的方法。

任务目标

能利用静力平衡条件进行构件支座反力的计算。

任务布置

根据所给的计算简图，进行受力分析并计算支座反力。

任务分析

明确研究对象，进行正确的受力分析，利用相关平衡公式，列方程求解。

知识导航

2.3.1　平面一般力系的平衡条件

在工程上常常遇到作用线在同一平面内，但彼此既不平行、也不汇交于一点的平面力系，这种力系称为平面任意力系。本任务讨论平面任意力系的简化和平衡条件以及工程应用。

（1）力的平移

平面任意力系的简化有多种方法，一般采用力系向一点简化的方法。在讲述这个方法以前，先引入力的平移定理。

定理：作用在刚体上的力可以从原来的作用点平行移动到任一点，但须附加一个力偶，附加力偶的矩等于原来的力对该点的矩。

证明：设在刚体上某点 A 作用一力 F_A。为了使这个力平移到刚体内任意给定的一点 B［图 2－28（a）］，而不改变对刚体的效应，可进行如下变换。

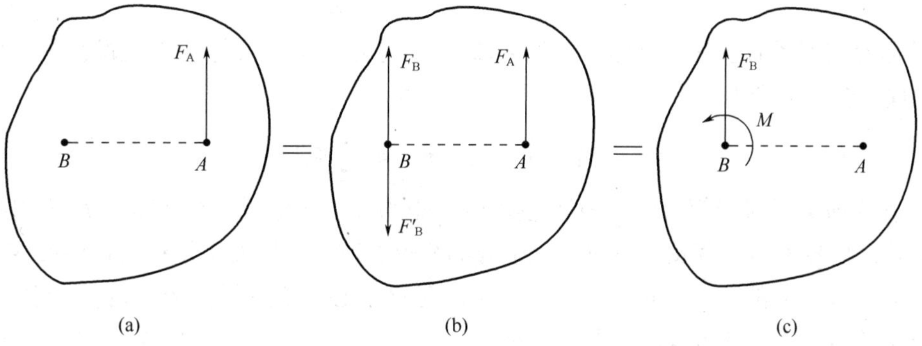

图 2－28　力的平移

在点 B 上加上一对与原来力 F_A 平行的平衡力 F_B、F'_B，且 $F_B=-F'_B=F_A$［图 2－28（b）］。显然，这样做并不改变原力系对刚体的作用效应。但是，现在刚体可看成受一个力 F_B 和一个力偶（F_A，F'_B）的作用，力偶（F_A，F'_B）的矩等于原力 F_A 对点 B 的矩 $M_B(F_A)$［图 2－28（c）］，即有

$$M=F_A\cdot\overline{AB}=M_B(F_A) \tag{2-18}$$

这个力偶称为附加力偶。

由此可见，可以把作用于刚体上点 A 的力平移到另一点 B，但同时需附加一个力偶。此外，由上述证明的逆过程可知，作用在同一平面内的一个力和力偶，可以用一个力来等效替换。

（2）平面力系向一点简化

在力系所在平面内任取一点 O 作为简化中心。应用力的平移定理，将各力平移至点 O，并各附加一力偶，于是得到一个作用于点 O 的平面汇交力系 F_1、F_2、…、F_n 和力偶矩为 M_1、M_2、…、M_n 的一个平面力偶系［图 2－29（b）］。因此平面任意力系的简化就转化为此平面汇交力系和平面力偶系的合成。将汇交力系及力偶系分别合成，就得到一个作用于点 O 的力 F'_R 和力偶矩为 M_O 的一个力偶［图 2－29（c）］。

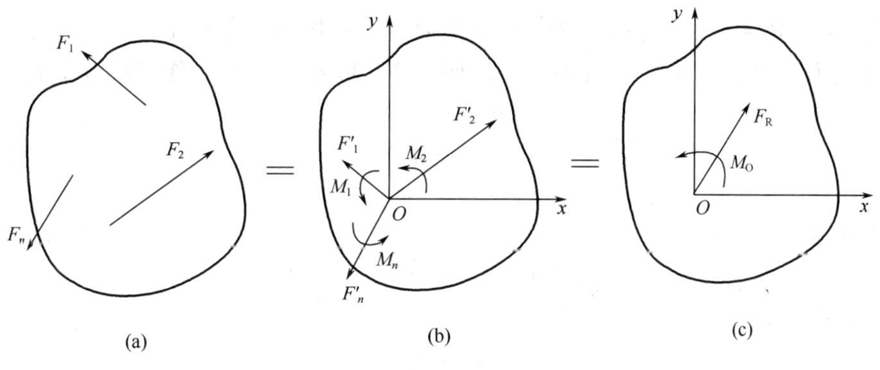

图 2－29　平面力系向一点简化

根据平面汇交力系合成的理论有

$$F'_R = F_1 + F_2 + \cdots + F_n = \sum_{i=1}^{n} F_n \tag{2-19}$$

F'_R称为该力系的主矢。显然，主矢 F'_R的大小与方向均与简化中心位置无关。另根据平面力偶系合成的理论有

$$M_O = M_1 + M_2 + \cdots + M_n = \sum_{i=1}^{n} M_O(F_i) \tag{2-20}$$

M_O称为该力系对于简化中心 O 的主矩。主矩与简化中心的位置有关，取不同的点为简化中心，则各力的力臂及各力对简化中心的矩也有改变，因而主矩一般也将改变。

为了计算主矢和主矩，可用解析法。通过简化中心 O 建立直角坐标 O_{xy}将主矢 F'_R及各力分别投影在两个直角坐标轴上，则有

$$F'_{Rx} = \sum F_{ix},\quad F'_{Ry} = \sum F_{iy} \tag{2-21}$$

$$F'_R = \sqrt{(\sum F_{ix})^2 + (\sum F_{iy})^2} \tag{2-22}$$

而力系对简化中心 O 的主矩的解析表达式为

$$M_O = \sum_{i=1}^{n} M_O(F_i) \tag{2-23}$$

由此得结论：平面任意力系可以简化为在任意选定的简化中心上作用的主矢及主矩，主矢与主矩是描述力系的两个特征量。显然，主矢与简化中心的选择无关；而主矩一般与简化中心的选择有关。即选择不同的简化中心时，所得主矢量的大小和方向相同，主矩一般不同。

（3）平面任意力系的简化结果

平面任意力系向一点简化，随着主矢 F'_R和主矩 M_O的不同，可能出现下列几种不同的情况：

①$F'_R=0$，$M_O=0$。力系平衡，将在后面内容中详细讨论这种情况。

②$F'_R=0$，$M_O\neq 0$。力系简化为合力偶，合力偶的力偶矩等于力系对简化中心 O 的主矩。这时，如把原力系向其他点简化，结果一样，即在这一情况下，力系的主矩与简化中心的位置无关。

③$F'_R\neq 0$，$M_O=0$。力系简化为合力，合力的作用线一定通过简化中心。

④$F'_R\neq 0$，$M_O\neq 0$。这时可以做进一步的简化，利用力的平移定理，可将主矢、主矩进一步简化为一个作用于另一点的合力，如图 2－30 所示。合力作用线与简化中心的距离为

$$d = \left|\frac{M_O}{F'_R}\right| \tag{2-24}$$

由上易得

$$M_O(F_R) = F_R \cdot d = F'_R \cdot d = M_O$$

又因为主矩为

$$M_O = \sum M_O(F_i)$$

所以

$$M_O(F_R) = \sum M_O(F_i) \tag{2-25}$$

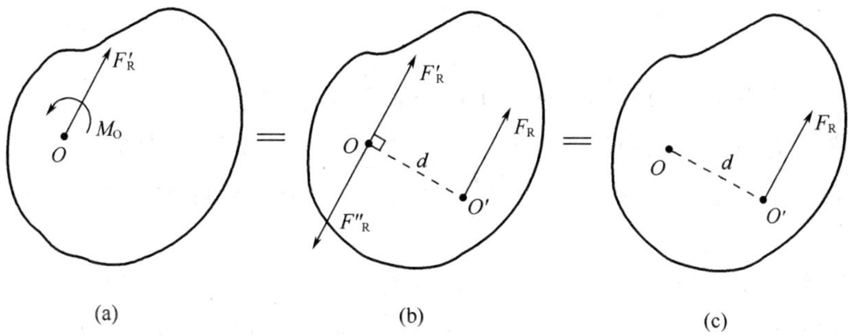

图 2－30　$F'_R \neq 0$，$M_O \neq 0$ 时可简化为一个力

式（2－25）即为平面任意力系的合力矩定理。即平面任意力系的合力，对于平面内任一点的矩等于各分力对于同一点之矩的代数和。

（4）平面一般力系的平衡条件

通过理论推导和证明，平面一般力系平衡的充分和必要条件是：力系中各力在两个任选的直角坐标轴上的投影的代数和分别等于零，各力对任意一点之矩的代数和也等于零。用数学式表述为：

$$\begin{cases} \sum F_x = 0 \\ \sum F_y = 0 \\ \sum M_O(F) = 0 \end{cases} \tag{2-26}$$

以上三个方程称为平面一般力系的平衡方程，前两个为投影方程，后一个为力矩方程。这三个方程是完全独立的，利用这三个方程能够并且最多只能求解三个未知量。

此外平面一般力系的平衡方程还可以表示为二力矩－投影形式和三力矩形式。二力矩－投影形式为：

$$\begin{cases} \sum F_x = 0 \\ \sum M_A(F) = 0 \\ \sum M_B(F) = 0 \end{cases} \tag{2-27}$$

附加条件是 x 轴不垂直于 A、B 的连线。

三力矩形式为：

$$\begin{cases} \sum M_A(F) = 0 \\ \sum M_B(F) = 0 \\ \sum M_C(F) = 0 \end{cases} \tag{2-28}$$

式中 A、B、C 为不共线的任意三点。

（5）平面力系平衡的特例

根据平面一般力系的平衡条件可以得出平面特殊力系的平衡条件。

①平面汇交力系：如果平面汇交力系中的各力作用线都汇交于一点 O，则式中 $\sum M_O(F) = 0$，即平面汇交力系的平衡条件为力系的合力为零，其平衡方程为：

$$\begin{cases}\sum F_x = 0\\ \sum F_y = 0\end{cases} \tag{2-29}$$

平面汇交力系有两个独立的方程，可以求解两个未知量。

②平面平行力系：力系中各力在同一平面内，且彼此平行的力系称为平面平行力系。它是平面一般力系的特殊情况，利用平面一般力系的平衡条件不难得出平面平行力系的平衡条件。

设有作用在物体上的一个平面平行力系，取 x 轴与各力垂直，则各力在 x 轴上的投影恒等于零，即 $\sum F_x \equiv 0$。因此，根据平面一般力系的平衡方程可以得出平面平行力系的平衡方程

$$\begin{cases}\sum F_y = 0\\ \sum M_O(F) = 0\end{cases} \tag{2-30}$$

同理，利用平面一般力系平衡的二力矩－投影形式，可以得出平面平行力系平衡方程的又一种形式：

$$\begin{cases}\sum M_A(F) = 0\\ \sum M_B(F) = 0\end{cases} \tag{2-31}$$

注意，式中 A、B 连线不能与力平行。平面平行力系有两个独立的方程，所以也只能求解两个未知量。

③平面力偶系：在物体的某一平面内同时作用有两个或者两个以上的力偶时，这群力偶就称为平面力偶系。

由于力偶在坐标轴上的投影恒等于零，因此平面力偶系的平衡条件为：平面力偶系中各个力偶的代数和等于零，即：

$$\sum m = 0 \tag{2-32}$$

平面力偶系的平衡方程只有一个，只能求解一个未知量。但是对于平面力偶系来讲，最重要的是力偶只能与力偶保持平衡，因此应注意进行分析。

2.3.2 构件的支座反力计算

对建筑结构而言，外力包括荷载和支座反力等，荷载往往是已知的，而支座反力则是未知的外力。利用静力平衡方程可以求出支座反力，其具体步骤如下：

①解除支座，用支座反力来代替。不同的支座所能提供的支座反力会有所不同。

②画脱离体图，将荷载和未知的支座反力分别标出。

③列静力平衡方程，求解支座反力。

④用未使用的静力平衡方程对求解结果进行校核。

【例 2－10】图 2－31（a）为一外伸梁的计算简图，试求梁的支座反力。

【解】设支座反力为 R_A 与 R_B，其方向均假设为向上，画脱离体图如图 2－31（b）所示。本题力矩以顺时针方向为正，力以向上为正。

对 B 点取矩，由 $\sum M_B = 0$ 得：

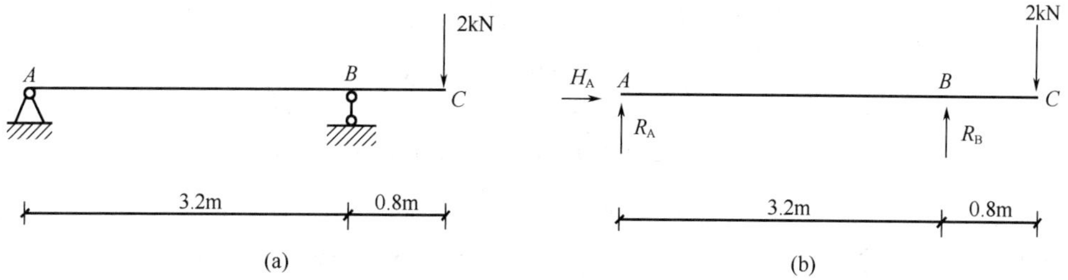

图 2-31　例 2-10 图

$$-R_A \times 3.2 - 2 \times 0.8 = 0$$

解上述方程得：$R_A = -0.5\text{kN}$

求得负值说明力的实际方向与假设的方向相反，因此 R_A 是向下的 0.5kN。

由 $\sum M_A = 0$ 可知：

$$3.2 \times R_B - 2 \times 4 = 0$$

$$R_B = 2.5\text{kN}$$

可以用 $\sum Y = 0$ 对计算结果进行验证：

$$R_A + R_B - 2 = -0.5 + 2.5 - 2 = 0$$

上式满足平衡条件，说明求得的结果正确。

这里需要注意的是支座反力的方向：首先对支座反力假设一个方向，待静力平衡方程求解完毕，如果所求得的结果为正，则说明支座反力的方向与假设的方向相同，如果所求得的结果为负，则说明支座反力的方向与假设的方向相反。

在列静力平衡方程时，对方向的正负没有一定之规，因为它们本身是方程，左右相等。但是通常我们习惯于在列 $\sum X = 0$ 时以向右为正，列 $\sum Y = 0$ 时以向上为正，列 $\sum M_O = 0$ 时以逆时针方向为正。

【例 2-11】求图 2-32 所示简支桁架的支座反力。

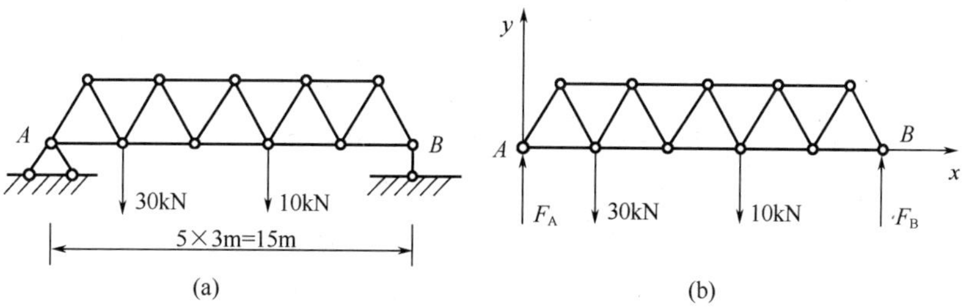

图 2-32　例 2-11 图

【解】(1) 取整个桁架为研究对象。

(2) 画受力图［图 2-32 (b)］。桁架上有集中荷载及支座 A、B 处的反力 F_A、F_B，它们组成平面平行力系。

（3）选取坐标系，列方程求解：

$$\sum M_B = 0,\quad 30\times12+10\times6-F_A\times15=0$$

$$F_A=\frac{360+60}{15}=28\text{kN}(\uparrow)$$

$$\sum F_y=0,\quad F_A+F_B-30-10=0$$

$$F_B=40-28=12\text{kN}(\uparrow)$$

校核 $\sum M_A = F_B\times15-30\times3-10\times9=12\times15-90-90=0$

说明计算无误。

物体实际发生相互作用时，其作用力是连续分布作用在一定体积和面积上的，这种力称为分布力，也叫分布荷载。例如，物体的重量、水的压力等，如果荷载是连续分布在一个狭长的体积或面积上，则可简化为沿其中心线连续分布的荷载，称为线荷载。

单位长度上分布的线荷载大小称为荷载集度，其单位为 N/m（牛/米），如果荷载集度为常量，即称为均匀分布荷载，简称均布荷载。

对于均布荷载可以进行简化计算：认为其合力的大小为 $F_q=ql$，l 为分布荷载作用的长度，合力作用于受载长度的中点。

【例 2-12】求图 2-33 所示梁支座的反力。

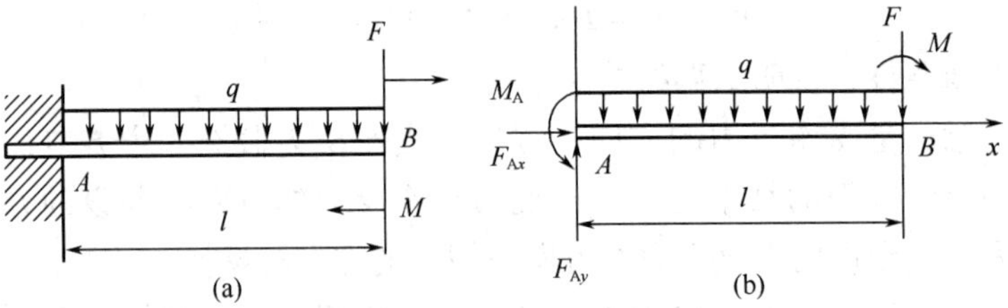

图 2-33 例 2-12 图

【解】（1）取梁 AB 为研究对象。

（2）画出受力图［图 2-33（b）］。桁架上有集中荷载 F、均布荷载 q 和力偶 M 以及支座 A、B 处的反力 F_{Ax}、F_{Ay} 和 M_A。

（3）选取坐标系，列方程求解

$$\sum F_x=0\qquad F_{Ax}=0$$

$$\sum M_A=0\qquad M_A-M-Fl-ql\times\frac{l}{2}=0$$

$$M_A=M+Fl+\frac{1}{2}ql^2=0$$

$$\sum F_y=0\qquad F_{Ay}-ql-F=0$$

$$F_{Ay}=F+ql$$

以整体为研究对象，校核计算结果：

$$\sum M_B=F_{Ay}l+M-M_A-\frac{1}{2}ql^2=(F+ql)l+M-(M+Fl+\frac{1}{2}ql^2)-\frac{1}{2}ql^2=0$$

说明计算无误。

任务技能

巩固支座反力的计算流程，完成任务习题。

任务习题

1. 某厂房柱高 9m，柱上段 BC 重 $F_{W1}=8\text{kN}$，下段重 $F_{W2}=37\text{kN}$，柱顶水平力 $F=6\text{kN}$，各力的作用如图所示，试求 O 处的约束反力。

2. 试求图所示支架中各支承点的约束反力。已知物重 $F_W=5\text{kN}$，支架自重不计。

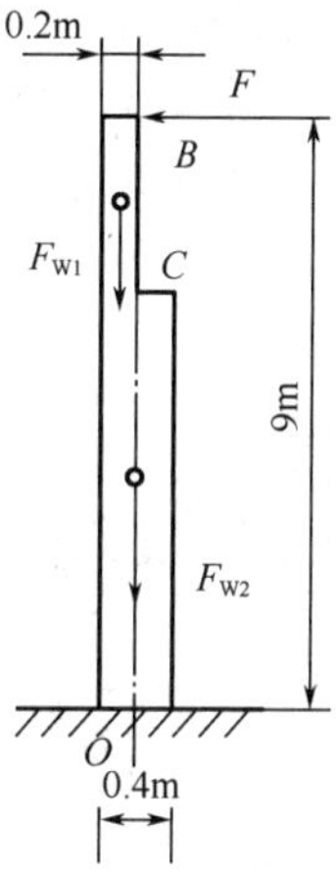

1 题图

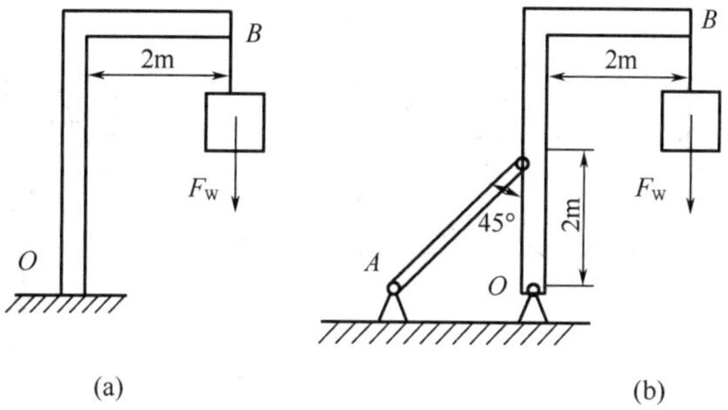

2 题图

3. 已知：$F=400\text{N}$，$a=1\text{m}$，$M=100\text{N}\cdot\text{m}$，$q=1000\text{N/m}$，求图所示各梁的支座反力。

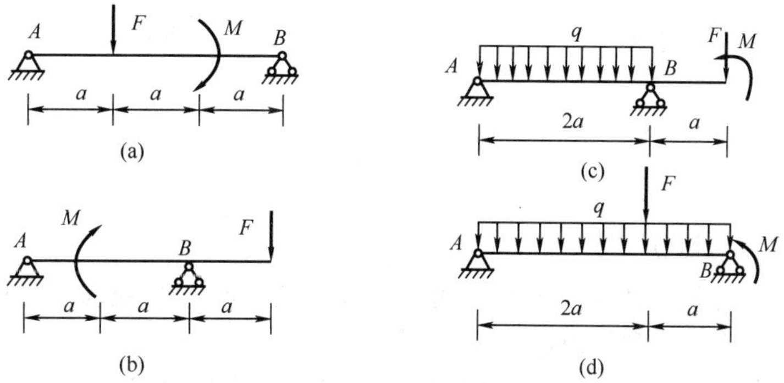

3 题图

4. 求图所示刚架的支座反力。

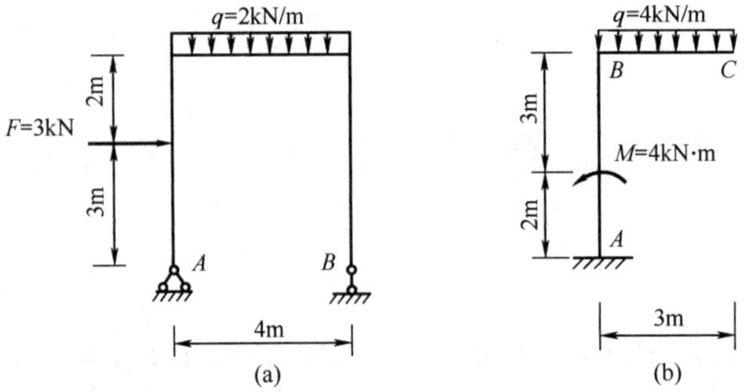

4 题图

5. 求图所示悬臂梁 A 处的约束反力。

6. 如图所示的起重机的机身自重 $F_{W1}=500\text{kN}$，其中力的作用线距右轨 1.5m，起重机的起重量 $F_{W2}=250\text{kN}$，凸臂伸出离右轨 10m，要使跑车满载或空载时任何位置起重机都不会翻倒，求平衡锤的最小重量 F_{W3} 以及平衡锤到左轨的距离 x。跑车重量略去不计。

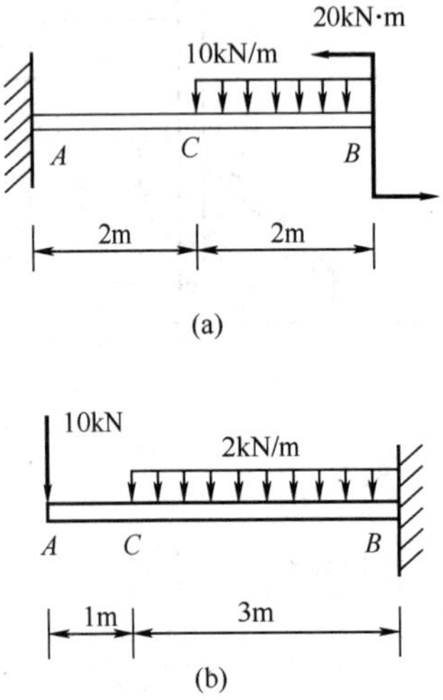

5 题图

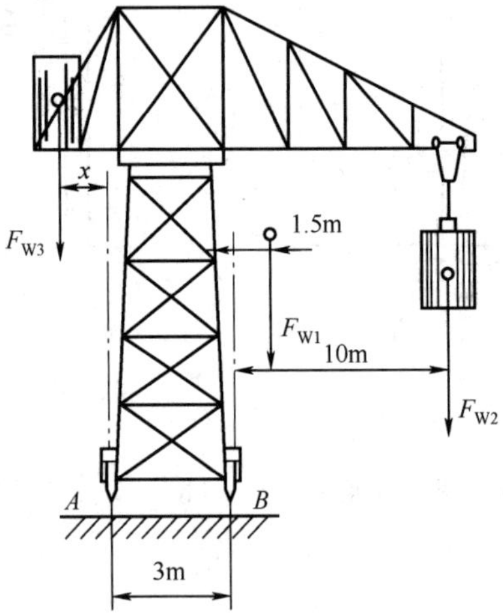

6 题图

项目小结

（1）静力学基本概念

力是物体之间的相互作用，这种作用使物体的运动状态改变或者使物体发生变形。力的三要素：大小、方向和作用点。

约束是阻碍物体运动的限制物，约束反力的方向与限制物体运动的方向相反。

（2）静力学公理

作用与反作用公理说明了物体之间的相互关系。

二力平衡公理阐述了二力作用下的平衡条件。

加减平衡力系公理是力系等效的基础。

力的平行四边形法则是力的合成的规律。

(3) 平面一般力系的平衡条件

①平面一般力系平衡的充分和必要条件：平面一般力系中各力在两个任选的直角坐标轴上的投影的代数和分别等于零，以及各力对任意一点之矩的代数和也等于零。

用数学公式表达为：

$$\begin{cases} \sum F_x = 0 \\ \sum F_y = 0 \\ \sum M_O(F) = 0 \end{cases}$$

二力矩－投影形式为：

$$\begin{cases} \sum F_x = 0 \\ \sum M_A(F) = 0 \\ \sum M_B(F) = 0 \end{cases}$$

附加条件是 x 轴不垂直于 A、B 的连线。

三力矩形式为：

$$\begin{cases} \sum M_A(F) = 0 \\ \sum M_B(F) = 0 \\ \sum M_C(F) = 0 \end{cases}$$

式中 A、B、C 应不共线。

②平面力系平衡的特例：平面汇交力系的平衡条件为力系的合力为零，其平衡方程为：

$$\begin{cases} \sum F_x = 0 \\ \sum F_y = 0 \end{cases}$$

平面平行力系的平衡方程为：

$$\begin{cases} \sum F_y = 0 \\ \sum M_O(F) = 0 \end{cases}$$

平面力偶系中各个力偶的代数和等于零，即

$$\sum m = 0$$

(4) 物体平衡问题的解题步骤

①选取研究对象，研究对象上应有主动力和待求力。

②画受力图。

③依照受力图的特点选取坐标系，坐标轴应与未知力平行或垂直，矩心在未知力的交点处，列方程求解。

④校核计算结果。

(5) 胡克定律

在一定限度内，应力与应变成正比。

项目三　建筑结构的基本知识

项目导读

建筑结构最常见的即为钢筋混凝土结构。钢筋与混凝土结合使用，是由于两者的性质决定了两者能够很好地在一起工作。关于结构的材料确定，是由结构的受力决定的，极限状态即为我们考虑的一个临界状态。

学习目标

掌握钢筋混凝土材料的力学性质
理解钢筋和混凝土能够在一起共同工作的原因
知道结构极限状态设计方法的原理及方法

任务一　钢筋混凝土材料的力学性质

任务导航

任务导言

钢筋与混凝土的物理力学性能以及共同工作的特性直接影响混凝土结构和构件的性能，也是混凝土结构计算理论和设计方法的基础。本部分讲述钢筋与混凝土的主要物理力学性能以及混凝土与钢筋的黏结。

任务目标

掌握混凝土与钢筋的力学性质，理解混凝土与钢筋能在一起共同工作的原因。

任务布置

回顾建筑材料的相关知识，理解混凝土与钢筋能在一起共同工作的原因，理解结构极限状态设计方法。

任务分析

钢筋与混凝土能在一起共同工作的原因是两者能够优势互补，结构极限状态设计的基本思路是保证在较大荷载下不影响结构在有效期内的安全性、适用性。

知识导航

3.1.1　混凝土材料的力学性质

普通混凝土是由水泥、砂、石用水拌和硬化后形成的人工石材，是多相复合材料。混凝土中的砂、石与水泥胶体中的晶体、未水化的水泥颗粒组成了错综复杂的弹性骨架，主要承受外力，并使混凝土具有弹性变形的特点。而水泥胶体中的凝胶、孔隙和界面初始微裂缝等，在外力作用下使混凝土产生塑性变形。同时，混凝土中的孔隙、界面微裂缝等缺陷又往往是混凝土受力破坏的起源。在荷载作用下，微裂缝的扩展对混凝土的力学性能有着极为重要的影响。由于水泥胶体的硬化过程需要多年才能完成，所以混凝土的强度和变形也随时间逐渐增长。

（1）混凝土的抗压强度

①混凝土的立方体抗压强度和强度等级：立方体试件的强度比较稳定，所以我国把立方体强度值作为混凝土强度的基本指标，并把立方体抗压强度作为评定混凝土强度等级的标准。我国国家标准《普通混凝土力学性能试验方法标准》（GB/T 50081—2002）规定以边长为150mm的立方体为标准试件，标准立方体试件在（20±2）℃的温度和相对湿度95%以上的潮湿空气中养护28d，按照标准试验方法测得的抗压强度作为混凝土的立方体抗压强度，单位为MPa。《混凝土结构设计规范》规定混凝土强度等级应按立方体抗压强度标准值确定，用符号$f_{cu,k}$表示。即用上述标准试验方法测得的具有95%保证率的立方体抗压强度作为混凝土的强度等级。《混凝土结构设计规范》规定的混凝土强度等级有C15、C20、C25、C30、C35、C40、C45、C50、C55、C60、C65、C70、C75和C80，共14个等级。例如，C30表示立方体抗压强度标准值为30MPa。其中，C50～C80属高强度混凝土范畴。

《混凝土结构设计规范》规定，钢筋混凝土结构的混凝土强度等级不应低于C15；当采用HRB335级钢筋时，混凝土强度等级不宜低于C20；当采用HRB400级和RRB400级钢筋以及承受重复荷载的构件，混凝土强度等级不得低于C20。预应力混凝土结构的混凝土强度等级不应低于C30；当采用钢绞线、钢丝、热处理钢筋作预应力钢筋时，混凝土强度等级不宜低于C40。

混凝土的立方体强度与成型后的龄期有关。如图3－1所示，混凝土的立方体抗压强度随着成型后混凝土的龄期逐渐增长，增长速度开始较快，后来逐渐缓慢，强度增长过程往往要延续几年甚至数十年，潮湿环境比干燥环境往往延续更长。

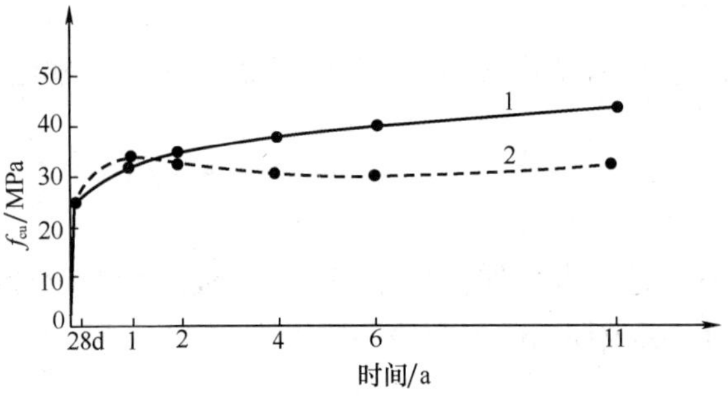

图3－1　混凝土立方体强度随龄期的变化

1—在潮湿环境下　2—在干燥环境下

②混凝土的轴心抗压强度：混凝土的抗压强度与试件的形状有关，采用棱柱体比立方体能更好地反映混凝土的实际抗压能力。用混凝土棱柱体试件测得的抗压强度称轴心抗压强度。我国《普通混凝土力学性能试验方法标准》规定以150mm×150mm×300mm的棱柱体作为混凝土轴心抗压强度试验的标准试件。棱柱体试件与立方体试件的制作条件相同。由于棱柱体试件的高度越大，试验机压板与试件之间摩擦力对试件高度中部的横向变形的约束影响越小，所以棱柱体试件的抗压强度都比立方体的强度值小，并且棱柱体试件高宽比越大，强度越小。但是，当高宽比达到一定值后，这种影响就不明显了。根据资料，一般认为试件的高宽比为2～3时，可以基本消除上述因素的影响。

《混凝土结构设计规范》规定以上述棱柱体试件试验测得的具有95%保证率的抗压强度为混凝土轴心抗压强度标准值，用符号f_{ck}表示。试验结果表明，混凝土的轴心抗压强度标准值大约是混凝土立方体抗压强度标准值的0.88倍。

国外常采用混凝土圆柱体试件来确定混凝土轴心抗压强度。例如美国、日本和欧洲混凝土协会（CEB）系采用直径6in（152mm）、高12in（305mm）的圆柱体标准试件的抗压强度作为轴心抗压强度的指标。

（2）混凝土的轴心抗拉强度

抗拉强度是混凝土的基本力学指标之一，也可用它间接地衡量混凝土的冲切强度等其他力学性能。混凝土的轴心抗拉强度可以采用直接轴心受拉的试验方法来测定。但是，由于混凝土内部的不均匀性，加之安装试件的偏差等原因，准确测定抗拉强度是很困难的。所以，国内外也常用如图3－2所示的圆柱体或立方体的劈裂试验来间接测试混凝土的轴心抗拉强度。试验表明，劈裂抗拉强度略大于直接受拉强度，劈拉试件的大小对试验结果也有一定影响；在数值上轴心抗拉强度只有立方抗压强度的1/17～1/8，混凝土强度等级越高，这个比值越小，见表3－1。

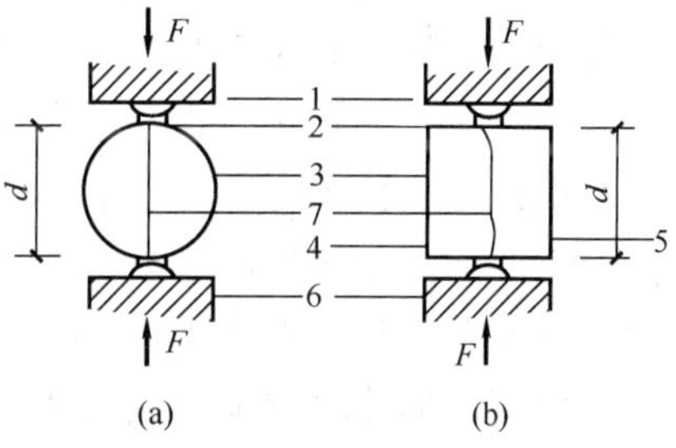

图3－2　混凝土劈裂试验示意图

（a）用圆柱体进行劈裂试验　（b）用立方体进行劈裂试验

1—压力机上压板　2—弧形垫条及垫层各一条　3—试件

4—浇模顶面　5—浇模底面　6—压力机下压板

7—试件破裂线

表3－1　混凝土强度设计值　单位：MPa

强度种类	混凝土强度等级													
	C15	C20	C25	C30	C35	C40	C45	C50	C55	C60	C65	C70	C75	C80
f_c	7.2	9.6	11.9	14.3	16.7	19.1	21.1	23.1	25.3	27.5	29.7	31.8	33.8	35.9
f_t	0.91	1.10	1.27	1.43	1.57	1.71	1.80	1.89	1.96	2.04	2.09	2.14	2.18	2.22

（3）混凝土的变形

混凝土变形一般有受力变形、体积变形两种。在一次短期加载、荷载长期作用和多次重复荷载作用下混凝土产生的变形称为受力变形。由于硬化过程中的收缩以及温度和湿度变化引起混凝土的变形称为体积变形。变形是混凝土的一个重要力学性能。

①一次短期加载下混凝土的变形性能：混凝土受压时的应力－应变关系是混凝土最基本的力学性能之一。一次短期加载是指荷载从零开始单调增加至试件破坏，也称单调加载。图3－3为实测的典型混凝土棱柱体受压应力－应变曲线。试

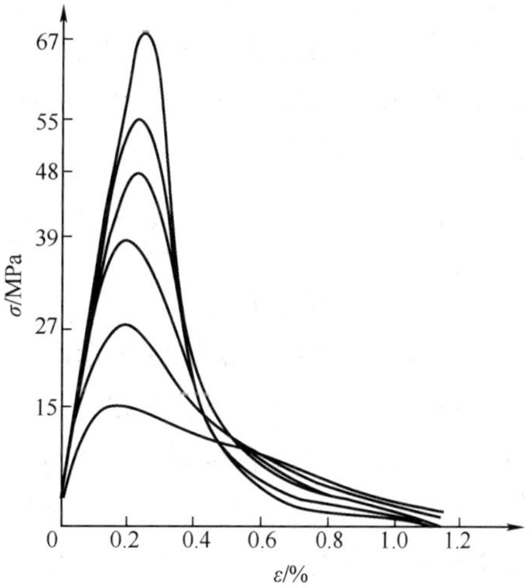

图3－3　不同强度的混凝土的应力－应变曲线比较

验表明，低强度混凝土的下降比较明显，延性较长且平缓；高强度混凝土的下降段则短而陡，可见高强度混凝土的延性比低强度混凝土的低。

②荷载长期作用下混凝土的变形性能：结构或材料承受的荷载或应力不变，而应变或变形随时间增长的现象称为徐变。混凝土的徐变特性主要与时间参数有关。一般情况下，徐变开始增长较快，以后逐渐减慢，经过较长时间后就逐渐趋于稳定。徐变应变值为瞬时应变的 1 ~4 倍。

试验表明，混凝土的徐变与混凝土的应力大小有着密切的关系。应力越大徐变也越大，随着混凝土应力的增加，混凝土徐变将发生不同的情况。当混凝土应力较小时，徐变与应力成正比，这种情况称为线性徐变。在线性徐变的情况下，加载初期徐变增长较快，6 个月时，一般已完成徐变的大部分，后期徐变增长逐渐减小，一年以后趋于稳定，一般认为 3 年左右徐变基本终止。

试验还表明，加载时混凝土的龄期越早，徐变越大。此外，混凝土的组成成分对徐变也有很大影响。水泥用量越多，徐变越大；水灰比越大，徐变也越大。骨料越坚硬，混凝土的徐变越小。此外，混凝土的制作方法、养护条件，特别是养护时的温度和湿度对徐变也有重要影响，养护时温度高，湿度大，水泥水化作用充分，徐变越小。而受到荷载作用后所处的环境温度越高，湿度越低，则徐变越大。构件的形状、尺寸也会影响徐变值，大尺寸试件内部失水受到限制，徐变减小。

徐变对混凝土结构和构件的工作性能有很大的影响。由于混凝土的徐变，使构件的变形增加，在钢筋混凝土截面中引起应力重分布。在预应力混凝土结构中会造成预应力损失。

③混凝土在重复荷载作用下的变形（疲劳变形）：混凝土在重复荷载即多次重复加载卸载作用下的强度与变形，与一次加载不同。重复荷载作用下引起的破坏称为疲劳破坏。疲劳破坏现象大量存在于工程结构中，钢筋混凝土吊车梁受到重复荷载的作用，钢筋混凝土道桥受到车辆振动的影响等都属于疲劳破坏现象。

试验表明，混凝土棱柱体试件在多次加载、卸载作用下，应力 - 应变曲线的环形会越来越密合，经过多次重复，这个曲线就密合成一条直线。当荷载重复到某一定次数时，混凝土试件会因严重开裂或变形过大而导致破坏。疲劳破坏的特征是裂缝小而变形大。

3.1.2 钢筋的力学性质

（1）钢筋的品种和级别

混凝土结构中使用的钢材按化学成分，可分为碳素钢及普通低合金钢两大类。碳素钢除含有铁元素外还含有少量的碳、硅、锰、硫、磷等元素。根据含碳量的多少，碳素钢又可以分为低碳钢（含碳量 $<0.25\%$）、中碳钢（含碳量 $0.25\% \sim 0.6\%$）和高碳钢（含碳量 $0.6\% \sim 1.4\%$），含碳量越高强度越高，但是塑性和可焊性会降低。普通低合金钢除碳素钢中已有的成分外，再加入少量的硅、锰、钛、钒、铬等合金元素，加入这些元素后可以有效地提高钢材的强度和改善钢材的其他性能。目前我国普通低合金钢按加入元素种类有以下几种体系：

锰系（20MnSi、25MnSi）、硅钒系（$40Si_2MnV$、45SiMnV）、硅钛系（$45Si_2MnTi$）、硅锰系（$40Si_2Mn$，$48Si_2Mn$）、硅铬系（$45Si_2Cr$）。

《混凝土结构设计规范》规定，用于钢筋混凝土结构的国产普通钢筋可使用热轧钢筋。用于预应力混凝土结构的国产预应力钢筋可使用消除应力钢丝、螺旋肋钢丝、刻痕钢丝、钢绞线，也可使用热处理钢筋。

热轧钢筋是低碳钢、普通低合金钢在高温状态下轧制而成。热轧钢筋为软钢，其应力应变曲线有明显的屈服点和流幅，断裂时有“颈缩”现象，伸长率比较大。热轧钢筋根据其力学指标的高低，分为 HPB300（Q300）级（Ⅰ级，符号 ϕ），HRB335 级（Ⅱ级，符号Φ），HRB400 级（Ⅲ级，符号Φ）和 RRB400 级（余热处理Ⅲ级，符号Φ_R）四个种类。Ⅰ级钢筋的强度最低，Ⅱ级钢筋的次之，Ⅲ级钢筋的最高。钢筋混凝土结构中的纵向受力钢筋宜优先采用 HRB400 级和 HRB335 级钢筋。

消除应力钢丝是将钢筋拉拔后，校直，经中温回火消除应力并稳定化处理的光面钢丝。螺旋肋钢丝是以普通低碳钢或低合金钢热轧的圆盘条为母材，经冷轧减径后在其表面冷轧成二面或三面有月牙肋的钢筋。光面钢丝和螺旋肋钢丝按直径可分为 $\phi4$、$\phi5$、$\phi6$、$\phi7$、$\phi8$ 和 $\phi9$ 六个级别。

刻痕钢丝是在光面钢丝的表面上进行机械刻痕处理，以增加与混凝土的黏结能力。钢绞线是由多根高强钢丝捻制在一起经过低温回火处理清除内应力后而制成，分为 2 股、3 股和 7 股三种。

热处理钢筋是将特定强度的热轧钢筋再通过加热、淬火和回火等调质工艺处理的钢筋。热处理后钢筋强度能得到较大幅度的提高，而塑性降低并不多。热处理钢筋是硬钢。其应力应变曲线没有明显的屈服点，伸长率小，质地硬脆。热处理钢筋有 $40Si_2Mn$、$48Si_2Mn$ 和 $45Si_2Cr$ 三种。

另外，用冷拉或冷拔的冷加工方法可以提高热轧钢筋的强度。冷拉时，钢筋的冷拉应力值必须超过钢筋的屈服强度。冷拉后，经过一段时间钢筋的屈服点比原来的屈服点有所提高，钢筋经过冷拉以后，能提高屈服强度、节约钢材，但冷拉后钢筋的塑性（伸长率）有所降低。为了保证钢筋在强度提高的同时又具有一定的塑性，冷拉时应同时控制应力和控制应变。

冷拔钢筋是将钢筋用强力拔过比它本身直径还小的硬质合金拔丝模，这时钢筋同时受到纵向拉力和横向压力的作用，截面变小而长度拔长。经过几次冷拔，钢丝的强度比原来有很大提高，但塑性降低很多。冷拉只能提高钢筋的抗拉强度，冷拔则可同时提高抗拉及抗压强度。冷加工钢筋应用时可参照相应的行业标准。

钢筋混凝土结构中使用的钢筋可以分为柔性钢筋及劲性钢筋。常用的普通钢筋统称为柔性钢筋，其外形有光圆和带肋两类，带肋钢筋又分等高肋和月牙肋两种。Ⅰ级钢筋是光圆钢筋，Ⅱ级、Ⅲ级钢筋是带肋的，统称为变形钢筋。钢丝的外形通常为光圆，也有在表面刻痕的。柔性钢筋可绑轧或焊接成钢筋骨架或钢筋网，分别用于梁、柱或板、壳结构中。钢筋的外形如图 3－4 所示。

劲性钢筋是由各种型钢、钢轨或者用型钢与钢筋焊成的骨架。劲性钢筋本身刚度很大，施工时模板及混凝土的重力可以由劲性钢筋本身来承担，因此能加速并简化支模工

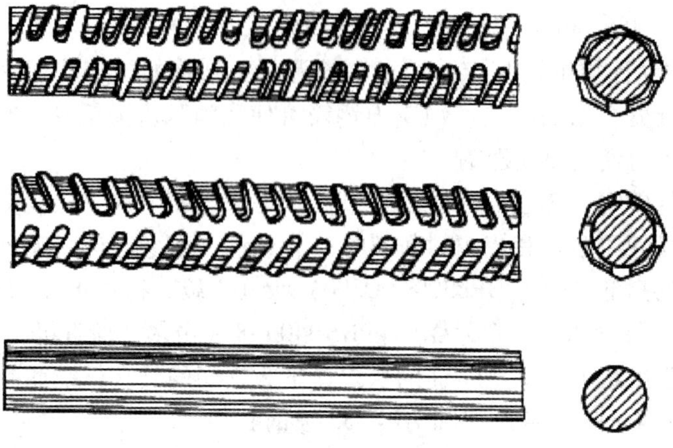

图 3-4 钢筋的外形

作，承载能力也比较大。

（2）钢筋的强度与变形

钢筋的强度和变形性能可以用拉伸试验得到的应力-应变曲线来说明。钢筋的应力-应变曲线，有的有明显的流幅，例如热轧低碳钢和普通热轧低合金钢所制成的钢筋；有的则没有明显的流幅，例如高碳钢制成的钢筋。

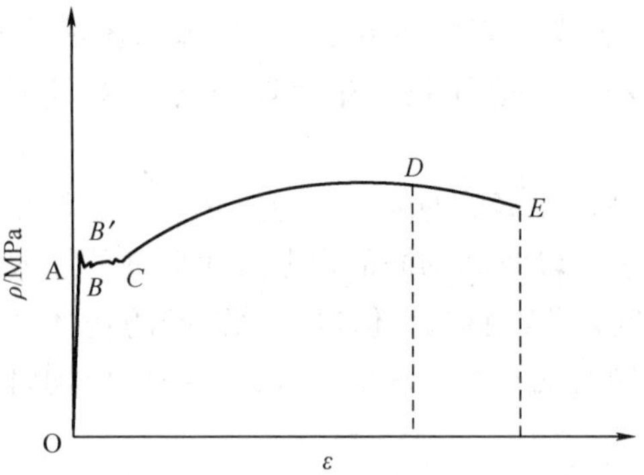

图 3-5 有明显流幅钢筋的应力-应变曲线图

图 3-5 是有明显流幅钢筋的应力-应变曲线。从图中可以看到，应力值在 A 点以前，应力与应变成比例变化，与 A 点对应的应力称为比例极限。过 A 点后，应变较应力增长为快，到达 B' 点后钢筋开始塑流，B' 点称为屈服上限，它与加载速度、截面形式、试件表面光洁度等因素有关，通常 B' 点是不稳定的。待 B' 点降至屈服下限 B 点，这时应力基本不增加而应变急剧增长，曲线接近水平线。曲线延伸至 C 点，B 点到 C 点水平距离的大小称为流幅或屈服台阶。有明显流幅的热轧钢筋屈服强度是按屈服下限确定的。过 C 点以后，应力又继续上升，说明钢筋的抗拉能力又有所提高。随着曲线上升到最高点 D，相应的应力称为钢筋的极限强度，CD 段称为钢筋的强化阶段。试验表明，过了 D 点，试件薄弱处的截面将会突然显著缩小，发生局部颈缩，变形迅速增加，应力随之下降，达到 E 点时试件被拉断。

由于构件中钢筋的应力到达屈服点后，会产生很大的塑性变形，使钢筋混凝土构件出现很大的变形和过宽的裂缝，以致不能使用，所以对有明显流幅的钢筋，在计算承载力时以屈服点作为钢筋强度限值。对没有明显流幅或屈服点的预应力钢丝、钢绞线和热处理钢筋，为了与钢筋国家标准相一致，《混凝土结构设计规范》中也规定在构件承载力设计时，取极限抗拉强度的0.85倍即$0.85\sigma_b$作为条件屈服点，如图3-6所示。

另外，钢筋除了要有足够的强度外，还应具有一定的塑性变形能力。通常用伸长率和冷弯性能两个指标衡量钢筋的塑性。钢筋拉断后（例如，图3-5中的E点）的伸长值与原长的比率称为伸长率。伸长率越大塑性越好。冷弯是将直径为d的钢筋绕直径为D的弯芯弯曲到规定的角度后无裂纹断裂及起层现象，则表示合格。弯芯的直径D越小，弯转角越大，说明钢筋的塑性越好。

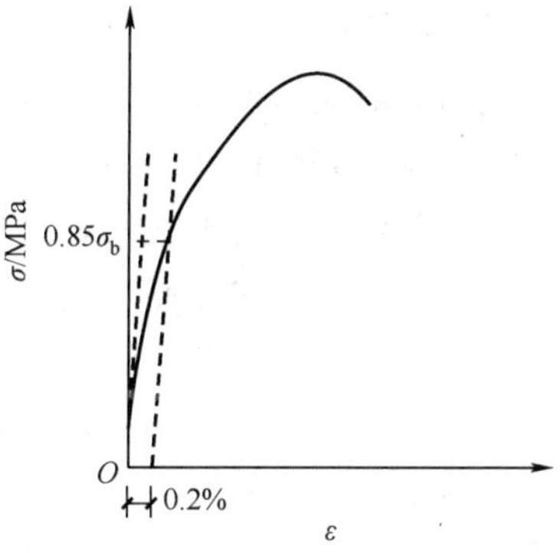

图3-6　无明显流幅钢筋的应力-应变曲线

国家标准规定了各种钢筋所必须达到的伸长率的最小值（比如，$\delta100$、$\delta10$和$\delta5$分别表示标距$l=100d$、$l=10d$和$l=5d$时伸长率的最小值）以及冷弯时相应的弯芯直径及弯转角的要求，有关参数可参照相应的国家标准。

（3）混凝土结构对钢筋性能的要求

①钢筋的强度：所谓钢筋强度是指钢筋的屈服强度及极限强度。钢筋的屈服强度是设计计算时的主要依据（对无明显流幅的钢筋，取它的条件屈服点）。采用高强度钢筋可以节约钢材，取得较好的经济效果。另外，对钢筋进行冷加工也可以提高钢筋的屈服强度。使用冷拔和冷拉钢筋时应符合专门规程的规定，见表3-2。

表3-2　　**钢筋强度简表**　　单位：MPa

钢筋级别	f_y	f'_y	钢筋级别	f_y	f'_y
HPB300级	270	270	HRB400级 RRB400级	360	360
HRB335级	300	300			

②钢筋的塑性：要求钢材有一定的塑性是为了使钢筋在断裂前有足够的变形，在钢筋混凝结构中，能给出构件将要破坏的预告信号，同时要保证钢筋冷弯的要求。钢筋的伸长率和冷弯性能是施工单位验收钢筋是否合格的主要指标。

③钢筋的可焊性：可焊性是评定钢筋焊接后接头性能的指标。可焊性好，即要求在一定的工艺条件下钢筋焊接后不产生裂纹及过大的变形。

④钢筋的耐火性：热轧钢筋的耐火性能最好，冷轧钢筋其次，预应力钢筋最差。结构设计时应注意混凝土保护层厚度满足对构件耐火极限的要求。

⑤钢筋与混凝土的黏结力：为了保证钢筋与混凝土共同工作，要求钢筋与混凝土之间必须有足够的黏结力。钢筋表面的形状是影响黏结力的重要因素。

3.1.3　钢筋与混凝土的黏结

（1）钢筋与混凝土的黏结

钢筋和混凝土这两种材料能够结合在一起共同工作，除了两者具有相近的线膨胀系数外，更主要的是由于混凝土硬化后，钢筋与混凝土之间产生了良好的黏结力。为了保证钢筋不被从混凝土中拔出或压出，与混凝土更好地共同工作，还要求钢筋有良好的锚固。黏结和锚固是钢筋和混凝土形成整体、共同工作的基础。

钢筋端部加弯钩或弯折，或在锚固区贴焊短钢筋、角钢等，可以提高锚固能力。光圆钢筋末端均需设置弯钩。

影响钢筋与混凝土黏结强度的因素很多，主要影响因素有混凝土强度、保护层厚度及钢筋净间距、横向配筋及侧向压应力，以及浇筑混凝土时钢筋的位置等。

①光圆钢筋及变形钢筋的黏结强度都随混凝土强度等级的提高而提高。

②与光圆钢筋相比，变形钢筋具有较高的黏结强度。但是，使用变形钢筋，在黏结破坏时容易使周围混凝土产生劈裂裂缝。裂缝对结构的耐久性是非常不利的。钢筋外围的混凝土保护层太薄，可能使外围混凝土因产生径向劈裂而使黏结强度降低。增大保护层厚度，保持一定的钢筋间距，可以提高外围混凝土的抗劈裂能力，有利于黏结强度的充分发挥。

③混凝土构件截面上有多根钢筋并列在一排时，钢筋间的净距对黏结强度有重要影响，钢筋净间距过小，外围混凝土将发生水平劈裂，形成贯穿整个梁宽的劈裂裂缝，造成整个混凝土保护层剥落，黏结强度显著降低。一排钢筋的根数越多，净间距越小，黏结强度降低的就越多。

④横向钢筋（如梁中的箍筋）可以限制混凝土内部裂缝的发展，提高黏结强度。横向钢筋还可以限制到达构件表面的裂缝宽度，从而提高黏结强度。因此，在使用较大直径钢筋的锚固区、搭接长度范围内，以及当一排的并列钢筋根数较多时，应设置一定数量的附加箍筋，以防止混凝土保护层的劈裂崩落。同时，配置箍筋对保护后期黏结强度、改善钢筋延性也有明显作用。

⑤在直接支承的支座处，如梁的简支端、钢筋的锚固区受到来自支座的横向压应力，横向压应力约束了混凝土的横向变形，使钢筋与混凝土间抵抗滑动的摩阻力增大，因而可以提高黏结强度。

⑥黏结强度与浇筑混凝土时钢筋所处位置有关。浇筑混凝土时，深度过大（超过300mm），钢筋底面的混凝土会出现沉淀收缩和离析泌水，气泡逸出，使混凝土与水平放置的钢筋之间产生强度较低的疏松空隙层，从而会削弱钢筋与混凝土的黏结作用。

另外，钢筋表面形状对黏结强度也有影响，变形钢筋的黏结强度大于光圆钢筋。

（2）钢筋的锚固与搭接

①保证黏结的构造措施：保证黏结的构造措施有如下几个方面。

a. 对不同等级的混凝土和钢筋，要保证最小搭接长度和锚固长度；

b. 为了保证混凝土与钢筋之间有足够的黏结，必须满足钢筋最小间距和混凝土保护层最小厚度的要求；

c. 在钢筋的搭接接头范围内应加密箍筋；

d. 为了保证足够的黏结强度在钢筋端部应设置弯钩。

此外，在浇筑大深度混凝土时，为防止在钢筋底面出现沉淀收缩和泌水，形成疏松空隙层，削弱黏结，对高度较大的混凝土构件应分层浇筑或二次浇捣。

钢筋表面粗糙程度影响摩擦阻力，从而影响黏结强度。轻度锈蚀的钢筋，其黏结强度比新轧制的无锈钢筋要高，比除锈处理的钢筋更高。所以，一般除重锈钢筋外，可不必除锈。

②基本锚固长度：钢筋受拉会产生向外的膨胀力，这个膨胀力导致拉力传送到构件表面。为了保证钢筋与混凝土之间有可靠的黏结，钢筋必须有一定的锚固长度。钢筋的基本锚固长度取决于钢筋强度及混凝土抗拉强度，并与钢筋的外形有关。为了充分利用钢筋的抗拉强度，《混凝土结构设计规范》规定纵向受拉钢筋的锚固长度作为钢筋的基本锚固长度 l_a，它与钢筋强度、混凝土抗拉强度、钢筋直径及外形有关。钢筋的锚固可采用机械锚固的形式。机械锚固的形式如图 3－7 所示，主要有弯钩、贴焊钢筋及焊锚板等。

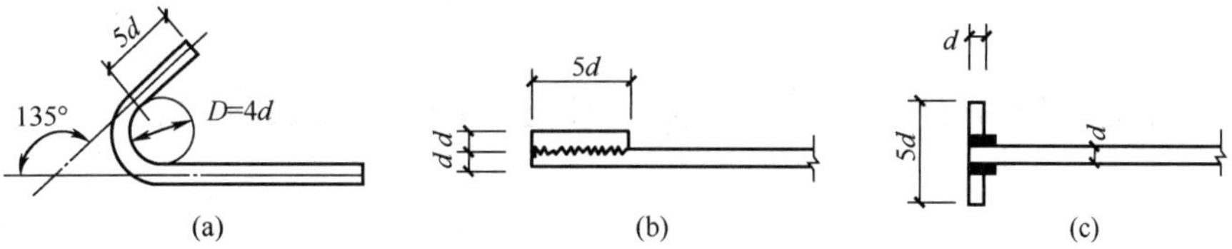

图 3－7　钢筋机械锚固的形式

（a）末端带 135°弯钩　（b）末端与短钢筋双面贴焊　（c）末端与钢板穿孔塞焊

③钢筋的搭接：钢筋长度不够时，或需要采用施工缝或后浇带等构造措施时，钢筋就需要搭接。搭接是指将两根钢筋的端头在一定长度内并放，并采用适当的连接将一根钢筋的力传给另一根钢筋。力的传递可以通过各种连接接头实现。由于钢筋通过连接接头传力总不如整体钢筋，所以钢筋搭接的原则是：接头应设置在受力较小处，同一根钢筋上应尽量少设接头，机械连接接头能产生较牢固的连接力，所以应优先采用机械连接。对于受压钢筋的搭接接头及焊接骨架的搭接，也应满足相应的构造要求，以保证力的传递。

任务技能

理解钢筋与混凝土在一起共同工作的原因，思考任务习题。

任务习题

1. 钢筋与混凝土能够在一起工作的原因是什么？
2. 混凝土结构的使用环境分为几类？对一类环境中结构混凝上的耐久性要求有哪些？
3. 钢结构中常用的钢材有哪几种？钢材牌号如何表示？热轧型钢的型号如何表示？
4. 混凝土结构用热轧钢筋分为哪几级？主要用途是什么？

任务二　结构极限状态设计方法简介

任务导航

任务导言

了解结构极限状态设计方法，是对结构设计进行更进一步理解的基础。

任务目标

理解结构极限状态设计方法，并能根据公式进行基本的运算。

任务布置

掌握结构极限状态设计的相关公式适用条件。

任务分析

结构极限状态设计的相关公式充分考虑到了结构的安全性与经济性，相关表格数据是为了计算时更有可操作性，并无绝对性。

知识导航

3.2.1　荷载分类及荷载代表值

作用在结构上的集中力或分布力系称为直接作用，也称荷载。

（1）荷载分类

按随时间的变异，结构上的荷载可分为以下三类：

①永久荷载：在设计基准期内，其值不随时间变化，或者其变化与平均值相比可忽略不计的荷载称为永久荷载，如结构自重、土压力、预应力等。永久荷载也称为恒荷载。

②可变荷载：在设计基准期内，其值随时间变化，且其变化值与平均值相比不可忽略的荷载称为可变荷载。如楼面活荷载、屋面活荷载、风荷载、雪荷载、吊车荷载等。可变荷载也称为活荷载。

③偶然荷载：偶然荷载是指在设计基准期内不一定出现，而一旦出现，其量值很大且持续时间很短的荷载，如爆炸力、撞击力等。

上面提及的设计基准期，是为确定可变荷载代表值而选定的时间参数，一般取50年。

（2）荷载代表值

进行结构设计时，对荷载应赋予一个规定的量值，该量值即所谓荷载代表值。永久荷载采用标准值为代表值，可变荷载采用标准值、组合值、频遇值或准永久值为代表值。

①荷载标准值：作用于结构上荷载的大小具有变异性。例如，对于结构自重等永久荷载，虽可事先根据结构的设计尺寸和材料单位质量计算出来，但施工时的尺寸偏差、材料单位质量的变异性等原因，致使结构的实际自重并不完全与计算结果相吻合。至于可变荷载的大小，其不定因素则更多。荷载标准值就是结构在正常使用期间可能出现的最大荷载值，它是荷载的基本代表值。

a. 永久荷载标准值：永久荷载主要是结构自重及粉刷、装修、固定设备的重量。由于结构或非承重构件自重的变异性不大，一般以其平均值作为荷载标准值，即可按结构构件的设计尺寸和材料或结构构件单位体积（或面积）的自重标准值确定。对于自重变异性较大的材料，在设计中应根据其对结构有利或不利的情况，分别取其自重的下限值或上限值。常用材料和构件的单位自重见《建筑结构荷载规范》(GB 50009—2012)(以下简称《荷载规范》)。

例如，钢筋混凝土的重度（即单位体积的自重）标准值为25kN/m^3，则截面尺寸为200mm×500mm的钢筋混凝土矩形截面梁的自重标准为$0.2\times0.5\times25=2.5$（kN/m）。

b. 可变荷载标准值：民用建筑楼面均布活荷载标准值见表3－3。

表3－3　民用建筑楼面均布活荷载标准值及其组合值、频遇值和准永久系数

项次	类别	标准值/kPa	组合值系数ψ_c	频遇值系数ψ_f	准永久值系数ψ_q
1	（1）住宅、宿舍、旅馆、办公楼、医院病房、托儿所、幼儿园	2.0	0.7	0.5	0.4
	（2）教室、试验室、阅览室、会议室、医院门诊室			0.6	0.5
2	食堂、餐厅、一般资料档案室	2.5	0.7	0.6	0.5
3	（1）礼堂、剧场、影院、有固定座位的看台	3.0	0.7	0.5	0.3
	（2）公共洗衣房	3.0	0.7	0.6	0.5
4	（1）商店、展览厅、车站、港口、机场大厅及其旅客等候室	3.5	0.7	0.6	0.5
	（2）无固定座位的看台	3.5	0.7	0.5	0.3
5	（1）健身房、演出舞台	4.0	0.7	0.6	0.5
	（2）舞厅	4.0	0.7	0.6	0.3
6	（1）书库、档案室、贮存室	5.0	0.9	0.9	0.8
	（2）密集柜书库	12.0	0.9	0.9	0.8
7	通风机房、电梯机房	7	0.9	0.9	0.8
8	汽车通道及停车库				
	（1）单向板楼盖（板跨不小于2m）				
	客车	4.0	0.7	0.7	0.6
	消防车	35.0	0.7	0.7	0.6
	（2）双向板楼盖（板跨不小于6m×6m）和无梁楼盖（柱网尺寸不小于6m×6m）				
	客车	2.5	0.7	0.7	0.6
	消防车	20.0	0.7	0.7	0.6

续表

项次	类别	标准值/kPa	组合值系数 ψ_c	频遇值系数 ψ_f	准永久值系数 ψ_q
9	厨房 （1）一般的厨房 （2）餐厅的厨房	 2.0 4.0	 0.7 0.7	 0.6 0.7	 0.5 0.7
10	浴室、厕所、盥洗室： （1）第1项中的民用建筑 （2）其他民用建筑	 2.0 2.5	 0.7 0.7	 0.5 0.6	 0.4 0.5
11	走廊、门厅、楼梯 （1）宿舍、旅馆、医院病房、托儿所、幼儿园、住宅 （2）办公楼、教室、餐厅、医院门诊所 （3）当人流可能密集时	 2.0 2.5 3.5	 0.7 0.7 0.7	 0.5 0.6 0.5	 0.4 0.5 0.3
12	阳台 （1）一般情况 （2）当人群有可能密集时	 2.5 3.5	 0.7 0.7	 0.6 0.6	 0.5 0.5

注：①本表所列各项活荷载适用于一般使用条件，当使用荷载大时，应按实际情况采用；

②本表各项荷载不包括隔墙自重和二次装修荷载。

设计楼面梁、墙、柱及基础时，表中活荷载标准值应按规定折减，详见《荷载规范》。工业与民用建筑的屋面均布活荷载按水平投影面计算，其标准值按表3-4采用。

表3-4　屋面均布活荷载

项次	类别	标准值/kPa	组合值系数 ψ_c	频遇值系数 ψ_f	准永久值系数 ψ_q
1	不上人的屋面	0.5	0.7	0.5	0
2	上人的屋面	2.0	0.7	0.5	0.4
3	屋顶花园	3.0	0.7	0.6	0.5

注：①不上人的屋面，当施工荷载较大时，应按实际情况采用；

②上人的屋面，当兼作其他用途时，应按相应楼面活荷载采用；

③对于因屋面排水不畅、堵塞等引起的积水荷载，应采取构造措施加以防止；必要时，应按积水的可能深度确定屋面活荷载；

④屋顶花园活荷载不包括花圃土石等材料自重。

其余可变荷载，如工业建筑楼面活荷载、风荷载、雪荷载、厂房屋面积灰荷载等详见《荷载规范》。

②可变荷载准永久值：可变荷载准永久值是指在设计基准期内经常达到或超过的荷载值，它对结构的影响类似于永久荷载。

可变荷载准永久值可表示为 $\psi_q Q_k$，其中 Q_k为可变荷载标准值，ψ_q为可变荷载准永久值系数。ψ_q的值见表 3－3、表 3－4。

例如，住宅的楼面活荷载标准值为 2kPa，准永久值系数 $\psi_q=0.4$，则活荷载准永久值为 $2\times0.4=0.8$（kPa）。

③可变荷载组合值：两种或两种以上可变荷载同时作用于结构上时，所有可变荷载同时达到其单独出现时可能达到的最大值的概率极小，因此，除主导荷载（产生最大效应的荷载）仍可以其标准值为代表值外，其他伴随荷载均应以小于标准值的荷载值为代表值，此即可变荷载组合值。

可变荷载组合值可表示为 $\psi_c Q_k$。其中 ψ_c为可变荷载组合值系数，其值按表 3－3、表 3－4 查取。

④可变荷载频遇值：可变荷载频遇值是指在设计基准期内被超越的总时间仅为设计基准期一小部分的荷载值。

可变荷载频遇值可表示为价 $\psi_f Q_k$。其中 ψ_f为可变荷载频遇值系数，其值按表 3－3、表 3－4 查取。

3.2.2　建筑结构设计方法

3.2.2.1　结构的功能及其极限状态

（1）结构的功能要求

结构设计的目的是使所设计的结构在规定设计使用年限内能完成预期的全部功能要求。所谓设计使用年限，是指设计规定的结构或结构构件不需进行大修即可按其预定目的使用时期。换言之，设计使用年限就是房屋建筑在正常设计、正常施工、正常使用和维护下所应达到的持久年限。结构的设计使用年限应按表 3－5 采用。

表 3－5　　结构的设计使用年限分类

类别	设计使用年限/a	示例
1	5	临时性结构
2	25	易于替换的结构构件
3	50	普通房屋和构筑物
4	100	纪念性建筑和特别重要的建筑结构

建筑结构在规定的设计使用年限内应满足安全性、适用性和耐久性三项功能要求。

安全性是指结构在正常施工和正常使用的条件下，能承受可能出现的各种作用；在设计规定的偶然事件（如强烈地震、爆炸、车辆撞击等）发生时和发生后，仍能保持必需的整体稳定性，即结构仅产生局部的损坏而不致发生连续倒塌。

适用性是指结构在正常使用时具有良好的工作性能。例如，不会出现影响正常使用的过大变形或振动，不会产生使使用者感到不安的裂缝宽度等。

耐久性是指在正常维护条件下结构能够正常使用到规定的设计使用年限。例如，结构材料不致出现影响功能的损坏，钢筋混凝土构件的钢筋不致因保护层过薄或裂缝过宽而锈蚀等。

结构的安全性、适用性和耐久性概括起来称为结构的可靠性，它是结构在规定时间（设计使用年限）内和规定条件（正常设计、正常施工、正常使用、正常维护）下完成预定功能的能力。但在各种随机因素的影响下，结构完成预定功能的能力不能事先确定，只能用概率来描述。为此，我们引入结构可靠度的概念，即结构在规定时间（设计使用年限）内和规定条件（正常设计、正常施工、正常使用、正常维护）下完成预定功能的概率。结构的可靠度是结构可靠性的概率度量，即对结构可靠性的定量描述。

结构可靠度与结构使用年限长短有关。《建筑结构可靠度设计统一标准》（GB 50068—2001）（以下简称《统一标准》）以结构的设计使用年限为计算结构可靠度的时间基准。当结构的使用年限超过设计使用年限后，并不意味着结构就要报废，但其可靠度将逐渐降低。还应说明，结构的设计使用年限不等同于设计基准期。

（2）结构功能的极限状态

结构能满足功能要求，称结构“可靠”或“有效”，否则称结构“不可靠”或“失效”。区分结构工作状态“可靠”与“失效”的界限“极限状态”。所谓结构的极限状态，是指结构或其构件满足结构安全性、适用性、耐久性三项功能中某一功能要求的临界状态。超过这一界限，结构或其构件就不能满足设计规定的该功能要求，而进入失效状态。

结构极限状态分为以下两类：

①承载能力极限状态：这种极限状态对应于结构或结构构件达到最大承载能力或不适于继续承载的变形。承载能力极限状态主要考虑关于结构安全性的功能。超过这一状态，便不能满足安全性的功能。当结构或结构构件出现下列状态之一时，即认为超过了承载能力极限状态：a. 结构构件或连接因材料强度不够而破坏；b. 整个结构或结构的一部分作为刚体失去平衡（如倾覆等）；c. 结构转变为机动体系；d. 结构或结构构件丧失稳定（柱子被压曲等）。

结构或结构构件一旦超过承载能力极限状态，将造成结构全部或部分破坏或倒塌，导致人员伤亡或重大经济损失，因此，在设计中对所有结构和构件都必须按承载力极限状态进行计算，并保证具有足够的可靠度。

②正常使用极限状态：正常使用极限状态对应于结构或结构构件达到正常使用或耐久性能的某项规定限值，超过这一状态便不能满足适用性或耐久性的功能。当结构或结构构件出现下列状态之一时，即认为超过了正常使用极限状态：a. 影响正常使用或外观的变形；b. 影响正常使用或耐久性能的局部损坏（包括裂缝）；c. 影响正常使用的振动；d. 影响正常使用的其他特定状态等。

虽然超过正常使用极限状态的后果一般没有超过承载能力极限状态那样严重，但也不可忽视。例如，过大的变形会造成房屋内粉刷层剥落、门窗变形、屋面积水等后果，水池和油罐等结构开裂会引起渗漏等。

工程设计时，一般先按承载力极限状态设计结构构件，再按正常使用极限状态验算。

（3）结构的功能函数

先引入作用效应和结构抗力的概念。

作用效应是指结构上的各种作用，在结构内产生的内力（轴力、弯矩、剪力、扭矩等）和变形（如挠度、转角、裂缝等）的总称，用 S 表示。由直接作用产生的效应，通常称为荷载效应。

结构抗力是结构或构件承受作用效应的能力，如构件的承载力、刚度、抗裂度等，用 R 表示。结构抗力是结构内部固有的，其大小主要取决于材料性能、构件几何参数及计算模式的精确性等。

结构的工作性能可用结构功能函数 Z 来描述。为简化起见，仅以荷载效应 S 和结构抗力 R 两个基本变量来表达结构的功能函数，则有

$$Z = g(S,R) = R - S \tag{3-1}$$

上式中，荷载效应 S 和结构抗力 R 均为随机变量，其函数 Z 也是一个随机变量。

实际工程中，可能出现以下三种情况：当 $Z>0$ 时，结构处于可靠状态；当 $Z<0$ 时，结构处于失效状态；当 $Z=0$ 时，结构处于极限状态。

关系式 $g(S,R) = R - S = 0$ 称为极限状态方程。

3.2.2.2　概率极限状态设计法的实用设计表达式

现行规范采用以概率理论为基础的极限状态设计方法，用分项系数的设计表达式进行计算。

（1）按承载能力极限状态设计的实用表达式

结构构件的承载力设计应采用下列极限状态设计表达式：

$$S \leqslant R \tag{3-2}$$

式中　R——结构构件的承载力设计值，即抗力设计值；

S——荷载效应的基本组合或偶然组合的设计值。

荷载效应基本组合设计值，应从由可变荷载效应控制的组合和由永久荷载效应控制的组合中取最不利值确定。

①由可变荷载效应控制的组合：

$$S = \gamma_0(\gamma_G S_{Gk} + \gamma_{Qi} S_{Qik} + \sum_{i=2}^{n} \gamma_{Qi}\psi_{ci} S_{Qik}) \tag{3-3}$$

式中　γ_0——结构构件的重要性系数，对安全等级为一级或设计使用年限为100年及以上的结构构件，不应小于1.1；对安全等级为二级或设计使用年限为50年的结构构件，不应小于1.0；对安全等级为三级或设计使用年限为5年及以下的结构构件，不应小于0.9；在抗震设计中，不考虑结构构件的重要性系数；

γ_G——永久荷载分项系数，当其效应对结构不利时：对由可变荷载效应控制的组合，取1.2；对由永久荷载效应控制的组合，取1.35；当其效应对结构有利时：一般情况下，取1.0；对结构的倾覆、滑移或漂浮验算，取0.9；

S_{Gk}——按永久荷载标准值 G_k 计算的荷载效应值；

γ_{Qi}——第 i 个可变荷载的分项系数，一般情况下取1.4；对标准值大于4kPa的工业房屋楼面结构的活荷载取1.3；

S_{Qik}——按可变荷载标准值 Q_{ik} 计算的荷载效应值，其中 S_{Qik} 为诸可变荷载效应中最

大值；

ψ_{ci}——可变荷载 Q_i 的组合值系数，按《荷载规范》的规定采用；

n——参与组合的可变荷载数。

建筑结构的安全等级见表 3-6

表 3-6　　建筑结构的安全等级

安全等级	破坏后果	建筑物类型
一级	很严重	重要的房屋
二级	严重	一般的房屋
三级	不严重	次要的房屋

②由永久荷载效应控制的组合：

$$S = \gamma_0(\gamma_G S_{Gk} + \sum_{i=1}^{n} \gamma_{Qi}\psi_{ci}S_{Qik}) \tag{3-4}$$

应当注意，当考虑以竖向的永久荷载效应控制的组合时，参与组合的可变荷载仅限于竖向荷载。

以上各式中，$\gamma_G S_{Gk}$ 和 $\gamma_Q S_{Qk}$ 分别称为恒荷载效应设计值和活荷载效应设计值。相应的，$\gamma_G G_k$ 和 $\gamma_Q Q_k$ 分别称为恒荷载设计值和活荷载设计值，它们是荷载代表值与荷载分项系数的乘积。

【例 3-1】某办公楼钢筋混凝土矩形截面简支梁，安全等级为二级，截面尺寸 $b \times h = 200\text{mm} \times 400\text{mm}$，计算跨度 $l_0 = 5\text{m}$。承受均布线荷载：活荷载标准值 7kN/m，恒荷载标准值 10kN/m（不包括自重）。求跨中最大弯矩设计值。

【解】活荷载组合值系数 $\psi_c = 0.7$，结构重要性系数 $\gamma_0 = 1.0$。

钢筋混凝土的重度标准值为 25kN/m^3，故梁自重标准值为 $25 \times 0.2 \times 0.4 = 2$（kN/m）。

总恒荷载标准值 $g_k = 10 + 2 = 12$（kN/m）

$$M_{gk} = \frac{1}{8}g_k l_0^2 = \frac{1}{8} \times 12 \times 5^2 = 37.5(\text{kN} \cdot \text{m})$$

$$M_{qk} = \frac{1}{8}q_k l_0^2 = \frac{1}{8} \times 7 \times 5^2 = 21.875(\text{kN} \cdot \text{m})$$

由恒载弯矩控制的跨中弯矩设计值为：

$$\gamma_0(\gamma_G M_{gk} + \psi_c \gamma_Q M_{qk}) = 1.0 \times (1.35 \times 37.5 + 0.7 \times 1.4 \times 21.875) = 72.063(\text{kN} \cdot \text{m})$$

由活载弯矩控制的跨中弯矩设计值为：

$$\gamma_0(\gamma_G M_{gk} + \gamma_Q M_{qk}) = 1.0 \times (1.2 \times 37.5 + 1.4 \times 21.875) = 75.625(\text{kN} \cdot \text{m})$$

取较大值得跨中弯矩设计值 $M = 75.625\text{kN} \cdot \text{m}$。

（2）按正常使用极限状态设计的实用表达式

对于正常使用极限状态，应根据不同的设计要求，采用荷载效应的标准组合、频遇组合或准永久组合，按下列设计表达式进行设计：

$$S_d \leqslant C \tag{3-5}$$

式中　S_d——变形、裂缝等荷载效应的设计值；

C——结构构件达到正常使用要求所规定的限值，如变形、裂缝宽度、应力等。

混凝土结构的正常使用极限状态主要是验算构件的变形、抗裂度或裂缝宽度，使其不超过相应的规定限值。

砌体结构的正常使用极限状态要求，一般情况下可由相应的构造措施保证。

钢结构的正常使用极限状态要求通过构件的刚度验算来保证。

任务技能

了解结构极限状态设计方法，思考任务习题。

任务习题

1. 结构极限状态设计是以什么为前提的？

2. 某住宅楼面梁，由恒载标准值引起的弯矩 $M_{gk}=45\text{kN}\cdot\text{m}$，由楼面活荷载标准值引起的弯矩 $M_{qk}=25\text{kN}\cdot\text{m}$，活荷载组合值系数 $\psi_c=0.7$，结构安全等级为二级。试求梁的最大弯矩设计值 M。

3. 某钢筋混凝土矩形截面简支梁，截面尺寸 $b\times h=200\text{mm}\times500\text{mm}$，计算跨度 $l_0=4\text{m}$，梁上作用恒载标准值（不含自重）14kN/m，活荷载标准值 9kN/m，活荷载组合值系数 $\psi_c=0.7$，梁的安全等级为二级。试求梁的跨中最大弯矩设计值。

4. 什么是永久荷载、可变荷载和偶然荷载？

5. 什么是荷载代表值？永久荷载、可变荷载分别以什么为代表值？

6. 建筑结构的设计基准期与设计使用年限有何区别？设计使用年限分为哪几类？

7. 建筑结构应满足哪些功能要求？其中最重要的一项是什么？

8. 结构的可靠性和可靠度的定义分别是什么？两者间有何联系？

9. 什么是结构功能的极限状态？承载能力极限状态和正常使用极限状态的含义分别是什么？

10. 试用结构功能函数描述结构所处的状态。

11. 永久荷载、可变荷载的荷载分项系数分别为多少？

项目小结

（1）按随时间的变异，结构上的荷载可分为以下三类：永久荷载、可变荷载和偶然荷载。

（2）结构设计时，对荷载应赋予一个规定的量值，该量值即所谓荷载代表值。永久荷载采用标准值为代表值，可变荷载采用标准值、组合值、频遇值或准永久值为代表值。荷载标准值就是结构在正常使用期间（即设计基准期内）可能出现的最大荷载值，它是荷载的基本代表值。可变荷载组合值、频遇值或准永久值为代表值均为标准值乘以一个小于 1 的系数。

（3）建筑结构在规定的设计使用年限内应满足安全性、适用性和耐久性三项功能要求。结构的安全性、适用性和耐久性概括起来称为结构的可靠性，它是结构在规定的时间内和规定的条件下，完成预定功能的概率。结构的可靠度是结构可靠性的概率度量。

（4）结构的极限状态就是结构或构件满足结构安全性、适用性、耐久性三项功能中某一功能要求的临界状态。超过这一界限，结构或其构件就不能满足设计规定的该功能要求，而进入失效状态。

结构极限状态分为承载能力极限状态和正常使用极限状态两类。其中承载能力极限状态对应于结构或结构构件达到最大承载能力或不适于继续承载的变形；正常使用极限状态对应于结构或结构构件达到正常使用或耐久性能的某项规定限值，超过这一状态便不能满足适用性或耐久性的功能。承载能力极限状态主要考虑关于结构安全性的功能，而正常使用极限状态主要考虑有关结构适用性和耐久性的功能。

（5）作用效应是指结构上的各种作用在结构内产生的内力（轴力、弯矩、剪力、扭矩等）和变形（如挠度、转角、裂缝等）的总称。结构抗力是结构或构件承受作用效应的能力。

（6）结构的工作性能可用结构功能函数 Z 来描述。当 $Z>0$ 时，结构处于可靠状态；当 $Z<0$ 时，结构处于失效状态；当 $Z=0$ 时，结构处于极限状态。

（7）结构构件的承载力设计应采用下列极限状态设计表达式：$S>R$。其中，荷载效应 S 的基本组合，应从下列组合值中取最不利值确定：

$$S=\gamma_0(\gamma_G S_{Gk}+\gamma_{Qi}S_{Qik}+\sum_{i=2}^{n}\gamma_{Qi}\psi_{ci}S_{Qik})$$

$$S=\gamma_0(\gamma_G S_{Gk}+\sum_{i=1}^{n}\gamma_{Qi}\psi_{ci}S_{Qik})$$

（8）混凝土结构用的热轧钢筋分为 HPB300、HRB335、HRBF335、HRB400、HRBF400、RRB400、HRB500、HRBF500 共 8 个牌号。HPB300 钢筋为光圆钢筋，其余均为月牙纹钢筋。

（9）钢结构用的钢材主要是碳素结构钢和低合金高强度结构钢，包括热轧钢板、热轧型钢、冷弯薄壁型钢。

（10）材料强度标准值，是指正常情况下可能出现的最小材料强度值。强度标准值除以材料分项系数即为材料强度设计值。

（11）根据立方体杭压强度标准值 $f_{cu,k}$ 的大小，混凝土强度等级分 C15、C20、C25、C30、C35、C40、C45、C50、C55、C60、C65、C70、C75、C80 共 14 级。钢筋混凝土结构的混凝土强度等级不应低于 C20；当采用 400MPa 以上钢筋时，混凝土强度等级不应低于 C25。

（12）钢筋和混凝土是两种不同性质的材料，在钢筋混凝土结构中之所以能够共同工作，最主要的原因是钢筋表面与混凝土之间存在黏结作用。

项目四　轴心受压（拉）柱的设计

项目导读

作为建筑结构的组成部分之一——钢筋混凝土柱，按受力特点可以分为轴心受压柱和偏心受压柱，轴心受压柱是最简单的一种柱。学习轴向受力构件，我们优选从轴心受压柱开始，介绍受压构件的受力特点和变形特点，掌握常见材料轴向受拉的整个受力变形过程，进而学习钢筋混凝土受压柱的构造要求，并掌握轴心受拉柱的设计原理和方法。

学习目标

能正确计算轴向受力构件的轴力，并能正确绘制内力图。
能正确计算轴向受力构件截面的应力
了解轴向受力构件变形量的特点和胡克定律
掌握常见材料的拉压试验性能
掌握受压构件强度校核和设计的原理
掌握钢筋混凝土轴心受压柱的基本构造要求
掌握钢筋混凝土轴心受压柱的设计原理

任务一　轴力、轴力图

任务导航

任务导言

轴心受力构件内部分子之间的作用力叫作内力，对于轴向受力构件而言，这种内力叫作轴力，轴力的大小与外力有关，那么如何根据外力的大小确定内力便是本任务的重要难点。

任务目标

能根据轴向受力构件的实际受力情况，正确计算构件的内力，并绘制内力图。

任务布置

根据所给的轴向受力构件，正确绘制构件的轴力图。

任务分析

能正确看懂轴向构件受力示意图，正确识别拉力和压力，通过分析绘制构件的内力图。

知识导航

4.1.1　轴向拉伸和压缩的概念

工程实际中，发生轴向拉伸或压缩变形的构件很多，例如，钢木组合桁架中的钢拉杆（图4－1）和三角支架*ABC*（图4－2）中的杆，作用于杆上的外力（或外力合力）的作用线与杆的轴线重合。在这种轴向荷载作用下，杆件以轴向伸长或缩短为主要变形形式，称为轴向拉伸或轴向压缩。以轴向拉压为主要变形的杆件，称为拉（压）杆。

实际拉（压）杆的端部连接情况和传力方式是各不相同的，但在讨论时可以将它们简化为一根等截面的直杆（等直杆），两端的力系用合力代替，其作用线与杆的轴线重合，则其计算简图如图4－3所示。

本章主要研究拉（压）杆的内力、应力及变形的计算。同时还将通过拉伸和压缩试验，来研究材料在拉伸与压缩时的力学性能。

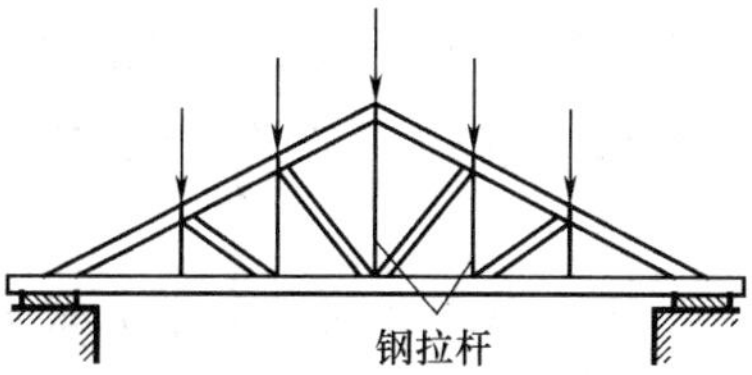

图 4－1　钢木组合桁架

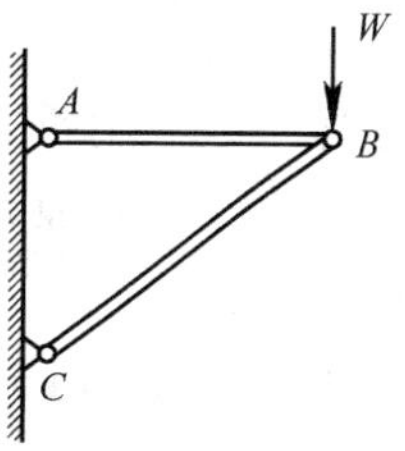

图 4－2　三角支架

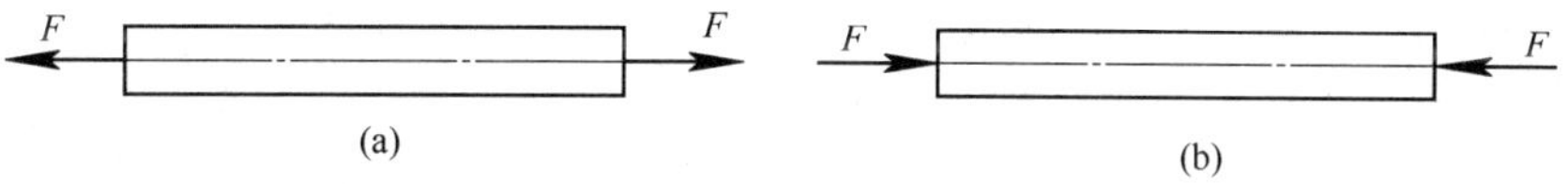

图 4－3　拉（压）杆计算简图
（a）拉伸　（b）压缩

4.1.2　轴力、轴力图

在研究杆件的强度、刚度等问题时，都需要首先求出杆件的内力。关于内力的概念及其计算方法，已在上一章中阐述。如图 4－4（a）所示，等直杆在拉力的作用下处于平衡，欲求某横截面 $m-m$ 上的内力，按截面法，先假想将杆沿 $m-m$ 截面截开，留下任一部分作为脱离体进行分析，并将去掉部分对留下部分的作用以分布在截面 $m-m$ 上各点的内力来代替，如图 4－4（b）所示。对于留下部分而言，截面 $m-m$ 上的内力就成为外力。由于整个杆件处于平衡状态，杆件的任一部分均应保持平衡。于是，杆件横截面 $m-m$ 上的内力系的合力（轴力）F_N 与其左端外力 F 形成共线力系，由平衡条件

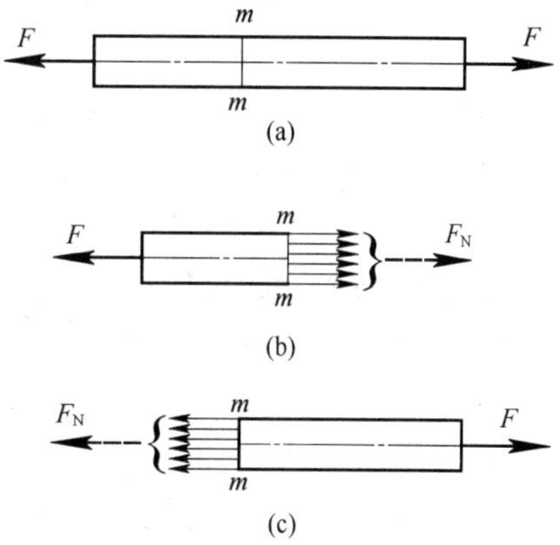

图 4－4　轴力

$$\sum F_x = 0,\quad F_N - F = 0$$

得

$$F_N = F$$

F_N 为杆件任一横截面上的内力，其作用线与杆的轴线重合，即垂直于横截面并通过其形心。这种内力称为轴力，用 F_N 表示。

若在分析时取右段为脱离体，如图 4－4（c）所示，则由作用与反作用原理可知，右段在截面上的轴力与前述左段上的轴力数值相等而指向相反。当然，同样也可以从右段的平衡条件来确定轴力。

对于压杆，同样可以通过上述过程求得其任一横截面上的轴力 F_N。为了研究方便，给轴力规定一个正负号：当轴力的方向与截面的外法线方向一致时，杆件受拉，规定轴力为正，称为拉力；反之，杆件受压，轴力为负，称为压力。

当杆受到多个轴向外力作用时，在杆不同位置的横截面上，轴力往往不同。为了形

象而清晰地表示横截面上的轴力沿轴线变化的情况，可用平行于轴线的坐标表示横截面的位置，称为基线，用垂直于轴线的坐标表示横截面上轴力的数值，正的轴力（拉力）画在基线的上侧，负的轴力（压力）画在基线的下侧。这样绘出的轴力沿杆件轴线变化的图线，称为轴力图。

【例 4-1】一等直杆所受外力如图 4-5（a）所示，试求各段截面上的轴力，并作杆的轴力图。

【解】在 *AB* 段范围内任一横截面处将杆截开，取左段为脱离体，如图 4-5（b）所示，假定轴力 F_{N1} 为拉力（以后轴力都按拉力假设），由平衡方程

$$\sum F_x = 0, \quad F_{N1} - 30 = 0$$

得

$$F_{N1} = 30\text{kN}$$

结果为正值，故 F_{N1} 为拉力。

同理，可求得 *BC* 段内任一横截面上的轴力［图 4-5（c）］为

$$F_{N2} = 30 + 40 = 70(\text{kN})$$

在求 *CD* 段内的轴力时，将杆截开后取右段为脱离体［图 4-5（d）］，因为右段杆上包含的外力较少。由平衡方程

$$\sum F_x = 0, \quad -F_{N3} - 30 + 20 = 0$$

得

$$F_{N3} = -30 + 20 = -10(\text{kN})$$

结果为负值，说明 F_{N3} 为压力。

同理，可得 *DE* 段内任一横截面上的轴力 F_{N4} 为

$$F_{N4} = 20\text{kN}$$

按上述作轴力图的规则，作出杆件的轴力图，如图 4-5（f）所示。$F_{N,max}$ 发生在 *BC* 段内的任一横截面上，其值为 70kN。

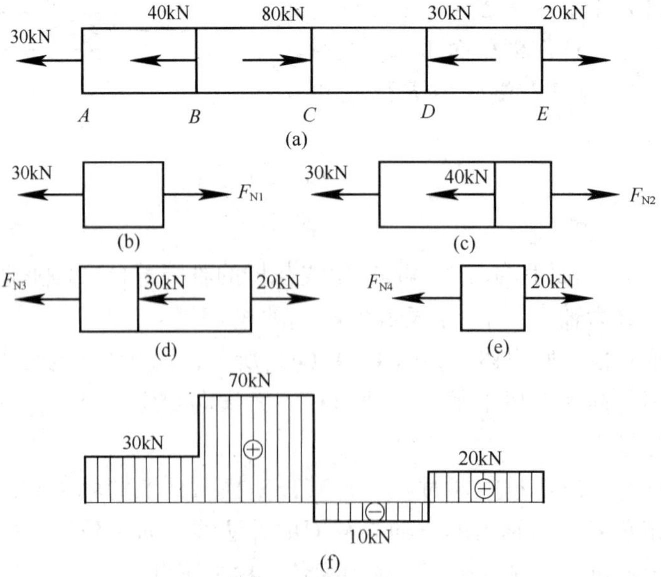

图 4-5 例 4-1 图

由上述计算可见，在求轴力时，先假设未知轴力为拉力时，则得数前的正、负号既表明所设轴力的方向是否正确，也符合轴力的正、负号规定，因而不必要在得数后再注“压”或“拉”字。

注 意

如何正确判定内力的正、负？采用截面法求解截面内力并绘制内力图。

任务技能

1. 正确分析截面内力的方向。
2. 绘制给定构件的轴力图。

任务习题

1. 试作图示各杆的轴力图。

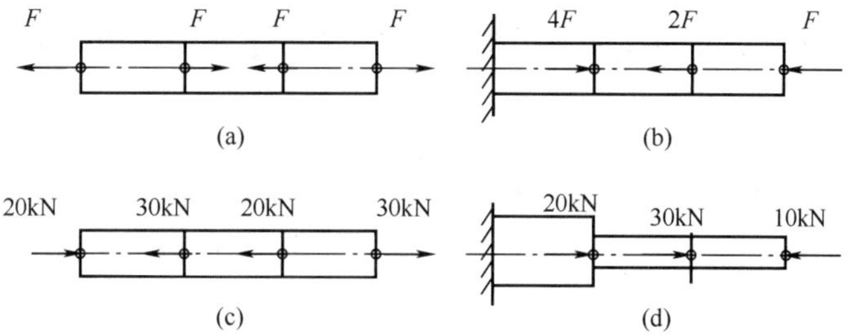

(a)　(b)　(c)　(d)

1 题图

2. 图示等截面混凝土的吊柱和立柱，已知横截面面积 A 和长度 a，材料的重度 γ，受力如图示，其中 $F=10\gamma Aa$。试按两种情况作轴力图，并求各段横截面上的应力，(1) 不考虑柱的自重；(2) 考虑柱的自重。

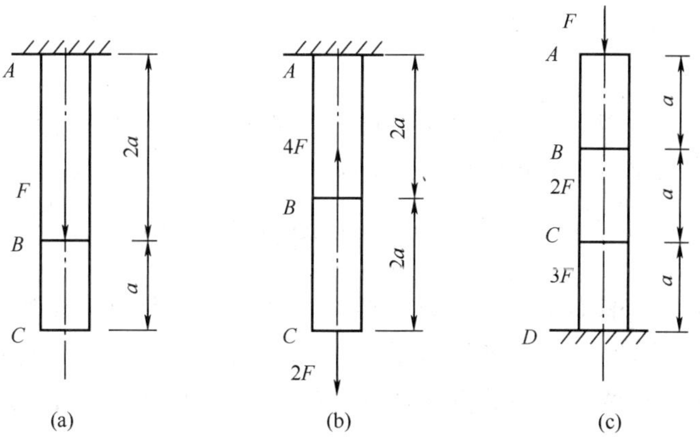

(a)　(b)　(c)

2 题图

任务二　拉（压）杆内的应力

任务导航

任务导言

内力的大小只能反映构件截面所受力的大小，而构件的破坏往往是从截面上某一个点开始的，截面上某个点所受力的大小叫作应力。因此，如何求指定截面的应力及判断构件发生破坏的位置成为本节的任务。

任务目标

掌握截面应力的分类并能够正确计算截面的应力，掌握影响截面应力大小的因素。

任务布置

通过对任务的学习和理解，能够计算指定截面的应力，并判断构件上应力最大的位置。

任务分析

根据内力正确计算截面的应力，进而分析构件上应力最大的位置，从而判断构件的破坏情况。

知识导航

要判断受力构件能否发生强度破坏，仅知道某个截面上内力的大小是不够的，还需要求出截面上各点的应力。下面首先研究拉（压）杆横截面上的应力。

4.2.1　拉（压）杆横截面上的应力

要确定拉（压）杆横截面上的应力，必须了解其内力系在横截面上的分布规律。由于内力与变形有关，因此，首先通过试验来观察杆的变形。取一等截面直杆，如图4－6（a）所示，事先在其表面刻两条相邻的横截面的边界线（ab 和 cd）和若干条与轴线平行的纵向线，然后在杆的两端沿轴线施加一对拉力 F 使杆发生变形，此时可观察到：①所有纵向线发生伸长，且伸长量相等；②横截面边界线发生相对平移。ab、cd 分别移至 a_1b_1、

c_1d_1，但仍为直线，并仍与纵向线垂直［图4－6（b）］，根据这一现象可作如下假设：变形前为平面的横截面，变形后仍为平面，只是相对地沿轴向发生了平移，这个假设称为平面假设。

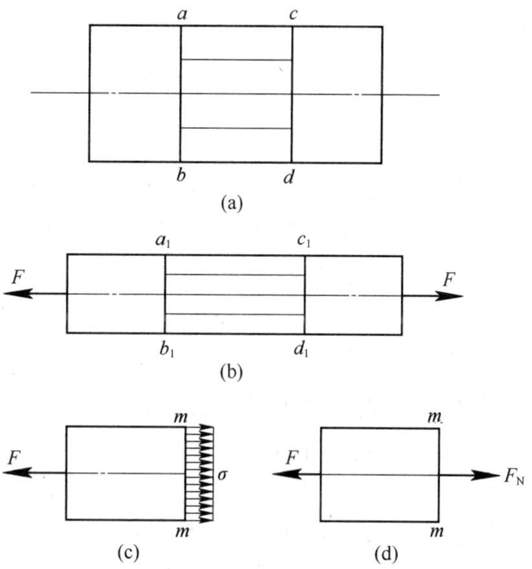

图4－6　横截面上的应力

根据这一假设，任意两横截面间的各纵向纤维的伸长均相等。根据材料均匀性假设，在弹性变形范围内，变形相同时，受力也相同，于是可知，内力系在横截面上均匀分布，即横截面上各点的应力可用求平均值的方法得到。由于拉（压）杆横截面上的内力为轴力，其方向垂直于横截面，且通过截面的形心，而截面上各点处应力与微面积 dA 的求和即为该截面上的内力。显然，截面上各点处的切应力不可能合成为一个垂直于截面的轴力。所以，与轴力相应的只可能是垂直于截面的正应力 σ，设轴力为 F_N，横截面面积为 A，由此可得

$$\sigma = \frac{F_N}{A} \tag{4-1}$$

式中，若 F_N 为拉力，则 σ 为拉应力，若 F_N 为压力，则 σ 为压应力。σ 的正负规定与轴力相同，拉应力为正，压应力为负，如图4－6（c）和图4－6（d）所示。

4.2.2　拉（压）杆斜截面上的应力

以上研究了拉（压）杆横截面上的应力，为了更全面地了解杆内的应力情况，现在研究斜截面上的应力。如图4－7（a）所示拉杆，利用截面法，沿任一斜截面 $m-m$ 将杆截开，取左段杆为研究对象，该截面的方位以其外法线 on 与 x 轴的夹角 α 表示。由平衡条件可得斜截面 $m-m$ 上的内力 F_α 为

$$F_\alpha = F \tag{4-2}$$

由前述分析可知，杆件横截面上的应力均匀分布，由此可以推断，斜截面 $m-m$ 上的总应力 p_α 也为均匀分布［图4－7（b）］，且其方向必与杆轴平行。设斜截面的面积为 A_α，A_α 与横截面面积 A 的关系为 $A_\alpha = A/\cos\alpha$。于是

$$p_\alpha = \frac{F_\alpha}{A_\alpha} = \frac{F}{A}\cos\alpha = \sigma_0\cos\alpha \tag{4-3}$$

式中，$\sigma_0 = \dfrac{F}{A}$ 为拉杆在横截面（$\alpha=0$）上的正应力。

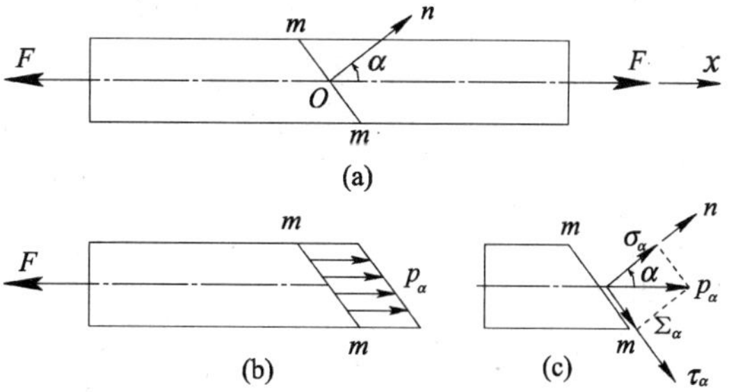

图4－7　斜截面上的应力

将总应力 p_α 沿截面法向与切向分解［图 4－7（c）］，得斜截面上的正应力与切应力分别为

$$\sigma_\alpha = p_\alpha \cos\alpha = \sigma_0 \cos^2\alpha \tag{4-4}$$

$$\tau_\alpha = p_\alpha \sin\alpha = \frac{\sigma_0}{2}\sin 2\alpha \tag{4-5}$$

上列两式表达了通过拉压杆内任一点处不同方位截面上的正应力 σ_α 和切应力 τ_α 随截面方位角 α 的变化而变化。通过一点的所有不同方位截面上的应力的集合，称为该点处的应力状态。由式（4－4）、式（4－5）可知，在所研究的拉杆中，一点处的应力状态由其横截面上的正应力 σ_0 即可完全确定，这样的应力状态称为单轴应力状态。

由式（4－4）、式（4－5）可知，通过拉压杆内任一点不同方位截面上的正应力 σ_α 和切应力 τ_α，随 α 角作周期性变化。

①当 $\alpha=0$ 时，正应力最大，其值为

$$\sigma_{max} = \sigma_0 \tag{4-6}$$

即拉压杆的最大正应力发生在横截面上。

②当 $\alpha=45°$时，切应力最大，其值为

$$\tau_{max} = \frac{\sigma_0}{2} \tag{4-7}$$

即拉压杆的最大切应力发生在与杆轴线成45°的斜截面上。

为便于应用上述公式，现对方位角与切应力的正负号作如下规定：以 x 轴为始边，方位角 α 为逆时针转向者为正；斜截面外法线 On 沿顺时针方向旋转 90°，与该方向同向的切应力为正。按此规定，如图 4－7（c）所示的 α 与 τ_α 均为正。

当等直杆受几个轴向外力作用时，由轴力图可求得其最大轴力 $F_{N,max}$，那么杆内的最大正应力为

$$\sigma_{max} = \frac{F_{N,max}}{A} \tag{4-8}$$

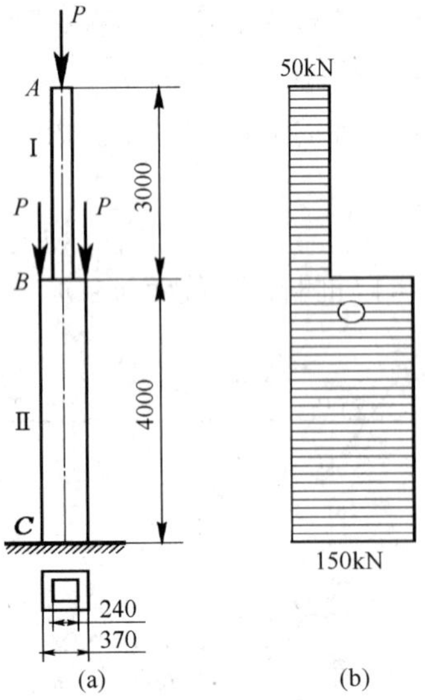

图 4－8　例 4－2 图

最大轴力所在的横截面称为危险截面，危险截面上的正应力称为最大工作应力。

【例 4－2】一正方形截面的阶梯形砖柱，其受力情况、各段长度及横截面尺寸如图4－8（a）所示。已知 $P=40$kN。试求荷载引起的最大工作应力。

【解】首先作柱的轴力图，如图 4－8（b）所示。由于此柱为变截面杆，应分别求出每段柱的横截面上的正应力，从而确定全柱的最大工作应力。

Ⅰ、Ⅱ两段柱横截面上的正应力，分别由已求得的轴力和已知的横截面尺寸算得

$$\sigma_1 = \frac{F_{N1}}{A_1} = \frac{-40\times10^3\,\text{N}}{(240\text{mm})\times(240\text{mm})} = -0.69\text{MPa}\quad(\text{压应力})$$

$$\sigma_2 = \frac{F_{N2}}{A_2} = \frac{-120\times10^3\,\text{N}}{(370\text{mm})\times(370\text{mm})} = -0.88\text{MPa}\quad(\text{压应力})$$

由上述结果可见，砖柱的最大工作应力在柱的下段，

其值为0.88MPa，是压应力。

【例4-3】一钻杆简图如图4-9（a）所示，上端固定，下端自由，长为l，截面面积为A，材料容重为γ。试分析该杆由自重引起的横截面上的应力沿杆长的分布规律。

【解】应用截面法，在距下端距离为x处将杆截开，取下段为脱离体如图4-9（b）所示，设下段杆的重量为$G(x)$，则有

$$G(x) = xA\gamma \quad (4-9)$$

设横截面上的轴力为$F_N(x)$，则由平衡条件

$$\sum F_x = 0,\quad F_N(x) - G(x) = 0 \quad (4-10)$$

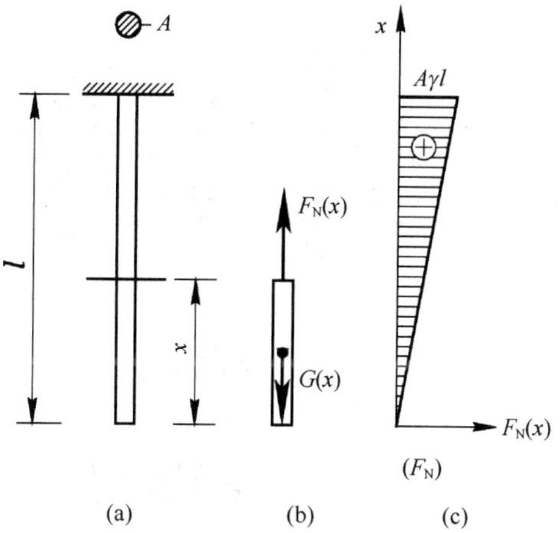

图4-9　例4-3图

将式4-9代入式4-10，得

$$F_N(x) = A\gamma x \quad (4-11)$$

即$F_N(x)$为x的线性函数。

当$x=0$时，$F_N(0) = 0$

当$x = l$时，$F_N(l) = F_{N,max} = A\gamma l$

式中$F_{N,max}$为轴力的最大值，即在上端截面轴力最大，轴力图如图4-9（c）所示。那么横截面上的应力为

$$\sigma(x) = \frac{F_N(x)}{A} = \gamma x$$

即应力沿杆长是x的线性函数。

当$x = 0$时，$\sigma(0) = 0$

当$x = l$时，$\sigma(l) = \sigma_{max} = \gamma l$

式中σ_{max}为应力的最大值，它发生在上端截面，其分布类似于轴力图。

【例4-4】气动吊钩的汽缸如图4-10（a）所示，内径$D=180$mm，壁厚$\delta=8$mm，气压$p=2$MPa，活塞杆直径$d=10$mm，试求汽缸横截面$B-B$及纵向截面$C-C$上的应力。

【解】汽缸内的压缩气体将使汽缸体沿纵横方向胀开，在汽缸的纵、横截面上产生拉应力。

（1）求横截面$B-B$上的应力。取$B-B$截面右侧部分为研究对象［图4-10（c）］，由平衡条件

$$\sum F_x = 0,\quad \frac{\pi}{4}(D^2 - d^2)p - F_N = 0$$

当$D \gg d$时，得$B-B$截面上的轴力为

$$F_N \approx \frac{\pi}{4}D^2 p$$

$B-B$截面的面积为

$$A = \pi(D+\delta)\delta = \pi(D\delta + \delta^2) \approx \pi D\delta$$

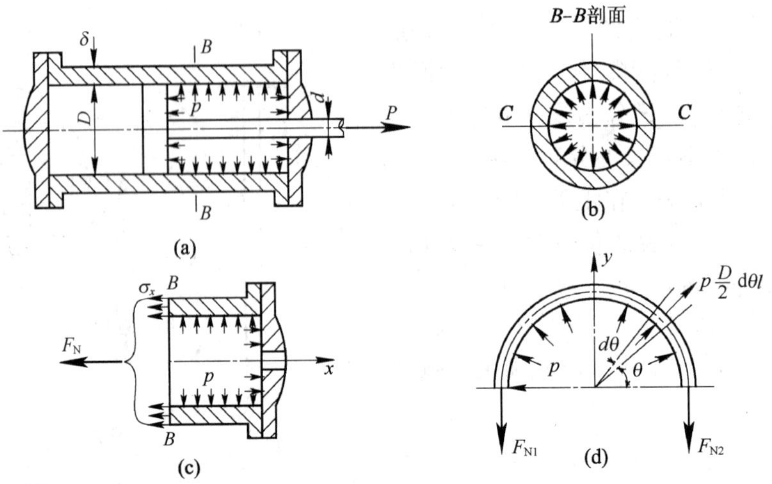

图 4-10　例 4-4 图

那么横截面 $B-B$ 上的应力为

$$\sigma_x = \frac{F_N}{A} \approx \frac{\frac{\pi}{4}D^2 p}{\pi D\delta} = \frac{Dp}{4\delta} = \frac{180 \times 2}{4 \times 8} = 11.25(\mathrm{MPa})$$

σ_x 称为薄壁圆筒的轴向应力。

（2）求纵向截面 $C-C$ 上的应力。取长为 l 的半圆筒为研究对象［图 4-10（d）］，由平衡条件

$$\sum F_y = 0,\quad \int_0^{\pi}\left(p\frac{D}{2}\mathrm{d}\theta l\right)\sin\theta - 2F_{N1} = 0$$

得 $C-C$ 截面上的内力为

$$2F_{N1} = plD$$

$C-C$ 截面的面积为

$$A_1 = 2l\delta$$

当 $D \geqslant 20\delta$ 时，可认为应力沿壁厚近似均匀分布，那么纵向截面 $C-C$ 上的应力为

$$\sigma_y = \frac{2F_{N1}}{A_1} = \frac{plD}{2l\delta} = \frac{pD}{2\delta} = \frac{2 \times 180}{2 \times 8} = 22.5(\mathrm{MPa})$$

σ_y 称为薄壁圆筒的周向应力。计算结果表明：周向应力是轴向应力的 2 倍。

注 意

影响构件应力大小的因素有哪些？应力与内力有什么区别和联系？

任务技能

能正确计算截面的应力，并判定构件上应力最大的位置。

任务习题

1. 一起重架由 100mm × 100mm 的木杆 BC 和直径为 30mm 的钢拉杆 AB 组成，如图所示。现起吊一重物 $F_W = 40kN$。求杆 AB 和 BC 中的正应力。

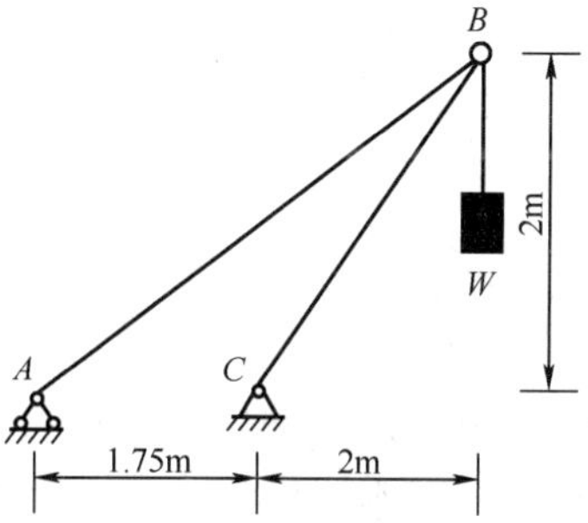

1 题图

2. 图示钢制阶梯形直杆，各段横截面面积分别为 $A_1 = 100mm^2$，$A_2 = 80mm^2$，$A_3 = 120mm^2$，钢材的弹性模量 $E = 200GPa$，试求：

（1）各段的轴力，指出最大轴力发生在哪一段，最大应力发生在哪一段。

（2）计算杆的总变形。

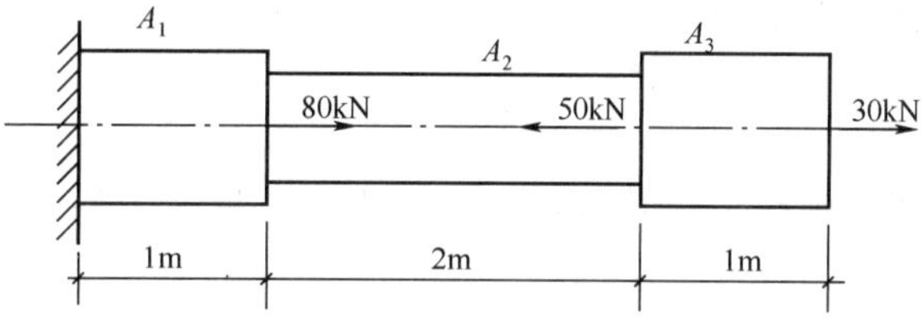

2 题图

任务三　拉（压）杆的变形

任务导航

任务导言

对于结构构件来说，除了研究构件是否会发生强度破坏，另一个问题就是研究构件的变形是否会影响结构的正常使用，即刚度问题。本次任务重点掌握轴向受力构件的变形大小的影响因素有哪些，以及变形和截面上所受应力有什么关系（胡克定律）。

任务目标

掌握轴向受力构件变形的影响因素，并能根据构件的受力情况计算构件的变形量，以及应力与应变之间的关系。

任务布置

完成轴向受力构件变形量的计算。

任务分析

首先分析构件的受力情况，计算截面上的内力，并根据构件的几何性质和材料性质正确计算构件的变形量。

知识导航

4.3.1　绝对变形胡克定律

实验表明，当拉杆沿其轴向伸长时，其横向将缩短［图 4－11（a）］；压杆则相反，轴向缩短时，横向增大［图 4－11（b）］。

设 l、d 为直杆变形前的长度与直径，l_1、d_1 为直杆变形后的长度与直径，则轴向和横向变形分别为

$$\Delta l = l_1 - l \tag{4-12}$$

$$\Delta d = d_1 - d \tag{4-13}$$

Δl 与 Δd 称为绝对变形。由式（4－12）、式（4－13）可知 Δl 与 Δd 符号相反。

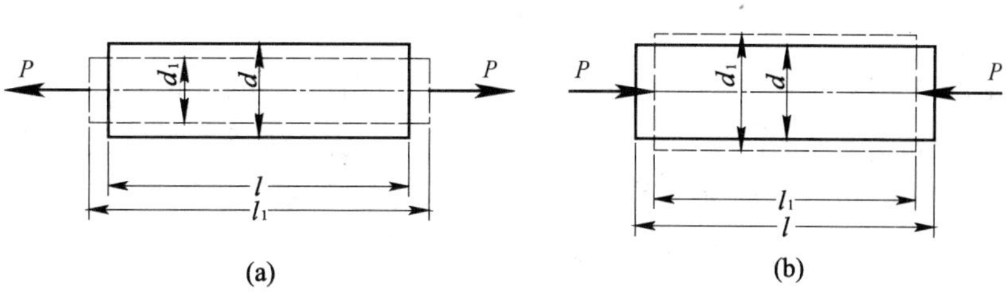

图 4－11　拉（压）变形
（a）拉伸　（b）压缩

试验结果表明：如果所施加的荷载使杆件的变形处于弹性范围内，杆的轴向变形 Δl 与杆所承受的轴向荷载 P、杆的原长 l 成正比，而与其横截面面积 A 成反比，写成关系式为

$$\Delta l \propto \frac{Pl}{A}$$

引进比例常数 E，则有

$$\Delta l = \frac{Pl}{EA} \tag{4-14}$$

由于 $P = F_N$，故上式可改写为

$$\Delta l = \frac{F_N l}{EA} \tag{4-15}$$

这一关系式称为胡克定律。式中的比例常数 E 称为杆材料的弹性模量，其量纲为 $ML^{-1}T^{-2}$，其单位为 Pa。E 的数值随材料而异，是通过实验测定的，其值表征材料抵抗弹性变形的能力。EA 称为杆的拉伸（压缩）刚度，对于长度相等且受力相同的杆件，其拉伸（压缩）刚度越大则杆件的变形越小。Δl 的正负与轴力 F_N 一致。

当拉、压杆有两个以上的外力作用时，需先画出轴力图，然后按式（4－12）分段计算各段的变形，各段变形的代数和即为杆的总变形力：

$$\Delta l = \sum_i \frac{F_{Ni} l_i}{(EA)_i} \tag{4-16}$$

4.3.2　相对变形、泊松比

绝对变形的大小只反映杆的总变形量，而无法说明杆的变形程度。因此，为了度量杆的变形程度，还需计算单位长度内的变形量。对于轴力为常量的等截面直杆，其变形处处相等。可将 Δl 除以 l，Δd 除以 d 表示单位长度的变形量，即

$$\varepsilon = \frac{\Delta l}{l} \tag{4-17}$$

$$\varepsilon' = \frac{\Delta d}{d} \tag{4-18}$$

ε 称为纵向线应变，ε' 称为横向线应变。应变是单位长度的变形，是无因次的量。由于 Δl 与 Δd 具有相反符号，因此 ε 与 ε' 也具有相反的符号。将式（4－15）代入式（4－17），得胡克定律的另一表达形式为

$$\varepsilon = \frac{\sigma}{E} \tag{4-19}$$

显然，式（4－19）中的纵向线应变 ε 和横截面上正应力的正负号也是相对应的。式（4－19）是经过改写后的胡克定律，它不仅适用于拉（压）杆，而且还可以更普遍地用于所有的单轴应力状态，故通常又称为单轴应力状态下的胡克定律。

试验表明，当拉（压）杆内应力不超过某一限度时，横向线应变 ε' 与纵向线应变 ε 之比的绝对值为一常数，即

$$\mu = \left|\frac{\varepsilon'}{\varepsilon}\right| \tag{4-20}$$

μ 称为横向变形因数或泊松（S. D. Poisson）比，是无因次的量，其数值随材料而异，也是通过试验测定的。

弹性模量 E 和泊松比 μ 都是材料的弹性常数。几种常用材料的 E 和 μ 值可参阅表4－1。

表4－1　常用金属材料的 E、μ 的数值

材料名称	E/GPa	μ
低碳钢	196～216	0.25～0.33
中碳钢	205	
合金钢	186～216	0.24～0.33
灰口铸铁	78.5～157	0.23～0.27
球墨铸铁	150～180	
铜及其合金	72.6～128	0.31～0.742
铝合金	70	0.33
混凝土	15.2～36	0.16～0.18
木材（顺纹）	9～12	

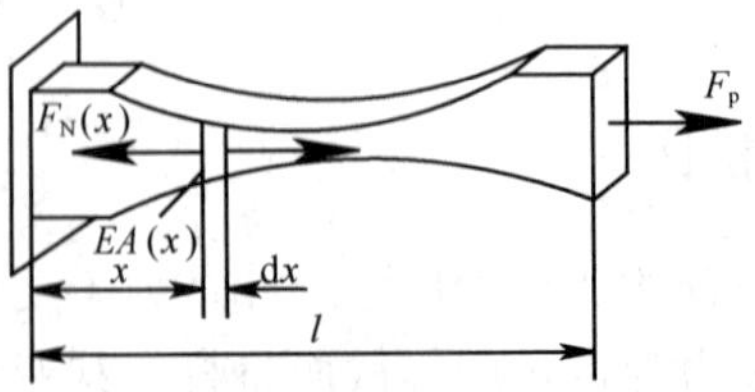

图4－12　杆件轴向变形不均匀的情形

必须指出，当沿杆长度为非均匀变形时，式（4－17）并不反映沿长度各点处的纵向线应变。对于各处变形不均匀的情形（图4－12），则必须考核杆件上沿轴向的微段 dx 的变形，并以微段 dx 的相对变形来度量杆件局部的变形程度。这时有

$$\varepsilon_x = \frac{\Delta dx}{dx} = \frac{\frac{F_N dx}{EA(x)}}{dx} = \frac{\sigma_x}{E} \tag{4-21}$$

可见，无论变形均匀还是不均匀，正应力与正应变之间的关系都是相同的。

【例4－5】已知阶梯形直杆受力如图4－13（a）所示，材料的弹性模量 $E=200$GPa，杆各段的横截面面积分别为 $A_{AB}=A_{BC}=1500\text{mm}^2$，$A_{CD}=1000\text{mm}^2$。要求：

（1）作轴力图；

（2）计算杆的总伸长量。

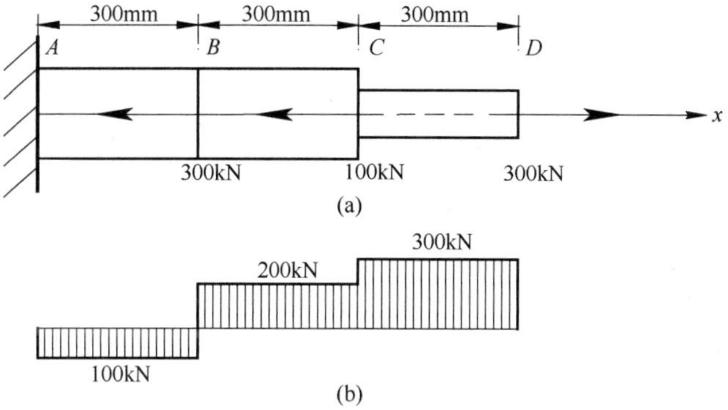

图 4－13　例 4－5 图

【解】（1）画轴力图。因为在 A、B、C、D 处都有集中力作用，所以 AB、BC 和 CD 三段杆的轴力各不相同。应用截面法得

$$F_{NAB} = 300 - 100 - 300 = -100(\text{kN})$$

$$F_{NBC} = 300 - 100 = 200(\text{kN})$$

$$F_{NCD} = 300\text{kN}$$

轴力图如图 4－13（b）所示。

（2）求杆的总伸长量。因为杆各段轴力不等，且横截面面积也不完全相同，因而必须分段计算各段的变形，然后求和。各段杆的轴向变形分别为

$$\Delta l_{AB} = \frac{F_{NAB} l_{AB}}{EA_{AB}} = \frac{-100 \times 10^3 \times 300}{200 \times 10^3 \times 1500} = -0.1(\text{mm})$$

$$\Delta l_{BC} = \frac{F_{NBC} l_{BC}}{EA_{BC}} = \frac{200 \times 10^3 \times 300}{200 \times 10^3 \times 1500} = 0.2(\text{mm})$$

$$\Delta l_{CD} = \frac{F_{NCD} l_{CD}}{EA_{CD}} = \frac{300 \times 10^3 \times 300}{200 \times 10^3 \times 1000} = 0.45(\text{mm})$$

杆的总伸长量为

$$\Delta l = \sum_{i=1}^{3} \Delta l_i = -0.1 + 0.2 + 0.45 = 0.55(\text{mm})$$

【例 4－6】如图 4－14（a）所示实心圆钢杆 AB 和 AC 在杆端 A 铰接，在 A 点作用有垂直向下的力 F。已知 $F = 30\text{kN}$，$d_{AB} = 10\text{mm}$，$d_{AC} = 14\text{mm}$，钢的弹性模量 $E = 200\text{GPa}$。试求 A 点在垂直方向的位移。

【解】（1）利用静力平衡条件求两杆的轴力。由于两杆受力后伸长，而使 A 点有位移，为求出各杆的伸长，先求出各杆的轴力。在微小变形情况下，求各杆的轴力时可将角度的微小变化忽略不计。以节点 A 为研究对象，受力如图 4－14（b）所示，由节点 A 的平衡条件，有

$$\sum F_x = 0,\quad F_{NC}\sin30^\circ - F_{NB}\sin45^\circ = 0$$

$$\sum F_y = 0,\quad F_{NC}\cos30^\circ + F_{NB}\cos45^\circ - F = 0$$

解得各杆的轴力为

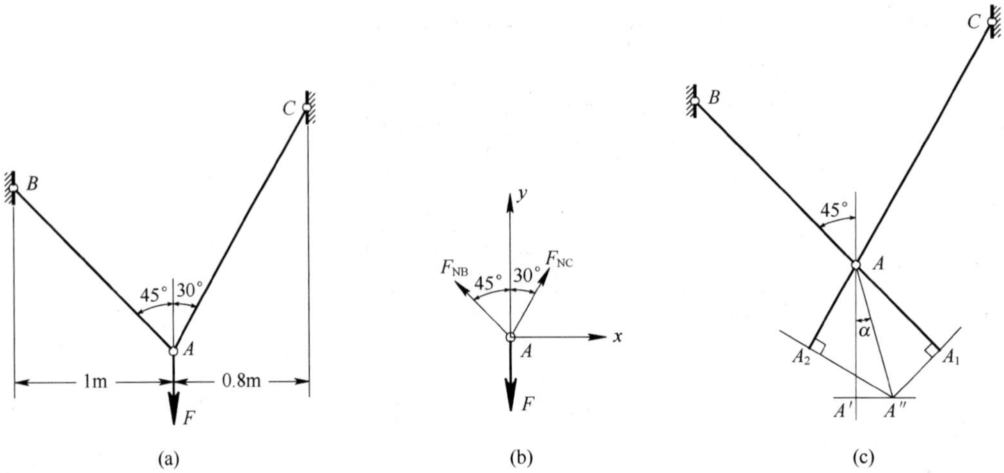

图 4－14 例 4－6 图

$$F_{NB} = 0.518F = 15.53(kN),\quad F_{NC} = 0.732F = 21.96(kN)$$

（2）计算杆 AB 和 AC 的伸长。利用胡克定律，有

$$\Delta l_B = \frac{F_{NB} l_B}{EA_B} = \frac{15.53\times10^3\times\sqrt{2}}{200\times10^9\times\frac{\pi}{4}\times(0.01)^2} = 1.399(mm)$$

$$\Delta l_C = \frac{F_{NC} l_C}{EA_C} = \frac{21.96\times10^3\times0.8\times2}{200\times10^9\times\frac{\pi}{4}\times(0.014)^2} = 1.142(mm)$$

（3）利用图解法求 A 点在垂直方向的位移。如图 4－14（c）所示，分别过 AB 和 AC 伸长后的点 A_1 和 A_2 作两杆的垂线，相交于点 A''，再过点 A'' 作水平线，与过点 A 的垂直线交于点 A'，则 $\overline{AA'}$ 便是点 A 的垂直位移。由图中的几何关系得

$$\frac{\Delta l_B}{\overline{AA''}} = \cos(45^\circ - \alpha),\quad \frac{\Delta l_C}{\overline{AA''}} = \cos(30^\circ + \alpha)$$

可得

$$\tan\alpha = 0.12,\quad \alpha = 6.87^\circ$$

$$\overline{AA''} = 1.778mm$$

所以点 A 的垂直位移为

$$\Delta = \overline{AA''}\cos\alpha = 1.778\times\cos6.87^\circ = 1.765(mm)$$

从上述计算可见，变形与位移既有联系又有区别。位移是指其位置的移动，而变形是指构件尺寸的改变量。变形是标量，位移是矢量。

注 意

影响构件变形量大小的因素有哪些？

任务技能

能正确计算构件的变形量。

任务习题

1. 图示短柱，上段为钢制，长 200mm，截面尺寸为 100mm × 100mm；下段为铝制，长 300mm，截面尺寸为 200mm × 200mm。当柱顶受 F 力作用时，柱子总长度减少了 0.4mm，试求 F 值。已知 $E_{钢}=200\text{GPa}$，$E_{铝}=70\text{GPa}$。

2. 图示等直杆 AC，材料的容重为 γ，弹性模量为 E，横截面积为 A。求直杆 B 截面的位移 Δ_B。

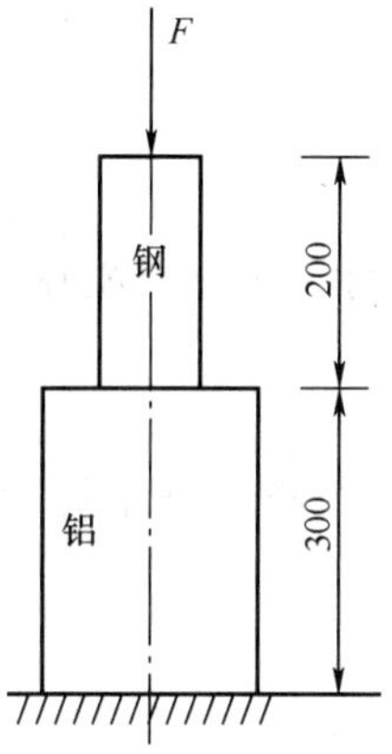

1 题图

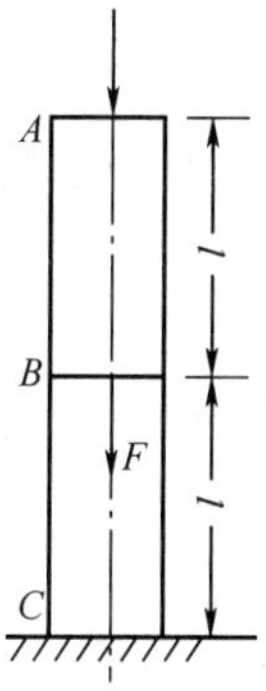

2 题图

任务四　材料在拉伸和压缩时的力学性能

任务导航

任务导言

不同的材料在拉伸或压缩时出现不同的性能，本任务着重介绍钢筋混凝土主材之一——低碳钢在拉伸或压缩时的力学性能，进而更加深刻地理解钢筋混凝土共同工作的原理。

任务目标

掌握低碳钢拉压时的力学性能和钢筋的塑性指标，加深对胡克定律的理解。

任务布置

完成低碳钢和铸铁的力学试验，掌握低碳钢的力学性能指标和塑性指标，能评价材料的力学性能。

任务分析

通过低碳钢和铸铁的力学试验，了解试验仪器的使用方法，能对试验结果进行处理，进而掌握材料的力学性能。

知识导航

概　　述

材料力学是研究受力构件的强度和刚度等问题的。而构件的强度和刚度，除了与构件的几何尺寸及受力情况有关外，还与材料的力学性能有关。试验指出，材料的力学性能不仅决定于材料本身的成分、组织以及冶炼、加工、热处理等过程，而且决定于加载方式、应力状态和温度。本任务主要介绍工程中常用材料在常温、静载条件下的力学性能。

在常温、静载条件下，材料常分为塑性和脆性材料两大类，本任务重点讨论它们在拉伸和压缩时的力学性能。

4.4.1 材料的拉伸和压缩试验

在进行拉伸试验时，先将材料加工成符合国家标准（例如，GB 228—2002《金属材料室温拉伸试验方法》）的试样。为了避开试样两端受力部分对测试结果的影响，试验前先在试样的中间等直部分上划两条横线（图 4－15），当试样受力时，横线之间的一段杆中任何横截面上的应力均相等，这一段即为杆的工作段，其长度称为标距。在试验时就量测工作段的变形。常用的试样有圆截面和矩形截面两种。为了能比较不同粗细的试样在拉断后工作段的变形程度，通常对圆截面标准试样的标距长度 l 与其横截面直径 d 的比例加以规定。矩形截面标准试样，则规定其标距长度 l 与横截面面积 A 的比例。常用的标准比例有两种，即

$$l = 10d \text{ 和 } l = 5d \text{（对圆截面试样）}$$

或

$$l = 11.3\sqrt{A} \text{ 和 } l = 5.65\sqrt{A} \text{（对矩形截面试样）}$$

压缩试样通常用圆形截面或正方形截面的短柱体，如图 4－16 所示，其长度 l 与横截面直径 d 或边长 b 的比值一般规定为 1～3，这样才能避免试样在试验过程中被压弯。

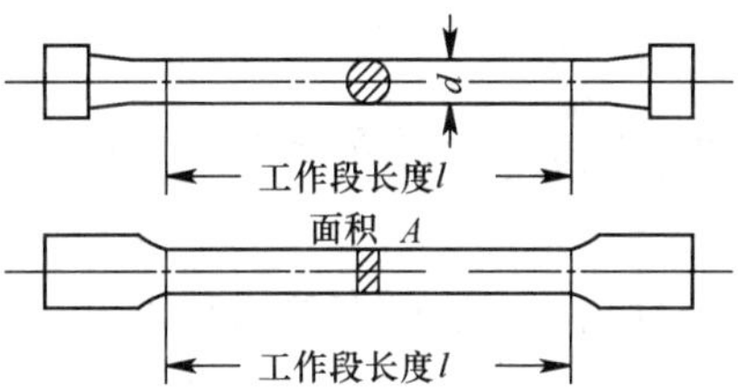

图 4－15 拉伸试样

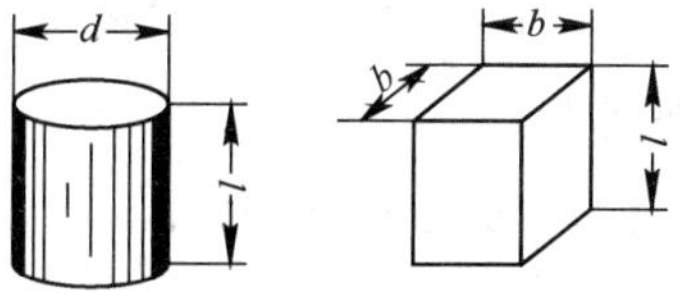

图 4－16 压缩试样

拉伸或压缩试验时使用的设备是多功能万能试验机。万能试验机由机架、加载系统、测力示值系统、载荷位移纪录系统以及夹具、附具 5 个基本部分组成。关于试验机的具体构造和原理，可参阅有关材料力学试验书籍。

4.4.2 低碳钢拉伸时的力学性能

将准备好的低碳钢试样装到试验机上，开动试验机使试样两端受轴向拉力 F 的作用。当力 F 由零逐渐增加时，试样逐渐伸长，用仪器测量标距 l 的伸长 Δl，将各 F 值与相应的 Δl 之值记录下来，直到试样被拉断时为止。然后，以 Δl 为横坐标，力 F 为纵坐标，在纸上标出若干个点，以曲线相连，可得一条 $F-\Delta l$ 曲线，如图 4－17 所示，称为低碳钢的拉伸曲线或拉伸图。一般万能试验机可以自动绘出拉伸曲线。

低碳钢试样的拉伸图只能代表试样的力学性能，因为该图的横坐标和纵坐标均与试样的几何尺寸有关。为了消除试样尺寸的影响，将拉伸图中的 F 值除以试样横截面的原面积，即用应力来表示：$\sigma = \dfrac{F}{A}$；将 Δl 除以试样工作段的原长 l，即用应变来表示：$\varepsilon = \dfrac{\Delta l}{l}$。这样，所得曲线即与试样的尺寸无关，而可以代表材料的力学性质，称为应力－应变

曲线或 $\sigma-\varepsilon$ 曲线，如图 4－18 所示。

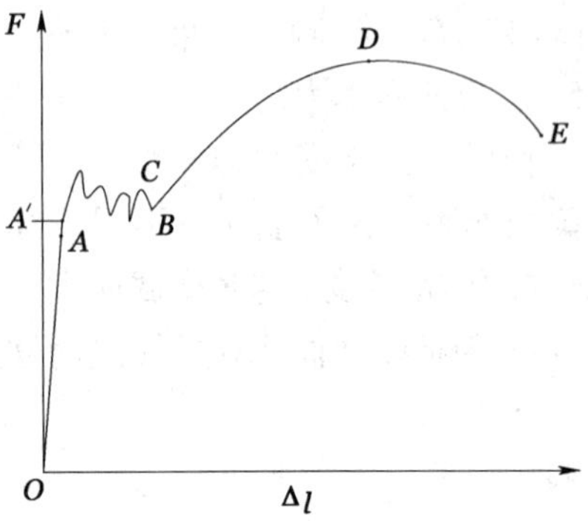

图 4－17　低碳钢拉伸图（$F-\Delta l$ 曲线）

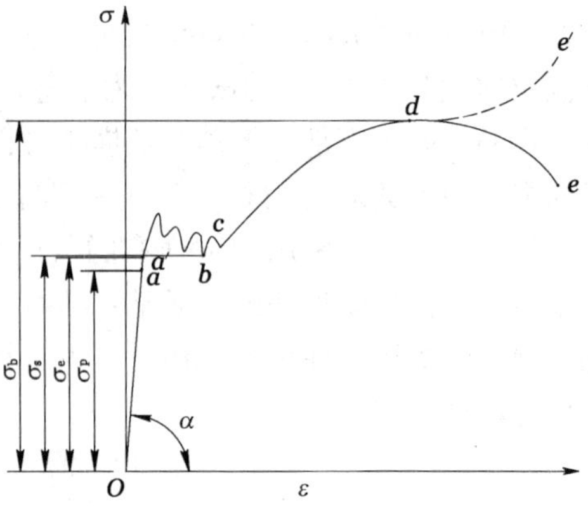

图 4－18　低碳钢拉伸 $\sigma-\varepsilon$ 曲线图

低碳钢是工程中使用最广泛的材料之一，同时，低碳钢试样在拉伸试验中所表现出的变形与抗力之间的关系也比较典型。由 $\sigma-\varepsilon$ 曲线图可见，低碳钢在整个拉伸试验过程中大致可分为 4 个阶段。

（1）弹性阶段（图 4－18 中的 Oa' 段）

这一阶段试样的变形完全是弹性的，全部卸除荷载后，试样将恢复其原长，这一阶段称为弹性阶段。

这一阶段曲线有两个特点：一是 Oa 段是一条直线，它表明在这段范围内，应力与应变成正比，即

$$\sigma = E\varepsilon$$

比例系数 E 即为弹性模量，在图 4－18 中 $E=\tan\alpha$，此式所表明的关系即胡克定律。成正比关系的最高点 a 所对应的应力值 σ_P，称为比例极限，Oa 段称为线性弹性区。低碳钢的 $\sigma_P=200\text{MPa}$。

另一特点是 aa' 段为非直线段，它表明应力与应变成非线性关系。试验表明，只要应力不超过 a' 点所对应的应力 σ_e，其变形是完全弹性的，称 σ_e 为弹性极限，其值与 σ_P 接近，所以在应用上，对比例极限和弹性极限不作严格区别。

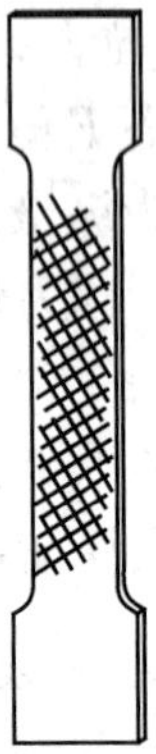

图 4－19　屈服现象

（2）屈服阶段

在应力超过弹性极限后，试样的伸长急剧地增加，而万能试验机的荷载读数却在很小的范围内波动，即试样的荷载基本不变而试样却不断伸长，好像材料暂时失去了抵抗变形的能力，这种现象称为屈服，这一阶段则称为屈服阶段。屈服阶段出现的变形，是不可恢复的塑性变形。若试样经过抛光，则在试样表面可以看到一些与试样轴线成 45°角的条纹，如图 4－19 所示，这是由材料沿试样的最大切应力面发生滑移而出现的现象，称为滑移线。

在屈服阶段内，应力 σ 有幅度不大的波动，称最高点 C 为上

屈服点，称最低点 D 为下屈服点。试验指出，加载速度等很多因素对上屈服值的影响较大，而下屈服值则较为稳定。因此将下屈服点所对应的应力 σ_s，称为屈服强度或屈服极限。低碳钢的 $\sigma_e \approx 240\text{MPa}$。

（3）强化阶段

试样经过屈服阶段后，材料的内部结构得到了重新调整。在此过程中材料不断发生强化，试样中的抗力不断增长，材料抵抗变形的能力有所提高，表现为变形曲线自 c 点开始又继续上升，直到最高点 d 为止，这一现象称为强化，这一阶段称为强化阶段。其最高点 d 所对应的应力 σ_b，称为强度极限。低碳钢的 $\sigma_b \approx 400\text{MPa}$。

对于低碳钢来讲，屈服极限 σ_s 和强度极限 σ_b 是衡量材料强度的两个重要指标。

若在强化阶段某点 m 停止加载，并逐渐卸除荷载，如图 4－20 所示，变形将退到点 n。如果立即重新加载，变形将重新沿直线 nm 到达点 m，然后大致沿着曲线 mde 继续增加，直到拉断。材料经过这样处理后，其比例极限和屈服极限将得到提高，而拉断时的塑性变形减少，即塑性降低了。这种通过卸载的方式而使材料的性质获得改变的做法称为冷作硬化。在工程中常利用冷作硬化来提高钢筋和钢缆绳等构件在线弹性范围内所能承受的最大荷载。值得注意的是，若试样拉伸至强化阶段后卸载，经过一段时间后再受拉，则其线弹性范围的最大荷载还有所提高，如图 4－20 中 $nfgh$ 所示。这种现象称为冷作时效。

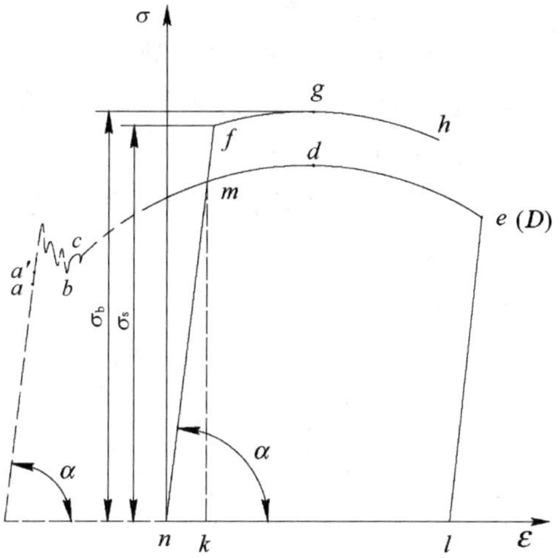

图 4－20　冷作硬化与冷作时效

钢筋冷拉后，其抗压的强度指标并不提高，所以在钢筋混凝土中，受压钢筋不用冷拉。

（4）局部变形阶段

试样从开始变形到 $\sigma-\varepsilon$ 曲线的最高点 d，在工作长度 l 范围内沿横纵向的变形是均匀的。但自 d 点开始，到 e 点断裂时为止，变形将集中在试样的某一较薄弱的区域内，如图 4－18 所示，该处的横截面面积显著地收缩，出现"缩颈"现象。在试样继续变形的过程中，由于"缩颈"部分的横截面面积急剧缩小，因此，荷载读数（即试样的抗力）反而降低，如图 4－17 中的 DE 线段。在图 4－18 中实线 de 是以变形前的横截面面积除拉力 F 后得到的，所以其形状与图 4－17 中的 DE 线段相似，也是下降。但实际缩颈处的应力仍是增长的，如图 4－18 中虚线 de' 所示。

为了衡量材料的塑性性能，通常以试样拉断后的标距长度 l_1 与其原长 l 之差除以 l 的比值（表示成百分数）来表示。

$$\delta = \frac{l_1 - l}{l} \times 100\%$$

δ 称为延伸率，低碳钢的 $\delta = 20\% \sim 30\%$。此值的大小表示材料在拉断前能发生的最大塑性变形程度，是衡量材料塑性的一个重要指标。工程上一般认为 $\delta \geqslant 5\%$ 的材料为塑性材料，$\delta < 5\%$ 的材料为脆性材料。

衡量材料塑性的另一个指标为截面收缩率，用 ψ 表示，其定义为

$$\psi = \frac{A - A_1}{A} \times 100\%$$

其中，A_1 为试样拉断后断口处的最小横截面面积。低碳钢的 ψ 一般在 60% 左右。

4.4.3 其他金属材料在拉伸时的力学性能

对于其他金属材料，$\sigma - \varepsilon$ 曲线并不都像低碳钢那样具备四个阶段。如图 4－21 为另外几种典型的金属材料在拉伸时的 $\sigma - \varepsilon$ 曲线。可以看出，这些材料的共同特点是延伸率 ε 均较大，它们和低碳钢一样都属于塑性材料。但是有些材料（如铝合金）没有明显的屈服阶段，国家标准规定，取塑性应变为 0.2% 时所对应的应力值作为名义屈服极限，以 $\sigma_{0.2}$ 表示，如图 4－22 所示。确定 $\sigma_{0.2}$ 的方法是：在 ε 轴上取 0.2% 的点，过此点作平行于 $\sigma - \varepsilon$ 曲线的直线段的直线（斜率为 E），与 $\sigma - \varepsilon$ 曲线相交的点所对应的应力即为 $\sigma_{0.2}$。

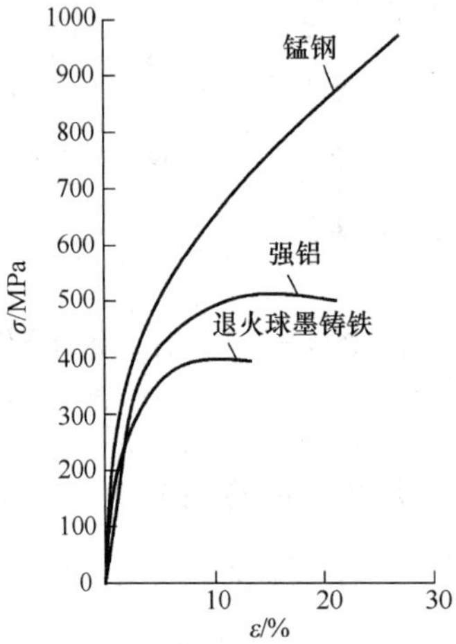

图 4－21 其他金属材料拉伸 $\sigma - \varepsilon$ 曲线

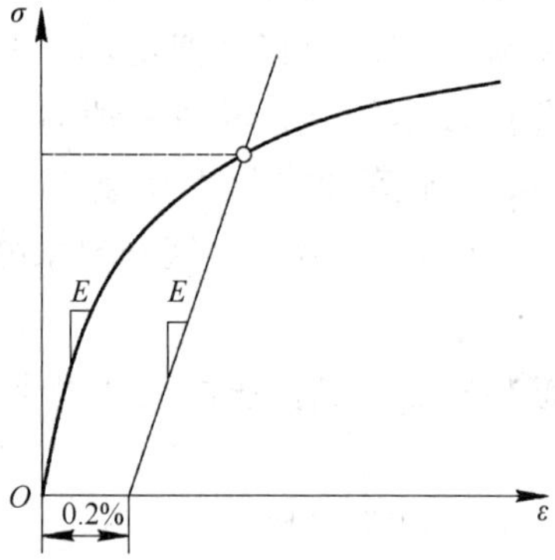

图 4－22 条件屈服应力

有些材料，如铸铁、陶瓷等发生断裂前没有明显的塑性变形，这类材料称为脆性材料。图 4－23 是铸铁在拉伸时的 $\sigma - \varepsilon$ 曲线，这是一条微弯曲线，即应力应变不成正比。但由于直到拉断时试样的变形都非常小，且没有屈服阶段、强化阶段和局部变形阶段，因此，在工程计算中，通常取总应变为 0.1% 时 $\sigma - \varepsilon$ 曲线的割线（如图 4－23 所示的虚线）斜率来确定其弹性模量，称为割线弹性模量。衡量脆性材料拉伸强度的唯一指标是材料的拉伸强度 σ_b。

4.4.4 金属材料在压缩时的力学性能

以低碳钢在压缩时的力学性能为例。将短圆柱体压缩试样置于万能试验机的承压平

台间，并使之发生压缩变形。与拉伸试验相同，可绘出试样在试验过程的缩短量 Δl 与抗力 F 之间的关系曲线，称为试样的压缩图。为了使得到的曲线与所用试样的横截面面积和长度无关，同样可以将压缩图改画成 $\sigma-\varepsilon$ 曲线，如图 4－24 实线所示。为了便于比较材料在拉伸和压缩时的力学性能，在图中以虚线绘出了低碳钢在拉伸时的 $\sigma-\varepsilon$ 曲线。

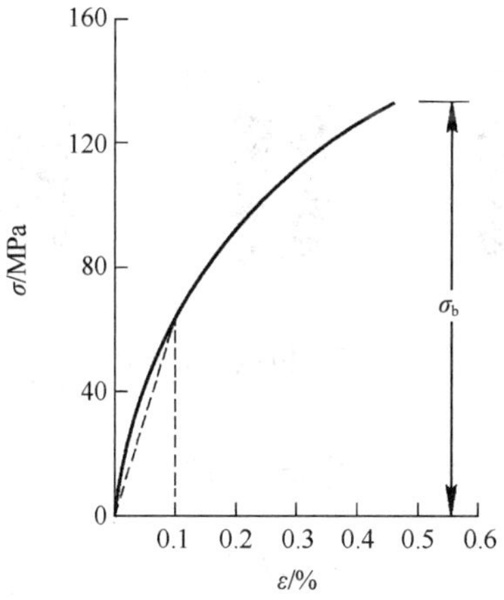

图 4－23　铸铁拉伸 $\sigma-\varepsilon$ 曲线

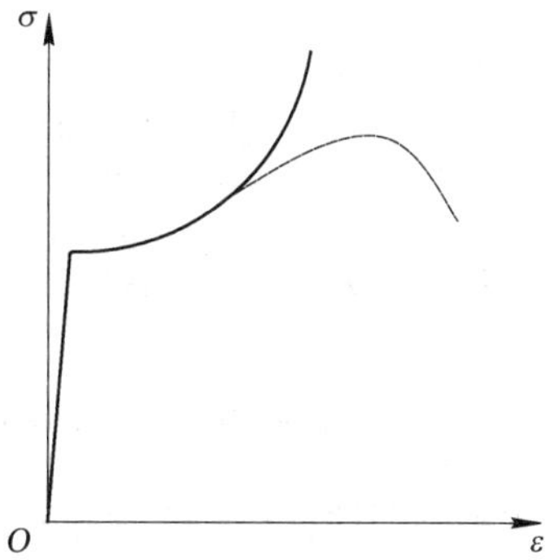

图 4－24　低碳钢压缩 $\sigma-\varepsilon$ 曲线

由图 4－24 可以看出：低碳钢在压缩时的弹性模量、弹性极限和屈服极限等与拉伸时基本相同，但过了屈服极限后，曲线逐渐上升，这是因为在试验过程中，试样的长度不断缩短，横截面面积不断增大，而计算名义应力时仍采用试样的原面积。此外，由于试样的横截面面积越来越大，使得低碳钢试样的压缩强度 σ_{bc} 无法测定。

从图 4－24 所示可知，低碳钢拉伸试验的结果显示了其在压缩时的力学性能。多数金属都有类似低碳钢的性质，所以塑性材料压缩时，在屈服阶段以前的特征值，都可用拉伸时的特征值，只是把拉换成压而已。但也有一些金属，例如铬钼硅合金钢，在拉伸和压缩时的屈服极限并不相同，因此，对这些材料需要做压缩试验，以确定其压缩屈服极限。

塑性材料的试样在压缩后的变形如图 4－25 所示。试样的两端面由于受到摩擦力的影响，变形后呈鼓状。

图 4－25　低碳钢压缩变形

与塑性材料不同，脆性材料在拉伸和压缩时的力学性能有较大的区别。如图 4－26 所示，绘出了铸铁在拉伸（虚线）和压缩（实线）时的 $\sigma-\varepsilon$ 曲线，比较这两条曲线可以看出：①无论拉伸还是压缩，铸铁的 $\sigma-\varepsilon$ 曲线都没有明显的直线阶段，所以应力－应变关系只是近似地符合胡克定律；②铸铁在压缩时无论强度还是延伸率都比在拉伸时要大得多，因此这种材料宜用作受压构件。

铸铁试样受压破坏的情形如图 4－27 所示，其破坏面与轴线大致成 35°～40°倾角。

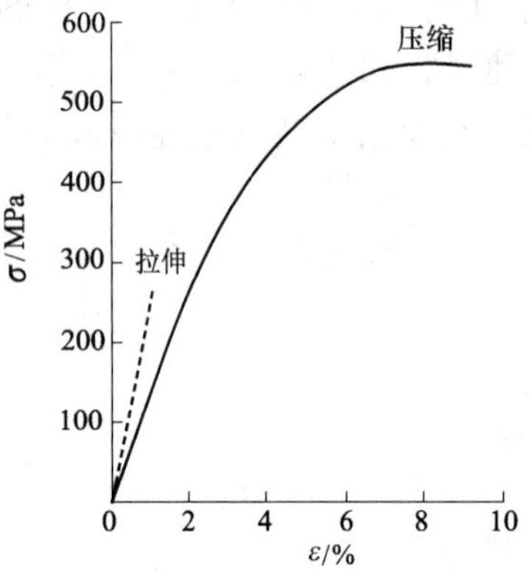

图 4－26　铸铁 $\sigma - \varepsilon$ 曲线

图 4－27　铸铁压缩破坏图

4.4.5　塑性材料和脆性材料的主要区别

综合上述关于塑性材料和脆性材料的力学性能，归纳其区别如下。

①多数塑性材料在弹性变形范围内，应力与应变成正比关系，符合胡克定律；多数脆性材料在拉伸或压缩时 $\sigma - \varepsilon$ 曲线一开始就是一条微弯曲线，即应力与应变不成正比关系，不符合胡克定律，但由于 $\sigma - \varepsilon$ 曲线的曲率较小，所以在应用上假设它们成正比关系。

②塑性材料断裂时延伸率大，塑性性能好；脆性材料断裂时延伸率很小，塑性性能很差。所以塑性材料可以压成薄片或抽成细丝，而脆性材料则不能。

③表征塑性材料力学性能的指标有弹性模量、弹性极限、屈服极限、强度极限、延伸率和截面收缩率等；表征脆性材料力学性能的只有弹性模量和强度极限。

④多数塑性材料在屈服阶段以前，抗拉和抗压的性能基本相同，所以应用范围广；多数脆性材料抗压性能远大于抗拉性能，且价格低廉又便于就地取材，所以主要用于制作受压构件。

⑤塑性材料承受动荷载的能力强，脆性材料承受动荷载的能力很差，所以承受动荷载作用的构件多由塑性材料制作。

值得注意的是，在常温、静载条件下，根据拉伸试验所得材料的延伸率，将材料区分为塑性材料和脆性材料。但是，材料是塑性的还是脆性的，将随材料所处的温度、加载速度和应力状态等条件的变化而不同。例如，具有尖锐切槽的低碳钢试样，在轴向拉伸时将在切槽处发生突然的脆性断裂。又如，将铸铁放在高压介质下做拉伸试验，拉断时也会发生塑性变形和颈缩现象。

注 意

低碳钢变形的四个阶段及各阶段的变形特点分别是什么？

任务技能

1. 如何利用材料的应力－应变图，比较材料的强度、刚度和塑性，图中哪种材料的强度高，刚度大，塑性好？

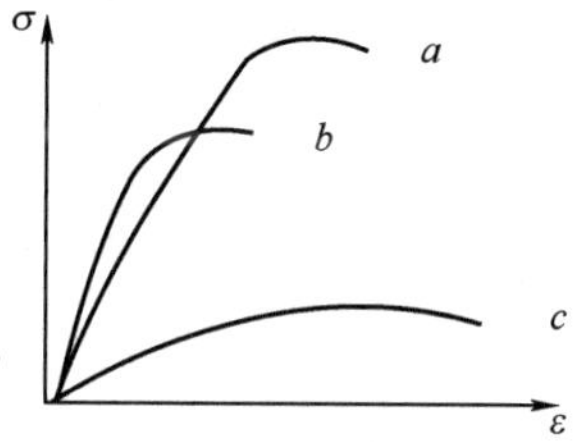

1 题图

2. 购买钢材时，应先查阅钢材的材质单，材质单上有哪两项强度指标和哪两项塑性指标？试阐述其物理意义。

3. 如何判断塑性材料和脆性材料？试比较塑性材料和脆性材料的力学性能特点。

任务五　许用应力与强度条件

任务导航

任务导言

知道了构件的内力和应力，那么构件是否会发生破坏，破坏与哪些因素有关，就成为研究的重点，构件的许用应力与什么因素有关是大家需要知道的。

任务目标

通过任务的分析讲解，能够校核构件的强度条件，进行构件的截面设计和确定构件的许可荷载。

任务布置

对所给的支架进行设计。

任务分析

正确计算构件的内力和应力，进而根据材料的许用应力进行构件设计、强度校核和许可荷载的确定。

知识导航

4.5.1　许用应力

前面已经介绍了构件在拉伸或压缩时最大工作应力的计算，以及材料在荷载作用下所表现的力学性能。但是，构件是否会因强度不够而发生破坏，只有把构件的最大工作应力与材料的强度指标联系起来，才有可能作出判断。

前述试验表明，当正应力达到强度极限 σ_b 时，会引起断裂；当正应力达到屈服极限 σ_s 时，将产生屈服或出现显著的塑性变形。构件工作时发生断裂是不容许的，构件工作时发生屈服或出现显著的塑性变形一般也是不容许的。所以，从强度方面考虑，断裂是构件破坏或失效的一种形式，同样，屈服也是构件失效的一种形式，一种广义的破坏。

根据上述情况，通常将强度极限与屈服极限统称为极限应力，并用 σ_u 表示。对于脆性材料，强度极限是唯一强度的指标，因此以强度极限作为极限应力；对于塑性材料，由于其屈服应力 σ_s 小于强度极限 σ_b，故通常以屈服应力作为极限应力。对于无明显屈服阶段的塑性材料，则用 $\sigma_{0.2}$ 作为 σ_u。

在理想情况下，为了充分利用材料的强度，似应使材料的工作应力接近于材料的极限应力，但实际上这是不可能的，原因是有如下的一些不确定因素：

①用在构件上的外力常常估计不准确。

②计算简图往往不能精确地符合实际构件的工作情况。

③实际材料的组成与品质等难免存在差异，不能保证构件所用材料完全符合计算时所作的理想均匀假设。

④结构在使用过程中偶尔会遇到超载的情况，即受到的荷载超过设计时所规定的荷载。

⑤极限应力值是根据材料试验结果按统计方法得到的，材料产品的合格与否也只能凭抽样检查来确定，所以实际使用材料的极限应力有可能低于给定值。

所有这些不确定的因素，都有可能使构件的实际工作条件比设想的要偏于危险。除以上原因外，为了确保安全，构件还应具有适当的强度储备，特别是对于因破坏将带来严重后果的构件，更应给予较大的强度储备。

由此可见，构件的最大工作应力 σ_{max} 应小于材料的极限应力 σ_u，而且还要有一定的安全裕度。因此，在选定材料的极限应力后，除以一个大于 1 的系数 n，所得结果称为许用应力，即

$$[\sigma] = \frac{\sigma_u}{n}$$

式中 n 称为安全因数。确定材料的许用应力就是确定材料的安全因数。确定安全因数是一项严肃的工作，安全因数定低了，构件不安全；安全因数定高了则浪费材料。各种材料在不同工作条件下的安全因数或许用应力，可从有关规范或设计手册中查到。在一般静强度计算中，对于塑性材料，按屈服应力所规定的安全因数 n_s，通常取为 1.5 ~ 2.2；对于脆性材料，按强度极限所规定的安全因数 n_b，通常取为 3.0 ~ 5.0，甚至更大。

4.5.2　强度条件

根据以上分析，为了保证拉（压）杆在工作时不致因强度不够而破坏，杆内的最大工作应力 σ_{max}不得超过材料的许用应力 $[\sigma]$，即

$$\sigma_{max} = \left(\frac{F_N}{A}\right)_{max} \leqslant [\sigma] \tag{4-22}$$

式（4 - 22）即为拉（压）杆的强度条件。对于等截面杆，上式即变为

$$\sigma_{max} = \frac{F_{N,max}}{A} \leqslant [\sigma] \tag{4-23}$$

利用上述强度条件，可以解决下列 3 种强度计算问题：

①强度校核。已知荷载、构件尺寸及材料的许用应力，根据强度条件校核是否满足强度要求。

②选择截面尺寸。已知荷载及材料的许用应力，确定构件所需的最小横截面面积。

对于等截面拉（压）杆，其所需横截面面积为

$$A \geqslant \frac{F_{N,max}}{[\sigma]}$$

③确定承载能力。已知构件的横截面面积及材料的许用应力，根据强度条件可以确定杆能承受的最大轴力，即

$$F_{N,max} \leqslant A[\sigma]$$

然后即可求出承载力。

最后还需指出，如果最大工作应力 σ_{max} 超过了许用应力 $[\sigma]$，但只要不超过许用应力的 5%，在工程计算中仍然是允许的。

在以上计算中，都要用到材料的许用应力。几种常用材料在一般情况下的许用应力值见表 4－2。

表 4－2　几种常用材料的许用应力约值　单位：MPa

材料名称	牌号	轴向拉伸	轴向压缩
低碳钢	Q235	140～170	140～170
低合金钢	16Mn	230	230
灰口铸铁		35～55	160～200
木材（顺纹）		5.5～10.0	8～16
混凝土	C20	0.44	7
混凝土	C30	0.6	10.3

注：适用于常温、静载和一般工作条件下的拉杆和压杆。

下面通过例题来说明上述 3 类问题的具体解法。

【例 4－7】螺纹内径 $d=15$mm 的螺栓，紧固时所承受的预紧力为 $F=22$kN。若已知螺栓的许用应力 $[\sigma]=150$MPa，试校核螺栓的强度是否足够。

【解】（1）确定螺栓所受轴力。应用截面法，很容易求得螺栓所受的轴力即为预紧力，有

$$F_N = F = 22\text{kN}$$

（2）计算螺栓横截面上的正应力。根据拉伸与压缩构件横截面上正应力计算公式（4－1），螺栓在预紧力作用下，横截面上的正应力为

$$\sigma = \frac{F_N}{A} = \frac{F}{\frac{\pi d^2}{4}} = \frac{4 \times 22 \times 10^3}{3.14 \times 15^2} = 124.6(\text{MPa})$$

（3）应用强度条件进行校核。已知许用应力为

$$[\sigma] = 150\text{MPa}$$

螺栓横截面上的实际应力为

$$\sigma = 124.6\text{MPa} < [\sigma] = 150\text{MPa}$$

所以，螺栓的强度是足够的。

【例4－8】一钢筋混凝土组合屋架，如图4－28（a）所示，受均布荷载 q 作用，屋架的上弦杆AC和BC由钢筋混凝土制成，下弦杆AB为Q235钢制成的圆截面钢拉杆。已知：$q = 10\text{kN/m}$，$l = 8.8\text{m}$，$h = 1.6\text{m}$，钢的许用应力 $[\sigma] = 170\text{MPa}$，试设计钢拉杆AB的直径。

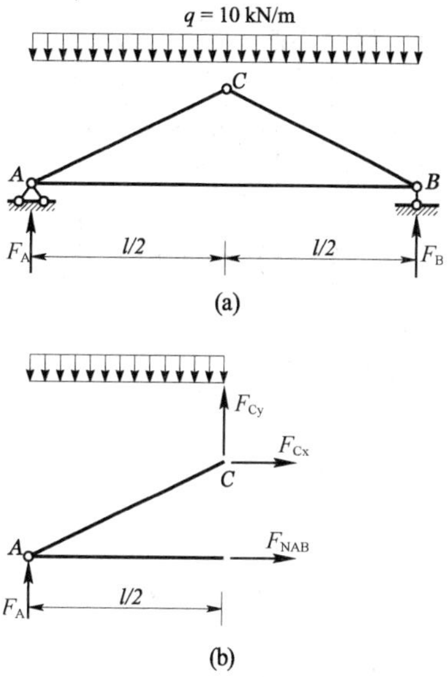

图4－28　例4－8图

【解】（1）求支反力 F_A 和 F_B，因屋架及荷载左右对称，所以

$$F_A = F_B = \frac{1}{2}ql = \frac{1}{2} \times 10 \times 8.8 = 44(\text{kN})$$

（2）用截面法求拉杆内力 F_{NAB}，取左半个屋架为脱离体，受力如图4－28（b）所示。由

$$\sum M_C = 0,\quad F_A \times 4.4 - q \times \frac{l}{2} \times \frac{l}{4} - F_{NAB} \times 1.6 = 0$$

得

$$F_{NAB} = \frac{F_A \times 4.4 - \frac{1}{8}ql^2}{1.6}$$

$$= \frac{44 \times 4.4 - \frac{1}{8} \times 10 \times 8.8^2}{1.6} = 60.5(\text{kN})$$

（3）设计Q235钢拉杆的直径。

由强度条件

$$\frac{F_{NAB}}{A} = \frac{4F_{NAB}}{\pi d^2} \leqslant [\sigma]$$

得

$$d \geqslant \sqrt{\frac{4F_{NAB}}{\pi[\sigma]}} = \sqrt{\frac{4 \times 60.5 \times 10^3}{\pi \times 170}} = 21.29(\text{mm})$$

【例4－9】防水闸门用一排支杆支撑着，如图4－29（a）所示，AB为其中一根支撑杆。各杆为 $d = 100\text{mm}$ 的圆木，其许用应力 $[\sigma] = 10\text{MPa}$。试求支杆间的最大距离。

【解】这是一个实际问题，在设计计算过程中首先需要进行适当地简化，画出简化后的计算简图，然后根据强度条件进行计算。

（1）计算简图。防水闸门在水压作用下可以稍有转动，下端可近似地视为铰链约束。AB杆上端支撑在闸门上，下端支撑在地面上，两端均允许有转动，故亦可简化为铰链约束。于是AB杆的计算简图如图4－29（b）所示。

（2）计算AB杆的内力。水压力通过防水闸门传递到AB杆上，如图4－29（a）中阴影部分所示，每根支撑杆所承受的总水压力为

$$F_P = \frac{1}{2}\gamma h^2 b$$

其中 γ 为水的容重，其值为 10kN/m^3；h 为水深，其值为3m；b 为两支撑杆中心线之间的距离。于是有

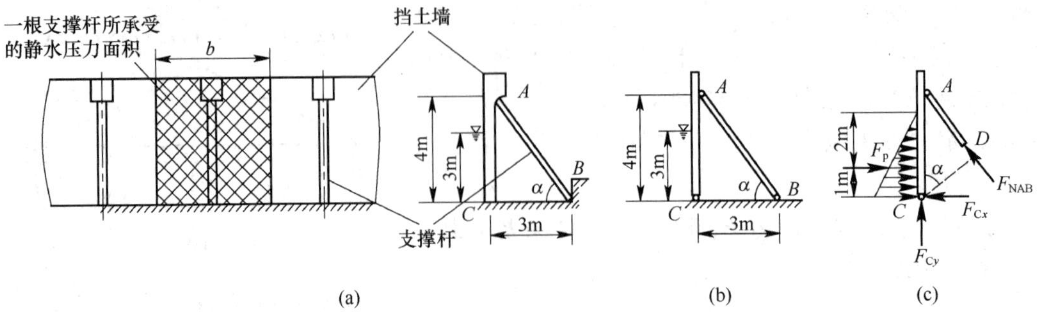

图4－29 例4－9图

$$F_P = \frac{1}{2} \times 10 \times 10^3 \times 3^2 \times b = 45 \times 10^3 b$$

根据如图4－29（c）所示的受力图，由平衡条件

$$\sum M_C = 0, \quad -F_P \times 1 + F_{NAB} \times CD = 0$$

其中

$$CD = 3 \times \sin\alpha = 3 \times \frac{4}{\sqrt{3^2 + 4^2}} = 2.4(\text{m})$$

得

$$F_{NAB} = \frac{F_P}{2.4} = \frac{45 \times 10^3 b}{2.4} = 18.75 \times 10^3 b$$

（3）根据AB杆的强度条件确定间距 b 的值。

由强度条件

$$\sigma = \frac{F_{NAB}}{A} = \frac{4 \times 18.75 \times 10^3 b}{\pi \times d^2} \leqslant [\sigma]$$

得

$$b \leqslant \frac{[\sigma] \times \pi \times d^2}{4 \times 18.75 \times 10^3} = \frac{10 \times 10^6 \times 3.14 \times 0.1^2}{4 \times 18.75 \times 10^3} = 4.19(\text{m})$$

【例4－10】三角架ABC由AC和BC两根杆组成，如图4－30（a）所示。杆AC由

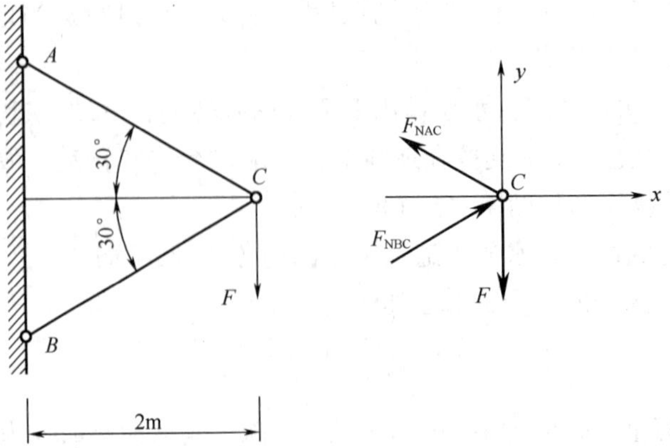

图4－30 例4－10图

两根 No. 14a 的槽钢组成，许用应力 $[\sigma]=160\text{MPa}$；杆 BC 为一根 No. 22a 的工字钢，许用应力为 $[\sigma]=100\text{MPa}$。求荷载 F 的许可值 $[F]$。

【解】(1) 求两杆内力与力 F 的关系。取节点 C 为研究对象，其受力如图 4-30 (b) 所示。节点 C 的平衡方程为

$$\sum F_x=0,\quad F_{NBC}\times\cos\frac{\pi}{6}-F_{NAC}\times\cos\frac{\pi}{6}=0$$

$$\sum F_y=0,\quad F_{NBC}\times\sin\frac{\pi}{6}+F_{NAC}\times\sin\frac{\pi}{6}-F=0$$

解得

$$F_{NBC}=F_{NAC}=F \tag{a}$$

(2) 计算各杆的许可轴力。由型钢表查得杆 AC 和 BC 的横截面面积分别为 $A_{AC}=18.51\times10^{-4}\times2=37.02\times10^{-4}(\text{m}^2)$，$A_{BC}=42\times10^{-4}\text{m}^2$。根据强度条件

$$\sigma=\frac{F_N}{A}\leqslant[\sigma]$$

得两杆的许可轴力为

$$[F_N]_{AC}=(160\times10^6)\times(37.02\times10^{-4})=592.32\times10^3(\text{N})=592.32(\text{kN})$$
$$[F_N]_{BC}=(100\times10^6)\times(42\times10^{-4})=420\times10^3(\text{N})=420(\text{kN})$$

(3) 求许可荷载。将 $[F_N]_{AC}$ 和 $[F_N]_{BC}$ 分别代入 (a) 式，便得到按各杆强度要求所算出的许可荷载为

$$[F]_{AC}=[F_N]_{AC}=592.32\text{kN}$$
$$[F]_{BC}=[F_N]_{BC}=420\text{kN}$$

所以该结构的许可荷载应取 $[F]=420\text{kN}$。

注 意

什么是许用应力？如何根据许用应力设计构件的截面尺寸，确定许可荷载和强度复核？

想一想

何谓许用应力？安全因数的确定和工程有哪些密切关系？利用强度条件可以解决工程中的什么问题？

任务习题

1. 用钢索起吊一钢管如图所示，已知钢管重 $F_G=10\text{kN}$，钢索的直径 $d=40\text{mm}$，许用应力 $[\sigma]=10\text{MPa}$，试校核钢索的强度。

2. 正方形截面的阶梯混凝土柱受力如图示。设混凝土的 $\gamma=20\text{kN/m}^3$，载荷 $F=100\text{kN}$，许用应力 $[\sigma]=2\text{MPa}$。试根据强度选择截面尺寸 a 和 b。

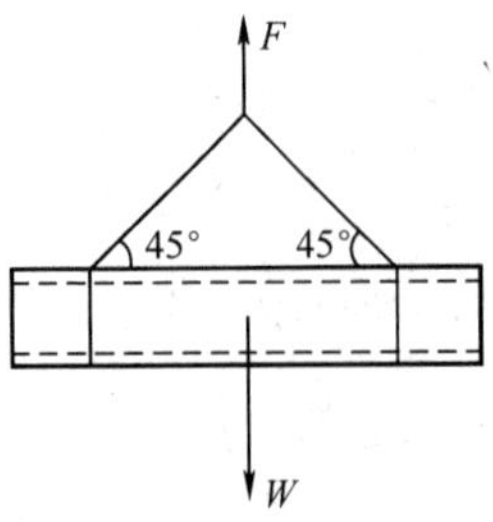

1 题图

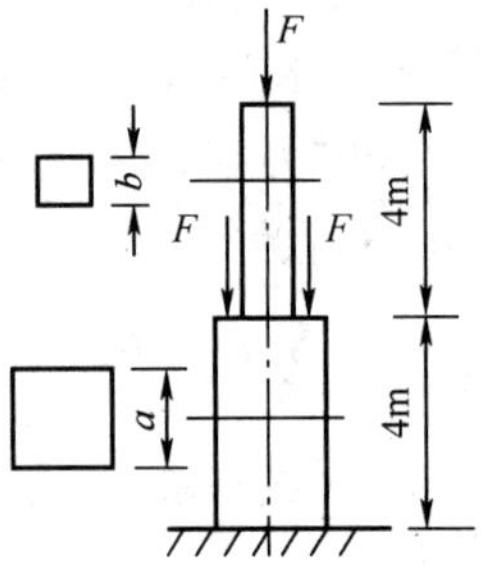

2 题图

3. 图示构架，$\alpha=30°$，在 A 点受载荷 $F=350\text{kN}$ 作用，杆 AB 由两根槽钢构成，杆 AC 由一根工字钢构成，钢的许用拉应力 $[\sigma_t]=160\text{MPa}$，许用压应力 $[\sigma_c]=100\text{MPa}$，试为两杆选择型钢号码。

4. 图示起重架，在 D 点作用载荷 $F=30\text{kN}$，若 AD、ED、AC 杆的许用应力分别为 $[\sigma]_{AD}=40\text{MPa}$，$[\sigma]_{ED}=100\text{MPa}$，$[\sigma]_{AC}=100\text{MPa}$，求三根杆所需的面积。

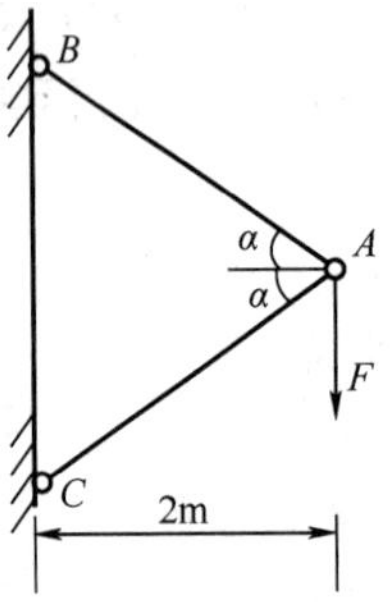

3 题图

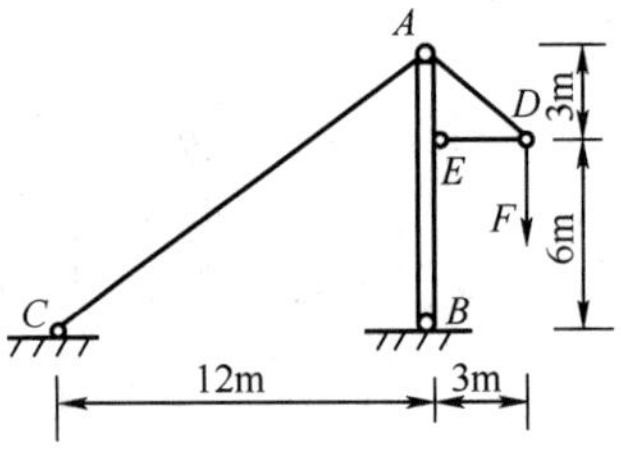

4 题图

5. 图示滑轮由 AB、AC 两圆截面杆支撑，起重绳索的一端绕在卷筒上。已知 AB 杆为 Q235 钢制成，$[\sigma]=160\text{MPa}$，直径 $d_1=20\text{mm}$，AC 杆为铸铁制成，$[\sigma_c]=100\text{MPa}$，直径 $d_2=40\text{mm}$。试计算可吊起的最大重量 F。

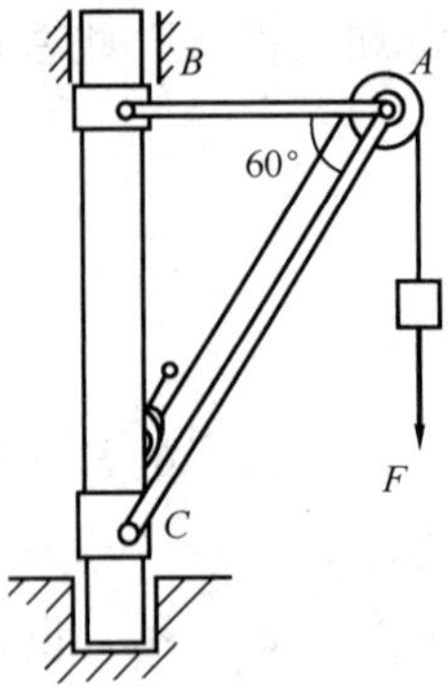

5 题图

6. 图示结构中的 CD 杆为刚性杆，AB 杆为钢杆，直径 $d=30\text{mm}$，容许应力 $[\sigma]=160\text{MPa}$，弹性模量 $E=2.0\times10^5\text{MPa}$。试求结构的容许荷载 F。

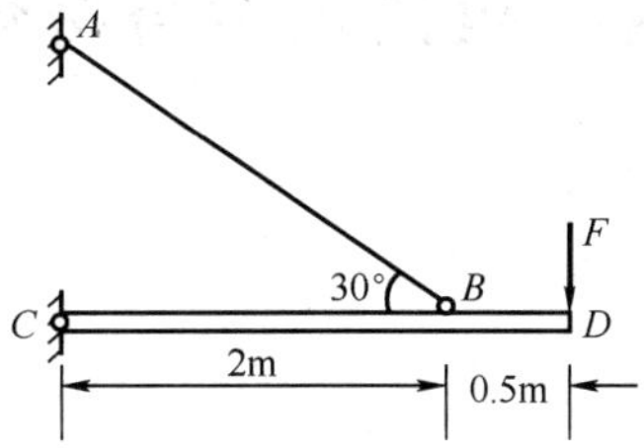

6 题图

7. 图示结构，已知 AB 杆直径 $d=30\text{mm}$，$a=1\text{m}$，$E=210\text{GPa}$，试求：

（1）若测得 AB 杆的应变 $\varepsilon=7.15\times10^{-4}$，试求载荷 F 值。

（2）设 CD 杆为刚性杆，若 AB 杆的许用应力 $[\sigma]=160\text{MPa}$，试求许可载荷 $[F]$ 及对应的 D 点铅垂位移。

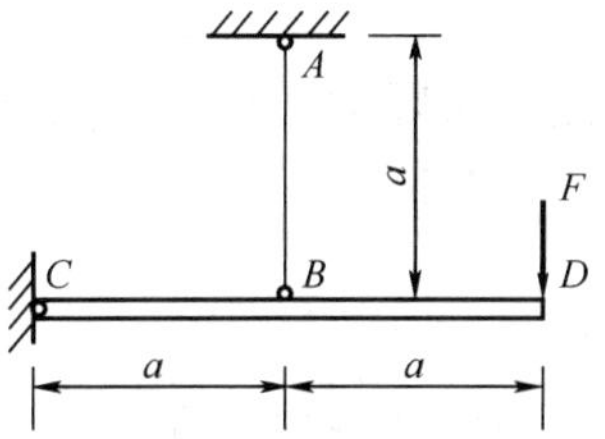

7 题图

任务六　应力集中与材料疲劳

任务导航

任务导言

对于结构构件来说，当在构件上某个位置打一个孔（洞），截面上的应力会发生什么样的变化，以及材料在反复荷载交替的作用下，材料的力学性能会有什么变化，这是本任务研究的内容。

任务目标

掌握应力集中的概念并能应用到实际的工程中，知道哪些位置会出现应力集中现象，材料在反复荷载作用下会发生什么变化。

任务布置

正确识别构件上可能发生应力集中现象的位置。

任务分析

知道应力集中现象和掌握材料疲劳破坏的特点。

知识导航

4.6.1　应力集中

由任务二知，对于等截面直杆在轴向拉伸或压缩时，除两端受力的局部地区外，截面上的应力是均匀分布的。但在工程实际中，由于构造与使用等方面的需要，许多构件常常带有沟槽（如螺纹）、孔和圆角（构件由粗到细的过渡圆角）等，情况就不一样了。在外力作用下，构件在形状或截面尺寸有突然变化处，将出现局部的应力骤增现象。例如，如图4-31（a）所示的含圆孔的受拉薄板，圆孔处截面 $A-A$ 上的应力分布如图4-31（b）所示，在孔的附近处应力骤然增加，而离孔稍远处应力就迅速下降并趋于均匀。这种由构件截面骤然变化而引起的局部应力骤增现象，称为应力集中。

应力集中的程度用所谓理论应力集中因数 K 表示，其定义为

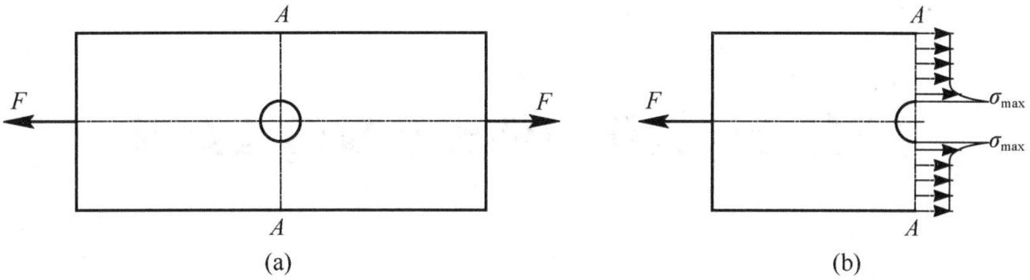

图 4－31　应力集中现象

$$K = \frac{\sigma_{max}}{\sigma_{nom}} \tag{4-24}$$

式中　σ_{max}——最大局部应力；

　　σ_{nom}——该截面上的名义应力（轴向拉压时即为截面上的平均应力）。

值得注意的是，构件外形的骤变越剧烈，应力集中的程度越严重。同时，应力集中是一种局部的应力骤增现象，如图 4－31（b）中具有小孔的均匀受拉平板，在孔边处的最大应力约为平均应力的 3 倍，而距孔稍远处，应力即趋于均匀。而且，应力集中处不仅最大应力急剧增加，其应力状态也与无应力集中时不同。

4.6.2　应力集中对构件强度的影响

对于由脆性材料制成的构件，当由应力集中所形成的最大局部应力到达强度极限时，构件即发生破坏。因此，在设计脆性材料构件时，应考虑应力集中的影响。

对于由塑性材料制成的构件，应力集中对其在静荷载作用下的强度则几乎无影响。因为当最大应力 σ_{max} 达到屈服应力 σ_s 后，如果继续增大荷载，则所增加的荷载将由同一截面的未屈服部分承担，以致屈服区域不断扩大，如图 4－32 所示，应力分布逐渐趋于均匀化。所以，在研究塑性材料构件的静强度问题时，通常可以不考虑应力集中的影响。但在动荷载作用下，则不论是塑性材料，还是脆性材料制成的构件，都应考虑应力集中的影响。

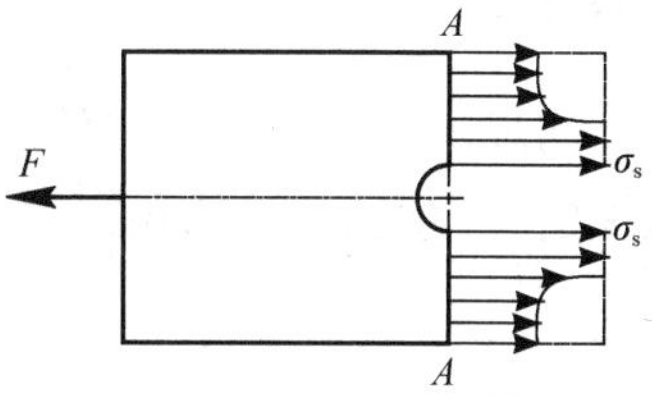

图 4－32　应力集中图

注 意

应力集中现象对工程有哪些危害？

任务技能

何谓应力集中？图示 张厚纸条，若在轴线上剪 直径为 d 的圆孔和长度为 d 的横向缝隙，用手在轴向加力时，破坏从哪里开始？为什么？

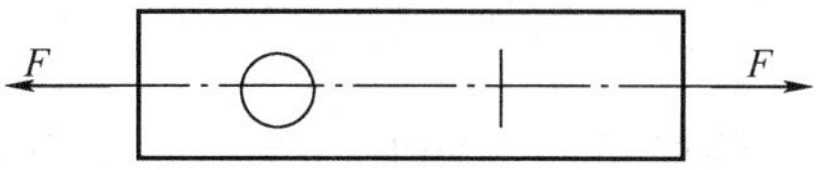

题图

任务七 受压构件的一般构造要求

任务导航

任务导言

具体结构构件的设计，除了能计算构件的内力外，还要掌握具体构件的构造要求，包括截面形状，截面尺寸要求，材料强度和钢筋的要求，最小配筋率等。

任务目标

知道受压构件的一般构造要求。

任务布置

能够初步确定轴向受力构件的截面形状和截面尺寸，掌握受压构件材料强度的要求，掌握纵向受力钢筋和箍筋的一般构造要求。

任务分析

初步确定轴向受力构件的截面形状和截面尺寸，掌握受压构件材料强度的要求，掌握纵向受力钢筋和箍筋的一般构造要求，进而进行结构构件设计。

知识导航

4.7.1 受压构件简介

受压构件是工程结构中最基本和最常见的构件之一，主要以承受轴向压力为主，通常还有弯矩和剪力作用。如图 4－33 所示，框架结构房屋的柱、单层厂房柱及屋架的受压腹杆等均为受压构件。

受压构件在结构中往往具有重要作用，一旦发生破坏，将会导致整个结构破坏甚至发生倒塌。图 4－34 为 2008 年 5 月 12 日发生在我国汶川的里氏 8 级强烈地震中某栋房屋的震害情况。

根据轴向压力的作用点与截面重心的相对位置不同，受压构件又可分为轴心受压构件、单向偏心受压构件及双向偏心受压构件，如图 4－35 所示。

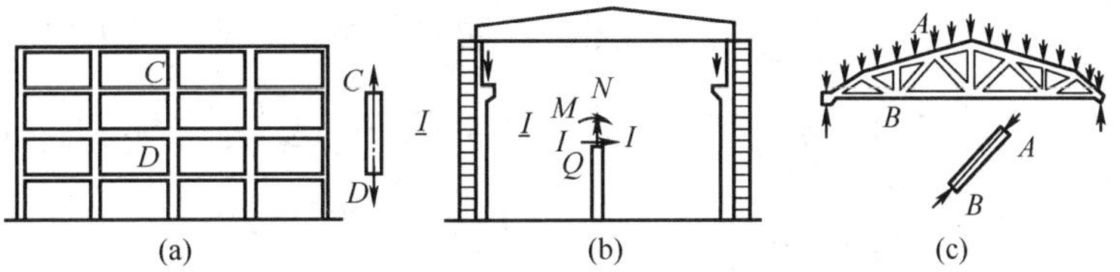

图 4－33　常见的受压构件

（a）框架结构房屋柱　（b）单层厂房柱　（c）屋架的受压腹杆

图 4－34　受压构件（柱）的破坏

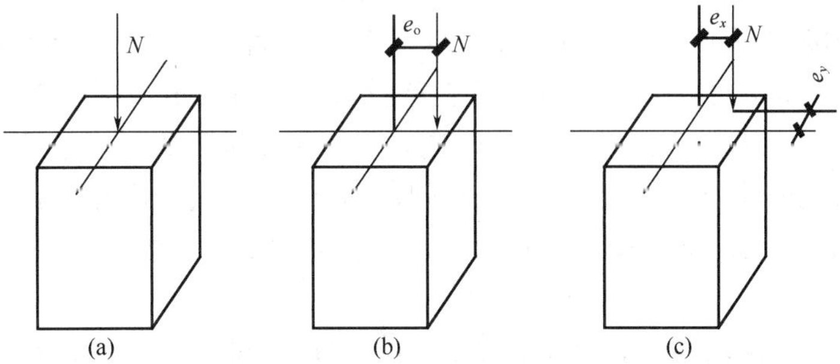

图 4－35　受压构件类型

（a）轴心受压　（b）单向偏心受压　（c）双向偏心受压

钢筋混凝土受压构件通常配有纵向受力钢筋和箍筋，如图 4－36 所示。在轴心受压构件中，纵向受力钢筋的主要作用是协助混凝土受压，承受可能存在较小的弯矩以及混凝土收缩和温变引起的拉应力，并避免受压构件产生突然的脆性破坏；箍筋的主要作用是防止纵向受力钢筋压屈，改善构件的延性，并与纵向受力钢筋形成骨架以便施工。在偏心受压构件中，纵向受力钢筋的主要作用是：一部分纵向受力钢筋协助混凝土受压，另

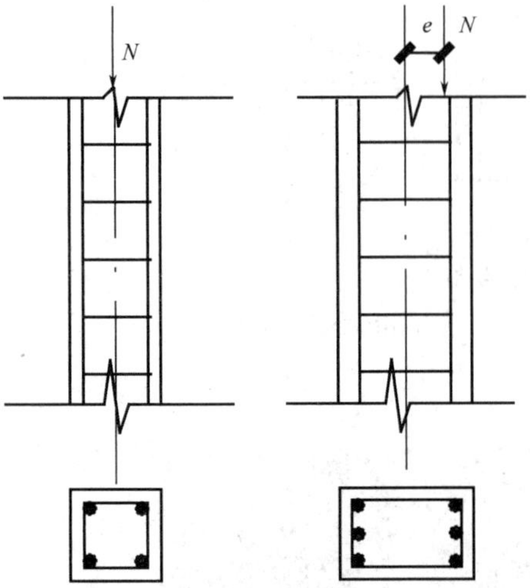

(a) (b)

图 4－36 受压构件的配筋
（a）轴心受压 （b）单向偏心受压

一部分纵向受力钢筋抵抗由偏心压力产生的弯矩。箍筋的主要作用是承受剪力。

4.7.2 受压构件的构造要求

（1）材料强度等级

由于混凝土强度等级对受压构件的承载能力影响较大，故为了减小构件的截面尺寸，节省钢材，宜采用强度等级较高的混凝土。一般采用C25、C30、C35、C40等，对于高层建筑的底层柱，必要时可采用更高强度等级的混凝土。纵向受力钢筋宜采用HRB400、HRB500、HRBF400、HRBF500级钢筋，也可采用HRB335、HRBF335、HPB300、RRB400级钢筋。由于高强度钢筋与混凝土共同受压时，不能充分发挥其作用，故不宜采用。箍筋宜采用HRB400、HRBF400、HPB300、HRB500、HRBF500级钢筋，也可采用HRB335、HRBF335级钢筋。

（2）截面形式及尺寸

轴心受压构件的截面多采用方形或矩形，有时也采用圆形或多边形。偏心受压构件一般为矩形截面，矩形截面长边与弯矩作用方向平行。为了节约混凝土和减轻柱的自重，特别是在装配式柱中，较大尺寸的柱常常采用Ⅰ形截面。采用离心法制造的柱、桩、电杆以及烟囱、水塔支筒等常用环形截面。方形柱的截面尺寸不宜小于250mm×250mm。为了使受压构件不致因长细比过大而使承载力降低过多，常取$l_0/b\leqslant30$，$l_0/h\leqslant25$，此处l_0为柱的计算长度，b为矩形截面短边边长，h为矩形截面长边边长。对于Ⅰ形截面，翼缘厚度不宜小于120mm，因为翼缘太薄，会使构件过早出现裂缝，同时在靠近柱底处的混凝土容易在生产过程中碰坏，影响柱的承载力和使用年限。腹板厚度不宜小于100mm，抗震区使用Ⅰ形截面柱时，其腹板宜再加厚些。此外，柱截面尺寸宜符合模数，800mm及以下的，取50mm的倍数；800mm以上的，可取100mm的倍数。

（3）纵筋

轴心受压构件的纵向受力钢筋应沿截面的四周均匀布置，偏心受压构件的纵向受力钢筋应布置在偏心方向截面的两边，如图4－36所示。钢筋根数不得少于4根，纵向受力钢筋的配筋百分率ρ_{min}不应小于表4－3规定的数值。纵向钢筋直径不宜小于12mm，通常在16～32mm，为了减少钢筋在施工时可能产生的纵向弯曲，宜采用较粗的钢筋。从经济、施工以及受力性能等方面来考虑，全部纵筋配筋率不宜超过5%。纵筋净距不应小于50mm，且不宜大于300mm。在水平位置上浇注的预制柱，其纵筋最小净距可减小，但不应小于30mm和$1.5d$（d为纵筋的最大直径）。纵向受力钢筋彼此间的中距不应大于350mm，偏心受压中不宜大于300mm。偏心受压构件当截面高度$h\geqslant600$mm时，在侧面应设置直径不小于10mm的纵向构造钢筋，并相应地设置附加箍筋或拉筋。纵筋的连接接头宜设置在受力较小处。钢筋的接头可采用机械连接接头，也可采用焊接接头和搭接接头。但直径大于 32mm 的受压钢筋，不宜采用绑扎的搭接接头。

表 4－3　纵向受力钢筋的最小配筋百分率 ρ_{min}　单位:%

受力类型		最小配筋百分率
全部纵向钢筋	强度级别 500MPa	0.50
	强度级别 400MPa	0.55
	强度级别 300MPa、335MPa	0.60
一侧纵向钢筋		0.20

注：①受压构件全部纵向钢筋最小配筋百分率，当采用 C60 及以上强度等级的混凝土时，应按表中规定增加 0.10；

②受压构件的全部纵向钢筋和一侧纵向钢筋的配筋率应按构件的全截面面积计算；

③当钢筋沿构件截面周边布置时，"一侧纵向钢筋"系指沿受力方向两个对边中一边布置的纵向钢筋。

（4）箍筋

柱中箍筋应符合下列规定：为防止纵筋压曲，柱中箍筋须做成封闭式；箍筋间距在绑扎骨架中不应大于 15d，在焊接骨架中则不应大于 20d（d 为纵筋最小直径），且不应大于 400mm，也不大于构件横截面的短边尺寸；箍筋直径不应小于 d/4（d 为纵筋最大直径），且不应小于 6mm。当纵筋配筋率超过 3% 时，箍筋直径不应小于 8mm，其间距不应大于 10d（d 为纵筋最小直径），且不应大于 200mm；当截面短边大于 400mm 且各边纵筋多于 3 根时，或当截面短边不大于 400mm 但各边纵筋多于 4 根时，应设置复合箍筋，见图 4－37。

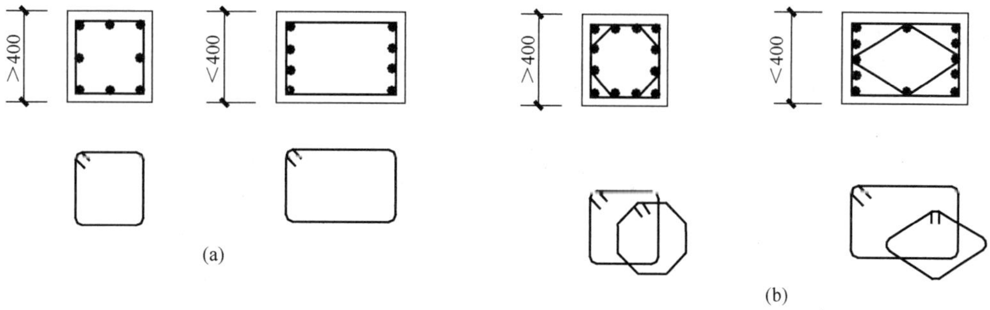

图 4－37　方形及矩形截面柱的箍筋形式

（a）普通箍筋　（b）复合箍筋

在纵筋搭接长度范围内，箍筋的直径不宜小于搭接钢筋直径的 25%；箍筋间距不应大于 10d，且不应大于 200mm（d 为受力钢筋中的最小直径）。当搭接的受压钢筋直径大于 25mm 时，应在搭接接头两个端面外 100mm 范围内各设置两根箍筋。

截面形状复杂的构件，不可采用具有内折角的箍筋，避免产生向外的拉力，致使折角处的混凝土破损，如图 4－38 所示。

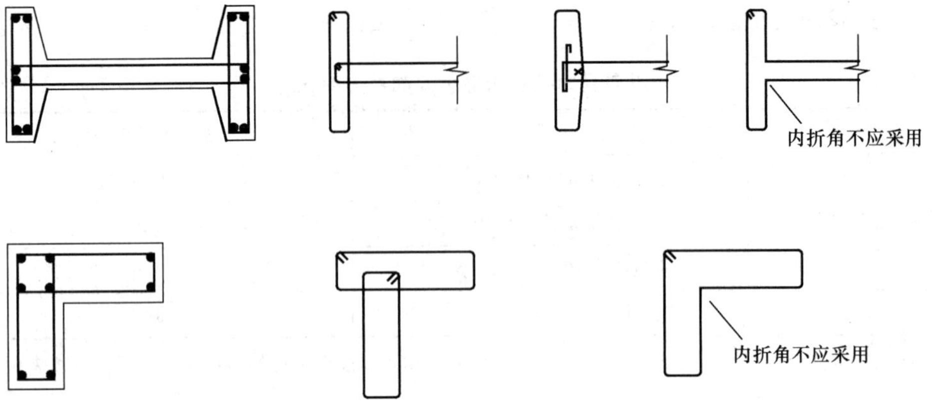

图 4－38　I 形及 L 形截面柱的箍筋形式

螺旋箍筋柱的间接钢筋间距不应大于 80mm 及 $d_{cor}/5$（d_{cor}为构件的核心截面直径），且不小于 40mm；间接钢筋的直径要求与普通箍筋柱相同。

注 意

轴心受压柱的构造要求有哪些？（截面形状、材料、配筋要求等）

任务技能

如何确定受压柱的材料强度？截面的配筋（纵向受力钢筋和箍筋）有哪些要求？

任务八　轴心受压构件的正截面承载力计算

任务导航

任务导言

根据构件轴向受力情况，计算构件所受到的内力，并根据钢筋混凝土材料物理力学性能，可以正确设计构件钢筋混凝土受压柱。

任务目标

掌握钢筋混凝土受压柱的设计要点，并能正确绘制并识读柱的施工图。

任务布置

根据结构构件所受内力，进行构件的设计，并绘制受压柱的配筋图。

任务分析

根据构件所受内力，结合钢筋和混凝土材料的力学性质指标，应用结构设计原理，进行结构构件的设计，并完成施工图的绘制。

知识导航

在实际结构中，理想的轴心受压构件是几乎不存在的，由于材料本身的不均匀性、施工的尺寸误差以及荷载作用位置的偏差等原因，很难使轴向压力精确地作用在截面重心上。但是，由于轴心受压构件计算简单，有时可把初始偏心距较小的构件（如：以承受恒载为主的等跨多层房屋的内柱、屋架中的受压腹杆等）近似也按轴心受压构件计算。钢筋混凝土轴心受压构件箍筋的配置方式有两种：普通箍筋和螺旋箍筋（或焊接环形箍筋）。由于这两种箍筋对混凝土的约束作用不同，因而相应的轴心受压构件的承载力也不同。习惯上把配有普通箍筋的轴心受压构件称为普通箍筋柱，配有螺旋箍筋（或焊接环形箍筋）的轴心受压构件称为螺旋箍筋柱，如图 4－39 所示。

4.8.1　普通箍筋柱

（1）短柱的受力特点和破坏形态

典型的钢筋混凝土轴心受压短柱应力－荷载曲线如图 4－40 所示，破坏示意如图 4－41

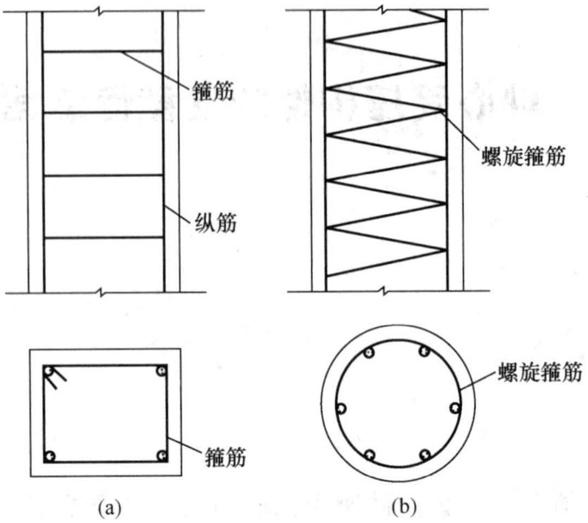

图 4－39　轴心受压构件箍筋的两种配置方式
（a）普通箍筋柱　（b）螺旋箍筋柱

所示。在轴心压力作用下，截面应变是均匀分布的。由于钢筋与混凝土之间黏结力的存在，使两者的应变相同，即 $\varepsilon_c = \varepsilon'_s$。当荷载较小时，混凝土和钢筋均处于弹性工作阶段，柱子压缩变形的增加与荷载的增加成正比，混凝土压应力 σ_c 和钢筋压应力 σ'_s 增加与荷载增加也成正比；当荷载较大时，由于混凝土塑性变形的发展，压缩变形的增加速度快于荷载增加速度，另外，在相同荷载增量下，钢筋压应力 σ'_s 比混凝土压应力 σ_c 增加得快，即钢筋和混凝土之间的应力出现了重分布现象；随着荷载的继续增加，柱中开始出现微细裂缝，在临近破坏荷载时，柱四周出现明显的纵向裂缝，箍筋间纵筋压屈，向外凸出，混凝土被压碎，柱子即告破坏。

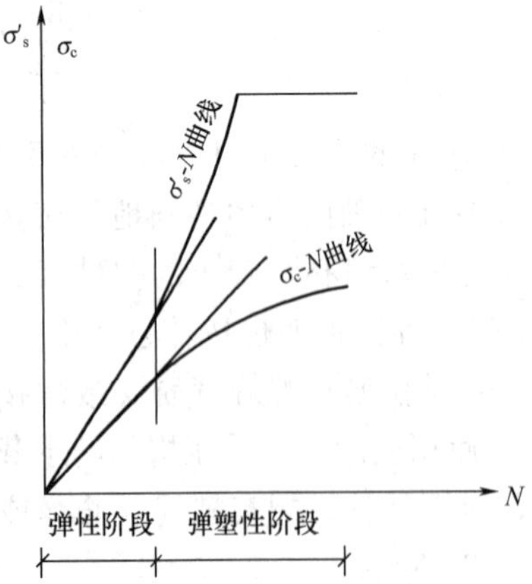

图 4－40　应力－荷载曲线图

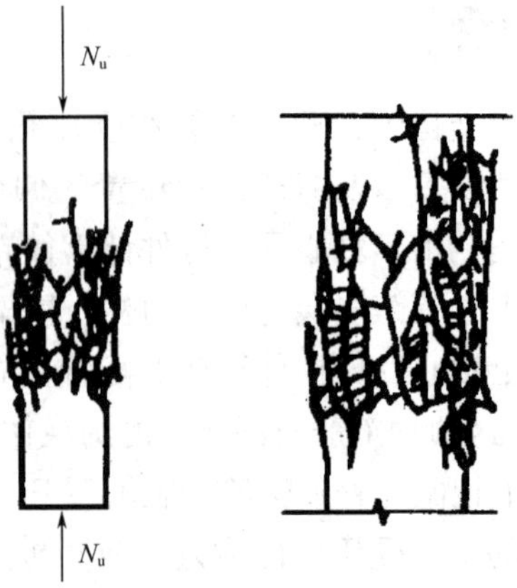

图 4－41　短柱的破坏

素混凝土棱柱体试件的极限压应变为 0.0015～0.002，而钢筋混凝土短柱达到最大承载力时的压应变一般为 0.0025～0.0035。这是因为纵筋起到了调整混凝土应力的作用，较好地发挥了混凝土的塑性性能，改善了受压破坏的脆性性质。在构件计算时，通常以应变达到0.002为控制条件，认为此时混凝土达到了轴心抗压强度f_c。相应地，纵筋的应力$\sigma'_s \approx 0.002 \times 2 \times 10^5 = 400(MPa)$。因此，如果构件采用热轧钢筋为纵筋，则破坏时其应力已达到屈服强度；如果采用高强钢筋为纵筋，破坏时其应力达不到屈服强度，只能达到$0.002E_s$（MPa）。《规范》用f'_y表示钢筋的抗压强度设计值，对热轧钢筋取$f'_y = f_y$；预应力钢筋，取$f'_y = 0.002E_s(MPa)$。

（2）细长轴心受压构件的承载力降低现象

如前所述，由于材料本身的不均匀性、施工的尺寸误差等原因，轴心受压构件的初始偏心是不可避免的。初始偏心距的存在，必然会在构件中产生附加弯矩和相应的侧向挠度，而侧向挠度又加大了原来的初始偏心距。这样相互影响的结果，必然导致构件承载能力的降低。试验表明，对粗短受压构件，初始偏心距对构件承载力的影响并不明显，而对细长受压构件，这种影响是不可忽略的。细长轴心受压构件的破坏，实质上已具有偏心受压构件强度破坏的典型特征（破坏时，首先在凹侧出现纵向裂缝，随后混凝土被压碎，纵筋压屈向外凸出；凸侧混凝土出现垂直纵轴方向的横向裂缝，侧向挠度迅速增大，构件破坏，如图4-42所示）。对于长细比很大的细长受压构件，甚至还可能发生失稳破坏。在长期荷载作用下，由于徐变的影响，使细长受压构件的侧向挠度增加更大，因而，构件的承载力降低更多。

（3）轴心受压构件的承载力计算

①承载力计算公式：如前所述，粗短轴心受压构件达到承载能力极限状态时的截面应力情况如图4-43所示，此时，混凝土应力达到轴心抗压强度设计值f_c，纵向钢筋应力达到抗压强度设计值f'_y。短柱的承载力设计值N_{us}为：

$$N_{us} = f_c A + f'_y A'_s \tag{4-25}$$

式中　f_c——混凝土轴心抗压强度设计值；

f'_y——纵向钢筋抗压强度设计值；

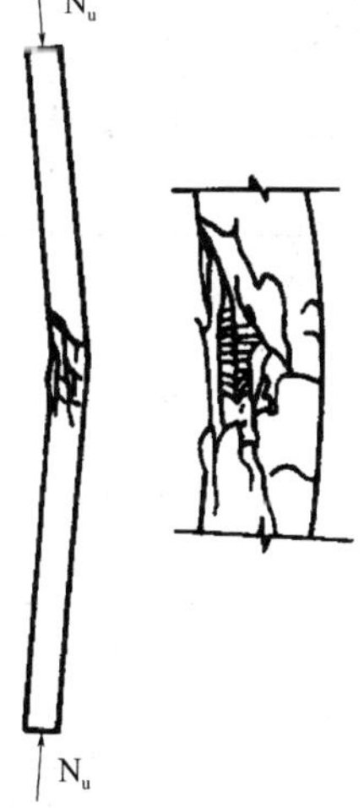

图4-42　长柱的破坏

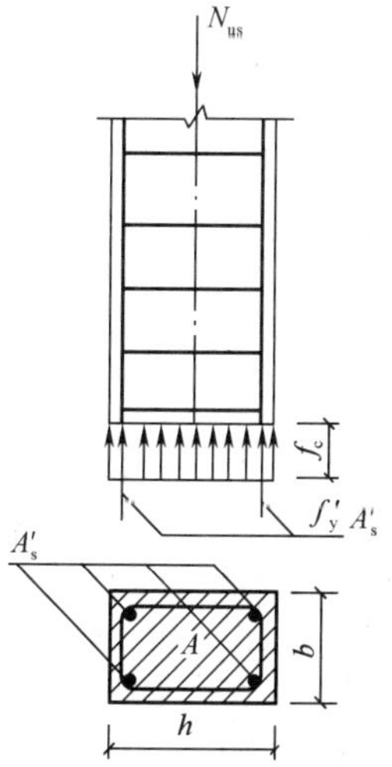

图4-43　轴心受压构件应力图

A——构件截面面积；

A'_s——全部纵向钢筋的截面面积。

对细长柱，如前所述，其承载力要比短柱低，《规范》采用稳定系数 φ 来表示细长柱承载力降低的程度，则细长柱的承载力设计值 N_{ul} 为：

$$N_{ul} = \varphi N_{us} \tag{4-26}$$

式中 φ——钢筋混凝土构件的稳定系数。

轴心受压构件承载力设计值为：

$$N_u = 0.9\varphi(f_c A + f'_y A'_s) \tag{4-27}$$

式中系数 0.9 是可靠度调整系数。

写成设计表达式，即为：

$$N \leqslant N_u = 0.9\varphi(f_c A + f'_y A'_s) \tag{4-28}$$

式中 N——轴向压力设计值。

当纵向钢筋配筋率大于 3% 时，式（4-28）中的 A 应改用（$A - A'_s$）代替。

②稳定系数：稳定系数 φ 主要与构件的长细比 l_0/i（l_0 为构件的计算长度，i 为截面的最小回转半径）有关。当为矩形截面时，长细比用 l_0/b 表示（b 为截面短边）。长细比越大，φ 值越小。根据原国家建委建筑科学研究院的试验结果，并参考国外有关试验结果得到的 φ 与 l_0/b 的关系曲线如图 4-44 所示。《规范》给出的 φ 值见表 4-4。当柱的长细比较小时（$l_0/i \leqslant 28$ 或 $l_0/b \leqslant 8$、$l_0/d \leqslant 7$），即为短柱，取 $\varphi = 1$。

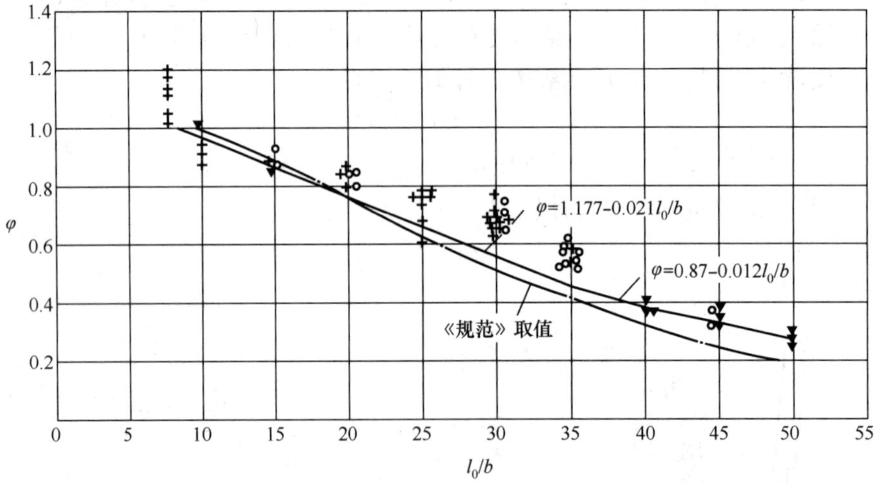

图 4-44 $\varphi - l_0/b$ 关系曲线

表 4-4 **钢筋混凝土轴心受压构件稳定系数**

l_0/b	≤8	10	12	14	16	18	20	22	24	26	28
l_0/d	≤7	8.5	10.5	12	14	15.5	17	19	21	22.5	24
l_0/i	≤28	35	42	48	55	62	69	76	83	90	97
φ	1.00	0.98	0.95	0.92	0.87	0.81	0.75	0.70	0.65	0.60	0.56

续表

l_0/b	30	32	34	36	38	40	42	44	46	48	50
l_0/d	26	28	29.5	31	33	34.5	36.5	38	40	41.5	43
l_0/i	104	111	118	125	132	139	146	153	160	167	174
φ	0.52	0.48	0.44	0.40	0.36	0.32	0.29	0.26	0.23	0.21	0.19

注：l_0为构件的计算长度，b为矩形截面的短边尺寸，d为圆形截面的直径，i为截面的最小回转半径。

③柱的计算长度：求稳定系数φ时，要确定构件的计算长度l_0。l_0与构件两端的支承情况有关：当构件两端均为不动铰支座时，$l_0=l$（l为两支座间构件的实际长度）；当两端均为固定支座时，$l_0=0.5l$；当一端为不动铰支座而另一端为固定支座时，$l_0=0.7l$；当一端为固定支座而另一端自由时，$l_0=2l$。实际结构中，支座情况并非是理想的不动铰支座或固定支座，因此，《规范》根据不同结构的受力变形特点，按下述规定确定偏心受压柱和轴心受压柱的计算长度l_0。

a. 刚性屋盖的单层房屋排架柱、露天吊车柱和栈桥柱，其计算长度l_0可按表4－5取用。

表4－5　刚性屋盖单层房屋排架柱、露天吊车柱和栈桥柱的计算长度l_0

柱的类别		l_0		
		排架方向	垂直排架方向	
			有柱间支撑	无柱间支撑
无吊车房屋柱	单　跨	$1.5H$	$1.0H$	$1.2H$
	两跨及多跨	$1.25H$	$1.0H$	$1.2H$
有吊车房屋柱	上　柱	$2.0H_u$	$1.25H_u$	$1.5H_u$
	下　柱	$1.0H_l$	$0.8H_l$	$1.0H_l$
露天吊车柱和栈桥柱		$2.0H_l$	$1.0H_l$	—

注：①表中H为从基础顶面算起的柱子全高；H_l为从基础顶面至装配式吊车梁底面或现浇式吊车梁顶面的柱子下部高度；H_u为从装配式吊车梁底面或从现浇式吊车梁顶面算起的柱子上部高度；

②表中有吊车房屋排架柱的计算长度，当计算中不考虑吊车荷载时，可按无吊车房屋柱的计算长度采用，但上柱的计算长度仍可按有吊车房屋采用；

③表中有吊车房屋排架柱的上柱在排架方向的计算长度，仅适用于H_u/H_l不小于0.3的情况；当H_u/H_l小于0.3时，计算长度宜采用$2.5H_u$。

b. 一般多层房屋中梁柱为刚接的框架结构，各层柱的计算长度l_0可按表4－6的规定取用。

表4－6　框架结构各层柱的计算长度l_0

楼盖类型	柱的类别	l_0
现浇楼盖	底层柱	$1.0H$
	其余各层柱	$1.25H$

续表

楼盖类型	柱的类别	l_0
装配式楼盖	底层柱	1.25H
	其余各层柱	1.5H

注：表中 H 为底层柱从基础顶面到一层楼盖顶面的高度；对其余各层柱为上下两层楼盖顶面之间的高度。

（4）设计方法

轴心受压构件的设计问题可分为截面设计和截面复核两类。

①截面设计：一般已知轴向压力设计值（N），材料强度等级（f_c、f'_y），构件的计算长度 l_0，求构件截面面积（A 或 $b\times h$）及纵向受压钢筋面积（A'_s）。

由式（4－25）知，仅有一个公式需求解三个未知量（φ、A、A'_s），无确定解，故必须增加或假设一些已知条件。一般可以先选定一个合适的配筋率 ρ'（即 A'_s/A），通常可取 ρ' 为 1.0%～1.5%（柱的常用配筋率是 0.8%～2.0%），再假定 $\varphi=1.0$，然后代入式（4－28）求解 A。根据 A 来选定实际的构件截面尺寸（$b\times h$）。构件截面尺寸确定以后，由长细比 l_0/b 查表 4－4 确定 φ，再代入式（4－28）求实际的 A'_s。当然，最后还应检查是否满足最小配筋率要求。

②截面复核：截面复核比较简单，只需将有关数据代入式（4－28），如果式（4－28）成立，则满足承载力要求。

【例 4－11】某钢筋混凝土轴心受压柱，计算长度 $l_0=3.6$m，承受轴向压力设计值 $N=2500$kN，采用 C30 混凝土和 HRB400 级钢筋，求柱截面尺寸（$b\times h$）及纵筋截面面积（A'_s），选择箍筋并绘制配筋截面图。

【解】（1）估算截面尺寸

假定 $\rho'=\dfrac{A'_s}{A}=1\%$，$\varphi=1.0$，由式（4－28）得：

$$A \geqslant \frac{N}{0.9\varphi(f_c+\rho' f'_y)}=\frac{2500\times 10^3}{0.9\times 1.0\times(14.3+0.01\times 360)}=155183(\text{mm}^2)$$

$$b=h=\sqrt{A}=394(\text{mm})$$

实取 $b=h=400$mm，$A=160000\text{mm}^2$

（2）求稳定系数

$\dfrac{l_0}{b}=\dfrac{3600}{400}=9$，查表 4－4 得 $\varphi=0.99$

（3）求纵筋面积

由式（4－25）得：

$$A'_s \geqslant \frac{\dfrac{N}{0.9\varphi}-f_cA}{f'_y}=\frac{\dfrac{2500\times 10^3}{0.9\times 0.99}-14.3\times 400\times 400}{360}=1438.4(\text{mm}^2)$$

选 4 ⌀22 钢筋（$A'_s=1520\text{mm}^2$）。

（4）验算配筋率

总配筋率 $\rho'=\dfrac{1520}{400\times 400}=0.95\% > \rho'_{min}=0.55\%$

一侧纵向钢筋配筋率 $\rho' = \dfrac{760}{400 \times 400} = 0.475\% > 0.2\%$

（5）选择箍筋

箍筋选 ф8@300，符合直径不小于 $d/4 = 22/4 = 5.5$（mm），且不小于 6mm；间距不大于 $15d = 15 \times 22 = 330$（mm），且不大于 400mm，也不大于短边尺寸 400mm 的要求。

（6）截面配筋图

截面配筋如图 4－45 所示。

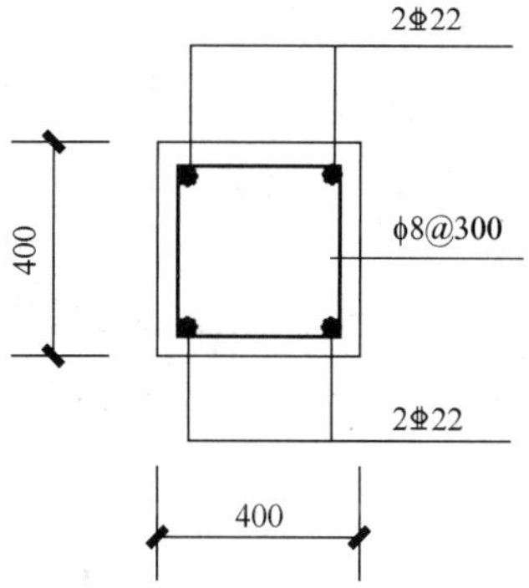

图 4－45　例 4－11 截面配筋图

4.8.2　螺旋箍筋柱

当柱子需要承受较大的轴向压力，而截面尺寸又受到限制，增加钢筋和提高混凝土强度均无法满足要求的情况下，可以采用螺旋箍筋或焊接环形箍筋（统称为间接钢筋）以提高柱子的承载力。螺旋箍筋柱的构造形式如图 4－46 所示。

（1）受力特点及破坏特征

螺旋箍筋柱的受力性能与普通箍筋柱有很大不同，图 4－47 为螺旋箍筋柱与普通箍筋柱的荷载－应变曲线的对比。图中可见，荷载不大（$\sigma_c \leqslant 0.8f_c$）时，两条曲线并无明显区别，当荷载增加至应变达到混凝土的峰值应变 ε_0 时，混凝土保护层开始剥落，由于混凝土截面减小，荷载有所下降。但由于核芯部分混凝土产生较大的横向变形，使螺旋箍筋产生环向拉力，亦即核芯部分混凝土受到螺旋箍筋的径向压力，处在三向受压的状态，其抗压强度超过了 f_c，曲线逐渐回升。随着荷载的不断增大，箍筋的环向拉力随核芯混凝土横向变形的不断发展而提高，对核芯混凝土的约束也不断增大。当螺旋箍筋达到屈服时，不再对核芯混凝土有约束作用，混凝土抗压强度也不再提高，混凝土被压碎，构件破坏。破坏时，螺旋箍筋柱的承载力及应变都要比普通箍筋柱大（压应变达到 0.01 以

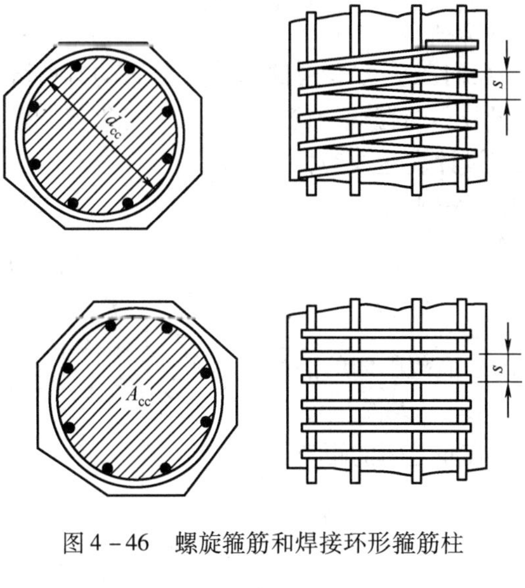

图 4－46　螺旋箍筋和焊接环形箍筋柱

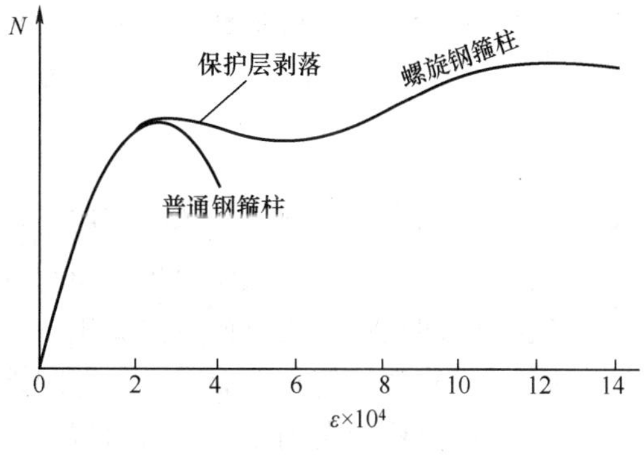

图 4－47　轴心受压柱的荷载－应变曲线

上）。试验资料表明，螺旋箍筋的配箍率越大，柱的承载力越高，延性越好。

（2）承载力计算

根据混凝土圆柱体在三向受压状态下的试验结果，受约束混凝土的轴心抗压强度 f_{cc} 可近似按下式计算：

$$f_{cc} = f_c + 4\sigma_c \tag{4-29}$$

式中 f_c——混凝土轴心抗压强度设计值；

σ_c——混凝土的径向压应力。

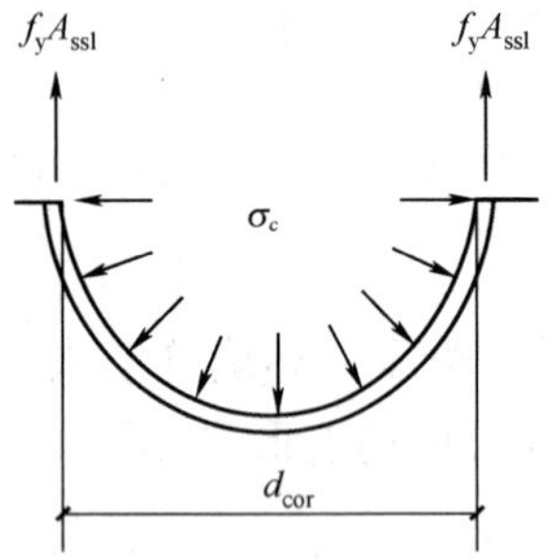

图 4－48 螺旋箍筋受力情况

设螺旋箍筋的截面面积为 A_{ss1}，间距为 s，螺旋箍筋的内径为 d_{cor}（即核芯混凝土截面的直径）。螺旋箍筋柱达到轴心受压承载力极限状态时，螺旋箍筋达到屈服，其对核芯混凝土产生的径向压应力 σ_c 可由图 4－48 所示的隔离体平衡条件得到：

$$\sigma_c = \frac{2f_yA_{ss1}}{sd_{cor}} \tag{4-30}$$

代入式（4－29）得：

$$f_{cc} = f_c + \frac{8f_yA_{ss1}}{sd_{cor}} \tag{4-31}$$

由于箍筋屈服时，混凝土保护层已经剥落，所以混凝土的截面面积应取核芯混凝土的截面面积 A_{cor}。根据螺旋箍筋柱达到承载力极限状态时混凝土和钢筋的应力情况，可得螺旋箍筋柱的承载力 N_u 为：

$$N_u = f_{cc}A_{cor} + f'_yA'_s = f_cA_{cor} + f'_yA'_s + \frac{8f_yA_{ss1}}{sd_{cor}}A_{cor} \tag{4-32}$$

按体积相等的原则将间距 s 范围内的螺旋箍筋换算成相当的纵向钢筋面积 A_{ss0}，即：

$$\pi d_{cor}A_{ss1} = sA_{ss0}$$

$$A_{ss0} = \frac{\pi d_{cor}A_{ss1}}{s} \tag{4-33}$$

式（4－32）可写成：

$$N_u = f_cA_{cor} + f'_yA'_s + 2f_yA_{ss0} \tag{4-34}$$

试验表明，当混凝土强度等级大于 C50 时，径向压应力对构件承载力的影响有所降低，因此，上式中的第三项应乘以折减系数 α。另外，与普通箍筋柱类似，取可靠度调整系数为 0.9。于是，螺旋箍筋柱承载能力极限状态设计表达式为：

$$N \leqslant 0.9(f_cA_{cor} + f'_yA'_s + 2\alpha f_yA_{ss0}) \tag{4-35}$$

$$A_{ss0} = \frac{\pi d_{cor}A_{ss1}}{s} \tag{4-36}$$

式中 f_y——间接钢筋的抗拉强度设计值；

A_{cor}——构件的核心截面面积，即间接钢筋内表面范围内的混凝土面积；

A_{ss0}——间接钢筋的换算截面面积；

d_{cor}——构件的核心截面直径，即间接钢筋内表面之间的距离；

A_{ss1}——单根间接钢筋的截面面积；

s——间接钢筋沿构件轴线方向的间距；

α——间接钢筋对混凝土约束的折减系数。

当混凝土强度等级不超过C50时，取1.0，当混凝土强度等级为C80时，取0.85，其间按线性内插法确定。应用式（4-35）设计时，应注意以下几个问题：

①按式（4-35）算得的构件受压承载力不应比按式（4-25）算得的大50%。这是为了保证混凝土保护层在正常使用荷载下不过早剥落，不会影响正常使用。

②当 $l_0/d>12$ 时，不考虑间接钢筋的约束作用，应用式（4-25）进行计算。这是因为长细比较大时，构件破坏时实际处于偏心受压状态，截面不是全部受压，间接钢筋的约束作用得不到有效发挥。由于长细比较小，故式（4-32）没考虑稳定系数 φ。

③当间接钢筋的换算截面面积 A_{ss0} 小于全部纵向钢筋的截面面积的25%时，不考虑间接钢筋的约束作用，应用式（4-28）进行计算。这是因为间接钢筋配置得较少时，很难保证它对混凝土发挥有效的约束作用。

④按式（4-35）算得的构件受压承载力不应小于按式（4-28）算得的受压承载力。

配置有螺旋箍筋或焊接环形钢筋的柱用钢量大，施工复杂，造价较高，一般较少采用。

【例4-12】某展示厅内一根钢筋混凝土柱，按建筑设计要求截面为圆形，直径不大于600mm。该柱承受的轴心压力设计值 $N=9000\text{kN}$，柱的计算长度 $l_0=6.6\text{m}$，混凝土强度等级为C30，纵筋用HRB400级钢筋，箍筋用HRB335级钢筋。试进行该柱的设计。

【解】（1）按普通箍筋柱设计

由 $l_0/d=6600/600=11$，查表4-4得 $\varphi=0.965$，代入式（4-28）得：

$$A_s'=\frac{1}{f_y'}\left(\frac{N}{0.9\varphi}-f_cA\right)=\frac{1}{360}\left(\frac{9000\times10^3}{0.9\times0.965}-14.3\times\frac{\pi\times600^2}{4}\right)=17554(\text{mm}^2)$$

$$\rho'=\frac{A_s'}{A}=\frac{17554}{\dfrac{\pi\times600^2}{4}}=6.2\%$$

由于配筋率太大，且长细比又满足 $l_0/d<12$ 的要求，故考虑按螺旋箍筋柱设计。

（2）按螺旋箍筋柱设计

假定纵筋配筋率 $\rho'=4\%$，则 $A_s'=0.04\times\dfrac{\pi\times600^2}{4}=11310$（$\text{mm}^2$），选23⌀25，$A_s'=11272.3\text{mm}^2$。取混凝土保护层为30mm，则 $d_{cor}=600-30\times2=540$（mm），$A_{cor}=\dfrac{\pi d_{cor}^2}{4}=\dfrac{\pi\times540^2}{4}=229022$（$\text{mm}^2$）。混凝土C30<C50，$\alpha=1.0$。由式（4-35）得：

$$A_{ss0}=\frac{\dfrac{N}{0.9}-(f_cA_{cor}+f_y'A_s')}{2f_y}=\frac{9000\times\dfrac{10^3}{0.9}-(14.3\times229022+360\times11272.3)}{2\times300}=4445(\text{mm}^2)$$

$A_{ss0}=4445\text{mm}^2>0.25A_s'=2812\text{mm}^2$，可以选用。

假定螺旋箍筋直径 $d=12\text{mm}$，则 $A_{ss1}=113.1\text{mm}^2$，由式（4-33）得：

$$s=\frac{\pi d_{cor}A_{ss1}}{A_{ss0}}=\frac{3.14\times540\times113.1}{4445}=43(\text{mm})$$

实取螺旋箍筋为⌀12@40。箍筋直径和间距均满足构造要求。

按式（4-28）求普通箍筋柱的承载力为：

$$N_u = 0.9\varphi(f_cA + f'_yA'_s)$$
$$= 0.9 \times 0.965\left(14.3 \times \frac{\pi \times 600^2 - 11272.3}{4} + 360 \times 11272.3\right)$$
$$= 6894 \times 10^3 (\text{N})$$

$1.5 \times 6894 = 10341$（kN）>9000kN，可以选用。

（3）截面配筋图

截面配筋图如图 4－49 所示。

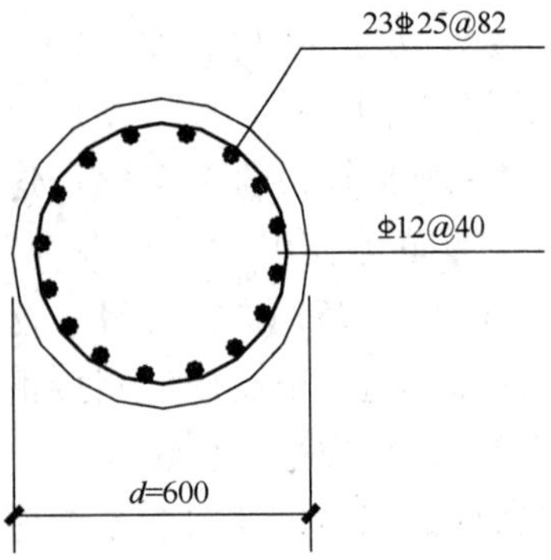

图 4－49　例 4－12 截面配筋图

注 意

轴心受压柱设计的原理是什么？

任务技能

1. 轴心受压普通箍筋短柱与长柱的破坏形态有何不同？轴心受压长柱的稳定系数 φ 如何确定？

2. 箍筋在轴心受压构件中有何作用？轴心受压普通箍筋柱与螺旋箍筋柱的正截面受压承载力计算有何不同？

3. 螺旋箍筋柱在应用时要注意什么问题？为什么？

4. 如何确定受压构件的计算长度？

任务习题

1. 已知某多层现浇钢筋混凝土框架结构，首层柱高 $H=5.6$m，中柱承受的轴向力设计值 $N=1900$kN，截面尺寸 $b=h=400$mm。混凝土强度等级为 C25，钢筋为 HRB335 级钢筋。求所需纵向钢筋面积 A'_s。

2. 已知现浇钢筋混凝土轴心受压柱，截面尺寸为 $b=h=500$mm，计算长度 $l_0=4.8$m，混凝土强度等级为 C30，配有 8 Φ25 的纵向受力钢筋。求该柱所能承受的最大轴向力设计值。

3. 已知圆形截面现浇钢筋混凝土柱，因使用要求，其直径不能超过 400mm。承受轴心压力设计值 $N=2900$kN，计算长度 $l_0=4.2$m。混凝土强度等级为 C25，纵向受力钢筋采用 HRB335 级钢筋，箍筋采用 HPB300 级钢筋。试设计该柱。

项目小结

（1）本项目研究了拉（压）杆的内力、应力的计算。拉（压）杆的内力（轴力 N）的计算采取截面法和静力平面关系求得。拉（压）杆的正应力 σ 在横截面上均匀分布，其计算公式为：

$$\sigma = \frac{N}{A}$$

（2）胡克定律建立了应力和应变之间的关系，其表达式为：

$$\sigma = E\varepsilon \quad 或 \quad \Delta l = \frac{Nl}{EA}$$

纵向应变 ε 和横向应变 ε' 之间有如下关系：

$$\varepsilon' = -\mu\varepsilon$$

（3）低碳钢的拉伸应力－应变曲线分为四个阶段：弹性阶段、屈服阶段、强化阶段和颈缩阶段。强度指标有 σ_s 和 σ_b；塑性指标有 δ 和 φ。

（4）轴向拉（压）的强度条件为：

$$\sigma_{max} = \frac{N}{A} \leqslant [\sigma]$$

利用该式可以解决强度校核、设计截面和确定承载能力这三类强度计算问题。

（5）在钢筋混凝土轴心受压柱中，若配置螺旋箍或焊接环箍，因其对核心混凝土的约束作用，故与普通箍筋柱相比，螺旋箍筋柱或焊接环筋柱的承载力提高了。

（6）轴心受压柱的计算中引入稳定系数 φ 表示长柱承载力的降低程度。

项目五　受弯构件的设计

项目导读

钢筋混凝土受弯构件——梁和板作为建筑结构的组成部分，在建筑结构中具有极其重要的地位。受弯构件的设计是从构件的内力分析开始的，本部分主要内容有内力的计算、内力图的绘制、正剪应力和强度校核、钢筋混凝土梁板的构造、各类梁板的设计方法、楼梯和雨篷的设计、预应力混凝土的基本知识。

学习目标

掌握内力计算方法，用各种方法绘制内力图
掌握弯曲变形构件梁的正、剪应力计算，能进行强度校核
掌握各类梁的正、斜截面承载力的设计方法
掌握板的构造规定、计算方法，能对其施工图进行识读
掌握楼梯、雨篷的设计原理
了解预应力混凝土的基本知识

任务一　弯曲变形的内力和内力图

任务导航

任务导言

受弯构件内部分子之间的作用力叫作内力，内力主要有剪力和弯矩，两者的大小与外力有关。如何根据外力的大小确定内力，从而根据公式来准确确定结构材料，是这一部分的重点。

任务目标

能根据轴向受力构件的实际受力情况，正确计算构件的内力，并绘制内力图，在确定一定材料的前提下进行构件的强度校核。

任务布置

根据所给的受弯构件，正确绘制构件的剪力图与弯矩图，并进行相应的强度校核。

任务分析

正确理解剪力与弯矩的方向与计算方法，结合多种方法进行内力图绘制，掌握强度校核的计算方法。

知识导航

5.1.1　弯曲变形的内力

5.1.1.1　梁承受荷载的特点

当作用在直杆上的外力与杆轴线垂直时（通常称为横向力），直杆的轴线将由原来的直线弯成曲线，这种变形称为弯曲。以弯曲变形为主的杆件通常称为梁。

工程实际中产生弯曲变形的杆件很多。例如房屋建筑中的楼面梁，如图5－1（a）所示，受到楼面荷载的作用，将发生弯曲变形；阳台挑梁如图5－1（b）所示，在阳台板重量等荷载作用下也将发生弯曲变形；其他如挡土墙、吊车梁、桥梁中的主梁，如图5－1（c）所示；车轮辊轴等都是受弯构件。

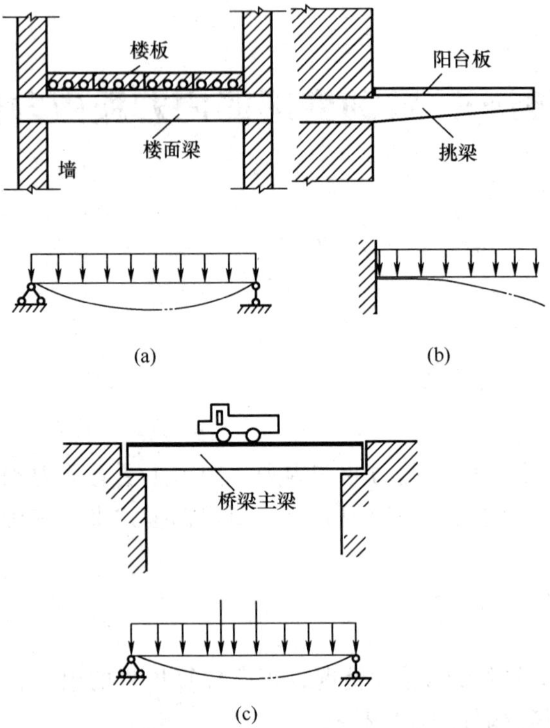

图 5－1　梁的工程实例

我们先来研究比较简单的情形，即梁的横截面具有对称轴，如图 5－2（a）所示，对称轴与梁的轴线所组成的平面称为纵向对称面，如图 5－2（b）所示。如果作用于梁上的外力（包括荷载和支座反力）都位于纵向对称面内，且垂直于轴线，梁变形后的轴线将变成为纵向对称面内的一条平面曲线，这种弯曲变形称为平面弯曲。本部分只讨论平面弯曲时横截面上的内力。

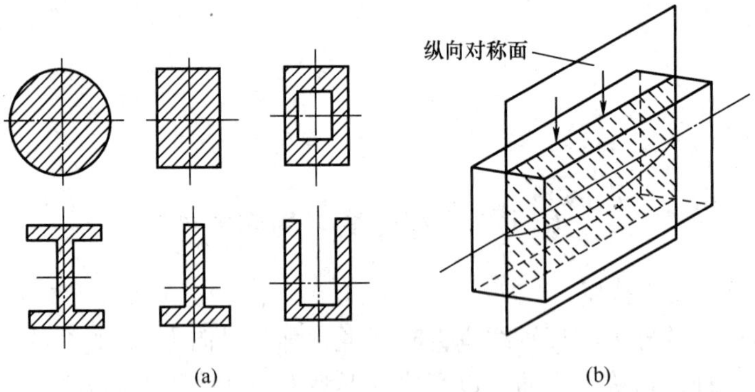

图 5－2　梁的横截面及纵向对称面

工程中常见的梁按支座情况分为下列三种典型形式：

a. 简支梁：一端铰支座，另一端为滚轴支座的梁，如图 5－3（a）所示。b. 悬臂梁：

一端为固定支座，另一端自由的梁，如图5－3（b）所示。c. 外伸梁：梁身的一端或两端伸出支座的简支梁，如图5－3（c）所示。

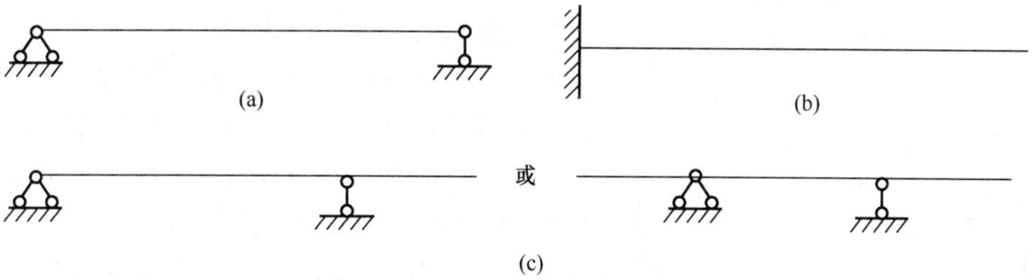

图5－3　简支梁、悬臂梁、外伸梁

5.1.1.2　梁的内力——剪力和弯矩

（1）梁内力的性质

为了计算梁的应力和变形，需首先确定其内力。分析梁内力的方法仍然是截面法。

以简支梁为例，如图5－4（a）所示。梁跨度中点受集中力 F_p 作用，先利用平衡条件求出支座反力，即

$$F_{RA}=F_{RB}=\frac{F_P}{2}$$

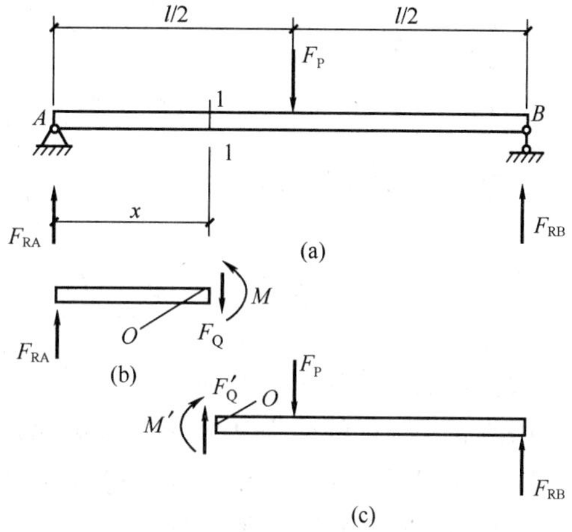

图5－4　截面法分析梁的内力

这些外力均为已知，且构成平面（纵向对称面）平行力系。梁在该力系作用下处于平衡状态，现欲求梁任一横截面1－1上的内力。可设该截面距梁左端距离为 x，应用截面法，假想将梁在截面1－1处截成左右两段，取左段为研究对象，如图5－4（b）所示，因原来的梁处于平衡状态，所以梁的左段也应保持平衡状态。左段受向上的外力 $F_{RA}=F_P/2$ 的作用，因此必有一个向下的、与 F_{RA} 平行且相等的内力 F_Q 作用在1－1截面上。但这时 F_{RA} 与 F_Q 又有使梁作顺时针转动的趋势，因此在1－1截面上必然还作用着一个反时针转向的内力偶 M 与之平衡。于是左段的受力图如图5－4（b）所示，1－1截面上有内力 F_Q 和内力偶 M。由左段的平衡条件

$$\sum F_y=0,\ F_{RA}-F_Q=0,\ 得\ F_Q=F_{RA}=\frac{F_P}{2}$$

再对1－1截面形心 O 取矩，$\sum m_O(F)=0$

$$-F_{RA}x+M=0,\ 得\ M=F_{RA}x=\frac{F_P}{2}x$$

F_Q、M 都得正值，说明 F_Q、M 的方向都假设对了。

同样，若取梁右段为研究对象，如图5－4（c）所示，则右段1－1截面也同时存在内力 F'_Q 和内力偶 M'，根据作用与反作用原理，$F_Q=F'_Q$，指向相反；$M=M'$，转向相反。

通过以上讨论可以看出，梁横截面上的内力有两种：平行于横截面的内力 F_Q 和位于

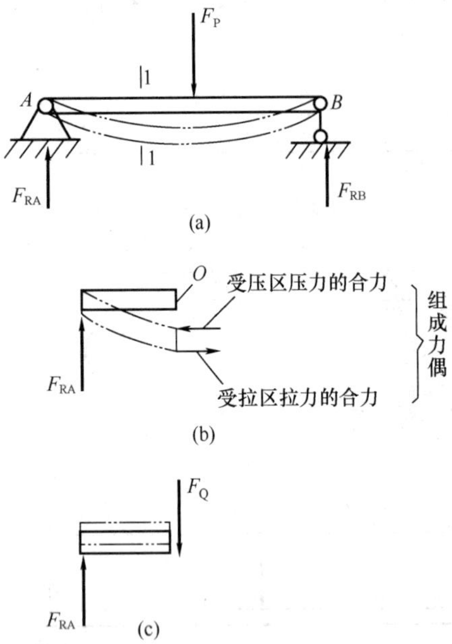

图5-5　物理概念理解剪力和弯矩

梁纵向对称面内的内力偶 M。我们将 F_Q 称为剪力，将 M 称为弯矩。

关于弯矩和剪力这两个内力的性质，还可以从物理概念去理解。图5-5（a）所示简支梁的变形，由于梁弯曲，在凸边部分材料是受拉的，在凹边部分材料受压，产生这样的变形是由于外力作用的结果。例如在梁1-1截面处截开，如图5-5（b）所示，左段所受外力 F_{RA}，对截面形心 O 有一力矩作用，它使截面1-1产生转动。于是梁在截面1-1处上部受压，下部受拉，这样截面上部产生压力，下部产生拉力，它们构成一力偶与外力对截面形心矩平衡。同时，限制了截面的转动，这个力偶就是前面所说的弯矩。

另一方面，要注意到梁在外力作用下，还有一种可能破坏的趋势，就是沿着截面方向相错的滑动。如图5-5（c）所示，沿截面1-1的强度不足以抵抗外力向上作用，会使截面左边的梁向上错动，如图中双点划线所示。剪力 F_Q 限制这种错动的变形，大小等于截面左段各外力之和。

（2）剪力、弯矩的符号确定

用截面法求梁的剪力和弯矩，取截面左段或右段为分离体来计算，得出的剪力或弯矩方同刚好相反，为了能得到同一符号的内力值，作如下规定：

①弯矩的正负规定自梁上任一截面切开后，其左、右截面上的弯矩转向只有图5-6（a）、图5-6（b）两种情况。我们规定取截面左段梁时，截面上逆时针转向的弯矩为正；取截面右段梁时，截面上顺时针转向的弯矩为正，如图5-6（a）所示。反之，弯矩为负，如图5-6（b）所示。

弯矩的正负规定，也可用梁的弯曲变形情况确定。在截面附近取微段梁，若微段梁的弯曲变形是下凸时，则截面上的弯矩为正，如图5-6（c）所示。反之，负弯矩对应的

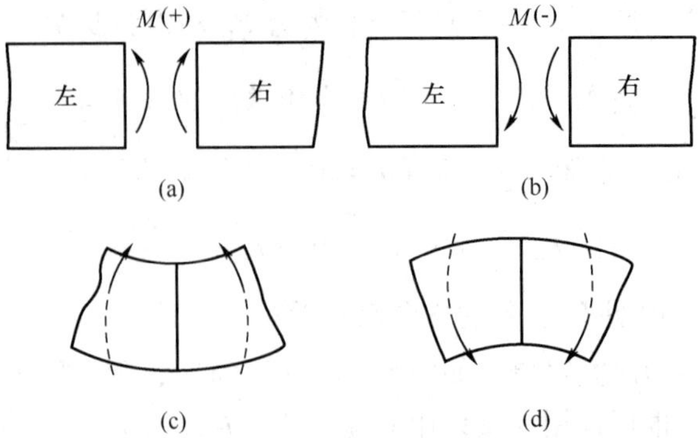

图5-6　弯矩正负规定

弯曲变形是上凸的，如图5－6（d）所示。

②剪力的正负规定自梁上任一截面切开后，其左、右截面上的剪力也就是图5－7（a）、图5－7（b）所示的两种情况。我们规定取截面左段梁时，截面上的剪力向下为正；取截面右段梁时，截面上的剪力向上为正，如图5－7（a）所示。反之，则剪力为负，如图5－7（b）所示。即截面上的剪力使所考虑的梁段有顺转趋势时为正。

剪力的正负规定，还可以用截面附近微段梁的相对变形来确定。截面左、右段的错动趋势是“左上右下”时，剪力为正，如图5－7（c）所示，则负剪力对应的错动趋势是“左下右上”，如图5－7（d）所示。

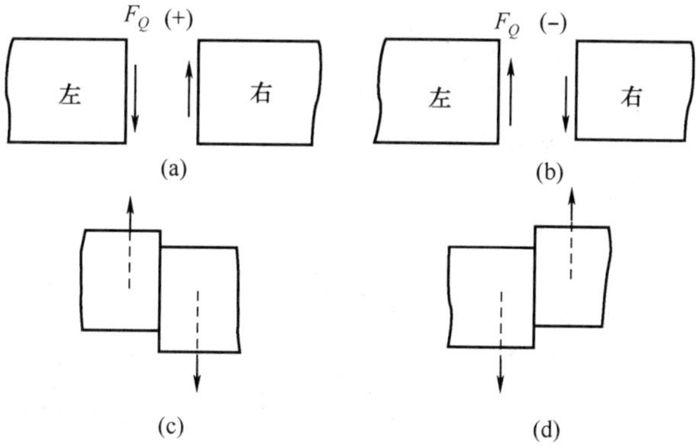

图5－7 剪力正负规定

③用截面法求剪力和弯矩的法则如下：

欲求某截面的剪力 F_Q 和弯矩 M，先自该截面切开，保留一段（左段或右段均可），在截面上对照图5－6（a）和图5－7（a）设出正剪力 F_Q 和正弯矩 M。然后用平衡方程 $\sum F_y = 0$ 求剪力 F_Q；用 $\sum m = 0$ 求弯矩 M，在写力矩平衡方程时永远以该截面的形心作为力矩矩心。最后求出剪力和弯矩，如得正号，即说明该截面的剪力和弯矩是正剪力和正弯矩；如得负号，则说明是负剪力和负弯矩。

上述求直梁横截面上剪力和弯矩的方法可分为两个步骤：第一步，先写出所求内力截面处的内力符号和等号，然后看保留梁段上有几个横向外力（或对截开面形心有几个外力矩），就在等号后写出这几项；第二步，根据上述正负号规则确定每一项的正负号，并求出结果。因此，这种求内力的简便方法也称为一看一定法。

【例5－1】简支梁如图5－8（a）所示，受到图示荷载的作用。试求截面 C 和截面 D 上的剪力和弯矩。

【解】（1）求支座约束力。

取简支梁整体为研究对象，其受力图如图5－8（a）所示。由平衡方程

$$\sum F_y = 0,\quad F_{Ax} = 0$$

$$\sum M_B = 0,\quad -F_{Ay} \times 6 + 8 \times 4.5 + 12 \times 3 \times 1.5 = 0$$

$$F_{Ay} = 15\text{kN}$$

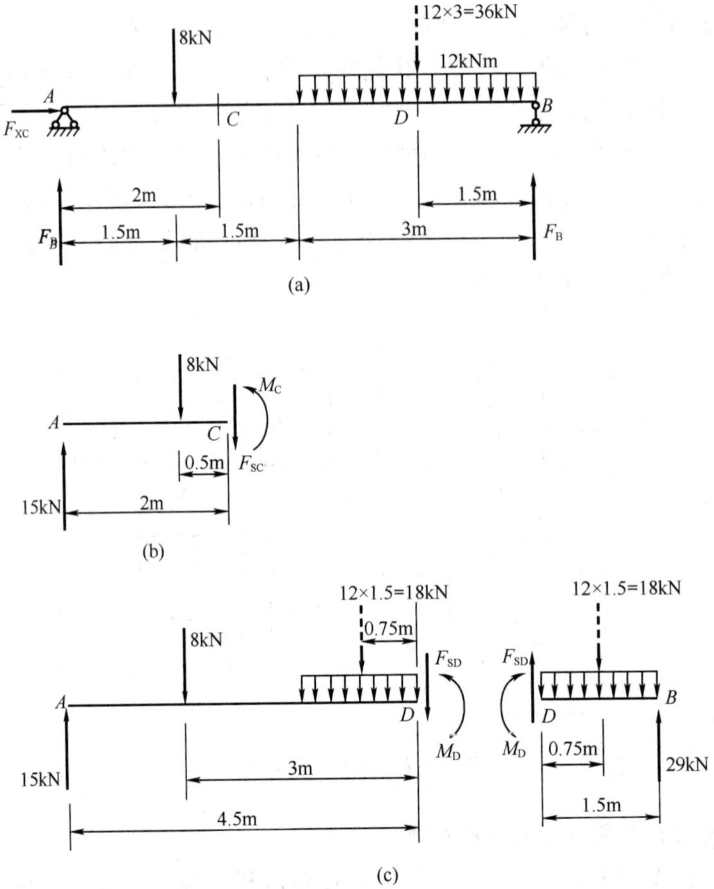

图 5－8　例 5－1 图

$$\sum M_A = 0, \quad -F_B \times 6 - 8 \times 1.5 - 12 \times 3 \times 4.5 = 0$$

$$F_B = 29\text{kN}$$

再由平衡方程进行校核

$$\sum F_y = 15 - 8 - 12 \times 3 + 29 = 0$$

可知支座约束力计算无误。

（2）求截面 C 上的剪力和弯矩。

在截面 C 处将梁截开，研究左段［图 5－8（b）］，先写出 $F_{SC}=$，然后，看到左段上只有两个集中力，在等号后写出这两项；最后，根据变形确定各项的正负号，求出结果。因此有

$$F_{SC} = +15 - 8 = 7(\text{kN})$$

同样，由一看一定法可求出截面 C 处的弯矩为

$$M_C = +15 \times 2 - 8 \times 0.5 = 26(\text{kN} \cdot \text{m})$$

（3）求截面 D 上的剪力和弯矩。

在截面 D 处将梁截开，注意到右段外力较少，计算简便。因此研究右段［图 5－8

(c)]，均布荷载用其作用段上的合力来代替，如图 5－8（c）中 *DB* 段梁上的虚线所示。由一看一定法可求出截面 *D* 处的剪力和弯矩分别为

$$F_{SD}=+12\times1.5-29=-11(\mathrm{kN})$$

$$M_D=-12\times1.5\times0.75+29\times1.5=30(\mathrm{kN\cdot m})$$

实际上，在用一看一定法求内力时，并不需要画出左段（或右段）的受力图，只需在题图上确定截开面位置后，仅看保留段不看舍弃段即可。由于该方法书写量小，又不需画保留段受力图，计算熟练后速度是很快的。通过上例得出求梁内力的规律：

（1）梁中任一截面的剪力在数值上等于该截面一侧所有垂直于梁轴线的外力的代数和。符号确定方法是：外力使梁产生左上右下错动趋势时，外力为正，反之外力为负。即截面以左向上的外力或截面以右向下的外力产生正剪力（简称左上右下生正剪），反之为负。

（2）梁中任一截面的弯矩 *M* 在数值上等于该截面一侧所有外力对该截面形心的力矩的代数和。符号确定方法是：力矩使梁下凸时为正，使梁上凸时为负。即向上的外力或截面以左顺时针转向的外力偶或截面以右逆时针转向的外力偶产生正的弯矩（简称左顺右逆生正弯矩），反之为负。

根据上述规律，求梁的剪力和弯矩时可以不必画出各段梁的示力图，也不需要列出各段梁的平衡方程，可直接算出截面的弯矩和剪力。

5.1.2　内力方程和内力图

梁在外力作用下，各截面上的剪力和弯矩一般是不相同的。其中剪力和弯矩为最大的截面，相对于梁的强度来说都是可能的危险截面。要确定危险截面的位置，就必须知道剪力和弯矩沿梁轴线的变化情况。为此，可以选取梁轴线上一点为坐标原点，沿梁轴线选取轴，将各截面上的剪力和弯矩表示成梁轴线坐标 x 的函数，即

$$F_s=F_s(x),\quad Q=Q(x)\text{ 或 }V=V(x)$$

$$\text{和 }M=M(x)$$

上述方程分别称为剪力方程和弯矩方程。若以平行于梁轴线的横坐标 x 表示横截面的位置，用垂直于梁轴线的坐标分别表示相应截面上的剪力和弯矩，这样绘出的图线分别称为剪力图和弯矩图。对于土木类的工程专业，通常将正值剪力画在轴 x 的上侧，而将正值弯矩画在轴 x 的下侧，将弯矩图画在梁的受拉侧。

下面通过例题来说明绘制剪力图和弯矩图的基本方法。

【例 5－2】悬臂梁如图 5－9（a）所示，在自由端 *B* 处有集中力 *P* 作用，试作此梁的剪力图和弯矩图。

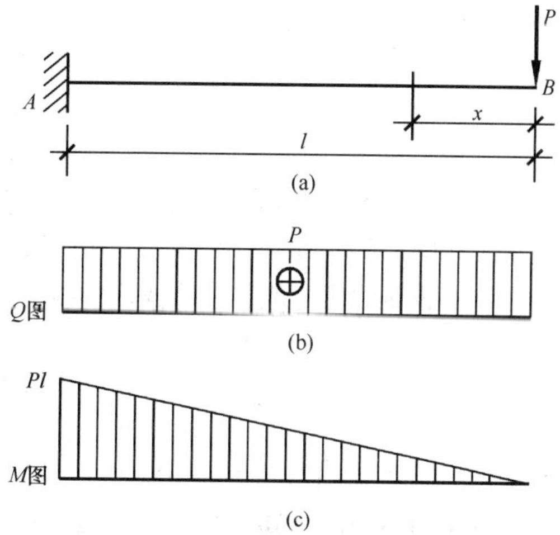

图 5－9　例 5－2 图

【解】(1) 列剪力方程和弯矩方程

将坐标原点取在梁右端 B 点上，取距坐标原点为 x 的任意截面右侧梁为研究对象。利用计算剪力和弯矩的规律，列出剪力方程和弯矩方程分别为

$$Q(x) = P \quad (0 < x < 1) \tag{a}$$

$$M(x) = -Px \quad (0 \leqslant x < 1) \tag{b}$$

(2) 画剪力图和弯矩图

剪力图是一条在 x 轴线上侧与 x 轴平行的直线，如图 5－9（b）所示。

从式（b）可见，弯矩 $M(x)$ 是 x 的一次函数，所以弯矩图是一条斜直线。只需确定始末两个控制截面的弯矩值，就能画出弯矩图。由式（b）

$$x = 0, \quad M_A = 0$$

$$x = l, \quad M_{B左} = -Pl$$

弯矩图如图 5－9（c）所示。

从所作的内力图可知，剪力在全梁的所有截面都相等，且处处为最大剪力，其值为 $|Q_{max}| = P$；弯矩的最大值发生在固定端，其值为 $|M_{max}| = Pl$。最大剪力和最大弯矩指的是绝对值最大的剪力和弯矩。

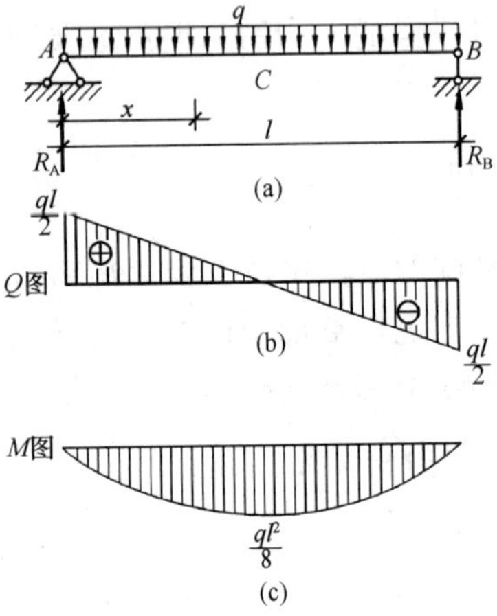

图 5－10 例 5－3 图

【例 5－3】简支梁如图 5－10（a）所示，受均布荷载 q 作用，试画出梁的剪力图和弯矩图。

【解】(1) 求支座反力

由于载荷对称，支座反力也对称，有

$$R_A = R_B = ql/2$$

(2) 列剪力方程和弯矩方程

坐标原点取在左端 A 点处，距原点 A 为 x 处的任意截面，其剪力方程和弯矩方程为

$$Q(x) = R_A - qx = ql/2 - qx \quad (0 < x < 1) \tag{a}$$

$$M(x) = R_A x - qx^2/2 = ql/2x - qx^2/2 \quad (0 \leqslant x \leqslant 1) \tag{b}$$

(3) 画剪力图和弯矩图

由式（a）可见，$Q(x)$ 是 x 的一次函数，所以剪力图是一条斜直线。由式（a）

$$x = 0, Q_{A右} = ql/2$$

$$x = l, Q_{B左} = -ql/2$$

剪力图如图 5－10（b）所示。

由式（b）可见，$M(x)$ 是 x 的二次函数，所以弯矩图是一条二次抛物线，至少需要确定三个控制截面的弯矩值，才能描出曲线大致形状。由式（b）

$$x = 0, M_A = 0$$

$$x = l/2, M_C = ql^2/8$$

$$x = l, M_B = 0$$

弯矩图如图 5－10（c）所示。

从所作的内力图可知，最大剪力发生在梁端，其值为 $|Q_{max}| = ql/2$，最大弯矩发生在剪力为零的跨截面，其值为 $|M_{max}| = ql^2/8$。

【例5-4】简支梁受集中力 P 作用如图5-11（a）所示，试画出梁的剪力图和弯矩图。

【解】（1）求支座反力

以整梁为研究对象，由平衡方程求支座反力。

$$\sum m_B(F)=0,\quad -R_{Al}+P_b=0$$

$$R_A=P_b/l$$

$$\sum F_y=0,\quad R_A+R_B-P=0$$

$$R_B=P_a/l$$

（2）列剪力方程和弯矩方程

梁在 C 截面处有集中力 P 作用，AC 段和 CB 段所受的外力不同，其剪力方程和弯矩方程也不相同，需分段列出。取梁左端 A 为坐标原点。

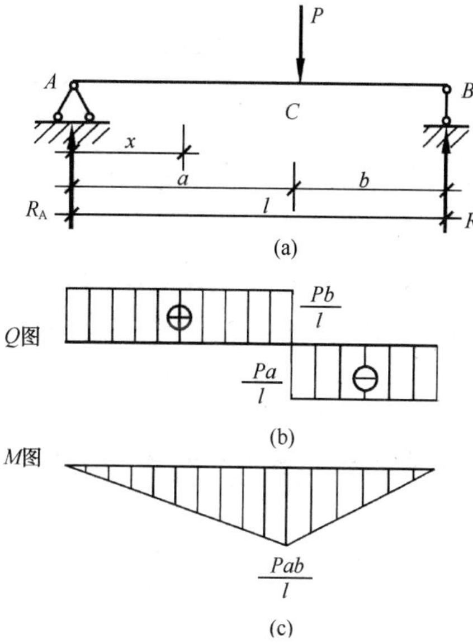

图5-11　例5-4图

AC 段：

$$Q(x)=R_A=Pb/l\qquad(0<x<a)\qquad\text{(a)}$$

$$M(x)=R_Ax=Pb/lx\qquad(0\leqslant x\leqslant a)\qquad\text{(b)}$$

CB 段：

$$Q(x)=R_A-P=-Pa/l\qquad(a<x<1)\qquad\text{(c)}$$

$$M(x)=R_Ax-P(x-a)=Pa-Pa/lx\qquad(a\leqslant x\leqslant 1)\qquad\text{(d)}$$

（3）画剪力图

从式（a）可知，AC 段的剪力为常数 Pb/l，剪力图是一条在 x 轴线上侧与 x 轴平行的直线。从式（c）可知，CB 段的剪力为常数 $-Pa/l$，剪力图是一条在 x 轴线下侧与 x 轴平行的直线。画出剪力图如图5-11（b）所示。

（4）画弯矩图

从式（b）可知，AC 段的弯矩是 x 的一次函数，弯矩图是一条斜直线，只需确定该段始末两个控制截面的弯矩值，就能画出该段的弯矩图。由式（b）

$$x=0,\ M_A=0$$

$$x=a,\ M_C=Pab/l$$

从式（d）可知，CB 段的弯矩是 x 的一次函数，弯矩图也是一条斜直线，由式（d）

$$x=a,\ M_C=Pab/l$$

$$x=l,\ M_B=0$$

从所作的内力图可知，若 $a>b$，则在 CB 段任一截面上的剪力值都相等且比 AC 段的要大，其值 $|Q_{max}|=Pa/l$，最大弯矩发生在集中力 P 作用的截面上，其值 $|M_{max}|=Pab/l$。

如果集中力 P 作用在梁的跨中，即 $a=b=l/2$，则

$$|Q_{max}|=P/2$$

$$|M_{max}|=Pl/4$$

【例5-5】简支梁受集中力偶 m 作用如图5-12（a）所示，试画出梁的剪力图和弯

矩图。

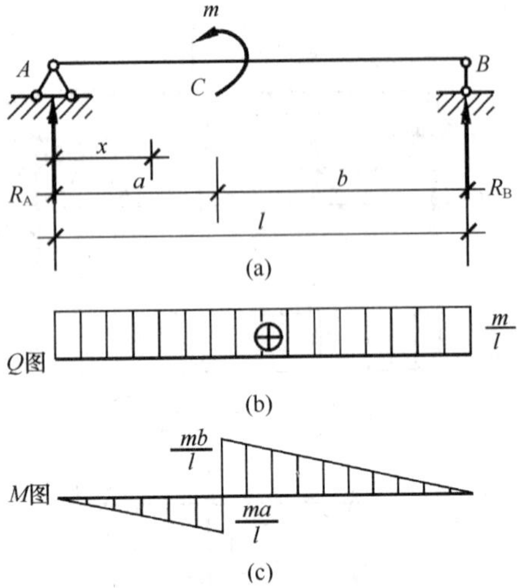

图 5-12 例 5-5 图

【解】(1) 求支座反力

以整梁为研究对象，由平衡方程得

$$\sum m_B(F) = 0,\ R_A l - m = 0$$

$$R_A = m/l$$

$$\sum m_A(F) = 0,\ -m - R_B l = 0$$

$$R_B = -m/l$$

(2) 列剪力方程和弯矩方程

梁在 C 截面处有集中力偶 m 作用，需分为 AC 段和 CB 段。取梁左端 A 为坐标原点

AC 段：

$$Q(x) = R_A = m/l \qquad (0 < x \leqslant a) \qquad \text{(a)}$$

$$M(x) = R_A x = m/lx \qquad (0 \leqslant x < a) \qquad \text{(b)}$$

CB 段：

$$Q(x) = R_A = m/l \qquad (a \leqslant x < l) \qquad \text{(c)}$$

$$M(x) = R_A x - m = m/lx - m \qquad (a < x \leqslant l) \qquad \text{(d)}$$

(3) 画剪力图

从式 (a) 和式 (c) 可知，AC 段和 CB 段的剪力为常数 m/l，剪力图是一条在 x 轴线上侧与 x 轴平行的直线。剪力图如图 5-12 (b) 所示。

5.1.3 微分法作内力图

(1) 微分法作内力图

以上讲到的画内力图的方法，必须先列出内力的表达式，这种方法对荷载比较简单的结构可以使用，但是当荷载的类型和分布变得复杂时，列内力的表达式就变得相对困难，所以有必要从梁的荷载、剪力图、弯矩图之间的关系入手，寻找更方便的画图方法。

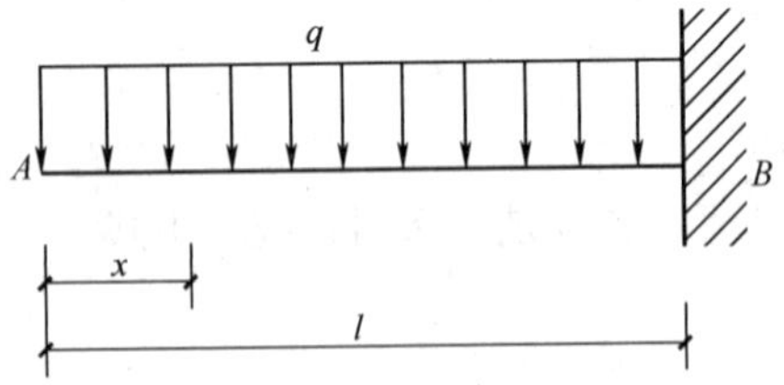

图 5-13 微分法作悬臂梁内力图

由于梁的内力是由荷载引起的，荷载和作用的位置有关，也即是 x 的函数，而梁的内力也是 x 的函数，所以它们之间必然会存在一定的联系。下面以图 5-13 所示悬臂梁为例，讨论梁的内力与荷载之间的关系。

假设 q 的方向向上为正，x 轴以向右为正。由截面法可得梁任意截面的剪力方程和弯矩方程分别为：

$$V(x) = -qx \qquad (0 \leqslant x \leqslant l)$$

$$M(x) = -\frac{1}{2}qx^2 \qquad (0 \leqslant x \leqslant l)$$

分别对它们求导可得：

$$\frac{\mathrm{d}M(x)}{\mathrm{d}x} = -qx = V(x) \tag{5-1a}$$

$$\frac{\mathrm{d}V(x)}{\mathrm{d}x} = -q \tag{5-1b}$$

$$\frac{\mathrm{d}^2M(x)}{\mathrm{d}x^2} = -q \tag{5-1c}$$

可以证明，上述微分关系是普遍存在的。其几何意义为：

由式（5-1a）可知，弯矩图上各点的切线斜率等于相应各点处截面上的剪力；

由式（5-1b）可知，剪力图上各点的切线斜率等于相应各点处的分布荷载；

由式（5-1c）可知，弯矩图的弯曲形状与分布荷载有关，它的凸方向总是与分布荷载的指向一致。

由上述关系，可以总结出剪力图和弯矩图具有下列规律。在运用这些规律时应注意 x 轴以向右为正。

①在无分布荷载作用的梁段：由于 $q=0$，即 $\frac{\mathrm{d}V(x)}{\mathrm{d}x}=q=0$，因此，$V(x)$ 为常数，剪力图是一条平行于梁轴的直线：又由 $\frac{\mathrm{d}M(x)}{\mathrm{d}x}=V(x)=$ 常数可知，该段弯矩图上各点切线的斜率为常数。因此，弯矩图为一条斜直线，这时可能出现三种情况：

$V(x)>0$，弯矩图为一条向下斜的直线；

$V(x)<0$，弯矩图为一条向上斜的直线；

$V(x)=0$，弯矩图为一条水平线。

②在均布荷载作用的梁段：由于 $q=$ 常数，即 $\frac{\mathrm{d}V(x)}{\mathrm{d}x}=q=$ 常数，因此，剪力图上各点切线的斜率为常数，即剪力图是一条斜直线，弯矩图为二次函数。这时可能出现两种情况：

$q>0$，则剪力图为向上斜的直线，弯矩图为向上凸的抛物线；

$q<0$，则剪力图为向下斜的直线，弯矩图为向下凸的抛物线。

③由 $\frac{\mathrm{d}M(x)}{\mathrm{d}x}=V(x)=$ 可知，在 $V(x)=0$ 处，$M(x)$ 有极值，即在剪力等于零的截面上弯矩有极值（极大值或极小值）。

下面将荷载、剪力图和弯矩图之间的关系总结列于表5-1、表5-2中。

表5-1　荷载、剪力图和弯矩图之间的关系

编号	荷载	剪力图特征	弯矩图特征
1	无荷载段	平行于基线的直线	斜（平）直线
2	均布荷载段	斜直线	二次抛物线，凸起的方向与均布荷载作用的方向相同
3	集中荷载作用处	剪力图有突变，突变值等于集中荷载	弯矩图连续，有尖突，突起的方向与集中荷载的方向相同
4	集中力偶作用处	剪力图连续	弯矩图有突变，突变值等于集中力偶

表 5－2　　　　荷载、剪力图和弯矩图之间的关系（图示）

编号	梁上荷载情况	剪力图	弯矩图
1	无分布荷载 (q=0)	F_Q图为水平直线 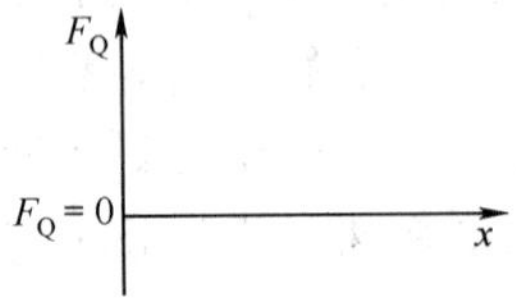 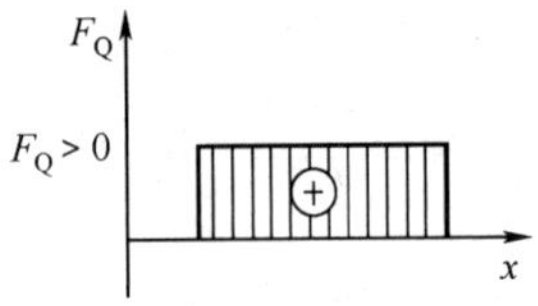 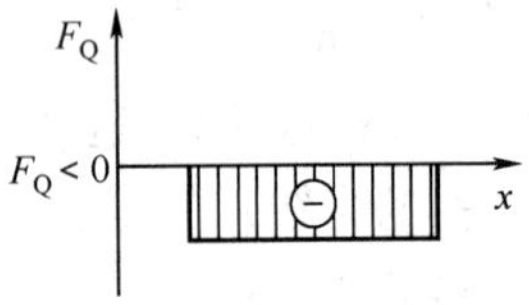	M图为斜直线 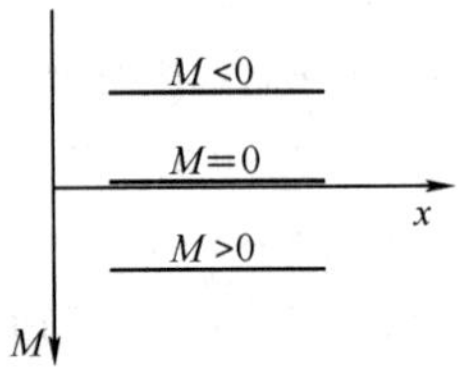 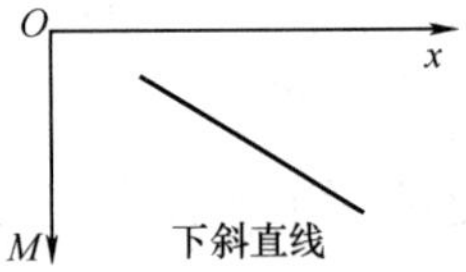 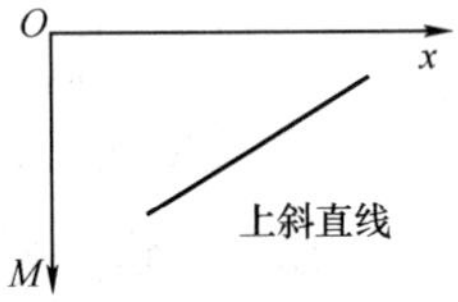
2	均布荷载向上作用 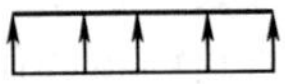 0<b	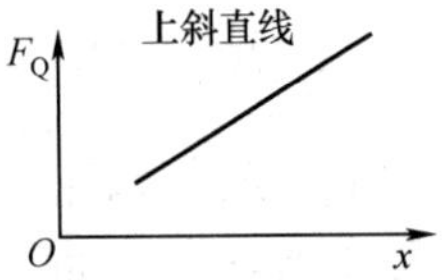	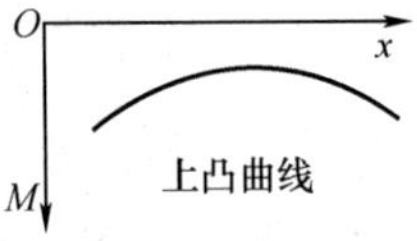
3	均布荷载向下作用 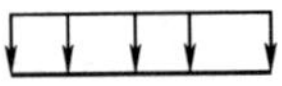 q<0	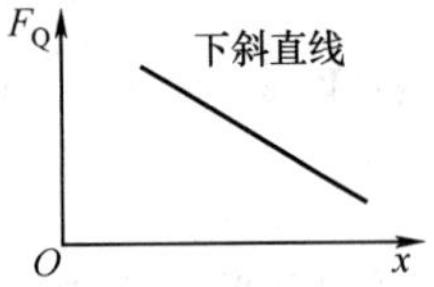	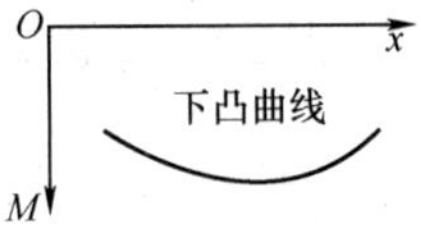
4	集中力作用 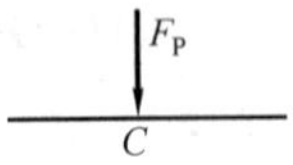	C截面有突变 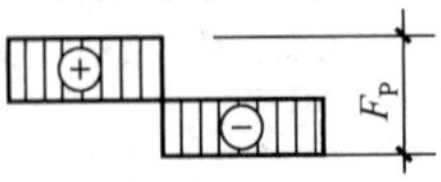	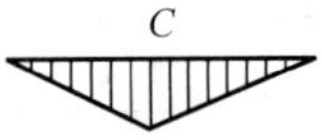
5	集中力偶作用 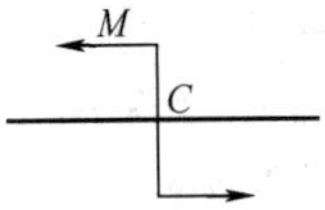	C 截面无变化	C截面有突变 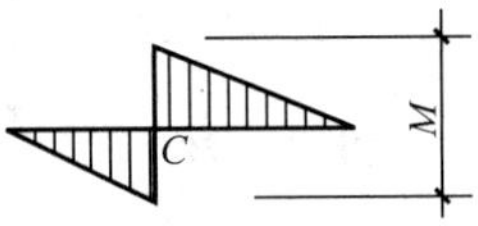
6		Q =0 截面	M 有极值

（2）利用内力图的规律作剪力图和弯矩图

其作图步骤如下：

①求支座反力：以梁整体为研究对象，根据梁上的荷载和支座情况，由静力平衡方程求出支座反力。

②梁的分段和分截面：梁的分段原则与列剪力方程和弯矩方程的分段相同，即以集中力和集中力偶作用处、分布荷载的起讫处、梁的支承处以及梁的端面为界点，将梁进行分段。

分截面原则：对于剪力图，在集中力作用的截面上发生突变，需将集中力作用的截面分出来；对于弯矩图，在集中力偶作用的截面上发生突变，需将集中力偶作用的截面分出来。

③画剪力图和弯矩图：按照作图方向截面和分段出现的先后顺序，利用剪力图和弯矩图的规律，再结合剪力和弯矩的规律计算各控制截面上的剪力值和弯矩值，依次就可以简捷地画出剪力图和弯矩图。

【例5－6】如图5－14（a）所示的外伸梁，试画出该梁的剪力图和弯矩图。

【解】（1）求支座反力

以整梁为研究对象，由平衡方程得

$$\sum m_A(F) = 0,\ R_B \times 4a + qa \times 5a - q \times 4a \times 2a = 0$$

$$R_B = \frac{3}{4}qa$$

$$\sum m_B(F) = 0,\ q \times 4a \times 2a + qa \times a - R_A \times 4a = 0$$

$$R_A = \frac{9}{4}qa$$

（2）画剪力图

从左向右作图，根据分段和分截面的原则，梁依次分为 A 截面、AB 段、B 截面、BC 段和 C 截面。

A 截面：有向上的集中力 R_A 作用，Q 图向上突变 $R_A = \frac{9}{4}qa$。

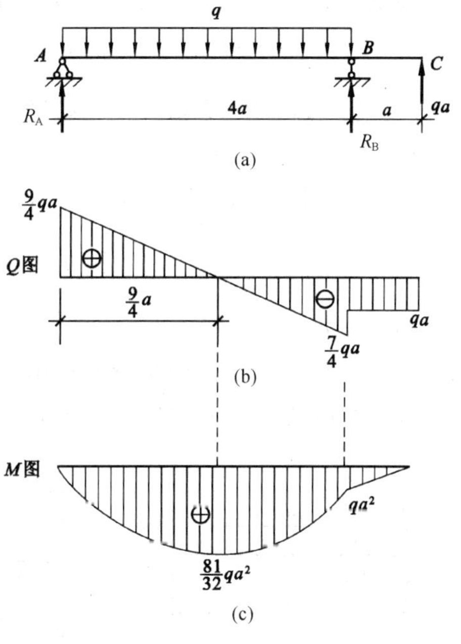

图5－14　例5－6图

$$Q_{A右} = 0 + \frac{9}{4}qa = \frac{9}{4}qa$$

AB 段：有向下的均布荷载 q 作用，Q 图为一条斜直线，需确定 $Q_{A右}$ 和 $Q_{B左}$。

$$Q_{B左} = R_A - q \times 4a = -\frac{7}{4}qa$$

B 截面：有向上的集中力 R_B 作用，Q 图向上突变 $R_B = \frac{3}{4}qa$。

$$Q_{B右} = -\frac{7}{4}qa + \frac{3}{4}qa = -qa$$

BC 段：没有均布荷载作用，Q 图为一条水平线。

$$Q_{C左} = Q_{B右} = -qa$$

BC 段：没有均布荷载作用，Q 图为一条水平线。

$$Q_{C左} = Q_{B右} = -qa$$

C 截面：有向上的集中力 qa 作用，Q 图向上突变 qa，回到 x 轴线上。

画出的剪力图如图 5－14（b）所示。

（3）画弯矩图

从左向右作图，根据分段和分截面的原则，梁依次分为 AB 段和 BC 段。

AB 段：有向下的均布荷载 q 作用，M 图为一条下凸的二次抛物线。由于该段内有 $Q=0$ 的截面，需确定 M_A、M_B 和极值弯矩。

$$M_A = 0,\quad M_B = qa \times a = qa^2$$

为计算极值弯矩，首先确定 $Q=0$ 的截面位置，距离左端 A 为 x 的任意截面 $Q(x) = R_A - qx$，令 $Q(x) = 0$，有

$$\frac{9}{4}qa - qx = 0 \quad 得 \quad x = \frac{9}{4}a$$

该截面上的弯矩，即为极值弯矩，其值

$$M_x = \frac{9}{4}a = R_A x - qx^2/2 = \frac{81}{32}qa^2$$

BC 段：没有均布荷载作用，M 图是一条斜直线，需确定 M_B 和 M_C。

$$M_C = 0$$

画出的弯矩图如图 5－14（c）所示。

5.1.4 叠加法作内力图

（1）叠加原理

图 5－15 分别画出了同一根梁 AB 受集中力 P 和均布荷载 q 共同作用、集中力 P 单独作用和均布荷载 q 单独作用三种受力情况。

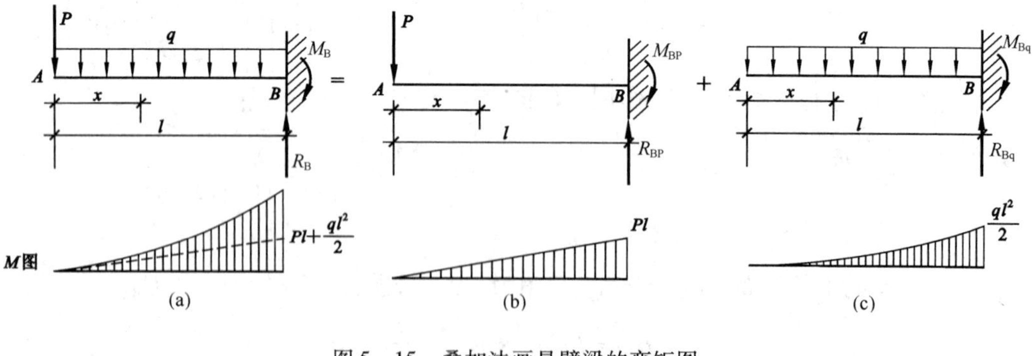

图 5－15 叠加法画悬臂梁的弯矩图

①在 P、q 共同作用时：

$$Q(x) = -P - qx,\quad M(x) = -Px - \frac{1}{2}qx^2$$

②在 P 单独作用时：

$$Q_P(x) = -P, \quad M_P(x) = -Px$$

③在 q 单独作用时：

$$Q_q(x) = -qx, \quad M_q(x) = -\frac{1}{2}qx^2$$

当要求梁某一指定截面（即 x 等于某一常数时）的内力时，上述各式的剪力和弯矩与荷载均为线性关系。

比较上面三种情况的计算结果有：

$$Q(x) = Q_P(x) + Q_q(x)$$
$$M(x) = M_P(x) + M_q(x)$$

即在 P、q 共同作用时所产生的内力 Q（或 M）等于 P 与 q 单独作用时所产生的内力 Q_P、Q_q（或 M_P、M_q）的代数和。

如果需要确定的某一参数与荷载成线性关系，则由 n 个荷载共同作用时所引起的某一参数（反力、内力、应力、变形）等于各个荷载单独作用时所引起的该参数值的代数和。这个结论称为叠加原理。

（2）叠加法作内力图

根据叠加原理来绘制内力图的方法称为叠加法。

用叠加法画弯矩图，绘图时先把作用在梁上的复杂的荷载分成几组简单的荷载，分别作出各简单荷载单独作用下的弯矩图，然后将它们相应的纵坐标叠加，就得到梁在复杂荷载作用下的弯矩图。

用叠加法画弯矩图时，一般先画直线形的弯矩图，再叠画上曲线形的弯矩图。

【例5－7】简支梁受荷载 P 和 q 作用如图5－16（a）所示。试用叠加法画梁的弯矩图。

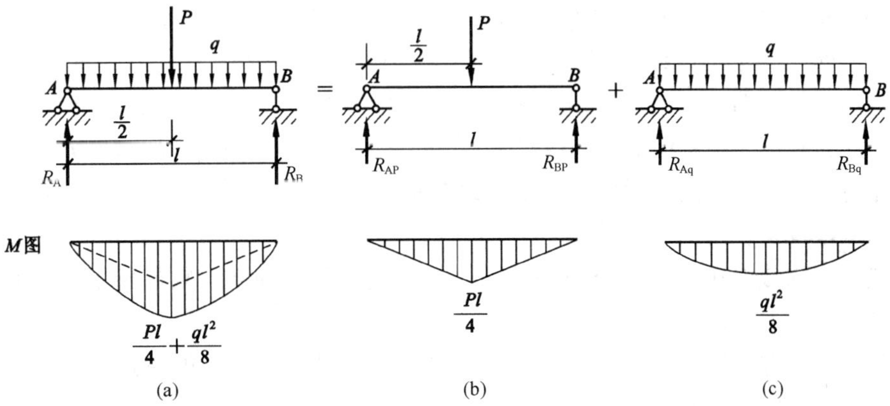

图5－16 叠加法画简支梁的弯矩图

【解】将作用在梁上的荷载分为 P 与 q 两组。

先分别画出 P、q 单独作用下的弯矩图，如图5－16（b）、图5－16（c）所示。然后将这两个弯矩图的相应纵坐标叠加起来，如图5－16（a）所示，就是简支梁在集中荷载 P 和均布荷载 q 共同作用下的弯矩图。

5.1.5 弯曲变形正应力和强度校核

平面弯曲是最简单、最基本的杆件弯曲问题。

为了进行梁的强度计算，需要研究梁横截面上的应力分布情况。梁在垂直于杆轴线的外荷载作用下，在横截面上一般要产生两种内力：弯矩和剪力。

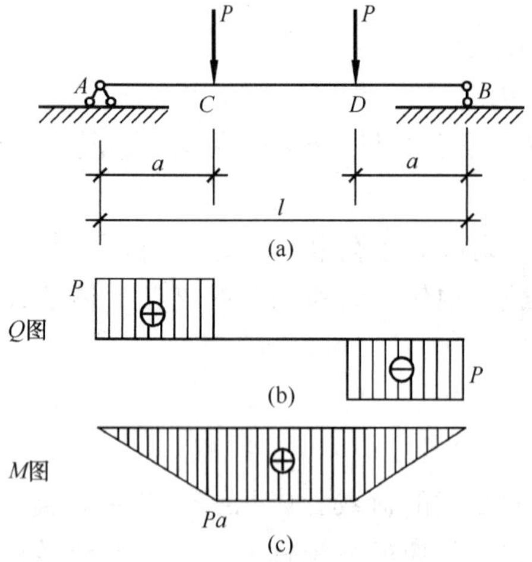

图 5－17 某简支梁受力与内力图

从而在横截面上将存在两种应力：正应力和剪应力。

图 5－17（a）所示的简支梁，荷载与支座反力都作用在梁的纵向对称平面内，其剪力图和弯矩图如图 5－17（b）、图 5－17（c）所示。

由图可知，在梁的 *AC*、*DB* 两段内，各横截面上既有剪力又有弯矩，这种弯曲称为剪切弯曲（或横力弯曲）。

在梁的 *CD* 段内，各横截面上只有弯矩而无剪力，这种弯曲称为纯弯曲。为了使研究问题简单，下面以矩形截面梁为例，先研究纯弯梁横截面上的正应力。

（1）梁的弯曲变形现象及应力计算假设

梁横截面上正应力的分布规律及正应力计算公式的推导，首先通过试验观察梁在弯曲变形后的表面现象，然后作出假设，使问题得到简化，从而推导出既简单又合理的计算公式。

为便于观察到梁的变形［图 5－18（b）］，试验前首先在梁的侧面画上等距离的纵向线 *pp*，…，*ss* 和与纵向线相垂直的横向线 *mm*，…，*nn* 等，梁弯曲后，可以看到下列现象：

①变形前互相平行的纵向线（*pp*、*ss* 等），在变形后都变成了弧线（$p'p'$、$s's'$等），且靠上部的纵向线缩短了，靠下部的纵向线伸长了。

②变形前垂直于纵向线的横向线（*mm*，*nn* 等），变形后仍为直线（$m'm'$、$n'n'$等），且它们相对转动了一个角度后仍与弯曲了的纵向线正交。

根据上述现象，作如下假设：

梁变形前的截面在变形后仍为一平面，只是绕截面内的某一轴旋转了一个角度，并且依然与弯曲后的杆件轴线垂直。

由于梁的上部各层纵向纤维缩短，下部各层纤维伸长，而梁的变形又是连续的，因而中间必有一层既不伸长又不缩短，此层称为中性层。中性层与梁横截面的交线称为中性轴［图 5－18（c）］。中性轴将横截面分为受压和受拉两个区域。

（2）梁的正应力计算公式（推导过程略）

梁横截面上正应力的计算公式推导要综合运用梁的变形条件、物理条件和平衡条件，得

$$\sigma = \frac{M_y}{I_z} \tag{5-2}$$

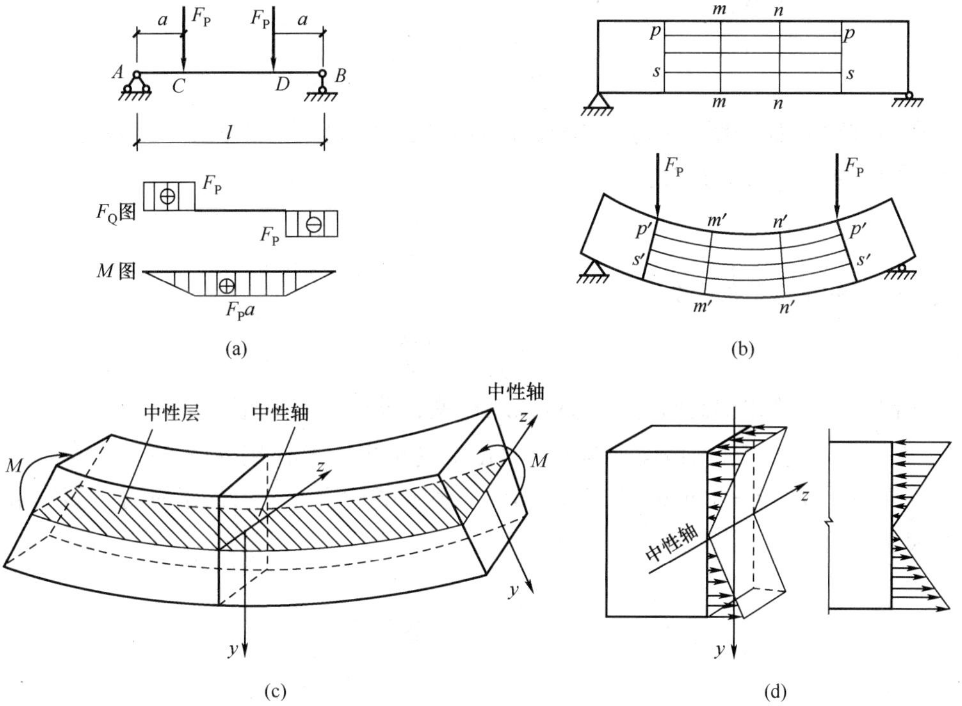

图 5－18　梁纯弯曲应力分布

式中　M——截面的弯矩；

　　I_z——截面对中性轴的惯性矩；

　　y——欲求应力的点到中性轴的距离。

式（5－2）即为梁在纯弯曲时横截面上任一点的正应力计算公式。

式（5－2）表明，正应力与 M 和 y 成正比，与 I_z 成反比。正应力沿截面高度呈直线分布［图 5－18（d）］，距中性轴越远就越大，在中性轴上正应力等于零。

在用式（5－2）计算正应力时，可不考虑式中 M 和 y 的正负号，均以绝对值代入，最后由梁的变形来确定应力的正负号。当截面弯矩为正时，梁的下部纤维受拉，上部纤维受压，即中性轴以下为拉应力，中性轴以上为压应力。当截面弯矩为负时，则相反。

需要说明的是，根据试验和进一步的理论研究可知，剪力的存在对正应力的分布规律影响很小。因此，式（5－2）虽然是在梁纯弯曲的情况下导出的，但对非纯弯曲的梁，该式仍然适用。虽然式（5－2）是从矩形截面梁导出的，但同样还适用于其他具有对称轴形状截面的梁。

对于梁的某一横截面来说，最大正应力发生在距中性轴最远的地方，其值为

$$\sigma_{max} = \frac{My_{max}}{I_z}$$

对于等截面梁，最大正应力发生在弯矩最大的截面上，其值为

$$\sigma_{max} = \frac{M_{max}y_{max}}{I_z}$$

令 $\frac{I_z}{y_{max}} = W_z$，则有

$$\sigma_{max} = \frac{M_{max}}{W_z}$$

W_z称为抗弯截面系数，它与梁的截面形状有关，W_z越大，梁中的正应力越小。

矩形截面的抗弯截面系数为

$$W_z = \frac{I_z}{y_{max}} = \frac{bh^2}{6}$$

圆形截面的抗弯截面系数为

$$W_z = \frac{I_z}{y_{max}} = \frac{\pi D^3}{32}$$

工字钢、槽钢等型钢截面的 W_z值可以从有关的设计手册中查到。

【例 5－8】一悬臂梁的截面为矩形，自由端受集中力 P 作用［图 5－19（a)］。已知 $P=4\text{kN}$，$h=60\text{mm}$，$b=40\text{mm}$，$l=250\text{mm}$。求固定端截面上 a 点的正应力及固定端截面上的最大正应力。

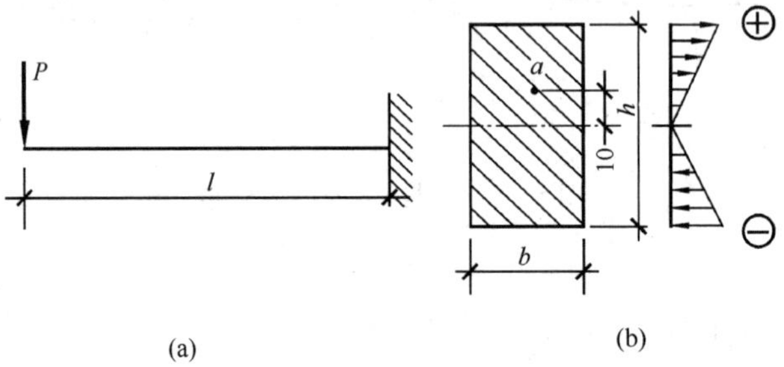

图 5－19 例 5－8 图

【解】（1）计算固定端截面上的弯矩 M

$$M = Pl = 4 \times 250 = 1000(\text{kN} \cdot \text{mm})$$

（2）计算固定端截面上 a 点的正应力

$$I_z = \frac{bh^3}{12} = 40 \times 60^3/12^4 = 72 \times 10^4(\text{mm}^4)$$

$$\sigma_a = \frac{My_a}{I_z} = 13.9(\text{MPa})$$

（3）计算固定端截面上的最大正应力

固定端截面的最大正应力发生在该截面的上、下边缘处。由梁的变形情况可以看出，上边缘产生最大拉应力，下边缘产生最大压应力，其应力分布如图 5－19（b）所示。最大正应力值为

$$\sigma_{max} = \frac{M_{max}y_{max}}{I_z} = \frac{M_{max}}{W_z} = 41.7(\text{MPa})$$

【例 5－9】简支梁受均布荷载 q 作用，如图 5－20（a）所示。已知 $q=3.5\text{kN/m}$，梁的跨度 $l=1\text{m}$，该梁由 10 号槽钢平置制成。试计算梁的最大拉应力 σ_{lmax} 和最大压应力

σ_{ymax}以及它们发生的位置。

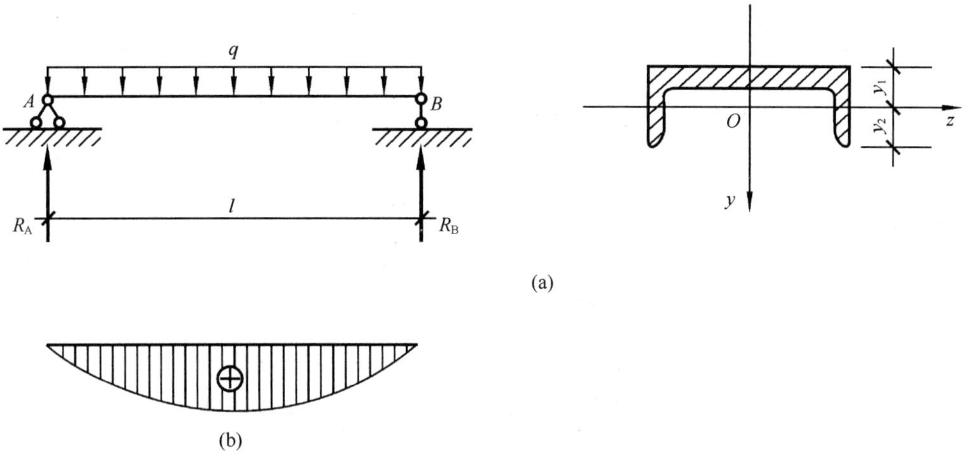

图5-20　例5-9图

【解】(1) 求支座反力

由对称性有 $R_A = R_B = ql/2 = 5.25$ (kN)

(2) 作出弯矩图，如［图5-20 (b)］所示。最大弯矩发生在跨中截面，其值为

$$M_{max} = ql^2/8 = 0.44(\text{kN}\cdot\text{m})$$

(3) 由型钢表查得10号槽钢截面

$$I_z = 25.6\text{cm}^4 = 25.6\times10^4\text{mm}^4$$

$$y_1 = 1.52\text{cm} = 15.2\text{mm}$$

$$y_2 = 3.28\text{cm} = 32.8\text{mm}$$

(4) 计算正应力

最大拉应力发生在跨中截面的下边缘处

$$\sigma_{max} = \frac{M_{max}y_z}{I_z} = 56.05(\text{MPa})$$

最大压应力发生在跨中截面的上边缘处

$$\sigma_{max} = \frac{M_{max}y_1}{I_z} = 25.98(\text{MPa})$$

(5) 梁的正应力强度计算

①最大正应力：在进行梁的强度计算时，必须算出梁的最大正应力值。对于等直梁，弯曲时的最大正应力一定在弯矩最大的截面的上、下边缘。该截面称为危险截面，其上、下边缘的点称为危险点。

a. 对于中性轴是截面对称轴的梁，最大正应力的值为

$$\sigma_{max} = \frac{M_{max}}{W_z}$$

式中 W_z 称为抗弯截面系数

b. 对于中性轴不是截面对称轴的梁，例如图 5－21 所示的 T 形截面梁，在正弯矩 M 作用下，梁下边缘处产生最大拉应力，上边缘处产生最大压应力，其值分别为

$$\sigma_{\mathrm{lmax}} = \frac{My_1}{I_z}$$

$$\sigma_{\mathrm{ymax}} = \frac{My_2}{I_z}$$

令

$$W_1 = \frac{I_z}{y_1},\ W_y = \frac{I_z}{y_2}$$

则

$$\sigma_{\mathrm{lmax}} = \frac{M}{W_1},\ \sigma_{\mathrm{ymax}} = \frac{M}{W_y}$$

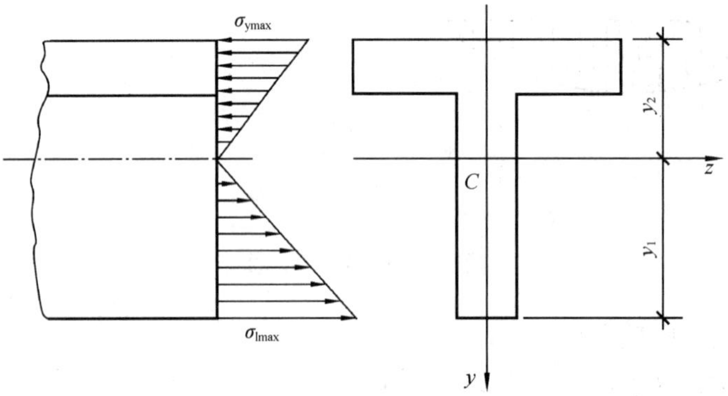

图 5－21　T 形截面梁应力分布

②正应力强度条件：

a. 当材料的抗拉和抗压能力相同时，即 $[\sigma_1] = [\sigma_y] = [\sigma]$，则梁的正应力强度条件为

$$\sigma_{\max} = \frac{M_{\max}}{W_z} \leqslant [\sigma]$$

ⓐ强度校核：在已知梁的材料和横截面的形状、尺寸，以及所受荷载的情况下，可以检查梁是否满足正应力强度条件。

ⓑ截面设计：当已知荷载和梁的材料时，可根据强度条件，计算所需的抗弯截面系数

$$W_z \geqslant \frac{M_{\max}}{[\sigma]}$$

再根据梁的截面形状进一步确定截面的具体尺寸。

ⓒ确定许可荷载：如已知梁的材料和截面尺寸，先根据强度条件，计算出梁所能承受的最大弯矩

$$M_{\max} \leqslant W_z[\sigma]$$

再由 $M_{\max}$ 与荷载间的关系计算出许可荷载。

b. 当材料的抗拉和抗压能力不相同时，即 $[\sigma_1] \neq [\sigma_y]$，则梁的正应力强度条件为

$$\sigma_{\mathrm{lmax}} = \frac{M_{\max}}{W_1} \leqslant [\sigma_1]$$

$$\sigma_{ymax} = \frac{M_{max}}{W_y} \leqslant [\sigma_y]$$

【例 5－10】一悬臂梁长 $L=1.5m$，自由端受集中力 $F_P=32kN$ 作用，如图 5－22 所示。梁由 I22a 工字钢制成，自重按 $q=0.33kN/m$ 计算，材料的容许应力 $[\sigma]=160MPa$。试校核梁的正应力强度。

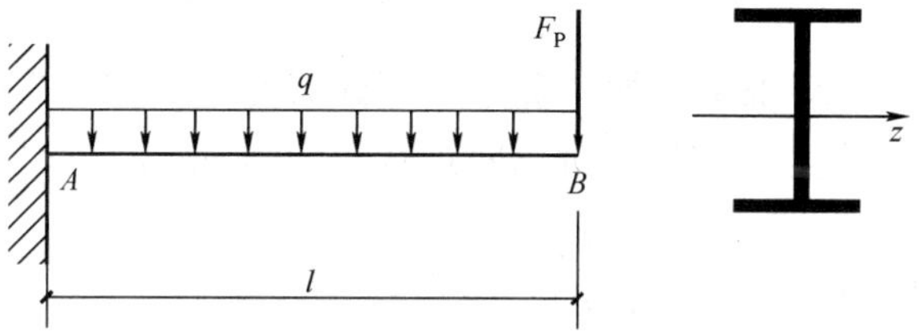

图 5－22　例 5－10 图

【解】(1) 最大弯矩在固定端截面 A 处。

$$|M|_{max} = F_p l + \frac{1}{2}ql^2 = 32 \times 1.5 + \frac{0.33 \times 1.5^2}{2} = 48.4(kN \cdot m)$$

(2) 查型钢表 I22a 工字钢的抗弯截面系数为

$$W_z = 309cm^3$$

(3) 校核正应力强度，由强度条件得

$$\sigma_{max} = \frac{M_{max}}{W_z} = \frac{48.4 \times 10^6}{309 \times 10^3} = 157(MPa) < [\sigma]$$

满足正应力强度条件

【例 5－11】[图 5－23 (a)] 所示为一均布荷载作用下的简支梁，梁的截面为圆形，直径 $D=25mm$，梁的跨度为 $l=0.2m$，容许正应力为 $[\sigma]=150MPa$，试求此梁所能承受的最大分布荷载集度。

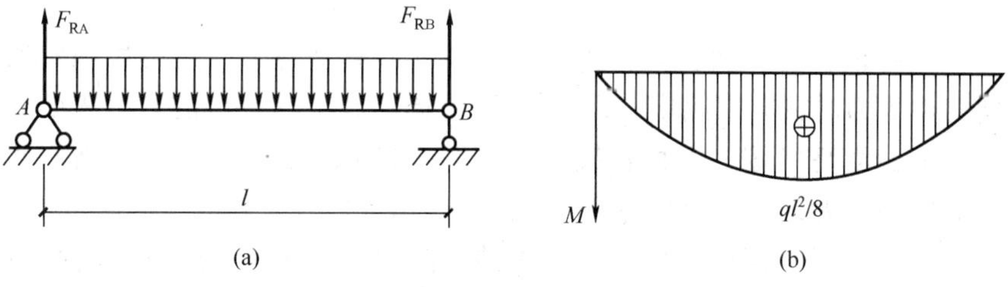

图 5－23　例 5－11 图

【解】(1) 首先绘制梁的弯矩图，如图 5－23 (b) 所示。梁的危险截面为跨中截面，最大弯矩为

$$M_{max} = \frac{1}{8}ql^2$$

梁的抗弯截面系数为

$$W_z = \frac{\pi D^3}{32} = \frac{\pi}{32} \times 0.025^3 = 1.534 \times 10^{-6}(m^3)$$

（2）由强度条件

$$\sigma_{\max} = \frac{M_{\max}}{W_z} \leqslant [\sigma]$$

得
$$q \leqslant \frac{8W_z[\sigma]}{l^2} = \frac{8 \times 1.534 \times 10^{-6} \times 150 \times 10^6}{2^2 \times 10^{-2}} = 46(\text{kN/m})$$

5.1.6 弯曲变形剪应力和强度校核

梁在横向力作用下，梁的横截面上除了弯矩还有剪力。如果横截面上某一点的剪应力过大，则将导致梁发生剪切破坏。所以除进行正应力强度计算外，还要进行剪应力的强度计算。

（1）矩形截面梁的剪应力计算公式

矩形截面梁的剪应力计算公式推导，需要建立下述两条假设：

①截面上各点剪应力的方向都平行于截面上剪力的方向。

②剪应力沿截面宽度均匀分布，即距中性轴等距离各点处的剪应力相等。

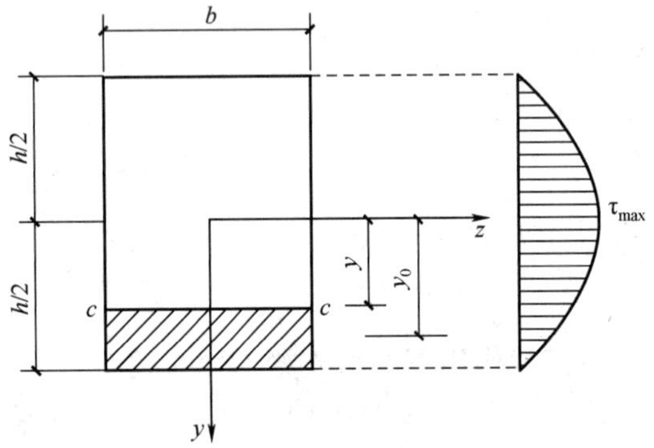

图 5－24 矩形截面梁剪应力分布

根据上述假设，对于图 5－24 所示的承受任意荷载的矩形截面梁，截面高为 h，宽为 b，可推得梁上任一截面中 cc 线上的剪应力计算公式为（推导过程略）。

$$\tau = \frac{F_Q S_z}{I_z b} \qquad (5-3)$$

式中 F_Q——截面的剪力；

S_z——面积 A^* 对中性轴的面积矩，A^* 过欲求应力点的水平线与截面边缘间的面积；

I_z——截面对中性轴的惯性矩；

b——截面的宽度。

式（5－3）中的剪力和面积矩均为代数量，在计算剪应力时，可用绝对值代入，剪应力的方向可由剪力的方向来确定，即：与 F_Q 方向一致。进一步的分析表明，矩形截面梁中的剪应力沿截面高度按二次抛物线规律分布，在截面上下边缘处，剪应力为零，在中性轴处，剪应力最大，为截面平均剪应力的 1.5 倍。

式（5－3）虽然是从矩形截面梁推导出的，但同样适用于其他形状的截面（不过应注意 b 的不同，对 I 形和 T 形截面，b 是指腹板的宽度）。对于 I 形和 T 形截面，剪应力主要集中在腹板上，翼缘处的剪应力很小，最大剪应力也发生在中性轴上。

（2）梁的剪应力强度条件

对于跨高比较小的梁或承受剪力较大的梁，梁的强度不仅与最大正应力有关，还与最大剪应力有关。因而在进行强度校核时，除了正应力强度校核外，还需进行剪应力强度校核。

为了保证梁能安全地工作，梁在荷载作用下产生的截面最大剪应力 $\tau_{\max}$ 不得超过材料的容许剪应力 $[\tau]$，而梁截面上的最大剪应力发生在梁的中性轴上，其值为

$$\tau_{max} = \frac{F_Q S_{zmax}}{I_z b}$$

对等截面梁来说，最大剪应力发生在剪力最大的截面上，即

$$\tau_{max} = \frac{F_{Qmax} S_{zmax}}{I_z b}$$

此最大剪应力不能超过材料的容许剪应力，即

$$\tau_{max} = \frac{F_{Qmax} S_{zmax}}{I_z b} \leqslant [\tau] \tag{5-4}$$

式（5－4）即为梁的剪应力强度条件。

在进行梁的强度计算时，必须同时满足正应力和剪应力强度条件，但在一般情况下，梁的强度计算大多是由正应力强度条件控制的。因此，在选择截面时，一般都是先按正应力强度条件来计算，然后再用剪应力强度条件进行校核。

【例5－12】矩形截面的简支梁承受均布荷载，如图5－25所示，已知 $L=4\text{m}$，$b=110\text{mm}$，$h=150\text{mm}$，$q=2\text{kN/m}$，材料的容许应力 $[\sigma]=10\text{MPa}$，$[\tau]=1.1\text{MPa}$，试校核此梁的强度。

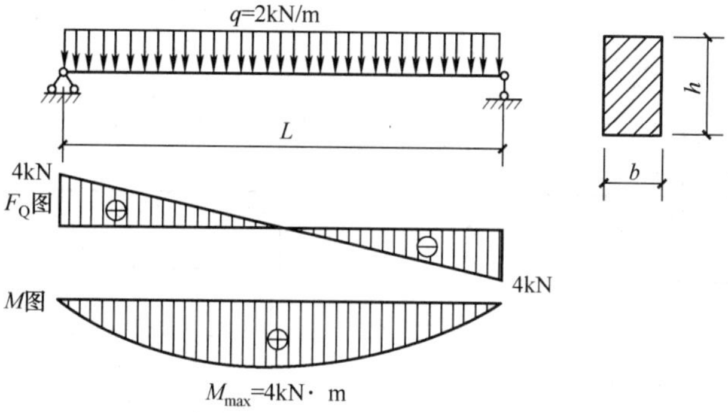

图5－25　例5－12图

【解】（1）作出梁的弯矩图和剪力图，如图5－25所示。最人弯矩值在跨中截面，其值为 $4\times10^3\text{N}\cdot\text{m}$。根据正应力强度条件得

$$\sigma_{max} = \frac{M_{max}}{W_z} = \frac{M_{max}}{\frac{1}{6}bh^2} = \frac{4\times10^3}{\frac{1}{6}\times0.11\times0.15^2} = 9.7(\text{MPa}) < [\sigma]$$

梁满足正应力强度条件。

（2）校核剪应力强度条件，梁的最大剪力 $F_Q=4\text{kN}$，最大剪应力为

$$\tau_{max} = \frac{F_{Qmax} S_{zmax}}{I_z b} = \frac{4.0\times10^3\times\frac{1}{2}\times0.11\times0.15\times\frac{0.075}{2}}{\frac{1}{12}\times0.11\times0.15^3\times0.11}$$

$$= 0.36(\text{MPa}) < [\tau]$$

梁满足剪应力强度条件。

注 意

几种不同截面的正应力的求解方法。

任务技能

1. 复习本任务的知识，对各部分的知识进行回顾与阐述。
2. 完成任务习题。

任务习题

1. 剪力和弯矩的正负号怎样确定？
2. 在集中力和集中力偶作用处截面的剪力图和弯矩图各有什么特征？
3. 计算梁的内力的规律是什么？
4. 用截面法计算图所示各梁指定截面的剪力和弯矩。

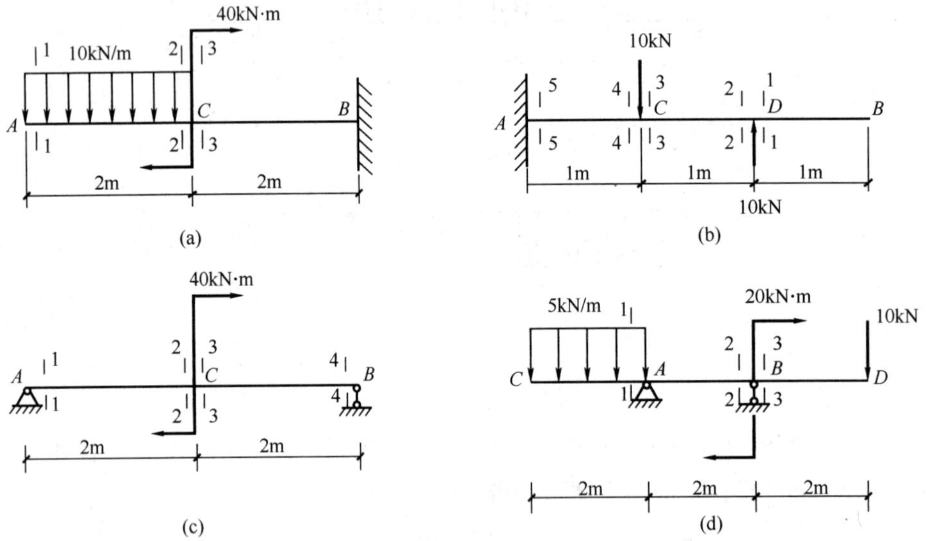

4 题图

5. 绘制图所示各梁的剪力图和弯矩图。

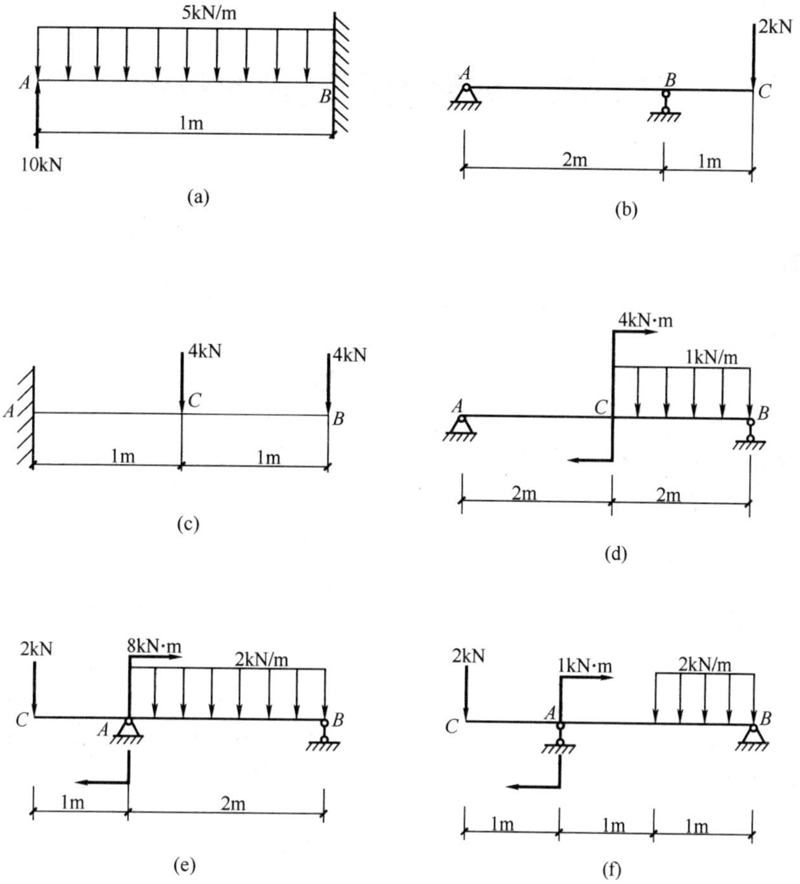
5kN/m
A
B
1m
10kN
(a)
2kN
A
B
C
2m
1m
(b)
4kN
4kN
A
C
B
1m
1m
(c)
4kN·m
1kN/m
A
C
B
2m
2m
(d)
2kN
8kN·m
2kN/m
C
A
B
1m
2m
(e)
2kN
1kN·m
2kN/m
C
A
B
1m
1m
1m
(f)

5 题图

任务二　钢筋混凝土梁的设计

任务导航

任务导言

内力的大小只能反映构件截面所受力的大小，而具体应该如何根据受力来确定结构材料，成为本节的任务。

任务目标

掌握各类钢筋混凝土梁的设计方法。

任务布置

通过对任务的学习和讲解，能够根据梁的特点选用相应的方法进行结构计算，确定混凝土与钢筋的尺寸与分布。

任务分析

根据梁的受力情况，通过公式计算，合理经济地选择材料。

知识导航

要判断受力构件能否发生强度破坏，仅知道某个截面上内力的大小是不够的，还需要求出截面上各点的应力。下面首先研究拉（压）杆横截面上的应力。

5.2.1　钢筋混凝土梁的一般规定

钢筋混凝土结构中的受弯构件主要是指各种类型的梁与板，它是建筑结构中经常遇到的一种基本构件。尽管它们的结构型式和使用场合各有不同，但所受的内力都是弯矩和剪力，故统称为受弯构件。本部分内容主要是介绍受弯构件的一般构造和不同截面型式构件的抗弯与抗剪承载力计算。要求能够了解受弯构件的破坏机理，掌握截面的计算方法和熟悉有关构造规定。

梁、板常用矩形、T 形截面、槽形、空心板和倒 L 形梁等对称和不对称现浇梁、板的截面尺寸宜按下述采用，如图 5 - 26 所示。

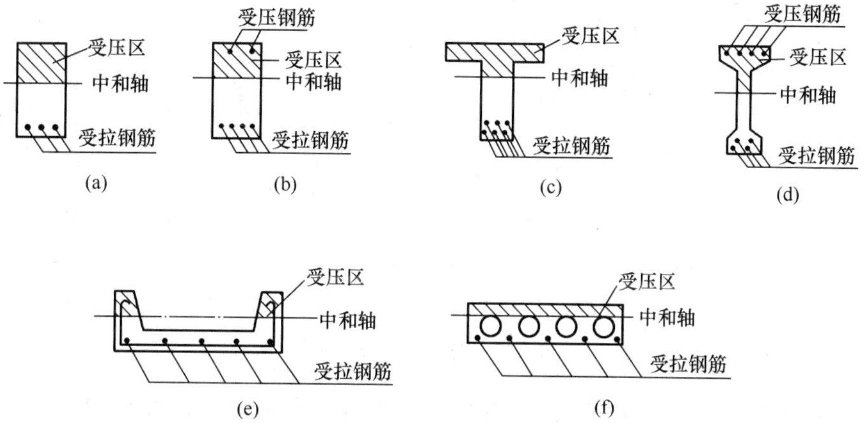

图 5－26　常用梁、板截面形状

（a）单筋矩形梁　（b）双筋矩形梁　（c）T 形梁　（d）L 形梁　（e）槽形板　（f）空心板

梁的截面高度 h 与梁的跨度 l 及所受荷载大小有关。从刚度要求出发，梁的高跨比 h/l 可参照表 5－3 的规定选择，其中 l 为梁的计算跨度。

表 5－3　　**梁的高跨比**

构件类型	支撑情况		
	简支	两端连续	悬臂
独立梁或整体肋形梁的主梁	$\frac{1}{12}\sim\frac{1}{8}$	$\frac{1}{14}\sim\frac{1}{8}$	$\frac{1}{6}$
整体肋形梁的次梁	$\frac{1}{18}\sim\frac{1}{10}$	$\frac{1}{20}\sim\frac{1}{12}$	$\frac{1}{8}$

矩形截面梁的高宽比 h/b 一般取 2.0～3.5；T 形截面的 h/b 一般取 2.5～4.0（此处 b 为梁肋宽）。矩形截面的宽度或 T 形截面的肋宽 b 一般取为 100、120、150、(180)、200、(220)，250mm 和 300mm，300mm 以下的级差为 50mm；括号中的数值仅用于木模。

梁的高度 h 为 250、300、350、750、800、900、1000mm 等尺寸，800mm 以下的级差为 50mm，以上的为 100mm。

现浇板的宽度一般较大，设计时可取单位宽度（$b=1000$mm）即“板带”进行计算。其厚度除应满足各项功能要求外，还不应小于表 5－4 中规定的数值。

表 5－4　　**现浇钢筋混凝土板的最小厚度**　　单位：mm

板的类别		最小厚度
单向板	屋面板	60
	民用建筑楼板	60
	工业建筑楼板	70
	行车道下的楼板	80

续表

板的类别		最小厚度
双向板		80
密肋板	肋间距小于或等于700mm	40
	肋间距大于700mm	50
悬臂板	板的悬臂长度小于或等于500mm	60
	板的悬臂长度大于500mm	80
无梁楼板		150

5.2.2 梁的构造规定

梁中一般配置纵向受力钢筋、弯起钢筋、箍筋和架立钢筋，如图5－27所示。

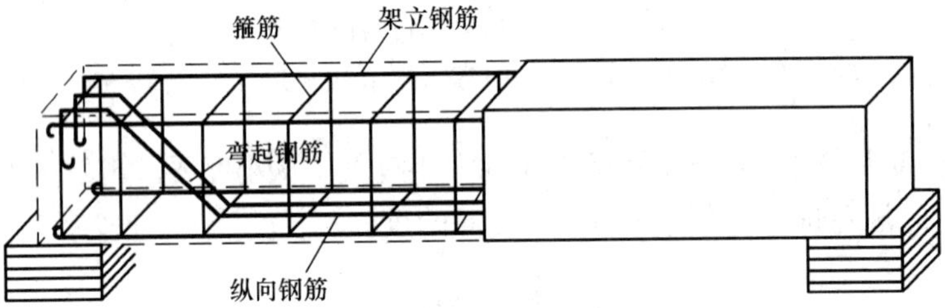

图5－27 梁的配筋

（1）截面尺寸

梁高与跨度之比 h/l 称为高跨比。对于肋形楼盖的主梁高跨比为1/14～1/8，次梁高跨比为1/18～1/12；独立梁高跨比不小于1/15（简支）和1/20（连续）；对于一般铁路桥梁高跨比为1/10～1/6，公路桥梁高跨比为1/18～1/10。

矩形截面梁的高宽比 h/b 一般取2.0～3.0；T形截面梁的 h/b 一般取2.5～4.0（此处 b 为梁肋宽）。为便于统一模板尺寸，通常采用矩形截面梁的宽度或T形截面梁的肋宽 b = 100、120、150、(180)、200、(220)、250和300mm，300mm以上的级差为50mm。括号中的数值仅用于木模；梁的高度 h = 250、300、…、750、800、900、1000mm等尺寸。当 h < 800mm时，级差为50mm；当 h≥800mm时，级差为100mm。

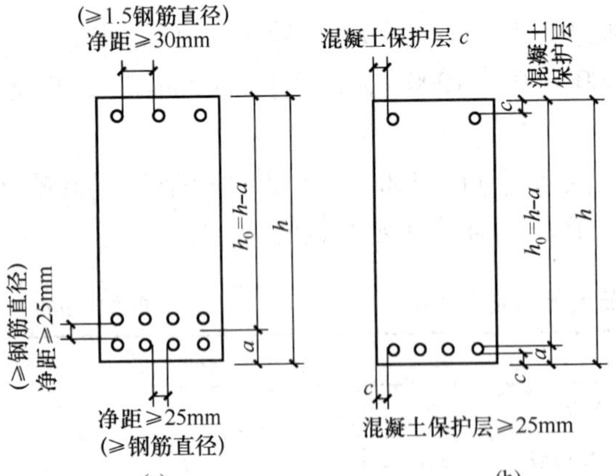

图5－28 钢筋净距、保护层及有效高度

（a）两排受拉钢筋相关尺寸 （b）一排受拉钢筋相关尺寸

（2）混凝土强度等级和保护层厚度

梁常用的混凝土强度等级是C20、C25、C30、C35、C40等。

纵向受力钢筋的外边缘至混凝土表面的垂直距离，称为混凝土保护层厚度，用 c 表示，如图5－28所示。为保证结构的耐久性、防火性以及钢筋与混凝土的黏结，混凝土保护层厚度不应小于钢筋的公称直径，且应符合表5－5的规定。

表5－5　　纵向受力钢筋的混凝土保护层量小厚度　　单位：mm

环境类别		板、墙、壳			梁			柱		
		≤C20	C25－C45	≥C50	≤C20	C25－C45	≥C50	≤C20	C25－C45	≥C50
一		20	15	15	30	25	25	30	30	30
二	a	—	20	20	—	30	30	—	30	30
	b	—	25	20	—	35	30	—	35	30
三		—	30	25	—	40	35	—	40	35

注：基础中纵向受力钢筋的混凝土保护层厚度不应小于40mm；当无垫层时不应小于70mm。

梁、板、柱的混凝土保护层厚度与环境类别（表5－6）和混凝土强度等级有关。

表5－6　　混凝土结构的环境类别

环境类别		条件
一		室内正常环境
二	a	室内潮湿环境；非严寒和非寒冷地区的露天环境、与无侵蚀性的水或土壤直接接触的环境
	b	严寒和寒冷地区的露天环境、与无侵蚀性的水或土壤直接接触的环境
三		使用除冰盐的环境；严寒和寒冷地区冬季水位变动的环境；滨海室外环境
四		海水环境
五		受人为或自然的侵蚀性物质影响的环境

注：严寒和寒冷地区的划分应符合国家现行标准《民用建筑热工设计规程》GB 50176—1993 的规定。

（3）纵向受力钢筋

梁中纵向受力钢筋宜采用HRB400（Ⅲ级）或RRB400（Ⅲ级）和HRB335（Ⅱ级），常用钢筋直径为10～32mm，根数不得少于2根。梁内受力钢筋的直径宜尽可能相同。设计中若采用两种不同直径的钢筋，钢筋直径相差至少2mm，以便于在施工中能用肉眼识别，但相差也不宜超过6mm。

钢筋混凝土梁纵向受力钢筋的直径，当梁高$h \geq 300$mm时，不应小于10mm；当梁高$h < 300$mm时，不应小于8mm。

为了便于浇注混凝土，保证钢筋周围混凝土的密实性，以及保证钢筋能与混凝土黏结在一起，纵筋的净间距应满足图5－28所示的要求。

（4）纵向构造钢筋

①架立钢筋：为了固定箍筋并与纵向受力钢筋形成骨架，在梁的受压区应设置架立钢筋。对梁内架立钢筋的直径有如下要求：当梁的跨度$l < 4$m时，直径不宜小于8mm；当梁的跨度$l = 4 \sim 6$m时，直径不宜小于10mm；当梁的跨度$l > 6$m时，直径不宜小于12mm。

②梁侧腰筋：由于混凝土收缩量的增大，近年在梁的侧面产生收缩裂缝的现象时有发生。裂缝一般呈枣核状，两头尖而中间宽，向上伸至板底，向下至于梁底纵筋处，截

面较高的梁，情况更为严重，如图5-29（a）所示。

《规范》规定，当梁的腹板高度 $h_w \geq 450$mm 时，在梁的两个侧面沿高度配置纵向构造钢筋（腰筋），如图5-29（b）所示。每侧纵向构造钢筋（不包括梁上、下部受力钢筋及架立钢筋）的截面面积不应小于腹板截面面积 bh_w 的0.1%，且其间距不宜大于200mm。此处腹板高度 h_w，矩形截面为有效高度 h_0；对T形截面，取有效高度 h_0 减去翼缘高度；对工形截面，取腹板净高。

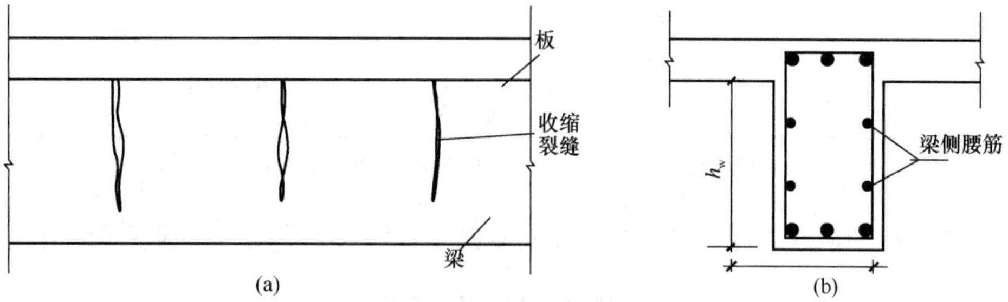

图5-29 梁侧防裂的纵向构造钢筋

（a）梁侧裂缝 （b）梁侧腰筋

（5）箍筋

梁的箍筋宜采用HPB300（Ⅰ级）、HRB335（Ⅱ级）和HRB400（Ⅲ级）的钢筋，常用直径是6、8、10mm。

5.2.3 单筋矩形截面梁的正截面承载力设计

匀质弹性材料梁加载时，其变形规律符合平截面假定（平截面在梁弯曲变形后仍保持平面），由于材料性能符合胡克定律（应力与应变成正比），受压区和受拉区的应力分布图形都是三角形。此外，梁的挠度与弯矩也将一直保持线性关系。

钢筋混凝土梁是由钢筋和混凝土两种材料所组成的，且混凝土是非弹性、非匀质材料，抗拉强度又远小于其抗压强度，因而其受力性能有很大不同。研究钢筋混凝土构件的受弯性能，首先要进行构件加载试验。

5.2.3.1 适筋梁的试验研究

图5-30为一配筋适当的钢筋混凝土单筋矩形截面试验梁。梁截面宽度为 b，高度为 h，截面的受拉区配置了面积为 A_s 的受拉钢筋，纵向受拉钢筋合力点至截面近边的距离为 a，纵向受拉钢筋合力点至梁顶面受压边缘的距离为 $h_0 = h - a$，称为截面有效高度。

为了研究梁正截面受力和变形的规律，试验梁采用两点对称加载。荷载是逐级施加的，由零开始直至梁正截面受弯破坏。若忽略自重的影响，在梁上两集中荷载之间的区段，梁截面仅承受弯矩，该区段称为纯弯段。为了研究分析梁截面的受弯性能，在纯弯段沿截面高度布置了一系列的应变计，量测混凝土的纵向应变分布。同时，在受拉钢筋上也布置了应变计，量测钢筋的受拉应变。此外，在梁的跨中，还布置了位移计，用以量测梁的挠度变形。

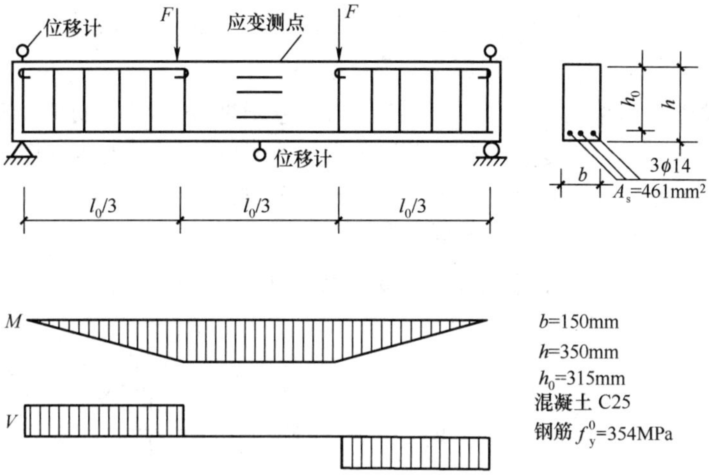

图 5－30 钢筋混凝土梁受弯试验

图为试验梁的挠度f随截面弯矩 M 增加而变化的情况，从试验可知钢筋混凝土适筋梁从加载到破坏经历三个阶段。

①当弯矩较小时，$M-f$ 曲线接近直线变化。这时的工作特点是梁尚未出现裂缝，称为第Ⅰ阶段。在该阶段由于梁整个截面参加受力，截面抗弯刚度较大，梁的挠度很小，且与弯矩近似成正比。

②当弯矩超过开裂弯矩 M_{cr}后，开裂瞬间，裂缝截面受拉区混凝土退出工作，其开裂前承担的拉力将转移给钢筋承担，导致裂缝截面钢筋应力突然增加（应力重分布），使中和轴比开裂前有较大上移，弯矩与挠度关系曲线出现了第一个明显的转折点，如图 5－31 所示。随着裂缝的出现与开展，挠度的增长速度较开裂前为快。荷载继续增加，挠度不断增大，裂缝宽度也随荷载的增加而不断开展。这时的工作特点是梁带有裂缝，称为第Ⅱ阶段。

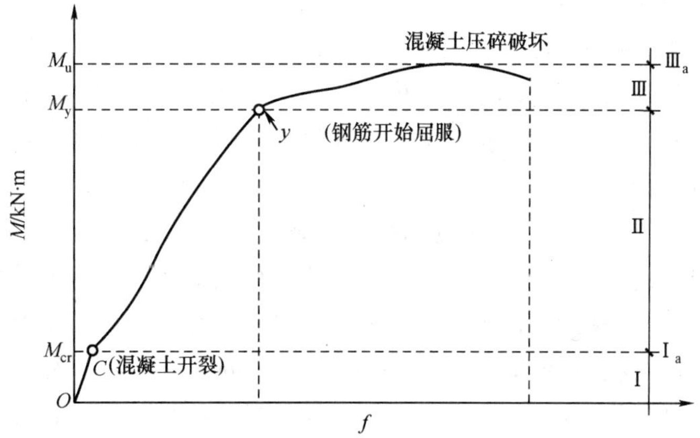

图 5－31 适筋梁弯矩－挠度关系试验曲线

在第Ⅱ阶段整个发展过程中，钢筋的应力将随着荷载的增加而增加。当受拉钢筋刚达到屈服强度f_y时，弯矩达到屈服弯矩 M_y。弯矩与挠度关系曲线出现了第二个明显转折点，如图 5－31 所示，标志着梁受力进入第Ⅲ阶段。

③第Ⅲ阶段特点是梁的裂缝急剧开展，挠度急剧增加，而钢筋应变有较大的增长，但其应力基本上维持屈服强度f_y不变。继续加载，当受压区混凝土达到极限压应变时，梁达到极限弯矩（正截面受弯承载力）M_u，此时梁开始破坏。

5.2.3.2　适筋梁正截面工作的三个阶段

梁截面应力、应变分布在各个阶段的变化特点如图 5－32 所示。

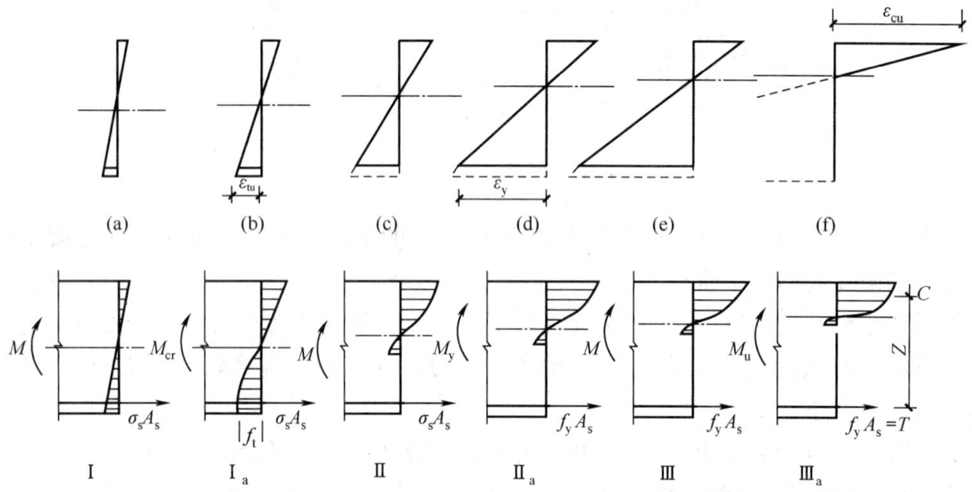

图 5－32　梁在各受力阶段的应力、应变图

第Ⅰ阶段（弹性受力阶段）：混凝土开裂前的未裂阶段。

从开始加荷到受拉区混凝土开裂前，整个截面均参加受力。由于荷载较小，混凝土处于弹性阶段，截面应变分布符合平截面假定，故截面应力分布为直线变化，如图 5－32（a）所示，整个截面的受力接近线弹性。

当截面受拉边缘混凝土的拉应变达到极限拉应变时（$\varepsilon_t = \varepsilon_{tu}$），如图 5－32（b）所示，截面达到即将开裂的临界状态（Ⅰ$_a$ 状态），相应弯矩值称为开裂弯矩 M_{cr}。此时，截面受拉区混凝土出现明显的受拉塑性，应力呈曲线分布，但受压区压应力较小，仍处于弹性状态，应力为直线分布。

第Ⅰ阶段末（Ⅰ$_a$ 状态）：可作为受弯构件抗裂度的计算依据。

第Ⅱ阶段（带裂缝工作阶段）：混凝土开裂后至钢筋屈服前的裂缝阶段。

在开裂弯矩 M_{cr}下，梁纯弯段最薄弱截面位置处首先出现第一条裂缝，梁进入带裂缝工作阶段。此后，随着荷载的增加，梁受拉区还会不断出现一些裂缝，虽然梁中受拉区出现许多裂缝，但如果纵向应变的量测标距有足够的长度（跨过几条裂缝），则平均应变沿截面高度的分布近似直线，即仍符合平截面假定。

由于受压区混凝土的压应力随荷载的增加而不断增大，其弹塑性特性表现得越来越显著，受压区应力图形逐渐呈曲线分布，如图5－31（c）所示。

第Ⅱ阶段末（$Ⅱ_a$状态）：相当于梁使用时的应力状态，可作为使用阶段验算变形和裂缝开展宽度的依据。

当钢筋应力达到屈服强度时（$\sigma_s=f_y$），梁的受力性能发生质的变化。此时的受力状态记为$Ⅱ_a$状态，弯矩记为M_y，也称为屈服弯矩。此后，梁的受力将进入屈服阶段，即第Ⅲ阶段，如图5－32（d）所示。

第Ⅲ阶段（破坏阶段）：钢筋开始屈服至截面破坏的破坏阶段

对于适筋梁，钢筋应力达到屈服强度时，受压区混凝土一般尚未压坏。在该阶段，钢筋应力保持屈服强度f_y不变，即钢筋的总拉力T保持定值，但钢筋应变ε_s急剧增大，裂缝显著开展，中和轴迅速上移。由于受压区混凝土的总压力C与钢筋的总拉力T应保持平衡，即$T=C$，受压区高度x_c的减少将使混凝土的压应力和压应变迅速增大，混凝土受压的塑性特征表现得更为充分，如图5－32（e）所示，受压区压应力图形更趋丰满。同时，受压区高度x_c的减少使钢筋拉力T与混凝土压力C之间的力臂有所增大，截面弯矩比屈服弯矩M_y也略有增加。弯矩增大直至极限弯矩值M_u时，称为第Ⅲ阶段末，用$Ⅲ_a$表示。此时，边缘纤维压应变达到（或接近）混凝土受弯时的极限压应变值ε_{cu}，标志着梁截面已开始破坏。

其后，在实验室条件下的一般实验梁虽然仍可继续变形，但所承受的弯矩将有所降低，如图5－32（f）所示。最后在破坏区段上受压区混凝土被压碎甚至剥落，裂缝宽度已很大而告完全破坏。

第Ⅲ阶段末（$Ⅲ_a$状态）：可作为正截面受弯承载力计算的依据。

表5－7简要地列出了适筋梁正截面受弯的三个受力阶段的主要特点。

表5－7　　适筋梁正截面受弯三个受力阶段的主要特点

<table>
<tr><th colspan="2" rowspan="2">主要特点</th><th colspan="3">受力阶段</th></tr>
<tr><th>第Ⅰ阶段</th><th>第Ⅱ阶段</th><th>第Ⅲ阶段</th></tr>
<tr><td colspan="2">习称</td><td>未裂阶段</td><td>带裂缝工作阶段</td><td>破坏阶段</td></tr>
<tr><td colspan="2">外观特征</td><td>没有裂缝，挠度很小</td><td>有裂缝，挠度还不明显</td><td>钢筋屈服，裂缝宽，挠度大</td></tr>
<tr><td colspan="2">弯矩－截面曲率（$M-\phi^0$）</td><td>大致成直线</td><td>曲线</td><td>接近水平的曲线</td></tr>
<tr><td rowspan="2">混凝土应力图形</td><td>受压区</td><td>直线</td><td>受压区高度减小，混凝土压应力图形为上升段的曲线，应力峰值在受压区边缘</td><td>受压区高度进一步减小，混凝土压应力图形为较丰满的曲线；后期为有上升段与下降段的曲线，应力峰值不在受压区边缘而在边缘的内侧</td></tr>
<tr><td>受拉区</td><td>前期为直线，后期为有上升段的曲线，应力峰值不在受拉区边缘</td><td>大部分退出工作</td><td>绝大部分退出工作</td></tr>
<tr><td colspan="2">纵向受拉钢筋应力</td><td>$\sigma_s\leqslant 20\sim30$MPa</td><td>$20\sim30\text{MPa}<\sigma_s<f_y^0$</td><td>$\sigma_s=f_y^0$</td></tr>
<tr><td colspan="2">与设计计算的联系</td><td>$Ⅰ_a$阶段用于抗裂验算</td><td>用于裂缝宽度及变形验算</td><td>$Ⅲ_a$阶段用于正截面受弯承载力计算</td></tr>
</table>

5.2.3.3 配筋率对正截面破坏形态的影响

（1）纵向受拉钢筋的配筋率ρ

钢筋混凝土构件是由钢筋和混凝土两种材料组成的，随着它们的配比变化，将对其受力性能和破坏形态有很大影响。截面上配置钢筋的多少，通常用配筋率来衡量。

对矩形截面受弯构件，纵向受拉钢筋的面积A_s与截面有效面积bh_0的比值，称为纵向受拉钢筋的配筋率，简称配筋率，用ρ表示，即：

$$\rho = \frac{A_s}{bh_0} \tag{5-5}$$

式中 ρ——纵向受拉钢筋的配筋率（%）；

A_s——纵向受拉钢筋的面积；

b——截面宽度；

h_0——截面有效高度，$h_0 = h - a$；

a——纵向受拉钢筋合力点至截面近边的距离。

当为一排钢筋时，$a = c + d/2$，其中d为钢筋直径，c为混凝土保护层厚度。若环境类别为一类，当混凝土强度等级≥C25时，对于板：$c = 15$mm，当$d = 10$mm时，$a = 20$mm；对于梁：一排钢筋时，$c = 25$mm，当$d = 20$mm时，$a = 35$mm；两排钢筋时，$a = 50 \sim 60$mm。

（2）受弯构件正截面的破坏形态

根据试验研究，受弯构件正截面的破坏形态主要与配筋率、混凝土和钢筋的强度等级、截面形式等因素有关，但以配筋率对构件的破坏形态的影响最为明显。根据配筋率不同，其破坏形态为适筋破坏、超筋破坏和少筋破坏，如图5-33所示，与三种破坏形态相对应的弯矩-挠度（$M-f$）曲线如图5-34所示。

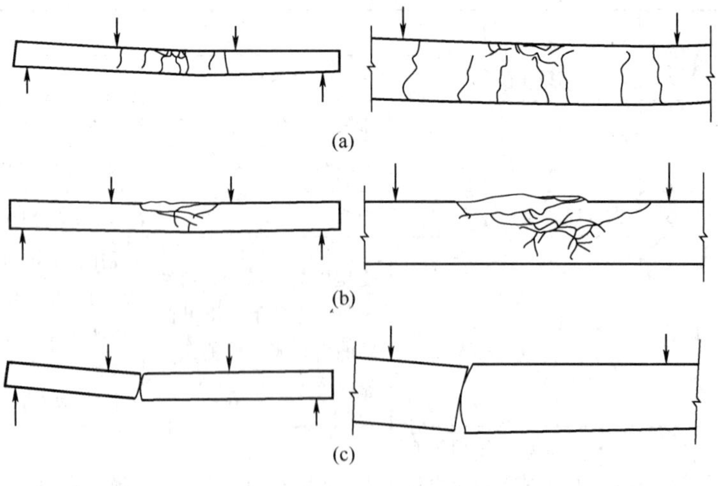

图5-33 梁的三种破坏形态

（a）适筋破坏 （b）超筋破坏 （c）少筋破坏

①适筋梁破坏：当配筋适中，即$\rho_{min} \leqslant \rho \leqslant \rho_{max}$时（$\rho_{min}$、$\rho_{max}$分别为纵向受拉钢筋的最小配筋率、最大配筋率）发生适筋梁破坏，其特点是纵向受拉钢筋先屈服，然后随着弯

矩的增加受压区混凝土被压碎，破坏时两种材料的性能均得到充分发挥。

适筋梁的破坏特点是破坏始自受拉区钢筋的屈服。在钢筋应力达到屈服强度之初，受压区边缘纤维的应变小于受弯时混凝土极限压应变。在梁完全破坏之前，由于钢筋要经历较大的塑性变形，随之引起裂缝急剧开展和梁挠度的激增，如图 5－34 所示，它将给人以明显的破坏预兆，属于延性破坏类型，如图 5－33（a）所示。

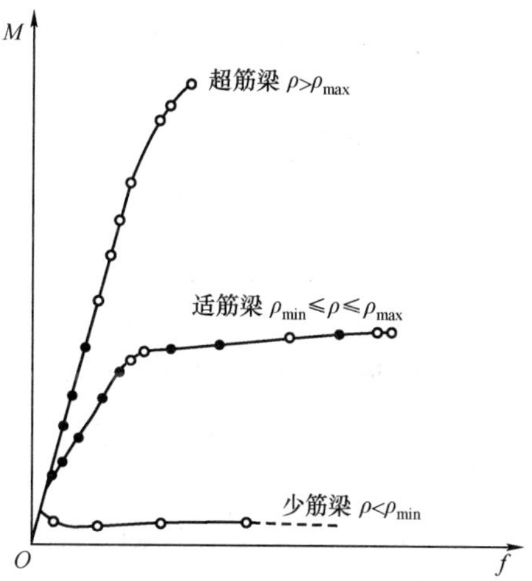

图 5－34　适筋梁、超筋梁、少筋梁的 $M-f$ 曲线

②超筋梁破坏：当配筋过多，即 $\rho>\rho_{max}$ 时发生超筋梁破坏，其特点是混凝土受压区先压碎，纵向受拉钢筋不屈服。

超筋梁的破坏特点在受压区边缘纤维应变达到混凝土受弯极限压应变值时，钢筋应力尚小于屈服强度，但此时梁已告破坏。试验表明，钢筋在梁破坏前仍处于弹性工作阶段，裂缝开展不宽，延伸不高，梁的挠度也不大。总之，它在没有明显预兆的情况下由于受压区混凝土被压碎而突然破坏，故属于脆性破坏类型，如图 5－33（b）所示。

超筋梁虽配置过多的受拉钢筋，但由于梁破坏时其钢筋应力低于屈服强度，不能充分发挥作用，造成钢材的浪费。这不仅不经济，而且破坏前没有预兆，故设计中不允许采用超筋梁。

③少筋梁破坏：当配筋过少，即 $\rho<\rho_{min}$ 时发生少筋破坏形态，其特点是受拉区混凝土一开裂就破坏。少筋梁的破坏特点是一旦开裂，受拉钢筋立即达到屈服强度，有时可迅速经历整个流幅而进入强化阶段，在个别情况下，钢筋甚至可能被拉断。少筋梁破坏时，裂缝往往只有一条，不仅裂缝开展过宽，且沿梁高延伸较高，即已标志着梁的“破坏”，如图 5－33（c）所示。

从单纯满足承载力需要出发，少筋梁的截面尺寸过大，故不经济；同时它的承载力取决于混凝土的抗拉强度，属于脆性破坏类型，故在土木工程中不允许采用。水利工程中，往往截面尺寸很大，为了经济，有时也允许采用少筋梁。

比较适筋梁和超筋梁的破坏特点，可以发现两者的差异在于：前者破坏始自受拉钢筋屈服；后者破坏则始自受压区混凝土被压碎。显然，总会有一个界限配筋率 ρ_b，这时钢筋应力达到屈服强度的同时，受压区边缘纤维应变也恰好达到混凝土受弯时极限压应变值，这种破坏形态叫“界限破坏”，即适筋梁与超筋梁的界限。界限配筋率 ρ_b 即为适筋梁的最大配筋率 ρ_{max}。界限破坏也属于延性破坏类型，所以界限配筋的梁也属于适筋梁的范围。可见，梁的配筋率应满足 $\rho_{min}\leqslant\rho\leqslant\rho_{max}$ 的要求。

5.2.3.4　受弯构件正截面承载力计算的一般规定

基本假定：

受弯构件正截面承载力计算时，应以图 5－32（f）（即Ⅲ$_a$阶段）的受力状态为依据。

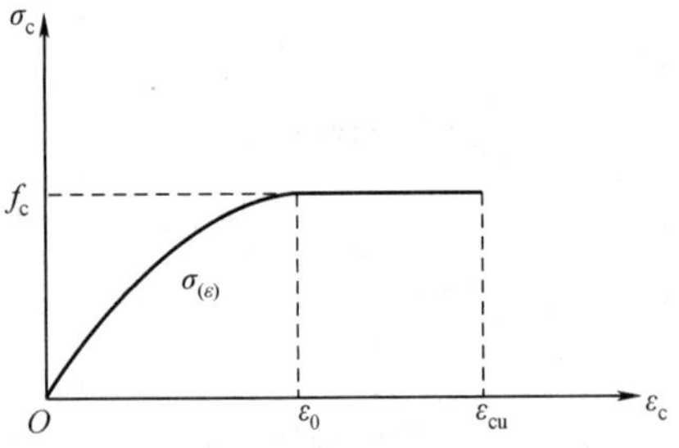

图 5－35 混凝土应力－应变设计曲线

为简化计算《混凝土结构设计规范》（以下简称《规范》规定），包括受弯构件在内的各种混凝土构件的正截面承载力应按下列四个基本假定进行计算：

①截面应变保持平面。

②不考虑混凝土的抗拉强度。

③混凝土受压的应力与应变关系曲线按下列规定取用：其简化的应力－应变曲线如图 5－35 所示，混凝土受压应力－应变关系曲线方程为：

当 $\varepsilon_c \leqslant \varepsilon_0$时（上升段）

$$\sigma_c = f_c\left[1-\left(1-\frac{\varepsilon_c}{\varepsilon_0}\right)^n\right] \tag{5-6}$$

当 $\varepsilon_0 < \varepsilon_c \leqslant \varepsilon_{cu}$时（水平段）

$$\sigma_c = f_c \tag{5-7}$$

$$n = 2-\frac{1}{60}(f_{cu,k}-50) \leqslant 2.0 \tag{5-8}$$

$$\varepsilon_0 = 0.002+0.5(f_{cu,k}-50)\times 10^{-5} \geqslant 0.002 \tag{5-9}$$

$$\varepsilon_{cu} = 0.0033-(f_{cu,k}-50)\times 10^{-5} \leqslant 0.0033 \tag{5-10}$$

式中 σ_c——混凝土压应变为 ε_c时的混凝土压应力；

f_c——混凝土轴心抗压强度设计值，按表 3－1 采用；

ε_0——混凝土压应力刚达到f_c时的混凝土压应变，当计算的 ε_0值小于 0.002 时，取为 0.002；

ε_{cu}——正截面的混凝土极限压应变，当处于非均匀受压时，按式（5－10）计算，如计算的 ε_{cu}值大于 0.0033 时，取为 0.0033；当处于轴心受压时取为 ε_0；

$f_{cu,k}$——混凝土立方体抗压强度标准值；

n——系数，当计算的 n 值大于 2.0 时，取 2.0。

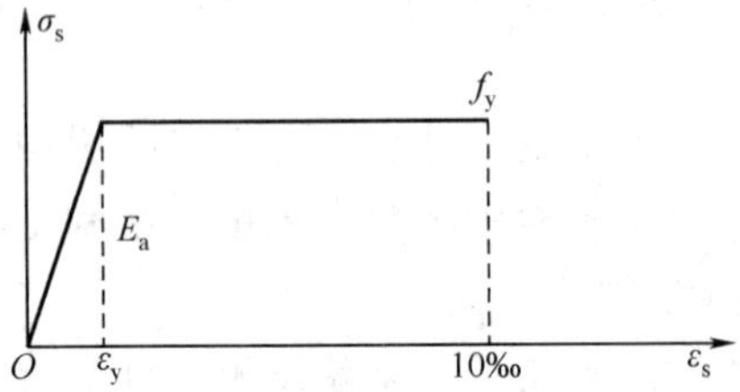

图 5－36 钢筋应力－应变设计曲线

④纵向钢筋的应力取等于钢筋应变与其弹性模量的乘积，但其绝对值不应大于其相应的强度设计值。纵向受拉钢筋的极限拉应变取为 0.01，其简化的应力－应变曲线如图 5－36 所示。钢筋的应力－应变关系曲线方程为：

$$\sigma_s = E_s\varepsilon_s,\quad 且 -f_y' \leqslant \sigma_s \leqslant f_y \tag{5-11}$$

受拉钢筋的极限拉应变取为 0.01 是为了避免过大的塑性变形。对于混凝土各强度等级，各参数 n、ε_0、ε_{cu}按上式的计算结果见表 5－8。《规范》建议的公式仅适用于正截面计算。

表 5－8　　混凝土应力－应变参数

f_{cu}	≤C50	C60	C70	C80
n	2	1.83	1.67	1.50
ε_0	0.002	0.00205	0.0021	0.00215
ε_{cu}	0.0033	0.0032	0.0031	0.0030

5.2.3.5　受压区混凝土的应力分布图——理论应力图

以单筋矩形截面为例，根据混凝土的应变分布［图5－37（b）］，再根据基本假定3就可由受压区混凝土的实际应力［图5－37（c）］得出受压区混凝土的理论应力［图5－37（d）］。受压区混凝土合力 C 的值为一积分表达式，受压区混凝土合力作用点与受拉钢筋合力作用点之间的距离 z 称为内力臂，也必须表达为积分的形式。

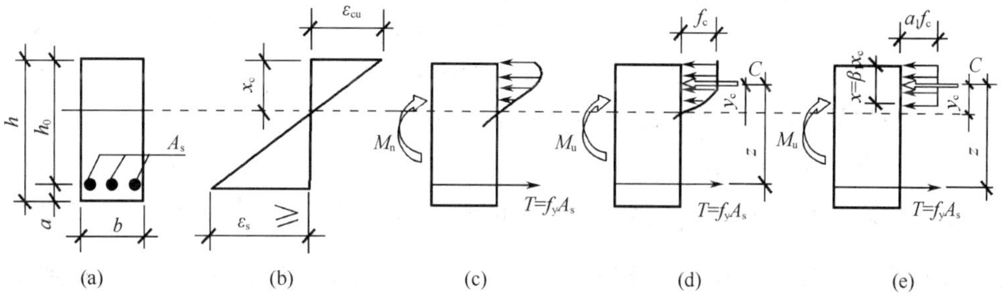

图5－37　单筋矩形梁应力图的简化

（a）截面图　（b）截面应变图　（c）实际应力图　（d）理论应力图　（e）等效矩形应力图

由平衡方程可知：

$$\Sigma X = 0 \qquad T = A_s \quad f_y = C(x_c) \tag{5-12a}$$

$$\Sigma M = 0 \qquad M_u = A_s \quad f_y z(x_c) \tag{5-12b}$$

通过联立求解上述两个方程虽然可以进行截面设计计算，但因混凝土压应力分布为非线性分布，计算过程中需要进行比较复杂的积分计算，不利于工程应用。《规范》采用简化压应力分布的方法。

5.2.3.6　等效矩形应力图

由于正截面抗弯计算的主要目的只是为了建立极限弯矩 M_u 的计算公式，从理论应力图求 M_u 很繁杂，而在 M_u 的计算中仅需知道合力 C 的大小和作用位置 y_c 就足够了。为此，《规范》对于非均匀受压构件，如受弯、偏心受压和大偏心受拉等构件的正截面受压区混凝土的应力分布进行简化，即用等效矩形应力［图5－37（e）］来代换理论应力［图5　37（d）］。

（1）两个图形等效的条件

①混凝土压应力的合力 C 大小相等。

②两图形中受压区合力 C 的作用点不变。

（2）系数 α_1、β_1

如图5－37（e）所示，等效矩形应力图由无量纲参数 α_1 和 β_1 确定。系数 α_1 为受压区混凝土矩形应力图的应力值与混凝土轴心抗压强度设计值 f_c 的比值；系数 β_1 为矩形应力图受压区高度 x（简称混凝土受压区高度）与平截面假定的中和轴高度 x_c（中和轴到受压区边缘的距离）的比值，即 $\beta_1 = x/x_c$。根据试验及分析，系数 α_1 和 β_1 仅与混凝土应力－应变曲线有关。

《规范》规定：当 $f_{cu,k} \leqslant 50$MPa 时，$\alpha_1 = 1.0$、$\beta_1 = 0.8$；当 $f_{cu,k} = 80$MPa 时，$\alpha_1 = 0.94$、$\beta_1 = 0.74$；其间按线性内插法确定。

采用等效矩形应力图，受弯承载力的计算公式可写成：

$$\Sigma X=0,\quad f_yA_s=\alpha_1 f_c bx \tag{5-13a}$$

$$\Sigma M=0,\quad M_u=\alpha_1 f_c bx\left(h_0-\frac{x}{2}\right) \tag{5-13b}$$

令 $\xi=\dfrac{x}{h_0}$，称为相对受压区高度，即等效矩形应力图的受压区高度 x 与截面有效高度 h_0 的比值。则式（5－13a）、式（5－13b）可写成：

$$\Sigma X=0,\quad f_yA_s=\alpha_1 f_c bh_0\xi \tag{5-14a}$$

$$\Sigma M=0,\quad M_u=\alpha_1 f_c bh_0^2\xi(1-0.5\xi) \tag{5-14b}$$

5.2.3.7 相对界限受压区高度 $\boldsymbol{\xi}_b$ 及界限配筋率 $\boldsymbol{\rho}_b$

（1）相对界限受压区高度 ξ_b

相对界限受压区高度 ξ_b，是指在适筋梁的界限破坏时，等效矩形应力图的受压区高度 x_b 与截面有效高度 h_0 的比值，即 $\xi_b=\dfrac{x_b}{h_0}$。界限破坏的特征是受拉纵筋应力达到屈服强度的同时，混凝土受压区边缘纤维应变恰好达到受弯时极限压应变 ε_{cu} 值。根据平截面假定，正截面破坏时，不同压区高度的应变变化如图5－38所示，中间斜线表示为界限破坏的应变。由图中可以看出，破坏时的相对受压区高度越大，钢筋拉应变越小。设钢筋开始屈服时的应变为 ε_y，则 $\varepsilon_y=f_y/E_s$。

$$\xi_b=\frac{x_b}{h_0}=\frac{\beta_1 x_{cb}}{h_0}=\beta_1\cdot\frac{\varepsilon_{cu}}{\varepsilon_{cu}+\varepsilon_y}=\frac{\beta_1}{1+\dfrac{f_y}{E_s\varepsilon_{cu}}} \tag{5-15}$$

式中　ξ_b——相对界限受压区高度，$\xi_b=x_b/h_0$；

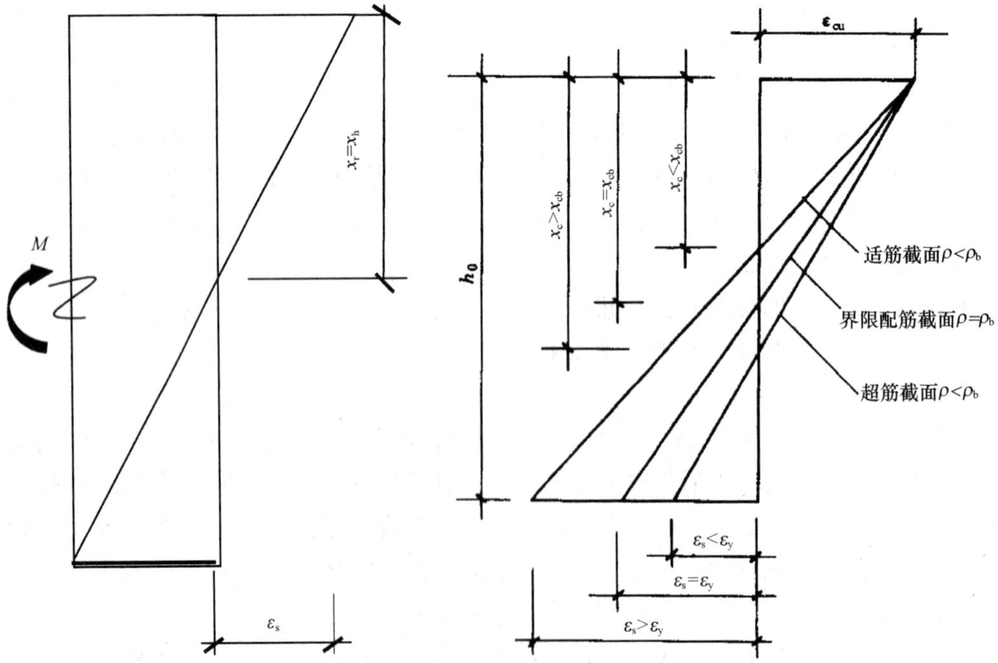

图5－38　适筋梁、超筋梁、界限配筋梁破坏时的正截面平均应变图

x_b——界限受压区高度；

h_0——截面有效高度；

x_{cb}——界限破坏时中和轴高度；

f_y——普通钢筋抗拉强度设计值；

E_s——钢筋的弹性模量；

ε_{cu}——非均匀受压时的混凝土极限压应变，按式（5－6）计算，当 $f_{cu,k} \leqslant 50MPa$ 时，$\varepsilon_{cu} = 0.0033$。

上式表明，相对界限受压区高度仅与材料性能有关，而与截面尺寸无关。

由式（5－15）计算的 ξ_b 值见表5－9。

表5－9　相对界限受压区高度 ξ_b 取值

混凝土强度等级	≤C50			C60			C70			C80		
	Ⅰ	Ⅱ	Ⅲ	Ⅰ	Ⅱ	Ⅲ	Ⅰ	Ⅱ	Ⅲ	Ⅰ	Ⅱ	Ⅲ
钢筋级别	HPB300	HRB335	HRB400	HPB300	HRB335	HRB400	HPB300	HRB335	HRB400	HPB300	HRB335	HRB400
ξ_b	0.576	0.550	0.518	0.556	0.531	0.499	0.537	0.512	0.481	0.518	0.493	0.429

由图5－38可知：

当 $\xi < \xi_b$ 时，破坏时钢筋拉应变 $\varepsilon_s > \varepsilon_y$，受拉钢筋已经达到屈服，表明发生的破坏为适筋梁破坏或少筋梁破坏。

当 $\xi > \xi_b$ 时，破坏时钢筋拉应变 $\varepsilon_s < \varepsilon_y$，受拉钢筋不屈服，表明发生的破坏为超筋梁破坏。

当 $\xi = \xi_b$ 时，破坏时钢筋拉应变 $\varepsilon_s = \varepsilon_y$，受拉钢筋刚屈服，表明发生的破坏为界限破坏。与此对应的纵向受拉钢筋的配筋率，称为界限配筋率 ρ_b，即为适筋梁的最大配筋率 ρ_{max}。

（2）界限配筋率 ρ_b

由式（5－13a）可知：$f_y A_s = \alpha_1 f_c bx$，$f_y \dfrac{A_s}{bh_0} = \alpha_1 f_c \dfrac{x}{h_0}$

因为

$$\rho = \frac{A_s}{bh_0},\quad \xi = \frac{x}{h_0}$$

所以

$$f_y\rho = \alpha_1 f_c \xi$$

则

$$\rho = \xi\alpha_1 \frac{f_c}{f_y} \tag{5-16a}$$

当 $\xi = \xi_b$ 时，$\rho = \rho_b = \rho_{max}$

则：

$$\rho_b = \rho_{max} = \xi_b \alpha_1 \frac{f_c}{f_y} \tag{5-16b}$$

综上分析，防止梁发生超筋破坏的条件是：$\xi \leqslant \xi_b$ 或 $\rho = \dfrac{A_s}{bh_0} \leqslant \rho_{max}$

5.2.3.8　最小配筋率 ρ_{min}

少筋破坏的特点是一裂就坏，而最小配筋率 ρ_{min} 是适筋梁与少筋梁的界限配筋率。从

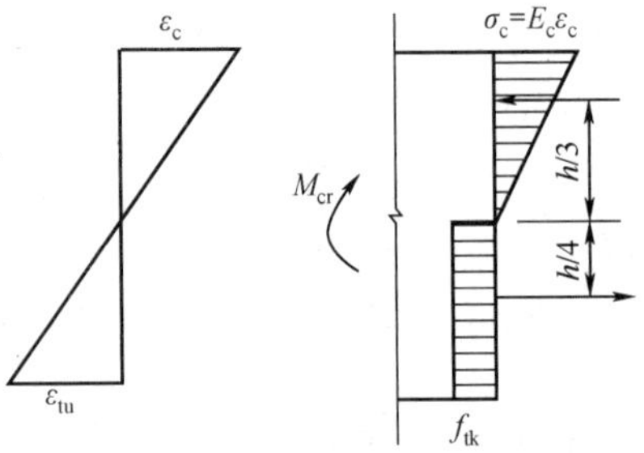

图 5－39 开裂时截面应变和应力分布

理论上讲，最小配筋率 ρ_{min} 是按Ⅲ$_a$ 阶段计算钢筋混凝土受弯构件的极限弯矩 M_u 等于按Ⅰ$_a$ 阶段计算的同截面素混凝土受弯构件的开裂弯矩 M_{cr} 确定的，即 $M_{cr}=M_u$。

开裂弯矩 M_{cr} 按素混凝土截面确定，如图 5－39 所示。

$$M_{cr}=f_{tk}b\frac{h}{2}\left(\frac{h}{4}+\frac{h}{3}\right)=\frac{7}{24}f_{tk}bh^2 \quad (5-17)$$

极限弯矩 M_u 用配筋率表示可写成：

$$M_u=f_{yk}A_sh_0(1-0.5\xi)=\frac{A_s}{bh_0}f_{yk}bh_0^2(1-0.5\xi)=$$
$$\rho f_{yk}bh_0^2(1-0.5\xi) \quad (5-18)$$

当 $M_{cr}=M_u$ 时，$\rho=\rho_{min}$，则由式（5－17）和式（5－18）可得：

$$\frac{7}{24}f_{tk}bh^2=\rho_{min}f_{yk}bh_0^2(1-0.5\xi)$$

$$\rho_{min}=\frac{7}{24}\left(\frac{h}{h_0}\right)^0\frac{1}{(1-0.5\xi)}\frac{f_{tk}}{f_{yk}}$$

配筋率很小时，受压区高度也很小，可近似取 $\gamma_s=1-0.5\xi=0.98$，并近似取 $h=1.1h_0$。可得最小配筋率 ρ_{min}：

$$\rho_{min}=\frac{A_{s,min}}{bh}=0.36\frac{f_{tk}}{f_{yk}} \quad (5-19)$$

式中 $A_{s,min}$——纵向受拉钢筋的最小面积。

上述 M_{cr} 和 M_u 是按材料强度标准值计算的，这是考虑计算接近构件的实际开裂和极限弯矩。采用材料强度设计值后，则：

$$\rho_{min}=\frac{A_{s,min}}{bh}=0.36\frac{f_{tk}}{f_{yk}}=0.36\frac{1.4f_t}{1.1f_y}=0.458\frac{f_t}{f_y} \quad (5-20)$$

但是，考虑到混凝土抗拉强度的离散性，以及收缩等因素的影响，所以在实用上，最小配筋率 ρ_{min} 往往是根据传统经验得出的。《规范》规定的最小配筋率 ρ_{min} 值参见表 4－3。

我国《规范》规定：对梁类受弯构件，受拉钢筋的最小配筋率取 $\rho_{min}=45\frac{f_t}{f_y}$，同时不应小于 0.2%。

因此，为防止少筋破坏，对矩形截面，截面配筋面积 A_s 应满足下式要求：

$$A_s\geqslant A_{s,min}=\rho_{min}bh \quad (5-21a)$$

由式（5－21a）可知：

$$\rho_1=\frac{A_s}{bh}\geqslant\rho_{min} \quad (5-21b)$$

式中 ρ_1——纵向受拉钢筋的计算最小配筋率（%）。

必须注意，计算最小配筋率 ρ_1 和计算配筋率（$\rho=\frac{A_s}{bh_0}$）的方法是不同的。

《规范》规定，计算受弯构件受拉钢筋的最小配筋率应按全截面面积扣除受压翼缘面积 $(b_f'-b)h_f'$ 后的截面面积计算，参见项目五中图 5－51（b）所示，即：

$$\rho_1 = \frac{A_s}{A-(b'_f-b)h'_f} \tag{5-22a}$$

或

$$\rho_1 = \frac{A_s}{bh+(b_f-b)h_f} \tag{5-22b}$$

式中　A_s——纵向受拉钢筋的面积；

A——构件全截面面积；

b——矩形截面宽度，T 形、I 形截面的腹板宽度；

h——梁的截面高度；

b'_f、b_f——T 形或 I 形截面受压区、受拉区的翼缘宽度；

h'_f、h_f——T 形或 I 形截面受压区、受拉区的翼缘高度。

对矩形截面，

$$\rho_1 = \frac{A_s}{A} = \frac{A_s}{bh} \tag{5-23}$$

防止梁发生少筋破坏的条件是：$\rho_1 \geqslant \rho_{min}$　　(5-24)

5.2.3.9　单筋矩形截面正截面受弯承载力计算

（1）基本计算公式与适用条件

①基本计算公式：单筋矩形截面受弯构件正截面承载力计算简图如图 5-40 所示。

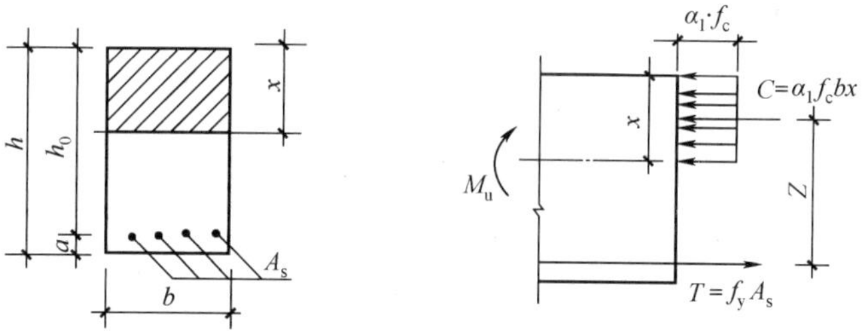

图 5-40　单筋矩形截面受弯构件正截面承载力计算简图

$$\Sigma X = 0 \qquad f_yA_s = \alpha_1 f_c bx \tag{5-25a}$$

$$\Sigma M = 0 \qquad M \leqslant M_u = \alpha_1 f_c bx\left(h_0 - \frac{x}{2}\right) \tag{5-25b}$$

或

$$M \leqslant M_u = f_yA_s\left(h_0 - \frac{x}{2}\right) \tag{5-25c}$$

式中　M——弯矩设计值；

M_u——正截面受弯承载力设计值。

采用相对受压区高度 $\xi = \dfrac{x}{h_0}$，式（5-25）可写成：

$$f_yA_s = \alpha_1 f_c bh_0\xi \tag{5-26a}$$

$$M \leqslant M_u = \alpha_1 f_c bh_0^2\xi(1-0.5\xi) \tag{5-26b}$$

或

$$M \leqslant M_u = f_yA_sh_0(1-0.5\xi) \tag{5-26c}$$

②适用条件：

a. $\xi \leqslant \xi_b$（$x \leqslant \xi_b h_0$）或 $\rho = \dfrac{A_s}{bh_0} \leqslant \rho_{max}$——防止发生超筋脆性破坏

b. $\rho_1 = \frac{A_s}{bh} \geqslant \rho_{min}$ ——防止发生少筋脆性破坏

当 $\xi = \xi_b$ 时，由式（5－26b）可得单筋矩形截面的最大受弯承载力 $M_{u,max}$ 为：

$$M_{u,max} = \alpha_1 f_c b h_0^2 \xi_b (1 - 0.5\xi_b) = \alpha_1 f_c b h_0^2 \alpha_{s,max} \tag{5-27}$$

$$\alpha_{s,max} = \xi_b (1 - 0.5\xi_b) \tag{5-28}$$

所以当 $M \leqslant M_{u,max}$ 时，可按单筋截面设计。

根据我国设计经验，梁的经济配筋率范围为0.5%～1.6%，板的经济配筋率范围为0.4%～0.8%。这样的配筋率远小于最大配筋率 ρ_{max}，既节约钢材，又降低成本，且可防止脆性破坏。

（2）正截面受弯承载力的计算系数

令：$\alpha_s = \xi(1 - 0.5\xi)$，$\alpha_s$ 为截面抵抗矩系数。（5－29a）

将式（5－29a）代入式（5－26b），

$$则：\quad \alpha_s = \frac{M}{\alpha_1 f_c b h_0^2} \tag{5-29b}$$

由式（5－29a）可知：

$$\xi = 1 - \sqrt{1 - 2\alpha_s} \tag{5-29c}$$

由式（5－26a）可知：

$$A_s = \frac{\alpha_1 f_c b h_0 \xi}{f_y} \tag{5-29d}$$

令：$\gamma_s = 1 - 0.5\xi$，γ_s 为内力臂系数。（5－29e）

将式（5－29e）代入式（5－26c）则：

$$A_s = \frac{M}{f_y h_0 \gamma_s} \tag{5-29f}$$

将式（5－29e）代入式（5－29c），

$$则：\quad \gamma_s = \frac{1 + \sqrt{1 - 2\alpha_s}}{2} \tag{5-29g}$$

所以，由式（5－29b）求出 α_s 后，就可由相应的式（5－29c）和式（5－29g）求出系数 ξ、γ_s 或查表5－10查出系数 ξ、γ_s，再利用式（5－29d）或式（5－29f）求出受拉钢筋面积 A_s 并验算公式的适用条件，再查表5－11使正截面受弯承载力的计算得到解决。

（3）设计计算方法

在受弯构件正截面承载力计算时，一般仅需对控制截面进行受弯承载力计算。所谓控制截面，在等截面构件中一般是指弯矩设计值最大的截面；在变截面构件中则是指截面尺寸相对较小，而弯矩相对较大的截面。

在工程设计计算中，正截面受弯承载力计算包括截面设计和截面复核。

①截面设计：截面设计是指根据截面所承受的弯矩设计值 M 选定材料、确定截面尺寸，计算配筋量。

设计时，应满足 $M \leqslant M_u$。为了经济起见，一般按 $M = M_u$ 进行计算。

已知：弯矩设计值 M、截面尺寸 $b \times h$、混凝土和钢筋的强度等级，求受拉钢筋截面面积 A_s。

表 5－10　　钢筋混凝土矩形截面受弯构件正截面受弯承载力计算表

ξ	γ_s	α_s	ξ	γ_s	α_s
0. 01	0. 995	0. 010	0. 33	0. 835	0. 276
0. 02	0. 990	0. 020	0. 34	0. 830	0. 282
0. 03	0. 985	0. 030	0. 35	0. 825	0. 289
0. 04	0. 980	0. 039	0. 36	0. 820	0. 295
0. 05	0. 975	0. 049	0. 37	0. 815	0. 302
0. 06	0. 970	0. 058	0. 38	0. 810	0. 308
0. 07	0. 965	0. 068	0. 39	0. 805	0. 314
0. 08	0. 960	0. 077	0. 40	0. 800	0. 320
0. 09	0. 955	0. 086	0. 41	0. 795	0. 326
0. 10	0. 950	0. 095	0. 42	0. 790	0. 332
0. 11	0. 945	0. 104	0. 43	0. 785	0. 338
0. 12	0. 940	0. 113	0. 44	0. 780	0. 343
0. 13	0. 935	0. 122	0. 45	0. 775	0. 349
0. 14	0. 930	0. 130	0. 46	0. 770	0. 354
0. 15	0. 925	0. 139	0. 47	0. 765	0. 360
0. 16	0. 920	0. 147	0. 48	0. 760	0. 365
0. 17	0. 915	0. 156	0. 49	0. 755	0. 370
0. 18	0. 910	0. 164	0. 50	0. 750	0. 375
0. 19	0. 905	0. 172	0. 51	0. 745	0. 380
0. 20	0. 900	0. 180	0. 52	0. 740	0. 385
0. 21	0. 895	0. 188	0. 528	0. 736	0. 389
0. 22	0. 890	0. 196	0. 53	0. 735	0. 390
0. 23	0. 885	0. 204	0. 54	0. 730	0. 394
0. 24	0. 880	0. 211	0. 544	0. 728	0. 396
0. 25	0. 875	0. 219	0. 55	0. 725	0. 399
0. 26	0. 870	0. 226	0. 556	0. 722	0. 401
0. 27	0. 865	0. 234	0. 56	0. 720	0. 403
0. 28	0. 860	0. 241	0. 57	0. 715	0. 408
0. 29	0. 855	0. 248	0. 58	0. 710	0. 412
0. 30	0. 850	0. 255	0. 59	0. 705	0. 416
0. 31	0. 845	0. 262	0. 60	0. 700	0. 420
0. 32	0. 840	0. 269	0. 614	0. 693	0. 426

表 5－11　　钢筋的计算截面面积及公称质量表

直径 d/mm	不同根数直径的计算截面面积/mm^2								
	1	2	3	4	5	6	7	8	9
3	7.1	14.1	21.2	28.3	35.3	42.4	49.5	56.5	63.6
4	12.6	25.1	37.7	50.3	62.8	75.4	88	100.5	113.1
5	19.6	39	59	79	98	118	137	157	177
6	28.3	57	85	113	141	170	198	226	254
6.5	33.2	66	100	133	166	199	232	265	299
8	50.3	101	151	201	251	302	352	402	452
8.2	52.8	106	158	211	264	317	370	422	475
10	78.5	157	236	314	393	471	550	628	707
12	113.1	226	339	452	565	679	792	905	1018
14	153.9	308	462	616	770	924	1078	1232	1385
16	201.1	402	603	804	1005	1206	1407	1608	1810
18	254.5	509	763	1018	1272	1527	1781	2036	2290
20	314.2	628	942	1257	1571	1885	2199	2513	2827
22	380.1	760	1140	1521	1901	2281	2661	3041	3421
25	490.9	982	1473	1963	2454	2945	3436	3927	4418
28	615.8	1232	1847	2463	3079	3695	4310	4926	5542
32	804.2	1608	2413	3217	4021	4825	5630	6434	7238
36	1017.9	2036	3054	4072	5089	6107	7125	8143	9161
40	1256.6	2513	3770	5027	6283	7540	8796	10053	11310

计算的一般步骤如下：

a. 由式（5－29b）、式（5－29c）计算 $\alpha_s = \dfrac{M}{\alpha_1 f_c b h_0^2}$、$\xi = 1 - \sqrt{1 - 2\alpha_s}$。

b. 若 $\xi \leqslant \xi_b$，则由式（5－29d）计算 $A_s = \dfrac{\alpha_1 f_c b h_0 \xi}{f_y}$，选择钢筋。

c. 验算最小配筋率 $\rho_1 = \dfrac{A_s}{bh} \geqslant \rho_{min}$。

在以上的计算中若 $\xi > \xi_b$，说明截面过小，会形成超筋梁，应加大截面尺寸或提高混凝土强度等级，或改用双筋截面。

②截面复核：截面复核是在截面尺寸、截面配筋以及材料强度已给定的情况下，要求确定该截面的受弯承载力 M_u，并验算是否满足 $M \leqslant M_u$ 的要求。若不满足承载力要求，应修改设计或进行加固处理。这种计算一般在设计审核或结构检验鉴定时进行。

如果计算发现 $A_s < \rho_{min} bh$，则该受弯构件认为是不安全的，应修改设计或进行加固。

已知：弯矩设计值 M、截面尺寸 $b \times h$、混凝土和钢筋的强度等级、受拉钢筋的面积

A_s，求受弯承载力 M_u。

计算的一般步骤如下：

a. 计算 $\rho_1 = \frac{A_s}{bh} \geqslant \rho_{min}$，$\rho = \frac{A_s}{bh_0}$。

b. 由式（5－16a）得 $\xi = \rho \frac{f_y}{\alpha_1 f_c}$。

c. 若 $\xi \leqslant \xi_b$，则 $M_u = f_y A_s h_0 (1-0.5\xi)$ 或 $M_u = \alpha_1 f_c b h_0^2 \xi (1-0.5\xi)$。

d. 若 $\xi > \xi_b$，则取 $\xi = \xi_b$，$M_u = M_{u,max}$。

e. 当 $M \leqslant M_u$ 时，构件截面安全，否则为不安全。

当 $M < M_u$ 过多时，该截面设计不经济。也可以按基本计算公式求解 M_u，更为直观。

【例 5－13】已知矩形梁截面尺寸 $b \times h = 250\text{mm} \times 500\text{mm}$，弯矩设计值 $M = 150\text{kN} \cdot \text{m}$，混凝土强度等级为 C30，钢筋采用 HRB335 级，环境类别为一类，结构的安全等级为二级。求所需的受拉钢筋截面面积 A_s。

【解】（1）设计参数

C30 混凝土，查表 3－1 得 $f_c = 14.3\text{MPa}$、$f_t = 1.43\text{MPa}$、$\alpha_1 = 1.0$，

环境类别为一类，查表 5－5 得 $c = 25\text{mm}$，$a = 35\text{mm}$，$h_0 = 500 - 35 = 465$（mm），

HRB335 级钢筋，查表 3－2 得 $f_y = 300\text{MPa}$，查表 5－9 得 $\xi_b = 0.55$。

（2）计算系数 α_s、ξ

由式（5－29b）、式（5－29c）计算：

$$\alpha_s = \frac{M}{\alpha_1 f_c b h_0^2} = \frac{150 \times 10^6}{1.0 \times 14.3 \times 250 \times 465^2} = 0.194$$

$\xi = 1 - \sqrt{1 - 2\alpha_s} = 1 - \sqrt{1 - 2 \times 0.194} = 0.55$，满足适筋要求。

（3）计算配筋 A_s

由式（5－29d）计算：

$$A_s = \frac{\alpha_1 f_c b h_0 \xi}{f_y} = \frac{1.0 \times 14.3 \times 250 \times 465 \times 0.218}{300} = 1208(\text{mm}^2)$$

选用 4 Φ20，$A_s = 1256\text{mm}^2$。

（4）验算最小配筋率 ρ_1

$$\rho_1 = \frac{A_s}{bh} = \frac{1256}{250 \times 500} = 1\% > \rho_{min} = 0.45 \frac{f_t}{f_y} = 0.45 \frac{1.43}{300} = 0.214\%$$

同时 $\rho_1 > 0.2\%$，满足要求。

（5）验算配筋构造要求

钢筋净间距 $= \frac{250 - 4 \times 20 - 2 \times 25}{3} = 40(\text{mm}) > 25\text{mm}$，$d = 20\text{mm}$，满足要求。

截面配筋如图 5－41 所示。

【例 5－14】已知矩形截面梁 $b \times h = 250\text{mm} \times 500\text{mm}$，承受弯矩设计值 $M = 160\text{kN} \cdot \text{m}$，混凝土强度等级为 C20，钢筋采用 HRB400 级，环境类别为一类，结构的安全等级为二级。截面配筋如图 5－42 所示，试复核该截面是否安全。

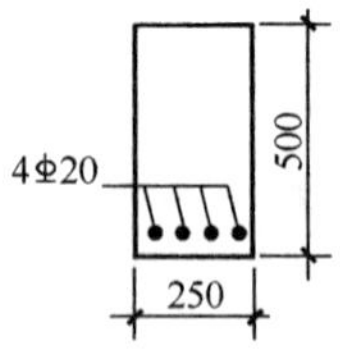

图 5－41　例 5－13 截面配筋图

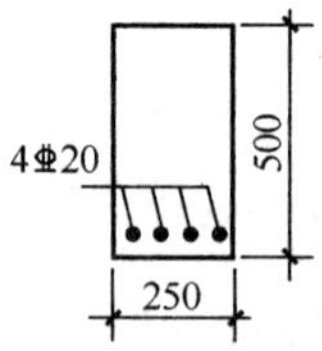

图 5－42　例 5－14 截面配筋图

【解】（1）设计参数

C20 混凝土，查表 3－1 得 $f_c=9.6\text{MPa}$、$f_t=1.1\text{MPa}$、$\alpha_1=1.0$。

环境类别为一类，查表 5－5 得 $c=30\text{mm}$，$a=30+20/2=40$（mm），$h_0=500-40=460$（mm），

HRB400 级钢筋，查表 3－2 得 $f_y=360\text{MPa}$，查表 5－9 得 $\xi_b=0.518$。

选用 4Φ20，$A_S=1256\text{mm}^2$。

（2）验算最小配筋率 ρ_1

$$\rho_1=\frac{A_s}{bh}=\frac{1256}{250\times500}=1\%>\rho_{min}=0.45\frac{f_t}{f_y}=0.45\times\frac{1.1}{360}=0.1375\%$$

同时 $\rho_1>0.2\%$，满足要求。

（3）计算受压区高度 x

由式（5－25a）得：

$$x=\frac{f_yA_s}{f_cb}=\frac{360\times1256}{9.6\times250}=188.4(\text{mm})<\xi_bh_0=0.518\times460=238.28(\text{mm})$$，满足适筋要求。

（4）计算受弯承载力 M_u

由式（5－25c）计算：

$$M_u=f_yA_s\left(h_0-\frac{x}{2}\right)=360\times1256\times(460-0.5\times188.4)\times10^{-6}=165.4(\text{kN}\cdot\text{m})>M=160\text{kN}\cdot\text{m}$$，满足受弯承载力要求。

【例 5－15】某办公楼的走廊为简支在砖墙上的现浇钢筋混凝土板如图 5－43（a）所示，计算跨度 $l_0=2.38\text{m}$，板上作用的均布活荷载标准值 $q_k=2\text{kPa}$，水磨石地面及细石混凝土垫层共 30mm 厚（重力密度为 22kN/m^3），板底粉刷白灰砂浆 12mm 厚（重力密度为 17kN/m^3）。已知环境类别为一类，结构的安全等级为二级，混凝土强度等级为 C25，纵向受拉钢筋采用 HPB300 级。试确定板厚和所需的受拉钢筋截面面积。

【解】设板厚 $h=80\text{mm}$，取板宽 $b=1000\text{mm}$ 的板带作为计算单元，如图 5－43（b）所示。

（1）设计参数

C25 混凝土，查表 3－1 得 $f_c=11.9\text{MPa}$、$f_t=1.27\text{MPa}$、$\alpha_1=1.0$。

环境类别为一类，查表 5－5 得 $c=15\text{mm}$，$a=20\text{mm}$，$h_0=80-20=60$（mm）。

HPB300 级钢筋，查表 3－2 得 $f_y=270\text{MPa}$，查表 5－9 得 $\xi_b=0.576$。

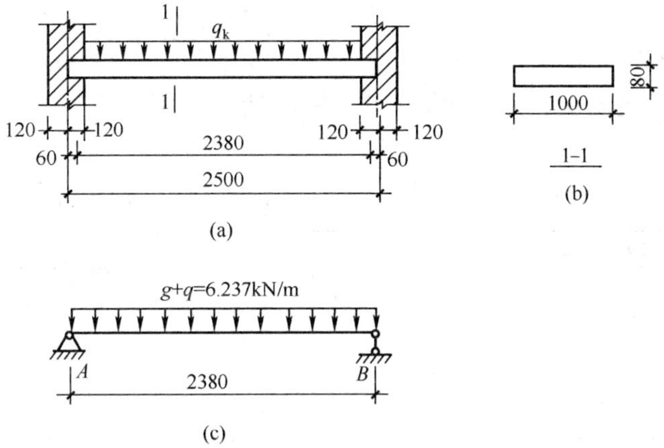

图 5-43 例 5-15 图

（2）计算荷载标准值和设计值

①荷载标准值：

水磨石地面及细石混凝土垫层 30mm 厚：$0.03\times22=0.66$（kPa）

80mm 厚钢筋混凝土板自重：$0.08\times25=2$（kPa）

板底粉刷白灰砂浆 12mm 厚：$0.012\times17=0.204$（kPa）

恒荷载标准值：$g_k=(0.66+2+0.204)\times1=2.864$（kN/m）

活荷载标准值：$q_k=2\times1=2$（kN/m）

②荷载设计值

$g+q=1.2g_k+1.4q_k=1.2\times2.864+1.4\times2=6.237$（kN/m）

$g+q=1.35g_k+1.4\times0.7q_k=1.35\times2.864+1.4\times0.7\times2=5.826$（kN/m）

取 $g+q=6.237$kN/m

计算简图如图 5-43（c）所示

（3）计算弯矩设计值 M

$$M=\frac{1}{8}(g+q)l_0^2=\frac{1}{8}\times6.237\times2.38^2=4.416(\text{kN}\cdot\text{m})$$

（4）计算系数 α_s、ξ

由式（5-29b）、式（5-29c）计算：

$$\alpha_s=\frac{M}{\alpha_1f_cbh_0^2}=\frac{4.416\times10^6}{1.0\times11.9\times1000\times60^2}=0.103$$

$\xi=1-\sqrt{1-2\alpha_s}=1-\sqrt{1-2\times0.103}=0.109<\xi_b=0.576$，满足适筋要求。

（5）计算配筋 A_s

由式（5-29d）计算：

$$A_s=\frac{\alpha_1f_cbh_0\xi}{f_y}=\frac{1.0\times11.9\times1000\times60\times0.109}{270}=288(\text{mm}^2)$$

选用 ϕ8 @ 170，$A_S=296\text{mm}^2$。

（6）验算最小配筋率ρ_1

$$\rho_1=\frac{A_s}{bh}=\frac{288}{1000\times 80}=0.36\%>\rho_{min}=0.45\times\frac{f_t}{f_y}=0.45\times\frac{1.27}{270}=0.212\%$$

同时$\rho_1>0.2\%$，满足要求，截面配筋如图5－44所示。

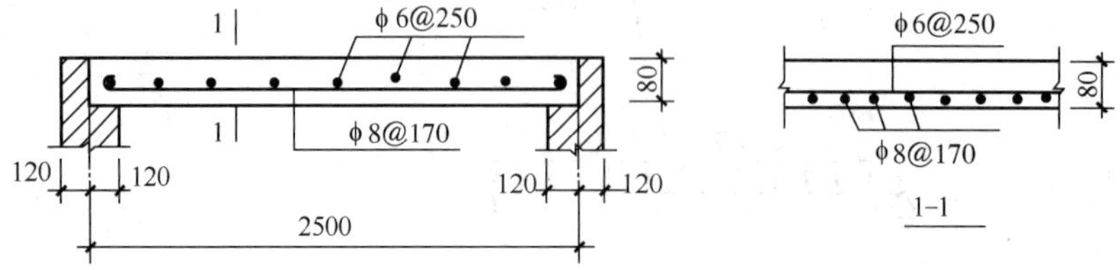

图5－44　例5－15截面配筋图

5.2.4　双筋矩形截面梁的正截面承载力设计

双筋截面是指同时配置受拉和受压钢筋的截面，如图5－45所示。一般来说，采用受压钢筋协助混凝土承受压力是不经济的。

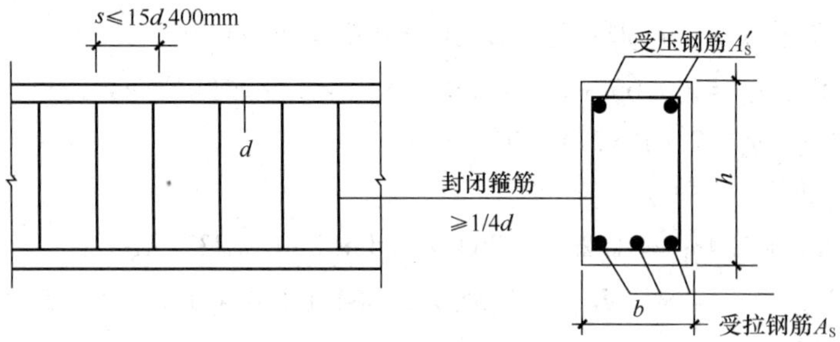

图5－45　受压钢筋及其箍筋直径和间距

5.2.4.1　采用双筋截面的条件

①弯矩很大，同时按单筋矩形截面计算所得的ξ又大于ξ_b，而梁截面尺寸受到限制，混凝土强度等级又不能提高时。

②在不同荷载组合情况下，梁截面承受异号弯矩。

此外，配置受压钢筋可以提高截面的延性，因此在抗震结构中要求框架梁必须配置一定比例的受压钢筋。

由于受压钢筋在纵向压力作用下易产生压曲而导致钢筋侧向凸出，将受压区保护层崩裂，从而使构件提前发生破坏，降低构件的承载力。为此，必须配置封闭箍筋防止受压钢筋的压曲，并限制其侧向凸出。为保证有效防止受压钢筋的压曲和侧向凸出，《规范》规定箍筋的间距s不应大于$15d$（d为受压钢筋最小直径）和400mm；箍筋直径不应小于受压钢筋最大直径的1/4。上述箍筋的设置要求是保证受压钢筋发挥作用的必要条件。

5.2.4.2　纵向受压钢筋的应力 σ'_s

试验表明，双筋截面破坏时的受力特点与单筋截面相似，只要满足 $\xi \leq \xi_b$ 时，双筋矩形截面的破坏也是受拉钢筋的应力先达到抗拉强度 f_y（屈服强度），然后，受压区混凝土的应力达到其抗压强度，具有适筋梁的塑性破坏特征。这时，受压区混凝土的应力图形为曲线分布，边缘纤维的压应变已达极限压应变 ε_{cu}。因此，在建立截面受弯承载力的计算公式时，受压区混凝土仍可采用等效矩形应力图形。由于受压区混凝土塑性变形的发展，受压钢筋的应力一般也将达到其抗压强度 f'_y，如图 5－46 所示，其推导如下：

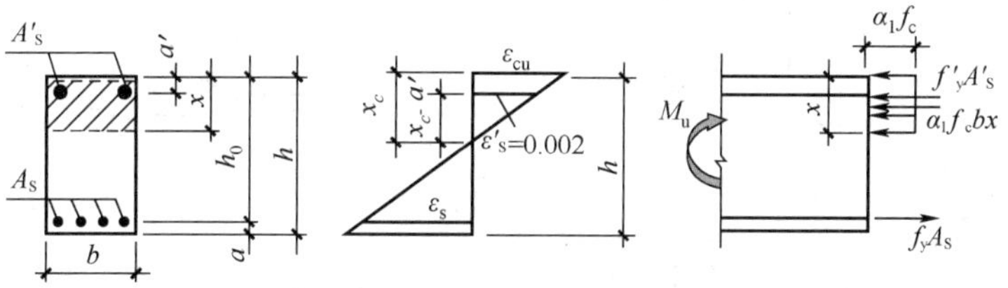

图 5－46　双筋截面中受压钢筋的应变和应力

双筋梁破坏时，受压钢筋的应力取决于它的应变 ε'_s，设 σ'_s 为达到极限弯矩 M_u 时的受压钢筋 A'_s 的应力。

因为　$$\varepsilon'_s = \frac{x_c - a'}{x_c}\varepsilon_{cu} = \left(1 - \frac{a'}{x_c}\right)\varepsilon_{cu}$$

又因为　$$x = \beta_1 x_c，\quad 则 x_c = \frac{x}{\beta_1}$$

所以　$$\varepsilon'_s = \left(1 - \frac{\beta_1 a'}{x}\right)\varepsilon_{cu}，\quad 令 x = 2a'$$

所以　$$\varepsilon'_s = (1 - 0.5\beta_1)\varepsilon_{cu}$$

当 $f_{cu,k} = 80\text{MPa}$ 时，$\beta_1 = 0.74$，由表 5－8 可知：$\varepsilon_{cu} = 0.0030$

则：$\varepsilon'_s = 0.00189 \approx 0.002$

$$\sigma'_s = E_s \varepsilon'_s$$

$$\begin{cases} \text{HPB300}, & \sigma'_s = 2.1 \times 10^5 \times 0.002 = 420(\text{MPa}) > f'_y = 270\text{MPa} \\ \text{HRB335}, & \sigma'_s = 2.0 \times 10^5 \times 0.002 = 400(\text{MPa}) > f'_y = 300\text{MPa} \\ \text{HRB400}, & \sigma'_s = 2.0 \times 10^5 \times 0.002 = 400(\text{MPa}) > f'_y = 360\text{MPa} \end{cases}$$

对于受压钢筋为 HPB300 级、HRB335 级、HRB400 级及 RRB400 级钢筋时，其压应力 σ'_s 已达到抗压强度设计值 f'_y，即取 $\sigma'_s = f'_y$，其先决条件应满足：

$$x \geq 2a'$$

当不满足上式时，则表明受压钢筋的位置离中和轴太近，受压钢筋的应变 ε'_s 太小，以致其应力达不到抗压强度设计值 f'_y。

5.2.4.3　计算公式与适用条件

（1）计算公式

双筋矩形截面受弯构件正截面承载力计算简图如图 5－47（a）所示。

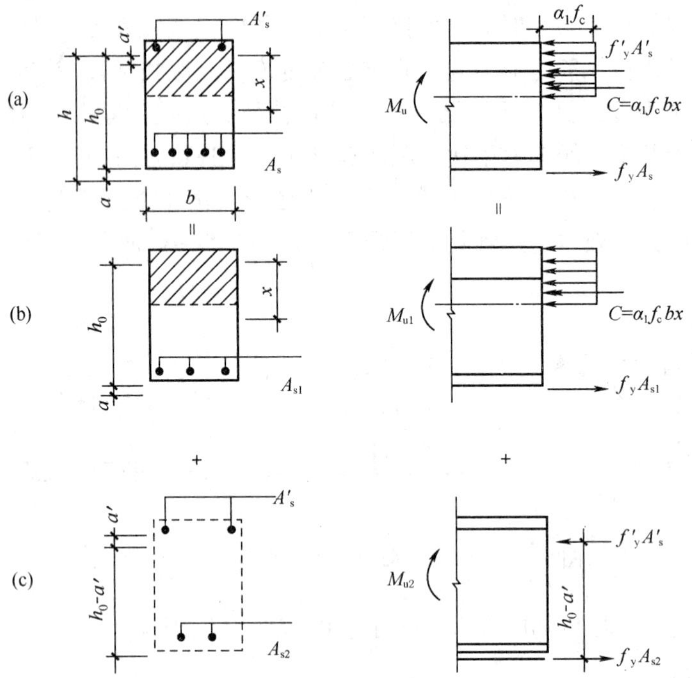

图 5-47 双筋矩形截面受弯构件正截面承载力计算图

$\Sigma X = 0$ $$f_y A_s = \alpha_1 f_c bx + f'_y A'_s = \alpha_1 f_c b h_0 \xi + f'_y A'_s \tag{5-30a}$$

$\Sigma M = 0$ $$M \leqslant M_u = \alpha_1 f_c bx\left(h_0 - \frac{x}{2}\right) + f'_y A'_s (h_0 - a')$$

$$= \alpha_1 f_c b h_0^2 \xi (1 - 0.5\xi) + f'_y A'_s (h_0 - a') \tag{5-30b}$$

分析公式（5-30a）和式（5-30b）可以看出，双筋矩形截面受弯承载力设计值 M_u 可分为两部分。第一部分是由受压区混凝土和相应的一部分受拉钢筋 A_{s1} 所形成的承载力设计值 M_{u1}［图 5-47（b）］，相当于单筋矩形截面的受弯承载力；第二部分是由受压钢筋和相应的另一部分受拉钢筋 A_{s2} 所形成的承载力设计值 M_{u2}［图 5-47（c）］，即：

$$M_u = M_{u1} + M_{u2} \tag{5-30c}$$

$$A_s = A_{s1} + A_{s2} \tag{5-30d}$$

对第一部分［图 5-47（b）］，由平衡条件可得：

$$f_y A_{s1} = \alpha_1 f_c bx \tag{5-30e}$$

$$M_{u1} = \alpha_1 f_c bx\left(h_0 - \frac{x}{2}\right) \tag{5-30f}$$

对第二部分［图 5-47（c）］，由平衡条件可得：

$$f_y A_{s2} = f'_y A'_s \tag{5-30g}$$

$$M_{u2} = f'_y A'_s (h_0 - a') \tag{5-30h}$$

（2）适用条件

①$\xi \leqslant \xi_b$——防止发生超筋脆性破坏。

②$x \geqslant 2a'$——保证受压钢筋达到抗压强度设计值。

双筋截面一般不会出现少筋破坏情况，故可不必验算最小配筋率。

5.2.4.4　设计计算方法

（1）截面设计

在双筋截面的配筋计算中，可能遇到下列两种情况。

①已知：弯矩设计值 M、截面尺寸 $b\times h$、混凝土和钢筋的强度等级，求受压钢筋面积 A'_s 和受拉钢筋面积 A_s。

在计算公式中，有 A_s、A'_s 及 x 三个未知数，还需增加一个条件才能求解。为取得较经济的设计，应使总的钢筋截面面积（$A_s+A'_s$）为最小的原则来确定配筋，则应充分利用混凝土的强度。

计算的一般步骤如下：

a. 令 $\xi=\xi_b$，代入计算公式（5－30b），则有：

$$A'_s=\frac{M-\alpha_1 f_c bh_0^2\xi_b(1-0.5\xi_b)}{f'_y(h_0-a')} \tag{5-31}$$

b. 由式（5－30a）得

$$A_s=\frac{f'_yA'_s+\alpha_1 f_c bh_0\xi_b}{f_y} \tag{5-32}$$

②已知：弯矩设计值 M、截面尺寸 $b\times h$、混凝土和钢筋的强度等级、受压钢筋面积 A'_s，求受拉钢筋面积 A_s。

在计算公式中，有 A_s 及 x 两个未知数，该问题可用计算公式求解，也可用公式分解求解。

A. 计算公式求解

由式（5－30b）可知，$M-f'_yA'_s(h_0-a')=\alpha_1 f_c bh_0^2\xi(1-0.5\xi)$，令 $a_s=\xi(1-0.5\xi)=\dfrac{M-f'_yA'_s(h_0-a')}{\alpha_1 f_c bh_0^2}$，由 $\xi=1-\sqrt{1-2\alpha_s}$ 可推出 x 的表达式：

$$x=h_0\left[1-\sqrt{1-\frac{2[M-f'_yA'_s(h_0-a')]}{\alpha_1 f_c bh_0^2}}\right] \tag{5-33}$$

计算的一般步骤如下：

a. 当 $2a'\leqslant x\leqslant\xi_b h_0$ 时，由式（5－30a）得 $A_s=\dfrac{f'_yA'_s+\alpha_1 f_c bx}{f_y}$　　(5－34)

b. 当 $x<2a'$时，则取 $x=2a'$，　$A_s=\dfrac{M}{f_y(h_0-a')}$　　(5－35)

c. 当 $x>\xi_b h_0$ 时，则说明给定的受压钢筋面积 A'_s 太少，此时按 A_s 和 A'_s 未知计算。

B. 公式分解求解

计算的一般步骤如下：

a. 由式（5－30h）计算 $M_{u2}=f'_yA'_s(h_0-a')$；

b. 由式（5－30c）得 $M_{u1}=M-M_{u2}$；

c. $\alpha_s=\dfrac{M_{u1}}{\alpha_1 f_c bh_0^2}$，$\xi=1-\sqrt{1-2\alpha_s}$，$x=\xi h_0$；

d. 当 $2a'\leqslant x\leqslant\xi_b h_0$ 时，由式（5－30a）得 $A_s=\dfrac{\alpha_1 f_c bx+f'_yA'_s}{f_y}$；

e. 当 $x<2a'$时，则取 $x=2a'$，$A_s=\dfrac{M}{f_y(h_0-a')}$；

f. 当 $x>\xi_b h_0$ 时，则说明给定的受压钢筋面积 A'_s 太少，此时按 A_s 和 A'_s 未知计算。

（2）截面复核

已知：弯矩设计值 M、截面尺寸 $b\times h$、混凝土和钢筋的强度等级、受压钢筋面积 A'_s 和受拉钢筋面积 A_s，求受弯承载力 M_u。

计算的一般步骤如下：

①由式（5－30a）得 $x=\dfrac{f_yA_s-f'_yA'_s}{\alpha_1 f_c b}$。

②当 $2a'\leqslant x\leqslant\xi_b h_0$ 时，由式（5－30b）计算 $M_u=\alpha_1 f_c bx\left(h_0-\dfrac{x}{2}\right)+f'_yA'_s(h_0-a')$。

③当 $x<2a'$时，取 $x=2a'$，$M_u=f_yA_s(h_0-a')$。

④当 $x>\xi_b h_0$ 时，则说明双筋梁的破坏始自受压区，取 $x=\xi_b h_0$，

$$M_u=\alpha_1 f_c bh_0^2\xi_b(1-0.5\xi_b)+f'_yA'_s(h_0-a')$$

⑤当 $M\leqslant M_u$ 时，构件截面安全，否则为不安全。

【例 5－16】已知矩形梁的截面尺寸 $b\times h=250\text{mm}\times500\text{mm}$，承受弯矩设计值 $M=300\text{kN}\cdot\text{m}$，混凝土强度等级为 C30，钢筋采用 HRB400 级，环境类别为一类，结构的安全等级为二级，试计算所需配置的纵向受力钢筋面积。

【解】（1）设计参数

C30 混凝土，查表 3－1 得 $f_c=14.3\text{MPa}$、$f_t=1.43\text{MPa}$、$\alpha_1=1.0$。

环境类别为一类，假设受拉钢筋为双排配置，$a=60\text{mm}$，$h_0=500-60=440$（mm）。

HRB400 级钢筋，查表 3－2 得 $f_y=360\text{MPa}$、$f'_y=360\text{MPa}$，查表 5－9 得 $\xi_b=0.518$。

（2）计算系数 α_s、ξ

由式（5－29b）、式（5－29c）计算：

$$\alpha_s=\frac{M}{\alpha_1 f_c bh_0^2}=\frac{300\times10^6}{1.0\times14.3\times250\times440^2}=0.433$$

$$\xi=1-\sqrt{1-2\alpha_s}=1-\sqrt{1-2\times0.433}=0.634>\xi_b=0.518$$

若截面尺寸和混凝土的强度等级不能改变，则应设计成双筋截面。

（3）计算 A'_s、A_s

取 $\xi=\xi_b=0.518$，$a'=40\text{mm}$，由式（5－31）、式（5－32）计算：

$$A'_s=\frac{M-\alpha_1 f_c bh_0^2\xi_b(1-0.5\xi_b)}{f'_y(h_0-a')}=\frac{300\times10^6-1.0\times14.3\times250\times440^2\times0.518\times(1-0.5\times0.518)}{360\times(440-40)}=238(\text{mm}^2)$$

$$A_s=\frac{f'_yA'_s+\alpha_1 f_c bh_0\xi_b}{f_y}=\frac{360\times238+1.0\times14.3\times250\times440\times0.518}{360}=2501(\text{mm}^2)$$

（4）选钢筋

由钢筋截面面积表查得，受压钢筋选用 2 ⌀14，$A'_s=308\text{mm}^2$；受拉钢筋选用 8 ⌀20，$A_s=2513\text{mm}^2$。

截面配筋如图 5－48 所示。

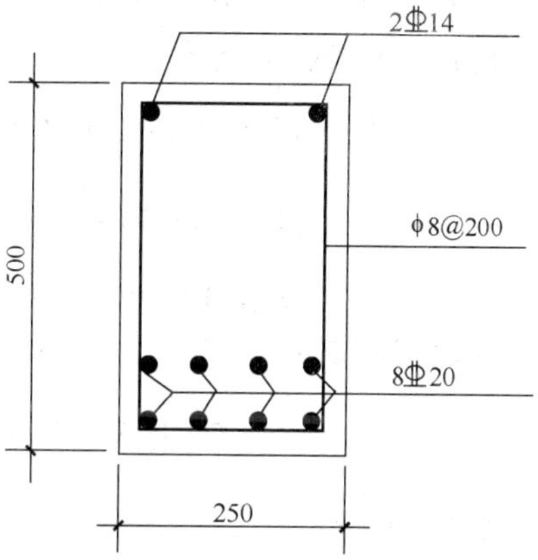

图 5－48　例 5－16 图

【例 5－17】已知矩形梁的截面尺寸 $b \times h$ = 300mm × 600mm，承受弯矩设计值 M = 150kN · m，混凝土强度等级为 C30，钢筋采用 HRB335 级，在受压区已配置 214 的钢筋（$A' = 308\text{mm}^2$），求受拉钢筋的面积 A_s。

【解】(1) 设计参数

C30 混凝土 $f_c = 14.3\text{MPa}$、$\alpha_1 = 1.0$；HRB335 级钢筋 $f_y = f'_y = 300\text{MPa}$，$\xi_b = 0.55$；假设受拉钢筋为一排配置，$a = 35\text{mm}$，$h_0 = 600 - 35 = 565$（mm）。

(2) 计算受压区高度 x

由式（5－33）计算：

$$x = h_0\left[1 - \sqrt{1 - \frac{2[M - f'_y A'_s(h_0 - a')]}{\alpha_1 f_c b h_0^2}}\right]$$

$$= 565\left[1 - \sqrt{1 - \frac{2 \times [150 \times 10^6 - 300 \times 308 \times (565 - 35)]}{1.0 \times 14.3 \times 300 \times 565^2}}\right]$$

$$= 43.34(\text{mm}) < \xi_b h_0 = 0.55 \times 565 = 310.75(\text{mm})$$

$$< 2a' = 2 \times 35 = 70(\text{mm})$$

(3) 计算受拉钢筋的面积 A_s

由式（5－35）计算：

$$A_s = \frac{M}{f_y(h_0 - a')} = \frac{150 \times 10^6}{300(565 - 35)} = 943.4(\text{mm}^2)$$

受拉钢筋选用 4 Φ 18，$A_s = 1017\text{mm}^2$，其截面配筋如图 5－49 所示。

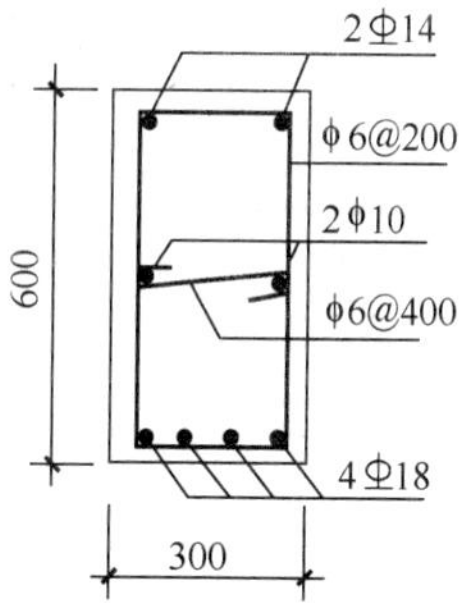

图 5－49　例 5－17 图

【例 5－18】已知矩形梁的截面尺寸 $b \times h$ = 200mm × 400mm，环境类别为二类 b。承受弯矩设计值 M = 120kN · m，混凝土强度等级为 C30，钢筋采 HRB335 级。受拉钢筋为 4 Φ25（$A_s = 1473\text{mm}^2$），受压钢筋为 2 Φ 16（$A'_s = 402\text{mm}^2$），截面配筋如图 5－50 所示，试验算此截面是否安全。

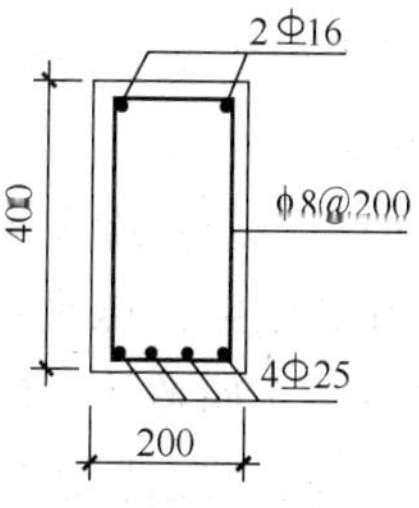

图 5－50　例 5－18
截面配筋图

解：(1) 设计参数

C30 混凝土 $f_c = 14.3\text{N/mm}^2$、$f_t = 1.43\text{MPa}$、$\alpha_1 = 1.0$；环境类别为二类 b，$c = 35\text{mm}$，$a = 35 + 25/2 = 47.5$（mm），$a' = 35 + 16/2 = 43$（mm），$h_0 = 400 - 47.5 = 352.5$（mm）；HRB335 级钢筋 $f_y = f'_y = 300\text{MPa}$，$\xi_b = 0.55$。

(2) 计算受压区高度 x

由式（5－30a）得

$$x = \frac{f_y A_s - f'_y A'_s}{\alpha_1 f_c b} = \frac{300 \times 1473 - 300 \times 402}{1.0 \times 14.3 \times 200} = 112.3(\text{mm})$$

$$< \xi_b h_0 = 0.55 \times 352.5 = 194(\text{mm})$$

$$> 2a' = 2 \times 43 = 86(\text{mm})$$

（3）计算受弯承载力 M_u

由式（5－30b）计算

$$M_u = \alpha_1 f_c bx\left(h_0 - \frac{x}{2}\right) + f'_y A'_s (h_0 - a')$$

$$= \left[1.0 \times 14.3 \times 200 \times 112.3 \times \left(352.5 - \frac{112.3}{2}\right) + 300 \times 402 \times (352.5 - 43)\right] \times 10^{-6}$$

$$= 132.5(\text{kN} \cdot \text{m}) > M = 120\text{kN} \cdot \text{m}$$

所以截面安全。

5.2.5 T形截面梁的正截面承载力设计

5.2.5.1 概述

（1）T形截面

受弯构件在破坏时，大部分受拉区混凝土早已退出工作，故可挖去部分受拉区混凝土，并将钢筋集中放置，如图5－51（a）所示，形成T形截面，对受弯承载力没有影响。这样既可节省混凝土，也可减轻结构自重。若受拉钢筋较多，为便于布置钢筋，可将截面底部适当增大，形成I形截面，如图5－51（b）所示。

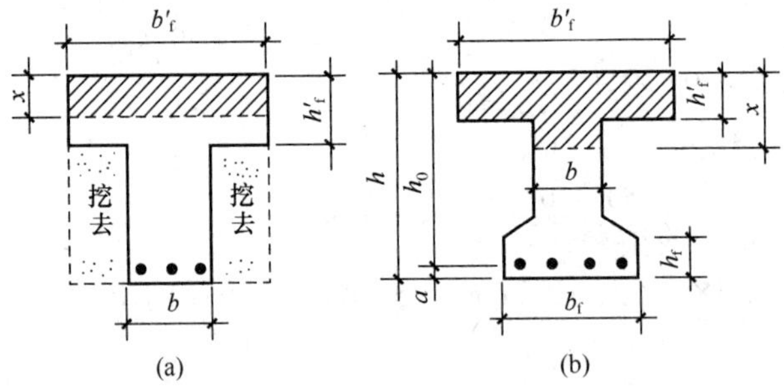

图5－51 截面图

（a）T形截面 （b）I形截面

T形截面伸出部分称为翼缘，中间部分称为肋或梁腹。肋的宽度为 b，位于截面受压区的翼缘宽度为 b'_f，厚度为 h'_f，截面总高为 h。I形截面位于受拉区的翼缘不参与受力，因此也按T形截面计算。

工程结构中，T形和I形截面受弯构件的应用是很多的，如现浇肋形楼盖中的主、次梁，T形吊车梁、薄腹梁、槽形板等均为T形截面；箱形截面、空心楼板、桥梁中的梁为I形截面。

但是，若翼缘在梁的受拉区，如图5－52（a）所示的倒T形截面梁，当受拉区的混凝土开裂以后，翼缘对承载力就不再起作用了。对于这种梁应按肋宽为 b 的矩形截面计算承载力。又如整体式肋梁楼盖连续梁中的支座附近的2－2截面，如图5－52（b）所示，由于承受负弯矩，翼缘（板）受拉，故仍应按肋宽为 b 的矩形截面计算。

（2）翼缘的计算宽度 b'_f

由试验和理论分析可知，T形截面梁受力后，翼缘上的纵向压应力是不均匀分布的，

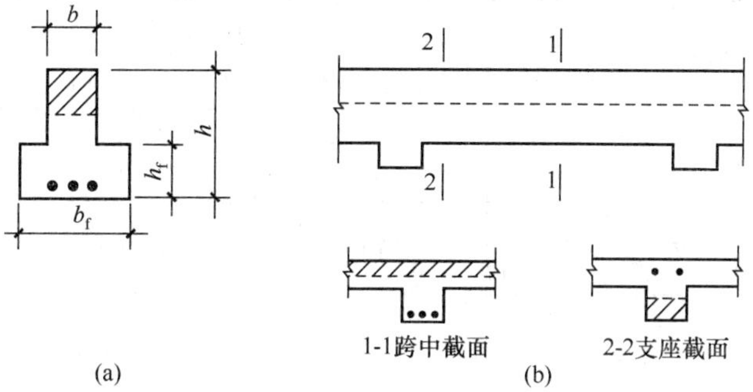

图 5－52　倒 T 形截面及连续梁截面

离梁肋越远压应力越小，实际压应力分布如图 5－53（a）、图 5－53（c）所示。故在设计中把翼缘限制在一定范围内，称为翼缘的计算宽度 b'_f，并假定在 b'_f 范围内压应力是均匀分布的，如图 5－53（b）、图 5－53（d）所示。

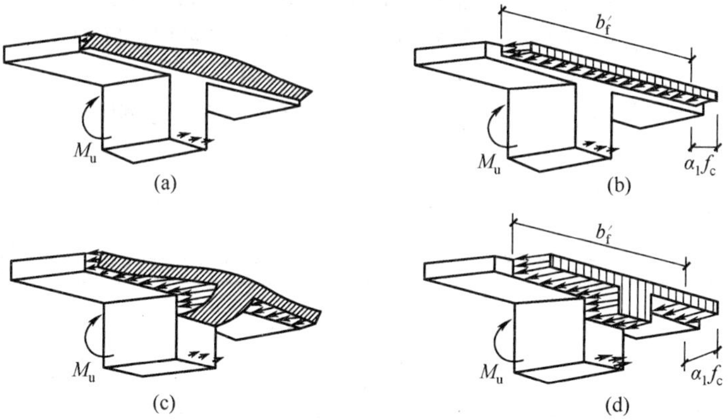

图 5－53　T 形截面受弯构件受压翼缘的应力分布和计算图形

（a）（c）实际应力分布　（b）（d）应力简化计算图形

《规范》对翼缘计算宽度 b'_f 的取值规定见表 5－12，计算时应取表中有关各项中的最小值。

5.2.5.2　计算公式与适用条件

（1）T 形截面的两种类型

采用翼缘计算宽度 b'_f，T 形截面受压区混凝土仍可按等效矩形应力图考虑。按照构件破坏时，中和轴位置的不同，T 形截面可分为两种类型：

第一类 T 形截面：中和轴在翼缘内，即 $x \leqslant h'_f$；

第二类 T 形截面：中和轴在梁肋内，即 $x > h'_f$。

为了判别 T 形截面属于哪一种类型，首先分析 $x = h'_f$ 的特殊情况，图 5－55 为两类 T 形截面的界限情况。

表 5-12　　T 形、I 形及倒 L 形截面受弯构件翼缘的计算宽度 b'_f

项次	情况		T 形、I 形截面		倒 L 形截面
			肋形梁（肋形板）	独立梁	肋形梁（板）
1	按跨度 l_0 考虑		$\frac{1}{3}l_0$	$\frac{1}{3}l_0$	$\frac{1}{6}l_0$
2	按梁（纵肋）净距 s_n 考虑		$b+s_n$	—	$b+\frac{s_n}{2}$
3	按翼缘高度 h'_f 考虑	$\frac{h'_f}{h_0}\geqslant 0.1$	—	$b+12h'_f$	—
		$0.1>\frac{h'_f}{h_0}\geqslant 0.05$	$b+12h'_f$	$b+6h'_f$	$b+5h'_f$
		$\frac{h'_f}{h_0}<0.05$	$b+12h'_f$	b	$b+5h'_f$

注：①b 为梁的腹板宽度。

②如肋形梁在梁跨内设有间距小于纵肋间距的横肋时，则可不遵守表中项次 3 的规定。

③对有加腋的 T 形、I 形和倒 L 形截面，当受压区加腋的高度 h_h 不小于 h'_f 且加腋的宽度 $b_h\leqslant 3h_h$ 时，则其翼缘计算宽度可按表中项次 3 的规定分别增加 $2b_h$（T 形、I 形截面）和 b_h（倒 L 形截面）。

④独立梁受压区的翼缘板在荷载作用下经验算沿纵肋方向可能产生裂缝时，则其计算宽度应取用腹板宽度 b。

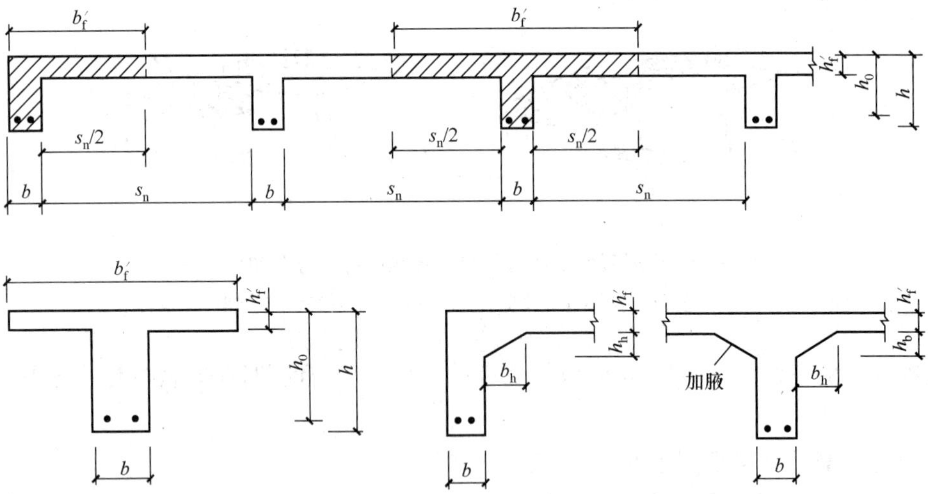

图 5-54　T 形截面受压翼缘的计算宽度

$$\Sigma X=0 \qquad f_yA_s=\alpha_1f_cb'_fh'_f \tag{5-36}$$

$$\Sigma M=0 \qquad M=\alpha_1f_cb'_fh'_f\left(h_0-\frac{h'_f}{2}\right) \tag{5-37}$$

当 $f_yA_s\leqslant\alpha_1f_cb'_fh'_f$ 或 $M\leqslant\alpha_1f_cb'_fh'_f\left(h_0-\frac{h'_f}{2}\right)$ 时，则 $x\leqslant h'_f$，即属于第一类 T 形截面；

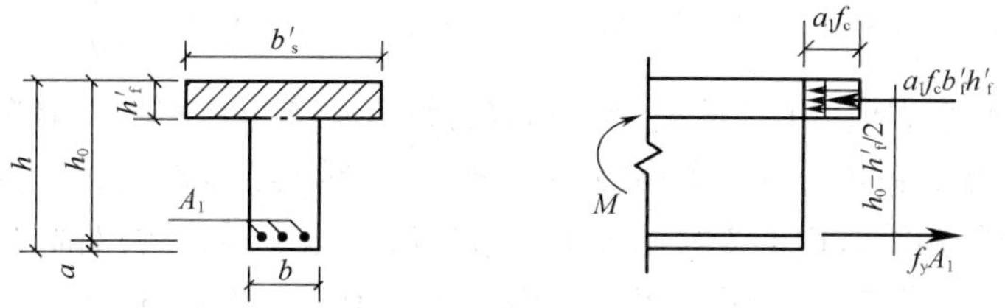

图 5－55　$x = h'_f$ 时的 T 形截面梁

反之，当 $f_y A_s > \alpha_1 f_c b'_f h'_f$ 或 $M > \alpha_1 f_c b'_f h'_f\left(h_0 - \frac{h'_f}{2}\right)$ 时，则 $x > h'_f$，即属于第二类 T 形截面。

（2）第一类 T 形截面的计算公式与适用条件

①计算公式：第一类 T 形截面受弯构件正截面承载力计算简图如图 5－56 所示，这种类型与梁宽为 b 的矩形梁完全相同，可用 b'_f 代替 b 按矩形截面的公式计算。

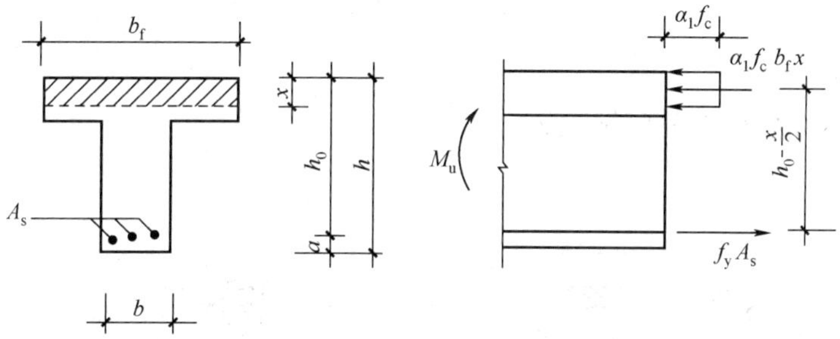

图 5－56　第一类 T 形截面梁正截面承载力计算简图

$$\Sigma X = 0 \qquad f_y A_s = \alpha_1 f_c b'_f x \tag{5-38a}$$

$$\Sigma M = 0 \qquad M \leqslant M_u = \alpha_1 f_c b'_f x\left(h_0 - \frac{x}{2}\right) \tag{5-38b}$$

②适用条件：

$\xi \leqslant \xi_b$ ——防止发生超筋脆性破坏，此项条件通常均可满足，不必验算。

$\rho_1 = \frac{A_s}{bh} \geqslant \rho_{min}$ ——防止发生少筋脆性破坏。

必须注意，这里受弯承载力虽然按 $b'_f \times h$ 的矩形截面计算，但最小配筋面积 $A_{s,min}$ 按 $\rho_{min} bh$ 计算，而不是 $\rho_{min} b'_f$h。这是因为最小配筋率是按 $M_u = M_{cr}$ 的条件确定，而开裂弯矩 M_{cr} 主要取决于受拉区混凝土的面积，T 形截面的开裂弯矩与具有同样腹板宽度 b 的矩形截面基本相同。对 I 形和倒 T 形截面，则计算最小配筋率 ρ_1 的表达式为：

$$\rho_1 = \frac{A_s}{bh + (b_f - b)h_f}$$

（3）第二类 T 形截面的计算公式与适用条件

①计算公式：第二类 T 形截面受弯构件正截面承载力计算简图如图 5－57（a）所示。

$$f_yA_s = \alpha_1 f_c bx + \alpha_1 f_c (b_f' - b) h_f' \tag{5-39a}$$

$$M \leqslant M_u = \alpha_1 f_c bx\left(h_0 - \frac{x}{2}\right) + \alpha_1 f_c (b_f' - b) h_f' \left(h_0 - \frac{h_f'}{2}\right) \tag{5-39b}$$

与双筋矩形截面类似，T 形截面受弯承载力设计值 M_u 也可分为两部分。第一部分是由肋部受压区混凝土和相应的一部分受拉钢筋 A_{s1} 所形成的承载力设计值 M_{u1} ［图 5－57（b）］，相当于单筋矩形截面的受弯承载力；第二部分是由翼缘挑出部分的受压混凝土和相应的另一部分受拉钢筋 A_{s2} 所形成的承载力设计值 M_{u2} ［图 5－57（c）］，即：

$$M_u = M_{u1} + M_{u2} \tag{5-39c}$$

$$A_s = A_{s1} + A_{s2} \tag{5-39d}$$

对第一部分［图 5－57（b）］，由平衡条件可得：

$$f_yA_{s1} = \alpha_1 f_c bx \tag{5-39e}$$

$$M_{u1} = \alpha_1 f_c bx\left(h_0 - \frac{x}{2}\right) \tag{5-39f}$$

对第二部分［图 5－57（c）］，由平衡条件可得：

$$f_yA_{s2} = \alpha_1 f_c (b_f' - b) h_f' \tag{5-39g}$$

$$M_{u2} = \alpha_1 f_c (b_f' - b) h_f' \left(h_0 - \frac{h_f'}{2}\right) \tag{5-39h}$$

②适用条件：

$\xi \leqslant \xi_b$——防止发生超筋脆性破坏。

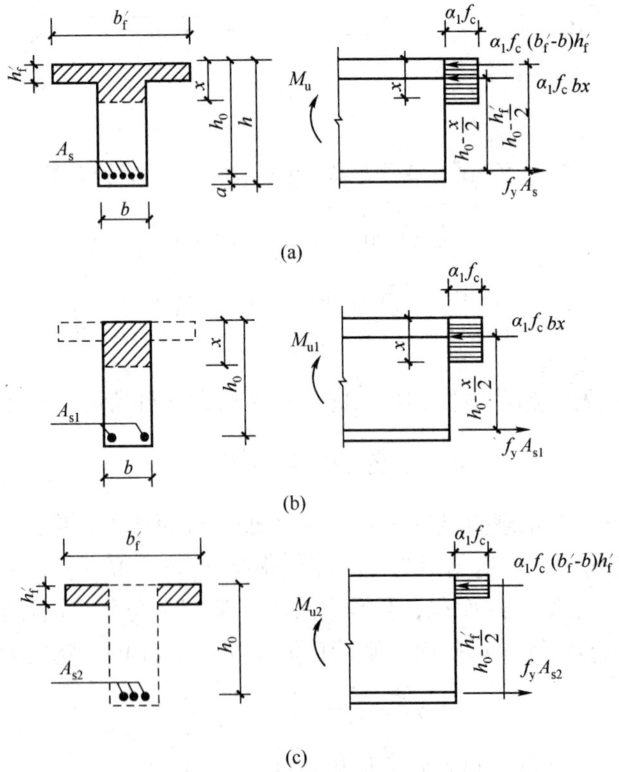

图 5－57 第二类 T 形截面梁正截面承载力计算简图

$\rho_1 = \frac{A_s}{bh} \geqslant \rho_{min}$——防止发生少筋脆性破坏，此项条件通常均可满足，不必验算。

5.2.5.3　设计计算方法

（1）截面设计

已知：弯矩设计值 M、截面尺寸、混凝土和钢筋的强度等级，求受拉钢筋面积 A_s。

①第一类 T 形截面：$M \leqslant \alpha_1 f_c b'_f h'_f\left(h_0 - \frac{h'_f}{2}\right)$，其计算方法与 $b'_f \times h$ 的单筋矩形截面梁完全相同。

②第二类 T 形截面：$M > \alpha_1 f_c b'_f h'_f\left(h_0 - \frac{h'_f}{2}\right)$。

在计算公式中，有 A_s 及 x 两个未知数，该问题可用计算公式求解，也可用公式分解求解。

公式分解求解计算的一般步骤如下：

a. 由式（5－39h）计算 $M_{u2} = \alpha_1 f_c (b'_f - b) h'_f\left(h_0 - \frac{h'_f}{2}\right)$；

b. 由式（5－39c）得 $M_{u1} = M - M_{u2}$；

c. $\alpha_s = \frac{M_{u1}}{\alpha_1 f_c b h_0^2}$，$\xi = 1 - \sqrt{1 - 2\alpha_s}$，$x = \xi h_0$；

d. 当 $x \leqslant \xi_b h_0$ 时，由式（5－39a）得 $A_s = \frac{\alpha_1 f_c bx + \alpha_1 f_c (b'_f - b) h'_f}{f_y}$；

e. 当 $x > \xi_b h_0$ 时，说明截面过小，会形成超筋梁，应加大截面尺寸或提高混凝土强度等级，或改用双筋截面。

（2）截面复核

已知：弯矩设计值 M、截面尺寸、混凝土和钢筋的强度等级、受拉钢筋面积 A_s，求受弯承载力 M_u。

①第一类 T 形截面：$f_y A_s \leqslant \alpha_1 f_c b'_f h'_f$，可按 $b'_f \times h$ 的单筋矩形截面梁的计算方法求 M_u。

②第二类 T 形截面：$f_y A_s > \alpha_1 f_c b'_f h'_f$。

计算的一般步骤如下：

a. 由式（5－39a）得 $x = \frac{f_y A_s - \alpha_1 f_c (b'_f - b) h'_f}{\alpha_1 f_c b}$；

b. 当 $x \leqslant \xi_b h_0$ 时，由式（5－39b）计算

$$M_u = \alpha_1 f_c bx\left(h_0 - \frac{x}{2}\right) + \alpha_1 f_c (b'_f - b) h'_f\left(h_0 - \frac{h'_f}{2}\right);$$

c. 当 $M \leqslant M_u$ 时，构件截面安全，否则为不安全。

【例5－19】已知一肋梁楼盖的次梁，跨度为6m，间距为2.4m，截面尺寸如图5－58（a）所示。环境类别为一类，结构的安全等级为二级。跨中最大弯矩设计值 M＝95kN·m，混凝土强度等级为 C20，钢筋采用 HRB335 级，求次梁纵向受拉钢筋面积 A_s。

【解】（1）设计参数

C20 混凝土 f_c＝9.6MPa、f_t＝1.1MPa、α_1＝1.0；环境类别为一类，c＝30mm，a＝

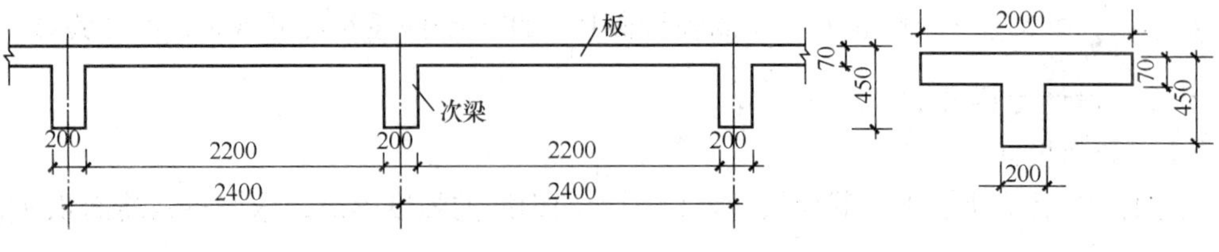

图 5－58 例 5－19 图

40mm，$h_0=450-40=410$（mm）；HRB335 级钢筋 $f_y=300$MPa，$\xi_b=0.55$。

（2）确定翼缘计算宽度 b_f'

由表 5－13 可知：

按梁跨度 l_0 考虑 $b_f'=\frac{l_0}{3}=\frac{6000}{3}=2000(\text{mm})$；

按梁净距 s_n 考虑 $b_f'=b+s_n=200+2200=2400(\text{mm})$；

按翼缘高度 h_f' 考虑 当 $\frac{h_f'}{h_0}=\frac{70}{410}=0.17>0.1$ 时，翼缘不受此项限制。

翼缘计算宽度 b_f' 取三者中的较小值，所以 $b_f'=2000$mm，次梁截面如图 5－58（b）所示。

（3）判别 T 形截面类型

$\alpha_1 f_c b_f' h_f'\left(h_0-\frac{h_f'}{2}\right)=1.0\times9.6\times2000\times70\times\left(410-\frac{70}{2}\right)\times10^{-6}=504(\text{kN}\cdot\text{m})>M=$ 95kN·m，属于第一类 T 形截面。

（4）计算系数 α_s、ξ

$$\alpha_s=\frac{M}{\alpha_1 f_c b_f' h_0^2}=\frac{95\times10^6}{1.0\times9.6\times2000\times410^2}=0.029$$

$$\xi=1-\sqrt{1-2\alpha_s}=1-\sqrt{1-2\times0.029}=0.0299<\xi_b=0.55$$

（5）计算受拉钢筋面积 A_s

由式（5－38a）得：

$$A_s=\frac{\alpha_1 f_c b_f' x}{f_y}=\frac{\alpha_1 f_c b_f' h_0\xi}{f_y}=\frac{1.0\times9.6\times2000\times410\times0.0299}{300}=784(\text{mm}^2)$$

选用 3Φ20，$A_s=941\text{mm}^2$。

（6）验算最小配筋率 ρ_1

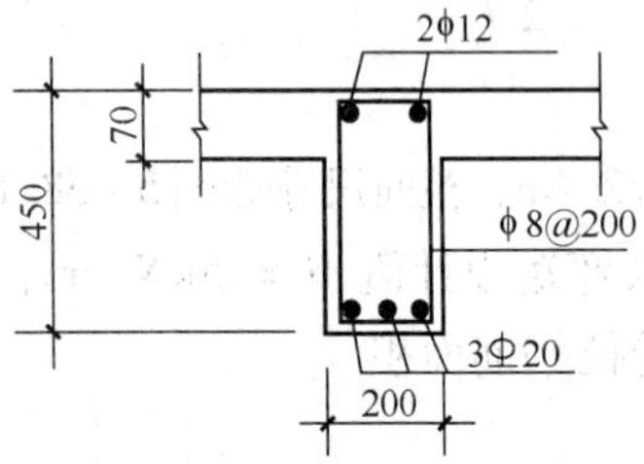

图 5－59 例 5－19 截面配筋图

$$\rho_1=\frac{A_s}{bh}=\frac{941}{200\times450}=1.04\%>\rho_{min}=0.45\frac{f_t}{f_y}=0.45\times\frac{1.1}{300}=0.165\%$$

同时 $\rho_1>0.2\%$，满足要求，其截面配筋如图 5－59 所示。

【例 5－20】已知 T 形梁截面尺寸 $b=250$mm，$h=800$mm，$b_f'=600$mm，$h_f'=100$mm，弯矩设计值 $M=$

440kN·m，混凝土强度等级为 C20，钢筋采用 HRB335 级，求受拉钢筋截面面积 A_s，并绘制截面配筋图。

【解】（1）设计参数

C20 混凝土 $f_c=9.6\text{MPa}$、$f_t=1.1\text{MPa}$、$\alpha_1=1.0$；假设受拉钢筋为双排配置，$h_0=800-60=740$（mm）；HRB335 级钢筋 $f_y=300\text{MPa}$，$\xi_b=0.55$。

（2）判别 T 形截面类型

$$\alpha_1 f_c b_f' h_f'\left(h_0-\frac{h_f'}{2}\right)=1.0\times9.6\times600\times100\times\left(740-\frac{100}{2}\right)\times10^{-6}=397.44(\text{kN}\cdot\text{m})<$$

$M=440\text{kN}\cdot\text{m}$，属于第二类 T 形截面。

（3）计算受压区高度 x

由式（5－39b）得：

$$x=h_0\left[1-\sqrt{1-\frac{2\left[M-\alpha_1 f_c(b_f'-b)h_f'\left(h_0-\frac{h_f'}{2}\right)\right]}{\alpha_1 f_c b h_0^2}}\right]$$

$$=740\left[1-\sqrt{1-\frac{2\times\left[440\times10^6-1.0\times9.6\times(600-250)\times100\times\left(740-\frac{100}{2}\right)\right]}{1.0\times9.6\times250\times740^2}}\right]$$

$$=128.3(\text{mm})<\xi_b h_0=0.55\times740=407(\text{mm})$$

（4）计算受拉钢筋面积 A_s

由式（5－39a）得：

$$A_s=\frac{\alpha_1 f_c(b_f'-b)h_f'+\alpha_1 f_c b x}{f_y}=\frac{1.0\times9.6\times(600-250)\times100+1.0\times9.6\times250\times128.3}{300}=2146(\text{mm}^2)$$

选用 7 Φ20，$A_s=2200\text{mm}^2$。

（5）验算最小配筋率 ρ_1

$$\rho_1=\frac{A_s}{bh}=\frac{2200}{250\times800}=1.1\%>\rho_{min}=0.45\frac{f_t}{f_y}=0.45\times\frac{1.1}{300}=0.165\%$$

同时 $\rho_1>0.2\%$ 满足要求，截面配筋如图 5－60 所示。

【例 5－21】已知 T 形梁截面尺寸 $b=250$mm，$h=750$mm，$b_f'=1200$mm，$h_f'=80$mm，截面尺寸及配筋如图 5－61 所示。承受弯矩设计值 $M=290\text{kN}\cdot\text{m}$，混凝土强度等级为 C20，钢筋采用 HRB335 级，受拉钢筋为 6 Φ18（$A_s=1527\text{mm}^2$，两排配置），试复核该截

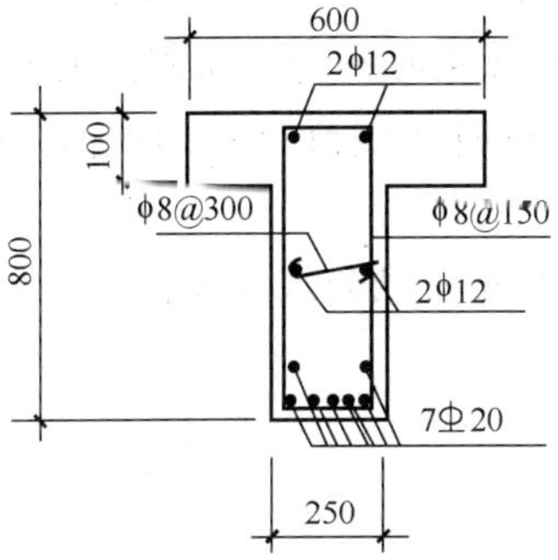

图 5－60　例 5－20 截面配筋图

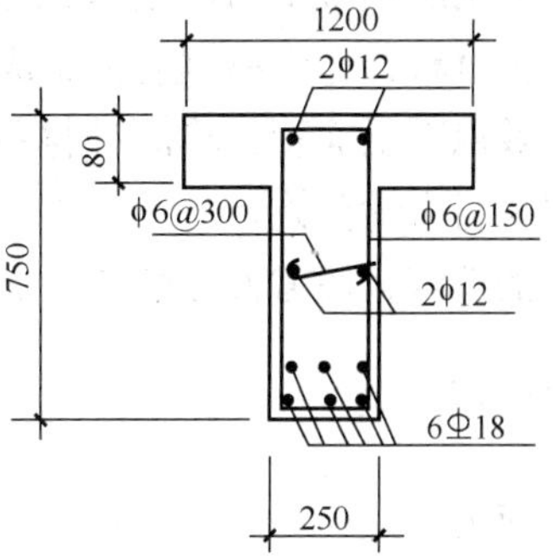

图 5－61　例 5－21 截面配筋图

面是否安全?

【解】(1) 设计参数

C20 混凝土 $f_c=9.6\text{MPa}$、$f_t=1.1\text{MPa}$、$\alpha_1=1.0$；HRB335 级钢筋 $f_y=300\text{MPa}$，$\xi_b=0.55$，$h_0=750-60=690$（mm）。

(2) 判别 T 形截面类型

$\alpha_1 f_c b_f' h_f' = 1.0\times9.6\times1200\times80\times10^{-3}=921.6(\text{kN})>f_yA_s=300\times1527\times10^{-3}=458.1(\text{kN})$，属于第一类 T 形截面。

(3) 计算相对受压区高度 ξ

由式（5-38a）得：

$$\xi=\frac{f_yA_s}{\alpha_1 f_c b_f' h_0}=\frac{300\times1527}{1.0\times9.6\times1200\times690}=0.058<\xi_b=0.55$$

(4) 计算受弯承载力 M_u

由式（5-38b）得：

$$M_u=\alpha_1 f_c b_f' h_0^2\xi(1-0.5\xi)=1.0\times9.6\times1200\times690^2\times0.058\times(1-0.5\times0.058)\times10^{-6}=309(\text{kN}\cdot\text{m})>M=290\text{kN}\cdot\text{m}$$

所以截面安全。

5.2.6 梁的斜截面承载力的设计

5.2.6.1 无腹筋梁的斜截面受剪性能概述

受弯构件在荷载作用下，截面除产生弯矩 M 外，常常还产生剪力 V，在剪力和弯矩共同作用的剪弯区段，产生斜裂缝，如果斜截面承载力不足，可能沿斜裂缝发生斜截面受剪破坏或斜截面受弯破坏。因此，还要保证受弯构件斜截面承载力，即斜截面受剪承载力和斜截面受弯承载力。

工程设计中，斜截面受剪承载力是由抗剪计算来满足的，斜截面受弯承载力则是通过构造要求来满足的。

(1) 斜截面开裂前的应力分析

如图 5-62 所示为一承受集中荷载 P 作用的钢筋混凝土简支梁，当荷载较小时，混凝土尚未开裂，钢筋混凝土梁基本上处于弹性工作阶段，故可按材料力学公式来分析其应力。但钢筋混凝土构件是由钢筋和混凝土两种材料组成的，因此应先将两种材料换算为同一种材料，通常将钢筋换算成“等效混凝土”，钢筋按重心重合、面积扩大 E_s/E_c 倍化为等效混凝土面积，将两种材料组成的截面视为单一材料（混凝土）的截面，即可直接应用材料力学公式。

梁的剪弯区段截面上的任一点正应力 σ 和剪应力 τ 可按下列公式计算：

正应力 $$\sigma=\frac{My_0}{I_0} \tag{5-40}$$

剪应力 $$\tau=\frac{VS_0}{I_0 b} \tag{5-41}$$

式中 I_0——换算截面的惯性矩；

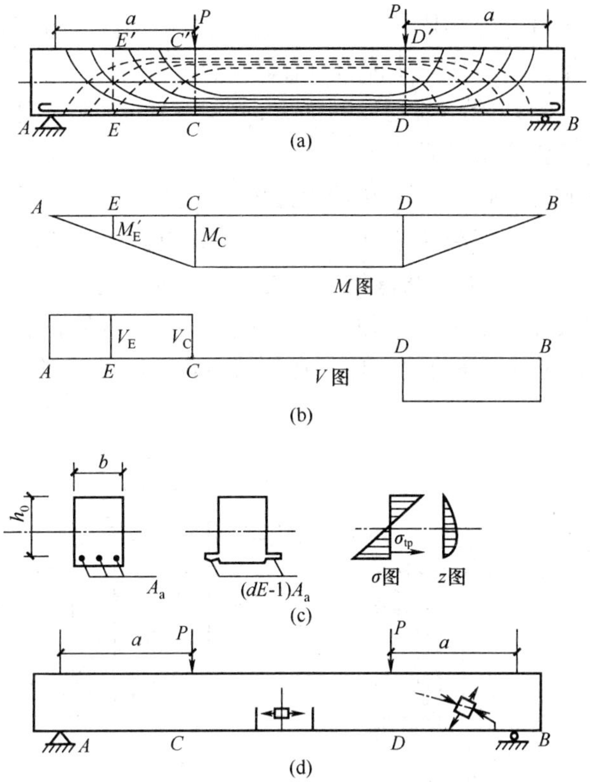

图 5－62　无腹筋梁在开裂前的应力状态及裂缝示意图

（a）主应力轨迹线（实线为主拉应力，虚线为主压应力）

（b）内力图　（c）截面及换算截面　（d）正应力和剪应力

y_0——所求应力点到换算截面形心轴的距离；

S_0——所求应力点的一侧对换算截面形心轴的面积矩；

b——梁的宽度；

M——截面的弯矩值；

V——截面的剪力值。

在正应力 σ 和剪应力 τ 共同作用下，产生的主拉应力和主压应力，可按下式求得：

主拉应力
$$\sigma_{tp}=\frac{\sigma}{2}+\frac{1}{2}\sqrt{\sigma^2+4\tau^2} \tag{5－42}$$

主压应力
$$\sigma_{cp}=\frac{\sigma}{2}-\frac{1}{2}\sqrt{\sigma^2+4\tau^2} \tag{5－43}$$

主应力的作用方向与梁纵轴的夹角 α 可按下式求得：

$$\alpha=\frac{1}{2}\arctan\left(-\frac{2\tau}{\sigma}\right) \tag{5－44}$$

求出每一点的主应力方向后，可以画出主应力轨迹线，如图 5－62（a）所示。

（2）斜裂缝的形成

由于混凝土抗拉强度很低，随着荷载的增加，当主拉应力超过混凝土复合受力下的抗拉强度时，就会出现与主拉应力轨迹线大致垂直的裂缝，如图 5－62（d）所示。除纯弯段的裂缝与梁纵轴垂直以外，M、V 共同作用下的截面主应力轨迹线都与梁纵轴有一倾角，其裂缝与梁的纵轴是倾斜的，故称为斜裂缝。

当荷载继续增加，斜裂缝不断延伸和加宽，当截面的抗弯强度得到保证时，梁最后可能由于斜截面的抗剪强度不足而破坏。

为了防止斜截面破坏，理论上应在梁中设置与主拉应力方向平行的钢筋，可以有效地限制斜裂缝的发展。但为了施工方便，一般采用梁中设置与梁轴垂直的箍筋（图 5－63）。弯起钢筋一般利用梁内的纵筋弯起而形成，虽然弯起钢筋的方向与主拉应力方向一致，但由于其传力较集中，受力不均匀，且可能在弯起处引起混凝土的霹雳裂缝，如图 5－64 所示，同时增加了施工难度，一般仅在箍筋略有不足时采用。箍筋和弯起钢筋称为腹筋。

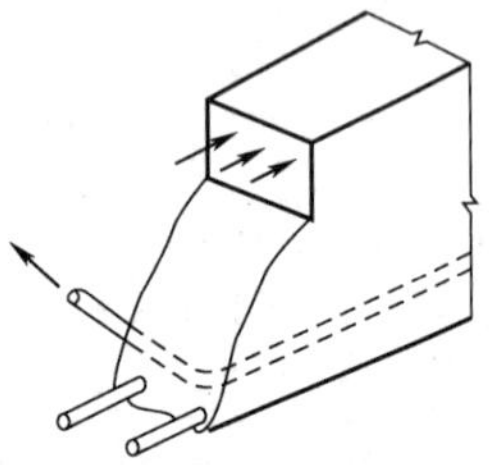

图 5－63　箍筋、弯起钢筋和斜裂缝

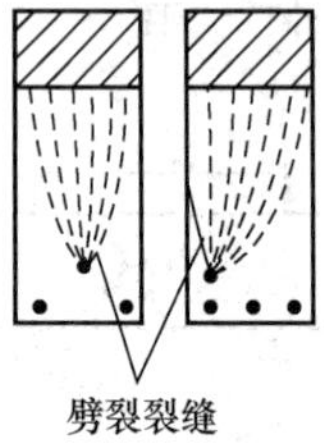

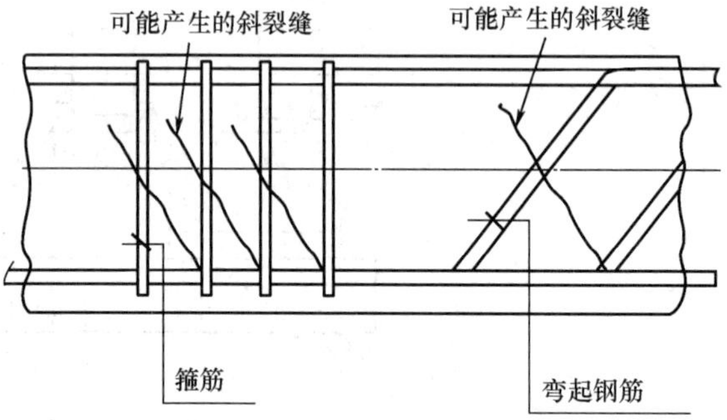

图 5－64　霹雳裂缝

5.2.6.2　斜裂缝的类型

当梁的主拉应力达到混凝土抗拉强度时无腹筋梁可能出现两种斜裂缝：

①弯剪斜裂缝［图 5－65（a）］：由于弯矩较大即正应力较大，先在梁底出现垂直裂缝，然后向上逐渐发展变弯，其方向大致垂直于主拉应力轨迹线。随着荷载的增加，斜裂缝向上发展到受压区。特点为裂缝宽度下宽上窄。

②腹剪斜裂缝［图 5－65（b）］：当梁腹部剪应力较大时，如梁的腹板很薄或集中荷载到支座距离很小时，因梁腹主拉应力达到抗拉强度而先在中和轴附近出现与中和轴大约成 45°倾角的斜裂缝，其方向大致垂直于主拉应力迹线，随着荷载的增加，斜裂缝分别向支座和集中荷载作用点延伸，特点为裂缝中间宽两头细。

5.2.6.3　剪跨比 λ 的定义

由斜裂缝出现后的应力分析可知，无腹筋梁斜裂缝的出现和最终斜截面破坏形态，与截面的正应力 σ 和剪应力 τ 的比值 σ/τ 有很大关系。σ/τ 的比值可用一个无量纲参数剪跨比 λ 来反映，因截面正应力 σ 与 $M/(bh_0^2)$ 成正比，截面剪应力 τ 与 $V/(bh_0)$ 成正比，定义广义剪跨比：

$$\lambda = \frac{M}{Vh_0} \tag{5-45}$$

对于集中荷载的简支梁（图 5－66），计算截面 1－1 和截面 2－2 的剪跨比分别为：

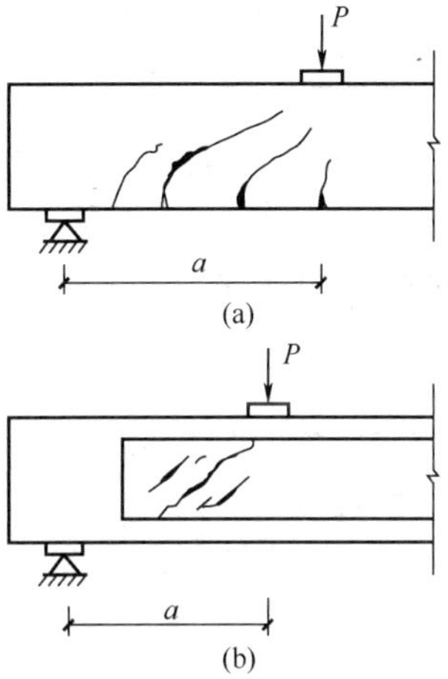

图 5-65　斜裂缝

（a）弯剪斜裂缝　（b）腹剪斜裂缝

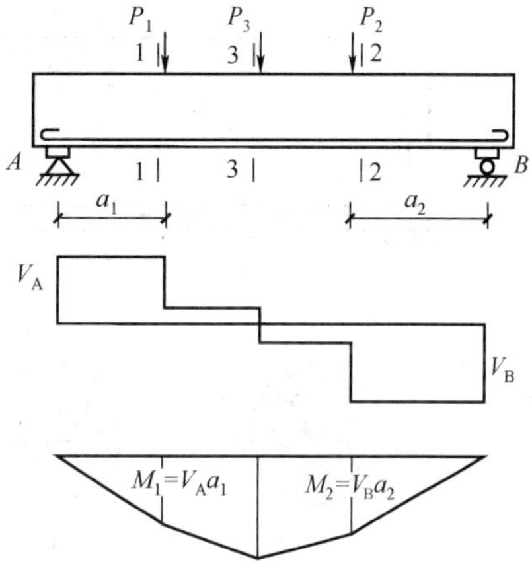

图 5-66　集中荷载作用下的简支梁

$$\lambda_1 = \frac{M_1}{V_A h_0} = \frac{V_A \alpha_1}{V_A h_0} = \frac{a_1}{h_0} \tag{5-46a}$$

$$\lambda_2 = \frac{M_2}{V_B h_0} = \frac{V_B \alpha_2}{V_B h_0} = \frac{a_2}{h_0} \tag{5-46b}$$

式中　a_1、a_2——集中力 P_1、P_2作用点到支座的距离，称为“剪跨”。

因此，对于集中荷载作用下的简支梁，荷载作用点处的计算剪跨比为；

$$\lambda = \frac{a}{h_0} \tag{5-47}$$

式中　λ——计算剪跨比；

a——集中荷载作用点到支座或节点边缘的距离；

h_0——截面有效高度。

5.2.6.4　斜裂缝形成后的应力状态及破坏分析

当梁的主拉应力达到混凝土抗拉强度时，在剪弯区段将出现斜裂缝，如图 5-67 所示。出现斜裂缝后，引起剪弯段内的应力重分布，这时已不可能将梁视为均质弹性体，截面上的应力不能用一般的材料力学公式计算。

为了分析出现斜裂缝后的应力状态，可沿斜裂缝将梁切开，隔离体如图 5-67 所示。

斜截面上的受剪承载力有以下几部分承担：

①斜裂缝顶部混凝土截面承担的剪力 V_C。

②斜裂缝两侧混凝土发生相对位移和错动时产生的摩擦力，称为骨料咬合作用，其垂直分力为 V_{ay}。

③由于斜裂缝两侧的上下错动，从而使纵筋受到一定剪力，如销栓一样，将斜裂缝两侧的混凝土联系起来，称为钢筋销栓作用 V_d。

即：

$$V = V_c + V_{ay} + V_d \tag{5-48}$$

由于斜裂缝的出现，梁在剪弯段内的应力状态发生很大变化，主要表现有：

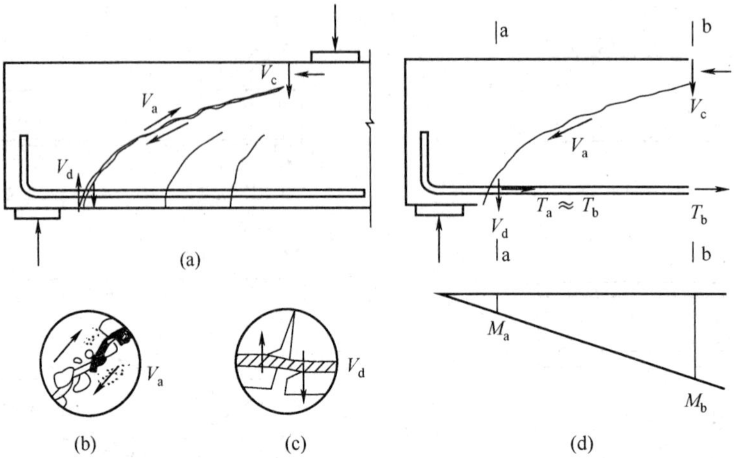

图 5-67 斜裂缝出现后受力状态的变化

（a）剪力的传递 （b）骨料的咬合作用 （c）销栓作用 （d）纵筋的剪力变化

①在斜裂缝出现前，剪力主要由梁全截面承担，开裂后则主要由剪压区承担，受剪面积的减小，使剪应力和压应力明显增大。

②与斜裂缝相交处的纵向钢筋应力，由于斜裂缝的出现而突然增大。因为该处的纵向钢筋拉力在斜裂缝出现前是由弯矩 M_a 决定的，而在斜裂缝出现后，根据力矩平衡的概念，纵向钢筋的拉力 T_b 则是由斜裂缝端点处截面 b-b 的弯矩 M_b 所决定，M_b 比 M_a 要大很多。

随着荷载的继续增加，靠近支座的一条斜裂缝很快发展延伸到加载点，形成临界斜裂缝。斜裂缝不断开展，使骨料咬合作用和纵筋的销栓作用减小。此时，无腹筋梁如同拉杆-拱结构，纵向钢筋成为拱的拉杆，如图 5-68 所示。最终，斜裂缝顶上混凝土在剪应力 τ 和正应力 σ_c 作用下，达到复合应力下混凝土的极限强度时，梁即沿斜截面发生破坏。

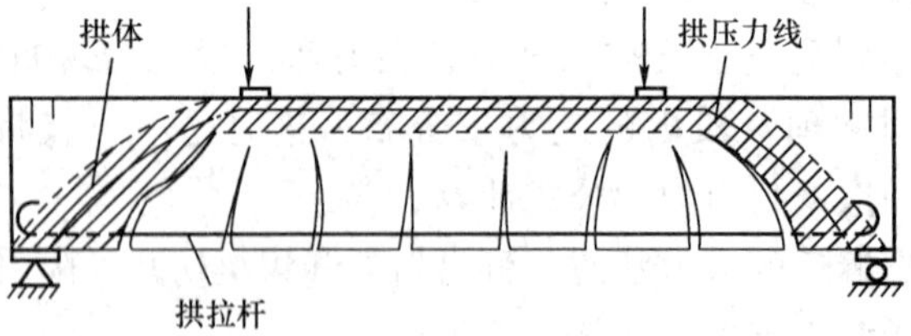

图 5-68 无腹筋梁的拉杆-拱体受力机理

5.2.6.5 无腹筋梁斜截面受剪破坏的主要形态

影响无腹筋梁斜截面受剪破坏形态的主要因素为：剪跨比 a/h_0（集中荷载）或跨高比 l_0/h_0（均布荷载），主要破坏形态有斜拉、剪压和斜压三种，如图 5-69 所示。

（1）斜拉破坏

一般发生在剪跨比较大的情况（集中荷载时 $\lambda = a/h_0 > 3$，均布荷载时 $l_0/h_0 > 8$），如

图5-69（a）所示。在荷载作用下，首先在梁的底部出现垂直的弯曲裂缝；随即，其中一条弯曲裂缝很快地斜向（垂直主拉应力）伸展到梁顶的集中荷载作用点处，形成所谓的临界斜裂缝，将梁劈裂为两部分而破坏，同时，沿纵筋往往伴随产生水平撕裂裂缝，即斜拉破坏。

斜拉破坏荷载与开裂时荷载接近，这种破坏是拱体混凝土被拉坏，这种梁的抗剪强度取决于混凝土抗拉强度，承载力较低，如图5-70所示。

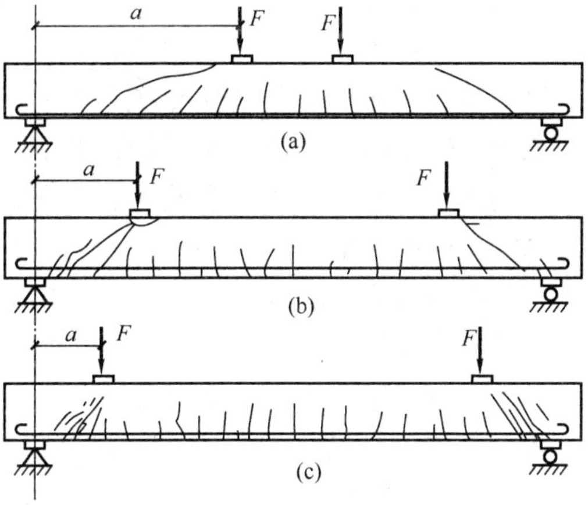

图5-69　斜截面的破坏形态

（a）斜拉破坏　（b）剪压破坏　（c）斜压破坏

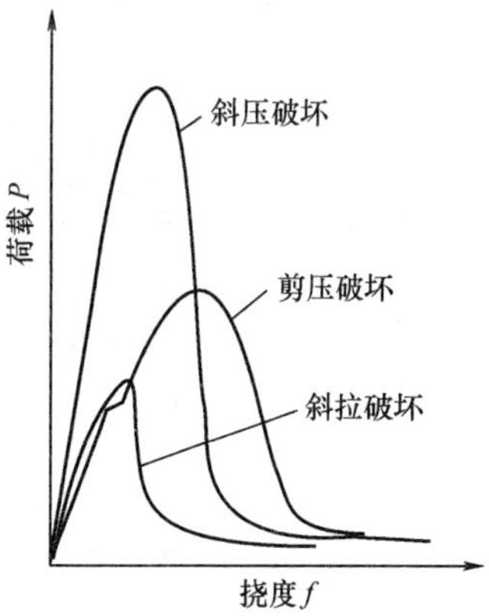

图5-70　斜截面破坏的 $P-f$ 曲线

（2）剪压破坏

一般发生在剪跨比适中的情况（集中荷载时 $1\leqslant\lambda=a/h_0\leqslant3$，均布荷载时为 $3\leqslant l_0/h_0\leqslant8$），如图5-69（b）所示。在荷载的作用下，首先在剪跨区出现数条短的弯剪斜裂缝，随着荷载的增加，其中一条延伸最长、开展较宽的称为主要斜裂缝，即临界斜裂缝，随着荷载继续增大，临界斜裂缝将不断向荷载作用点延伸，使混凝土受压区高度不断减小，导致剪压区混凝土在正应力 σ、剪应力 τ 和荷载引起的局部竖向压应力的共同作用下，达到复合应力状态下的极限强度而破坏，这种破坏称为剪压破坏。

破坏时荷载一般明显地大于斜裂缝出现时的荷载，这是斜截面破坏最典型的一种。

（3）斜压破坏

这种破坏一般发生在剪力较大而弯矩较小时，即剪跨比很小（集中荷载时 $\lambda=a/h_0<1$，均布荷载时 $l_0/h_0<3$），如图5-69（c）所示。加载后，在梁腹中垂直于主拉应力方向，先后出现若干条大致相互平行的腹剪斜裂缝，梁的腹部被分割成若干斜向的受压短柱。随着荷载的增大，混凝土短柱沿斜向最终被压酥破坏，即斜压破坏。这种破坏是拱体混凝土被压坏。

由图5-70可知，不同剪跨比梁的破坏形态和承载力不同，斜压破坏最大，剪压破坏次之，斜拉破坏最小。而在荷载达到峰值时的跨中挠度均不大，且破坏后荷载均迅速下降，这与弯曲破坏的延性性质不同，均属于脆性破坏，其中斜拉破坏最明显，斜压破坏次之，剪压破坏稍好。

除上述三种破坏外，在不同的条件下，还可能出现其他的破坏形态如：荷载离支座很近时的纯剪切破坏以及局部受压破坏和纵筋的锚固破坏，这些都不属于正常的弯剪破坏形态，在工程中应采取构造措施加以避免。

5.2.6.6 影响无腹筋梁斜截面受剪承载力的主要因素

（1）剪跨比

梁的剪跨比反映了截面上正应力和剪应力的相对关系，决定了该截面上任一点主应力的大小和方向，因而影响梁的破坏形态和受剪承载力的大小。

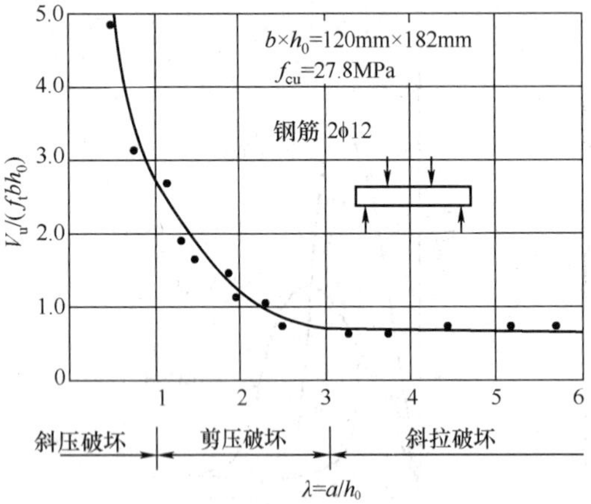

图 5－71 受剪承载力与剪跨比的关系

如图 5－71 所示，当剪跨比由小增大时，梁的破坏形态从混凝土抗压控制的斜压型，转为顶部受压区和斜裂缝骨料咬合控制的剪压型，再转为混凝土抗拉强度控制为主的斜拉型。

随着剪跨比的增大，受剪承载力减小；当 $\lambda>3$ 以后，承载力趋于稳定。均布荷载作用下跨高比 l_0/h_0 对梁的受剪承载力影响较大，随着跨高比的增大，受剪承载力下降；但当跨高比 $l_0/h_0>10$ 以后，跨高比对受剪承载力的影响不显著。

当荷载不是作用于梁顶，而是作用在梁的中部或底部时，则斜裂缝出现后，梁的拱作用不存在，并且梁的层间作用力 σ_y 由压应力为主变为拉应力为主。于是，在条件相同的情况下，其受剪承载力比作用在梁顶部时小。如图 5－72（b）所示，在间接加载的情况下，斜压破坏几乎不出现，而当 λ 很小时也可能出现斜拉破坏。

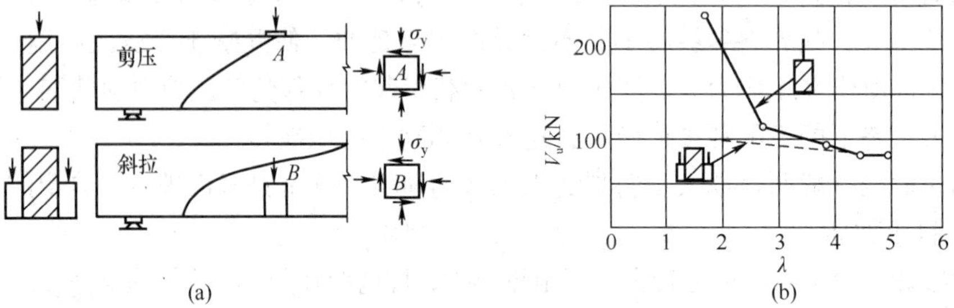

图 5－72 加载方式与受剪承载力

（a）加载方式的影响 （b）间接加载的受剪承载力

（2）混凝土强度

无腹筋梁的受剪破坏是由于混凝土达到复合应力状态下的强度而发生的，所以混凝土强度对受剪承载力的影响很大。

在上述三种破坏形态中，斜拉破坏取决于混凝土的抗拉强度 f_t，剪压破坏取决于顶部混凝土的抗压强度 f_c 和腹部的骨料咬合作用（接近抗剪或抗拉），剪跨比较小的斜压破坏取决于混凝土的抗压强度 f_c，而斜压破坏是受剪承载力的上限。

如图 5 - 73 所示，试验表明，无腹筋梁的受剪承载力与混凝土的抗拉强度 f_t 近似成正比，梁的受剪承载力随混凝土抗拉强度的提高而提高，大致成直线关系。

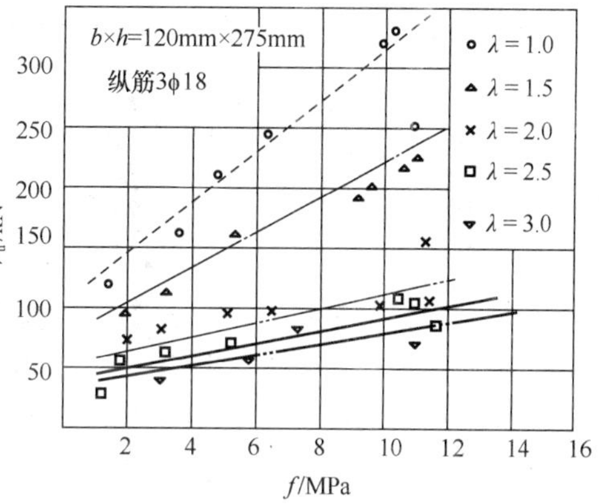

图 5 - 73　混凝土强度的影响

（3）纵筋配筋率

纵向钢筋能抑制斜裂缝的开展，使斜裂缝顶部混凝土压区高度（面积）增大，间接地提高梁的受剪承载力，同时纵筋本身也通过销栓作用承受一定的剪力，因而纵向钢筋配筋量的增大，使梁的受剪承载力也有一定的提高。根据试验分析，纵向受拉钢筋的配筋率 ρ 对无腹筋梁受剪承载力 V_c 的影响系数为 $\beta_\rho = 0.7 + 20\rho$，通常 $\rho > 1.5\%$ 时，纵筋对梁受剪承载力的影响才明显，因此《规范》在受剪计算公式中也未考虑这一影响。

（4）截面形式

T 形、I 形截面有受压翼缘，增加了剪压区的面积，对斜拉破坏和剪压破坏的受剪承载力可提高（20%），但对斜压破坏的受剪承载力并没有提高。一般情况下，忽略翼缘的作用，只取腹板的宽度当作矩形截面梁计算构件的受剪承载力，其结果偏于安全。

（5）尺寸效应

截面尺寸对无腹筋梁的受剪承载力有较大的影响，尺寸大的构件，破坏的平均剪应力［$\tau = V_u / (bh_0)$］比尺寸小的构件要降低，主要是因为梁高度很大时，撕裂裂缝比较明显，销栓作用大大降低，斜裂缝宽度也较大，削弱了骨料咬合作用。试验表明，在保持参数 f_c、λ、ρ 相同的情况下，高度增加 4 倍，受剪承载力 τ 降低 25% ~30%。试验结果表明，对于截面高度大于 800mm 的梁，受剪承载力的降低系数 $\beta_h = (800/h_0)^{1/4}$。对于配置腹筋的梁，腹筋可以抑制斜裂缝的开展，因此尺寸效应的影响减小。

（6）梁的连续性

试验表明，连续梁的受剪承载力与相同条件下的简支梁相比，仅在集中荷载时低于简支梁，而受均布荷载时则是相当的。即使是在承受集中荷载作用的情况下，也只有中间支座附近的梁段因受异号弯矩的影响，抗剪承载力有所降低，边支座附近梁段的抗剪承载力与简支梁的相同。

5.2.6.7　无腹筋梁受剪承载力计算公式

由于影响斜截面承载力的因素很多，要全面准确地考虑这些因素，是一个比较复杂的问题，目前仍未圆满解决。《规范》所给出的计算公式，是考虑了影响斜截面承载力的主要因素，对大量的试验数据进行统计分析所得出的与试验结果较为符合的公式，如图 5 - 74、图 5 - 75 所示。

计算公式如下：

①对矩形、T 形和 I 形截面的一般受弯构件，受剪承载力设计值可按下列公式计算：

$$V \leqslant V_c = 0.7 f_t b h_0 \tag{5-49}$$

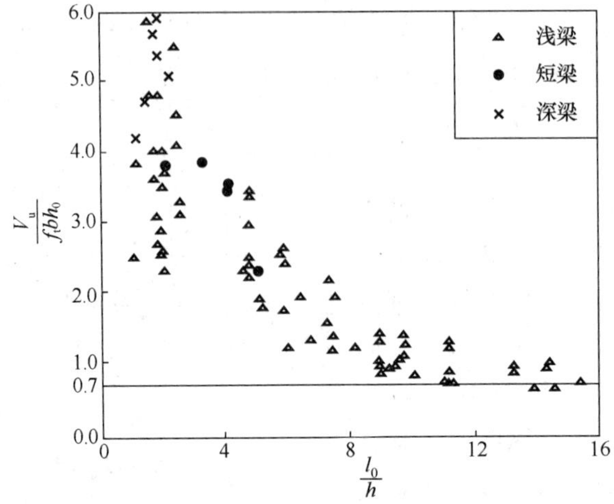

图 5－74 均布荷载作用下无腹筋梁受剪承载力计算公式与试验结果的比较

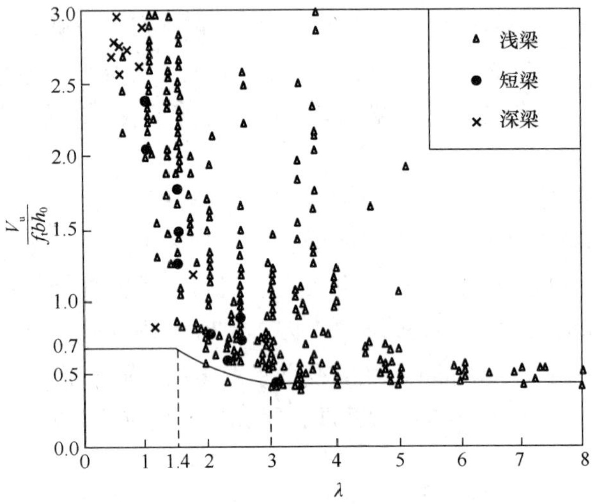

图 5－75 集中荷载作用下无腹筋梁受剪承载力计算公式与试验结果的比较

式中 V——剪力设计值；

V_c——无腹筋梁受剪承载力设计值；

f_t——混凝土轴心抗拉强度设计值；

b——矩形截面的宽度或 T 形截面和 I 形截面的腹板宽度；

h_0——截面的有效高度。

②集中荷载作用下的矩形、T 形和 I 形截面独立梁（包括作用有多种荷载，且集中荷载在支座截面所产生的剪力值占总剪力值的 75% 以上的情况），受剪承载力设计值应按下列公式计算：

$$V_c = \frac{1.75}{\lambda + 1.0} f_t b h_0 \tag{5-50}$$

式中：λ——计算剪跨比；$\lambda=\frac{a}{h_0}$，当 $\lambda<1.5$ 时，取 $\lambda=1.5$，当 $\lambda>3$ 时，取 $\lambda=3$；

a——集中荷载作用点到支座或节点边缘的距离。

《规范》为了计算方便和偏于安全，λ 采用计算剪跨比而不用广义剪跨比。

其中独立梁是指不与楼板整体浇筑的梁。

由试验可知，当 λ 值过小，梁的受剪性能类似于深梁的性质，构件破坏时的承载力高，但开裂较早，而且斜裂缝的出现容易引起锚固破坏，因而对其受剪承载力取值不宜过高，即 λ 取值不能过小，因此《规范》规定：$\lambda<1.5$，取 $\lambda=1.5$。由图 5－75 可知，当 $\lambda>3$ 时，剪跨比对受剪承载力的影响不大，其值渐趋于稳定，因此《规范》规定 $\lambda\geqslant 3$，取 $\lambda=3$。

③厚板类受弯构件：试验表明，截面高度对不配置箍筋和弯起钢筋的一般板类受弯构件的斜截面受剪承载力影响较为显著。因此，对于板类受弯构件，其斜截面受剪承载力应按下列公式计算：

$$V_c = 0.7\beta_h f_t b h_0 \tag{5-51}$$

$$\beta_h = \left(\frac{800}{h_0}\right)^{1/4} \tag{5-52}$$

式中 β_h——截面高度影响系数；当 $h_0<800$mm 时，取 $h_0=800$mm；当 $h_0>2000$mm 时，取 $h_0=2000$mm。

一般板类受弯构件主要指受均布荷载作用下的单向板和双向板需要按单向板计算的构件。

试验和理论分析表明，满足式(5－49)、式(5－50)，式(5－51)，不仅能避免剪切破坏的发生，同时能间接满足使用阶段不出现斜裂缝的要求。

考虑到剪切破坏有明显的脆性，特别是斜拉破坏，斜裂缝一出现梁即告破坏，单靠混凝土受剪是不安全的。《规范》规定，只有对截面高度 $h<150$mm 的小梁（如过梁、檩条）可不配置箍筋。

5.2.6.8 有腹筋梁的斜截面受剪性能

为了提高混凝土的受剪承载力，防止梁沿斜裂缝发生脆性破坏，一般在梁中配置腹筋（箍筋和弯起钢筋）。斜裂缝出现前，箍筋应力很小，箍筋对阻止和推迟斜裂缝的出现作用也很小，但在斜裂缝出现后，有腹筋梁受力性能与无腹筋梁相比，将有显著的不同。

（1）箍筋的作用

由前面分析可以看出，无腹筋梁斜裂缝出现后，剪压区几乎承受了全部的剪力，成为整个梁的薄弱环节。而在有腹筋梁中，当斜裂缝出现以后，如图 5－76 所示形成了一种“桁架－拱”的受力模型，斜裂缝间的混凝土相当于压杆，梁底纵筋相当于拉杆，箍筋则相当于垂直受拉腹杆［图 5－76（b）］。箍筋可以将压杆Ⅱ、Ⅲ的内力通过“悬吊”作用传递到压杆Ⅰ靠近支座的部分，从而减小了压杆Ⅰ顶部剪压区的负担。

因此有腹筋梁中，箍筋的作用：

①箍筋可以直接承担部分剪力。

②腹筋能限制斜裂缝的开展和延伸，增大混凝土剪压区的截面面积，提高混凝土剪

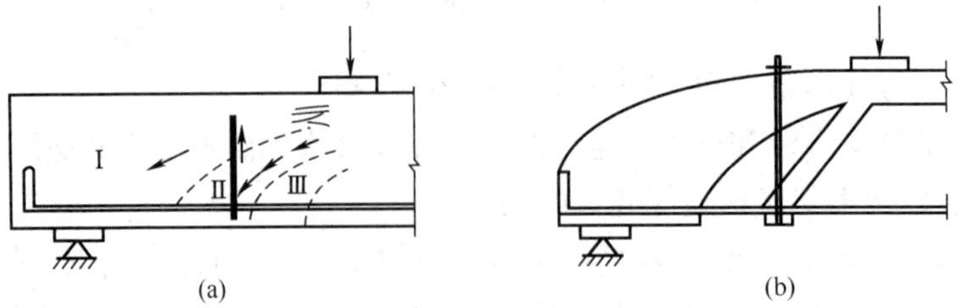

图 5－76　有腹筋梁的传桁架受力模型

（a）斜裂缝　（b）桁架模型

压区的抗剪能力。

③箍筋还将提高斜裂缝交界面骨料的咬合和摩擦作用，延缓沿纵筋的黏结霹雳裂缝的发展，防止混凝土保护层的突然撕裂，提高纵向钢筋的销栓作用。因此，腹筋将使梁的受剪承载力有较大的提高。

（2）有腹筋梁斜截面破坏的主要形态

①配箍率：有腹筋梁的破坏形态不仅与剪跨比有关，还与配箍率 ρ_{sv} 有关。

配箍率 ρ_{sv} 按下式计算：

$$\rho_{sv} = \frac{A_{sv}}{bs} = \frac{nA_{sv1}}{bs} \qquad (5-53)$$

式中　A_{sv}——配置在同一截面内箍筋各肢的截面面积总和，$A_{sv} = nA_{sv1}$，这里 n 为同一截面内箍筋的肢数，如图 5－77 中箍筋为双肢箍，$n=2$；

A_{sv1}——单肢箍筋的截面面积；

s——箍筋的间距；

b——梁宽。

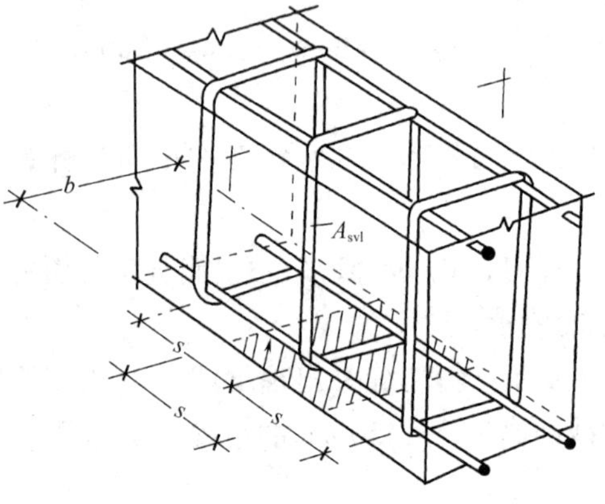

图 5－77　配箍率

②有腹筋梁斜截面破坏的主要形态：有腹筋梁斜截面剪切破坏形态与无腹筋梁一样，也可概括为三种主要破坏形态：斜压、剪压和斜拉破坏。

a. 斜拉破坏：当配箍率太小或箍筋间距太大且剪跨比较大（$\lambda>3$）时，易发生斜拉破坏。其破坏特征与无腹筋梁相同，破坏时箍筋被拉断。

b. 斜压破坏：当配置的箍筋太多或剪跨比很小（$\lambda<1$）时，发生斜压破坏，其特征是混凝土斜向柱体被压碎，但箍筋不屈服。

c. 剪压破坏：当配箍适量且剪跨比（$\lambda>1$）时发生剪压破坏。其特征是箍筋受拉屈服，剪压区混凝土压碎，斜截面受剪承载力随配箍率及箍筋强度的增加而增大。

斜压破坏和斜拉破坏都是不理想的。因为斜压破坏在破坏时箍筋强度未得到充分发挥，斜拉破坏发生得十分突然，因此在工程设计中应避免出现这两种破坏。

剪压破坏在破坏时箍筋强度得到了充分发挥，且破坏时承载力较高。因此斜截面承载力计算公式就是根据这种破坏模型建立的。

(3) 影响有腹筋梁受剪承载力的主要因素

影响有腹筋梁受剪承载力的因素，除了同无腹筋梁一样与剪跨比、混凝土强度、纵筋配筋率和加载方式等有关以外，还与腹筋的数量和强度有关。图 5-78 所示为配箍率 ρ_{sv} 与箍筋强度的乘积对梁受剪承载力的影响，当其他条件相同时，两者大体成线性关系。剪切破坏属于脆性破坏，为了提高斜截面的延性，不宜采用高强度钢筋作箍筋。

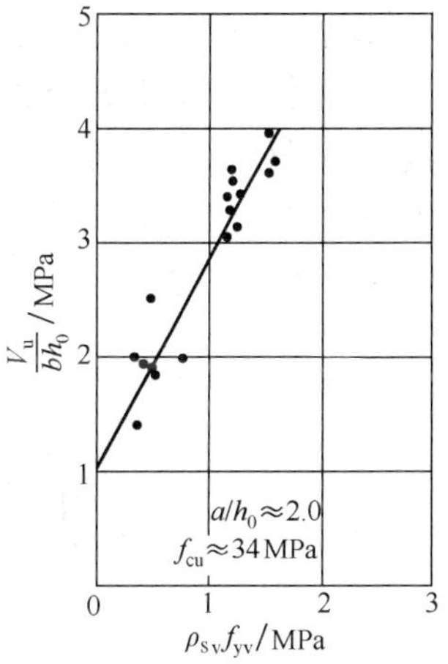

图 5-78　受剪承载力与箍筋强度和配箍率的关系

(4) 有腹筋梁的受剪承载力计算公式

①剪切计算理论：目前，所设定的斜截面破坏机理和提出的计算理论很多，除了前面介绍的桁架-拱模型外，还有拉杆拱模型、桁架模型、拱-梳状齿模型、极限平衡理论等。下面介绍桁架模型：

这种力学模型把有斜裂缝的钢筋混凝土梁比拟为一个铰接桁架，压区混凝土为上弦杆，受拉纵筋为下弦杆，腹筋为竖向拉杆，斜裂缝间的混凝土则为斜压杆。

桁架模型最初是由 Ritter 和 Mörsch 在 20 世纪初提出来的，他们假定斜腹杆倾角为 45°，称为 45°桁架模型，如图 5-79 (a) 所示。此后，许多学者又进行了研究，提出斜压杆倾角不一定是 45°，而是在一定范围内变化的，故称为变角桁架模型，如图 5-79 (b) 所示。

变角桁架模型的内力分析如图 5-79 (b) 所示，图中混凝土斜压杆的倾角为 α，C_d 为斜压杆内力，腹筋与梁纵筋的夹角为 β，T_s 为所有与破坏斜截面相交的箍筋内力的合力。

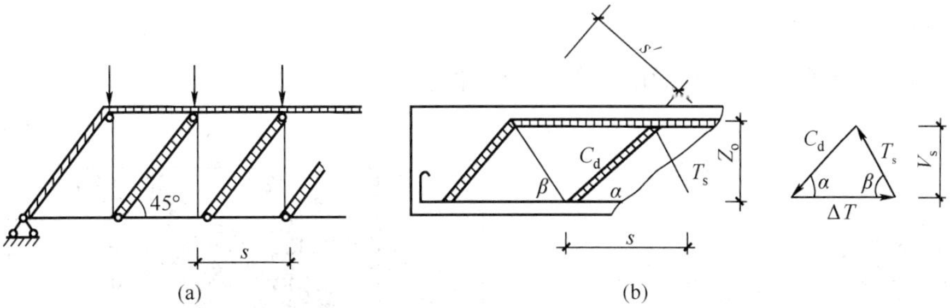

图 5-79　桁架模型

(a) 45°桁架模型　(b) 变角桁架模型

由于各种理论的计算结果不尽相同，有些计算模型过于复杂，还无法在实际设计中应用。因此《规范》中斜截面受剪承载力的计算公式是在大量的试验基础上，依据极限破坏理论，采用理论与经验相结合的方法建立的。

②基本假定：对于梁的三种斜截面破坏形态，在工程设计时都应设法避免。对于斜

压破坏，通常采用限制截面尺寸的条件来防止；对于斜拉破坏，则用满足最小配箍率及构造要求来防止；剪压破坏，因其承载力变化幅度较大，必须通过计算，用构件满足一定的斜截面受剪承载力，防止剪压破坏。《规范》的基本计算公式就是根据这三种剪切破坏形态的受力特征而建立的。采用理论与试验相结合的方法，同时引入一些试验参数。假设梁的斜截面受剪承载力 V_u 由斜裂缝上端剪压区混凝土的抗剪能力 V_c、与斜裂缝相交的箍筋的抗剪能力 V_{sv} 和斜裂缝相交的弯起钢筋的抗剪能力 V_{sb} 三部分所组成（图 5－80），由平衡条件 $\Sigma y = 0$ 得：

$$V_u = V_{cs} + V_{sb} = V_c + V_{sv} + V_{sb} \tag{5-54}$$

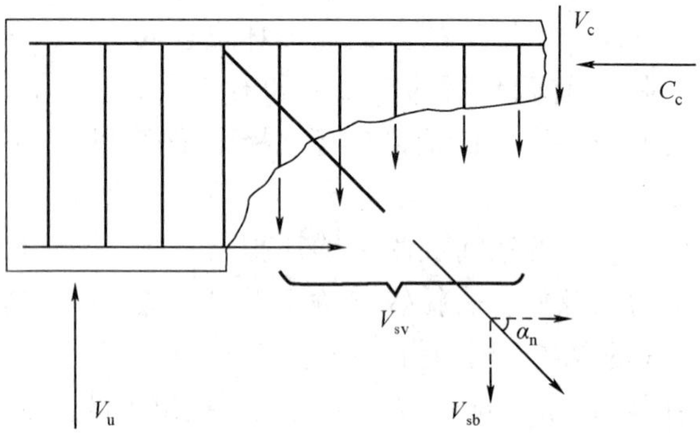

图 5－80　有腹筋梁斜截面破坏时的受力状态

③计算公式：

a. 当仅配有箍筋时，斜截面受剪承载力计算公式采用无腹筋梁所承担的剪力和箍筋承担的剪力两项相加的形式：

$$V_u = V_c + V_{sv} = V_{cs} \tag{5-55}$$

根据试验结果分析统计如图 5－81 所示，《规范》按 95% 保证率取偏下限给出受剪承载力的计算公式如下：

ⓐ对矩形、T 形和 I 形截面的一般受弯构件：

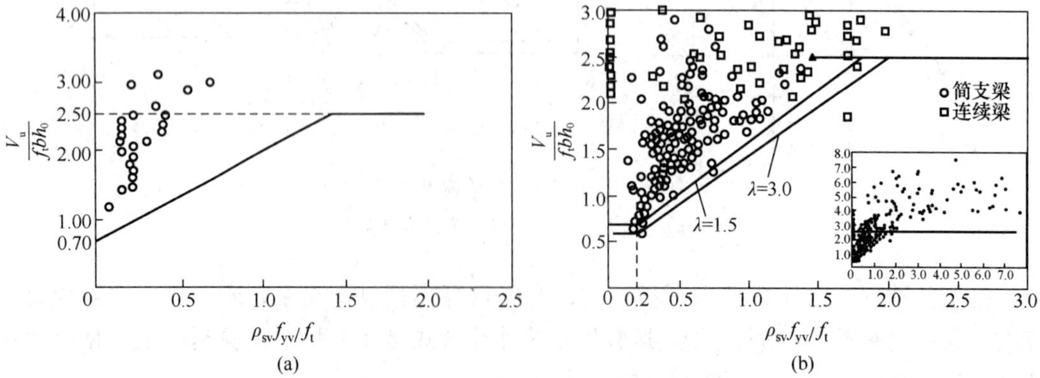

图 5－81　仅配置箍筋梁受剪承载力计算公式与试验结果的比较

（a）均布荷载作用情况　（b）集中荷载作用情况

$$V \leqslant V_{cs} = 0.7f_tbh_0 + 1.25f_{yv}\frac{A_{sv}}{s}h_0 \quad (5-56)$$

式中　V——构件斜截面上的最大剪力设计值；

V_{cs}——构件斜截面上混凝土和箍筋的受剪承载力设计值；

A_{sv}——配置在同一截面内箍筋各肢的全部截面面积，$A_{sv}=nA_{sv1}$；

n——在同一截面内箍筋肢数；

A_{sv1}——单肢箍筋的截面面积；

s——沿构件长度方向的箍筋间距；

f_t——混凝土轴心抗拉强度设计值；

f_{yv}——箍筋抗拉强度设计值。

b——矩形截面的宽度或T形截面和I形截面的腹板宽度。

ⓑ对集中荷载作用下（包括作用有多种荷载，其中集中荷载对支座截面或节点边缘所产生的剪力值占总剪力值的75%以上的情况）的矩形、T形和I形截面的独立梁，按下列公式计算：

$$V \leqslant V_{cs} = \frac{1.75}{\lambda+1}f_tbh_0 + f_{yv}\frac{A_{sv}}{s}h_0 \quad (5-57)$$

式中　λ——计算截面的计算剪跨比，可取$\lambda=a/h_0$；

a——集中荷载作用点至支座截面或节点边缘的距离。

当$\lambda<1.5$时，取$\lambda=1.5$；当$\lambda>3$时，取$\lambda=3$，此时，在集中荷载作用点与支座之间的箍筋应均匀配置。

T形和I形截面的独立梁忽略翼缘的作用，只取腹板的宽度作为矩形截面梁计算构件的受剪承载力，其结果偏于安全。

上式考虑了间接加载和连续梁的情况，对连续梁，式（5-57）采用计算截面剪跨比$\lambda=a/h_0$，而不用广义剪跨比$\lambda=M/(Vh_0)$。这是为了计算方便，且偏于安全，实际上是采用加大剪跨比的方法来考虑连续梁对受剪承载力降低的影响。

因此式(5-56)和式(5-57)适用于矩形、T形和I字形截面的简支梁、连续梁和约束梁。

必须指出，由于配置箍筋后混凝土所能承受的剪力与无箍筋时所能承受的剪力是不同的，因此，对于上述两项表达式，虽然其第一项在数值上等于无腹筋梁的受剪承载力，但不应理解为配置箍筋梁的混凝土所能承受的剪力；同时，第二项代表箍筋受剪承载力和箍筋对限制斜裂缝宽度后间接抗剪作用。换句话说，对于上述两项表达式应理解为两项之和代表有箍筋梁的受剪承载力。

b. 同时配置箍筋和弯起钢筋的梁：弯起钢筋所能承担的剪力为弯起钢筋的总拉力在垂直于梁轴方向的分力，如图5-82所示，即$V_{sb}=0.8f_yA_{sb}\sin\alpha_s$。系数0.8是考虑弯起钢筋在破坏时可能达不到其屈服强度的应力不均匀系数。因此，对于配有箍筋和弯起钢筋的矩形、T形和I形截面的受弯构件，其受剪承载力按下列公式计算：

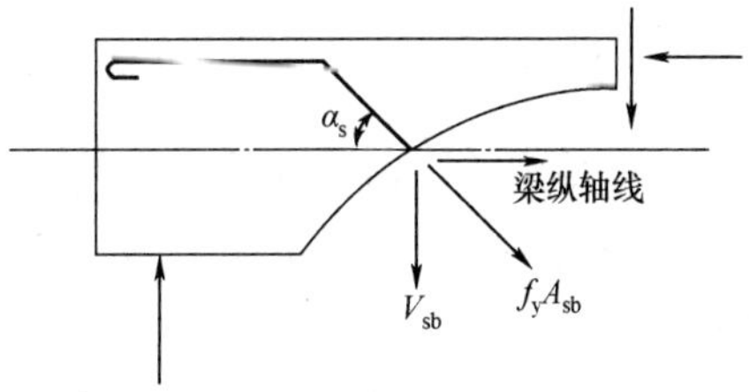

图5-82　弯起钢筋承担的剪力

$$V \leqslant V_u = V_{cs} + V_{sb} = V_{cs} + 0.8 f_y A_{sb} \sin\alpha_s \tag{5-58}$$

式中 V——剪力设计值；

V_{cs}——构件斜截面上混凝土和箍筋的受剪承载力设计值；

f_y——弯起钢筋的抗拉强度设计值；

A_{sb}——同一弯起平面内弯起钢筋的截面面积；

α_s——弯起钢筋与构件纵轴线之间的夹角。

一般情况 $\alpha_s = 45°$，梁截面高度较大时（$h \geqslant 800$mm），取 $\alpha_s = 60°$。

（5）有腹筋梁的受剪承载力计算公式的适用范围

为了防止发生斜压破坏及斜拉破坏这两种严重脆性的破坏形态，必须控制构件的截面尺寸不能过小及箍筋用量不能过少，为此《规范》给出了相应的控制条件。

①上限值——最小截面尺寸：当梁的截面尺寸较小而剪力过大时，可能在梁的腹部产生过大的主压应力，使梁腹产生斜压破坏。这种梁的承载力取决于混凝土的抗压强度和截面尺寸，不能靠增加腹筋来提高承载力，多配置的腹筋不能充分发挥作用。为了避免斜压破坏，同时也为了防止梁在使用阶段斜裂缝过宽（主要指薄腹梁）。对矩形、T形和I形截面的一般受弯构件，应满足下列条件：

当 $h_w/b \leqslant 4$ 时 $$V \leqslant 0.25\beta_c f_c b h_0 \tag{5-59a}$$

当 $h_w/b \geqslant 6$ 时 $$V \leqslant 0.2\beta_c f_c b h_0 \tag{5-59b}$$

当 $4 < h_w/b < 6$ 时，按直线内插法取用。

式中 V——构件斜截面上的最大剪力设计值；

β_c——高强混凝土的强度折减系数，当混凝土强度等级不大于C50级时，取 $\beta_c = 1$；当混凝土强度等级为C80时，$\beta_c = 0.8$，其间按线性内插法取值；

h_w——截面腹板高度，如图5-83规定采用。

b——矩形截面的宽度或T形截面和I形截面的腹板宽度。

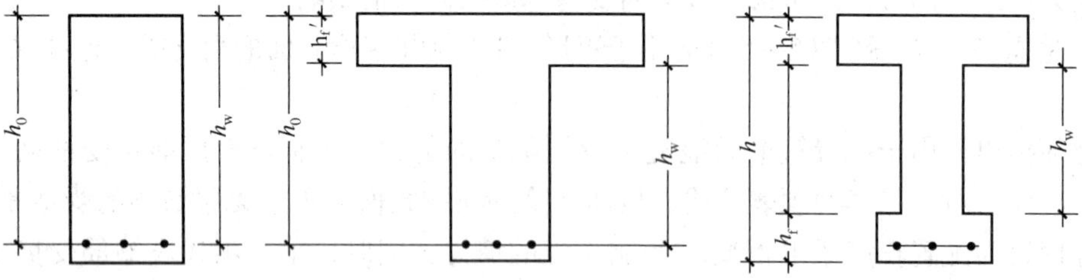

图5-83 梁的腹板高度 h_w

（a）$h_w = h_0$ （b）$h_w = h_0 - h_f'$ （c）$h_w = h - h_f' - h_f$

对于薄腹梁，由于其肋部宽度较薄，所以在梁腹中部剪应力很大，与一般梁相比容易出现腹剪斜裂缝，裂缝宽度较宽，因此对其截面限值条件［式（5-59b）］取值有所降低。

设计中，如不满足式（5-59）时，应加大截面尺寸或提高混凝土强度等级，直到满足。

②下限值——最小配箍率：当配箍率小于一定值时，斜裂缝出现后，箍筋不能承担斜裂缝截面混凝土退出工作释放出来的拉应力，而很快达到屈服，其受剪承载力与无腹筋梁基本相同，当剪跨比较大时，可能产生斜拉破坏。为了防止斜拉破坏，《规范》规定：当 $V > V_c$ 时配箍率应满足

$$\rho_{sv} = \frac{nA_{sv1}}{bs} \geqslant \rho_{svmin} = 0.25 f_t / f_{yv} \tag{5-60}$$

为控制使用荷载下的斜裂缝宽度，并保证箍筋穿越每条斜裂缝，《规范》规定了最大箍筋间距 s_{max}（表 5－13）。

表 5－13　　箍筋的最大间距 s_{max}

梁高 h	$V > 0.7 f_t b h_0$	$V \leqslant 0.7 f_t b h_0$
$150 < h \leqslant 300$	150	200
$300 < h \leqslant 500$	200	300
$500 < h \leqslant 800$	250	350
$h > 800$	300	400

同样，为防止弯起钢筋间距太大，出现不与弯起钢筋相交的斜裂缝，使其不能发挥作用，《规范》规定：当按计算要求配置弯起钢筋时，前一排弯起点至后一排弯终点的距离不应大于表 5－13 中 $V > 0.7 f_t b h_0$ 栏的最大箍筋间距 s_{max}，且第一排弯起钢筋弯终点距支座边的间距也不应大于 s_{max}（图 5－84）。

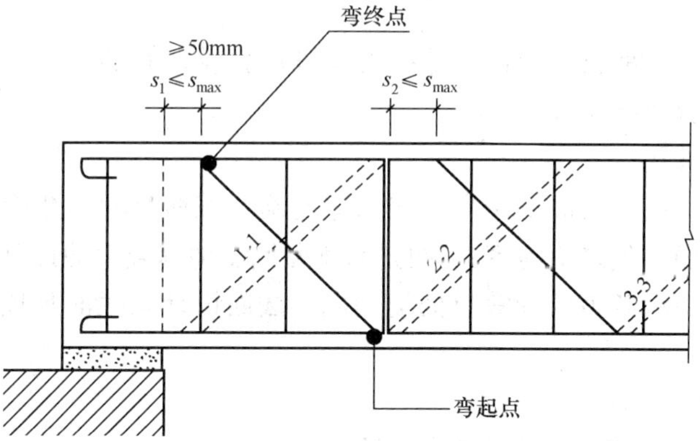

图 5－84　弯起钢筋的间距

5.2.6.9　受弯构件斜截面受剪承载力的设计计算

（1）设计方法及计算截面的确定

为了保证不发生斜截面的剪切破坏，应满足下列公式要求：

$$V \leqslant V_u \tag{5-61}$$

式中　V——斜截面上的剪力设计值；

V_u——斜截面受剪承载力设计值。

在计算斜截面受剪承载力时，剪力设计值 V 应按下列计算截面采用：

①支座边缘截面：通常支座边缘截面的剪力最大，对于图 5－85 中 1－1 斜裂缝截面的受剪承载力计算，应取支座截面处的剪力（图 5－85 中 V_1）；

②腹板宽度改变处截面：当腹板宽度减小时，受剪承载力降低，有可能产生沿图 5－85 中 2－2 斜截面的受剪破坏。对此斜裂缝截面，应取腹板宽度改变处截面的剪力（图 5－85 中 V_2）；

③箍筋直径或间距改变处截面：箍筋直径减小或间距增大，受剪承载力降低，可能产生沿图 5－85 中 3－3 斜截面的受剪破坏。对此斜裂缝截面，应取箍筋直径或间距改变处截面的剪力（图 5－85 中 V_3）；

④弯起钢筋起弯起点处的截面：未设弯起钢筋的受剪承载力低于弯起钢筋的区段，可能在弯起钢筋弯起点处产生沿图 5－85 中的 4－4 斜截面破坏。对此斜裂缝截面，应取弯起钢筋弯起点处截面的剪力（图 5－85 中 V_4）。

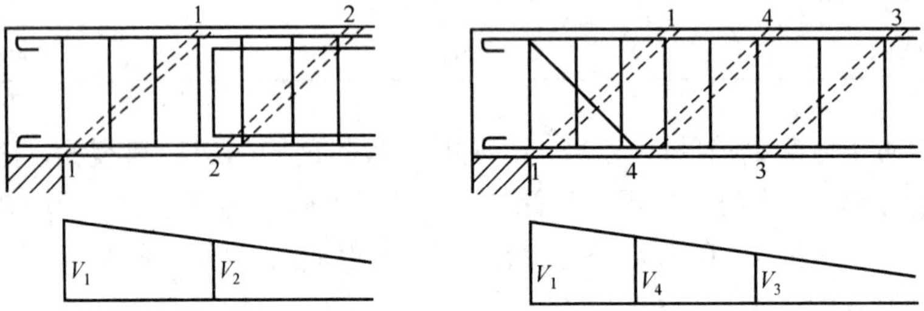

图 5－85 斜截面受剪承载力的计算截面

总之，斜截面受剪承载力的计算是按需要进行分段计算的，计算时应取区段内的最大剪力为该区段的剪力设计值。

（2）设计计算步骤

一般梁的设计为：首先根据跨高比和高宽比确定截面尺寸，然后进行正截面承载力设计计算，确定纵筋（见之前内容），再进行斜截面受剪承载力的计算确定腹筋。

受弯构件斜截面承载力的计算有两类问题：截面设计和截面复核。本书主要讨论截面设计。

①只配置箍筋：

a. 确定计算截面位置，计算其剪力设计值 V。

b. 校核截面尺寸。根据式（5－59）验算是否满足截面限制条件，如不满足应加大截面尺寸或提高混凝土强度等级。

c. 确定腹筋用量。若 $V \leqslant V_c$，则按表 5－13 最大箍筋间距和表 5－14 最小箍筋直径的要求配置箍筋；若 $V > V_c$，按下式计算箍筋用量：

$$\frac{nA_{sv1}}{s} \geqslant \frac{V - 0.7f_t bh_0}{1.25f_{yv}h_0} \quad （一般情况）$$

$$\frac{nA_{sv1}}{s} \geqslant \frac{V - \dfrac{1.75}{\lambda + 1}f_t bh_0}{f_{yv}h_0} \quad （集中荷载为主）$$

表 5-14　　箍筋的最小直径

梁高 h	箍筋直径	梁高 h	箍筋直径
$h \leqslant 800$	6	$h > 800$	8

d. 根据 A_{sv}/s 值确定箍筋直径和间距，并满足式（5-60）最小配箍率、表 5-13 钢筋最大间距和表 5-14 箍筋直径最小的要求。

②配置箍筋和弯起钢筋：一般先根据经验和构造要求配置箍筋，确定 V_{cs}，对于 $V > V_{cs}$ 区段，按下式计算确定弯起钢筋的截面：

$$A_{sb} = \frac{V - V_{cs}}{0.8 f_y \sin\alpha_s} \tag{5-62}$$

式中，剪力设计值 V 应根据弯起钢筋计算斜截面的位置确定，如图 5-86 所示的配置多排弯起钢筋的情况，第一排截面面积 $A_{sb1} = \dfrac{V_1 - V_{cs}}{0.8 f_y \sin\alpha_s}$；第二排截面面积 $A_{sb2} = \dfrac{V_2 - V_{cs}}{0.8 f_y \sin\alpha_s}$。

【例 5-22】一承受均布荷载的矩形截面简支梁，截面尺寸 $b \times h = 200\text{mm} \times 500\text{mm}$，采用混凝土 C30，箍筋 HPB300 级，环境类别一类，当采用 ϕ8@200 箍筋时，双肢箍，如图 5-87 所示，试求该梁能够承担的最大剪力设计值 V 为多少？

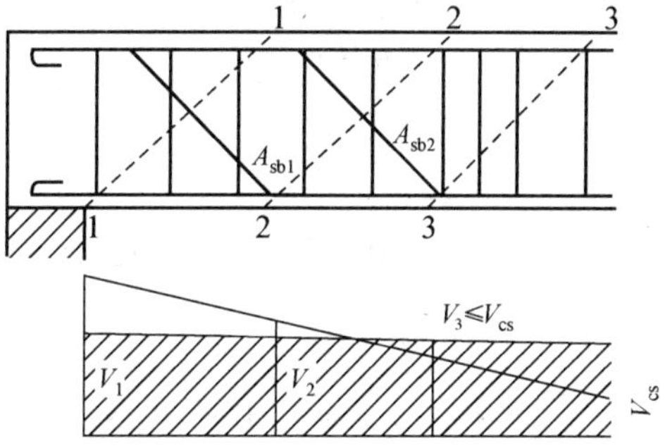

图 5-86　配置多排弯起钢筋

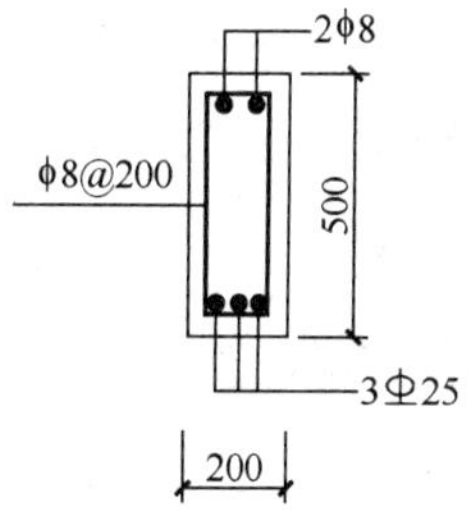

图 5-87　例 5-22 图

【解】(1) 已知条件

$h_0 = 500 - 35 = 465$（mm），混凝土 C30，$f_c = 14.3\text{MPa}$，$f_t = 1.43\text{MPa}$，箍筋 HPB300 级 $f_{yv} = 270\text{MPa}$，ϕ8 双肢箍，$A_{sv1} = 50.3\text{mm}^2$，$n = 2$。

(2) 复核截面尺寸及配箍率

$$h_w = h_0 = 465,\quad \frac{h_w}{b} = \frac{465}{200} = 2.325 < 4$$

$0.25\beta_c f_c b h_0 = 0.25 \times 1 \times 14.3 \times 200 \times 465 = 332475(\text{N}) = 332.475(\text{kN}) > V_{cs} = 154.49\text{kN}$，截面尺寸满足要求，不会发生斜压破坏。

$$\rho_{sv} = \frac{nA_{sv1}}{bs} = \frac{2 \times 50.3}{200 \times 200} = 0.2515\% > \rho_{sv,min} = 0.24 f_t / f_{yv} = 0.127\%$$

所以不会发生斜拉破坏。

所选箍筋直径和间距均满足表 5-13 和表 5-14 的要求。

（3）计算箍筋和混凝土承担的剪力值 V_u

$$V_u = V_{cs} = 0.7f_tbh_0 + 1.25f_{yv}\frac{A_{sv}}{s}h_0$$

$$V_u = 0.7 \times 1.43 \times 200 \times 465 + 1.25 \times 270 \times \frac{2 \times 50.3}{200} \times 465 = 172033(\text{N}) = 172.033(\text{kN})$$

所以该梁能承担的最大剪力设计值 $V = V_u = 172.033\text{kN}$。

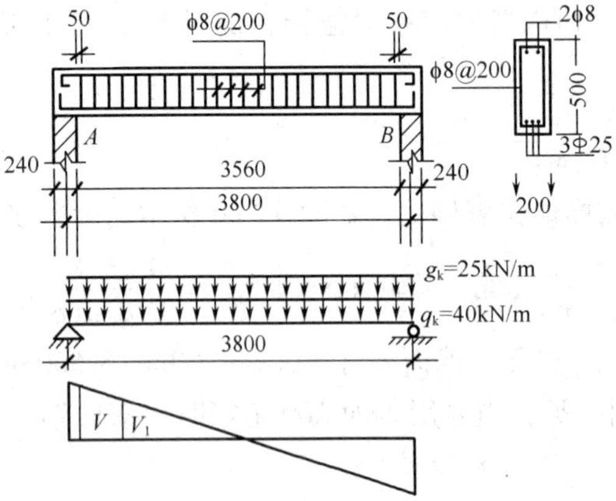

图 5－88　例 5－23 图

【例 5－23】如图 5－88 所示一钢筋混凝土简支梁，承受永久荷载标准值 $g_k = 25\text{kN/m}$，可变荷载标准值 $q_k = 40\text{kN/m}$，环境类别一类，采用混凝土 C25，箍筋 HPB300 级，纵筋 HRB335 级，按正截面受弯承载力计算得，选配 3Φ25 纵筋，试根据斜截面受剪承载力要求确定腹筋。

【解】（1）已知条件

$l_n = 3.56\text{m}$，$h_0 = 500 - 35 = 465$（mm），混凝土 C25，$f_c = 11.9\text{MPa}$，$f_t = 1.27\text{MPa}$；箍筋 HPB300 级 $f_{yv} = 270\text{MPa}$，纵筋 HRB335 级 $f_y = 300\text{MPa}$。

（2）计算剪力设计值

最危险的截面在支座边缘处，剪力设计值为：

①以永久荷载效应组合为主：

$$V = \frac{1}{2}(\gamma_G g_k + \gamma_Q q_K) \times l_n = \frac{1}{2}(1.35 \times 25 + 1.4 \times 0.7 \times 40) \times 3.56 = 130.12(\text{kN})$$

②以可变荷载效应组合为主：

$$V = \frac{1}{2}(\gamma_G g_k + \gamma_Q q_K) \times l_n = \frac{1}{2}(1.2 \times 25 + 1.4 \times 40) \times 3.56 = 153.08(\text{kN})$$

两者取大值 $V = 153.08\text{kN}$

（3）验算截面尺寸

$$h_w = h_0 = 465 \qquad \frac{h_w}{b} = \frac{465}{200} = 3.325 < 4$$

$0.25\beta_c f_c bh_0 = 0.25 \times 1 \times 11.9 \times 200 \times 465 = 276675(\text{N}) = 276.675(\text{kN}) > V = 153.08\text{kN}$，截面尺寸满足要求。

（4）判断是否需要按计算配置腹筋

$$0.7f_tbh_0 = 0.7 \times 1.27 \times 200 \times 465 = 82677(\text{N}) = 82.677(\text{kN}) < V = 153.08\text{kN}$$

所以需要按计算配置腹筋。

（5）计算腹筋用量

$$V \leqslant V_{cs} = 0.7f_tbh_0 + 1.25f_{yv}\frac{A_{sv}}{s}h_0$$

$$\frac{nA_{sv1}}{s} \geqslant \frac{V - 0.7f_tbh_0}{1.25f_{yv}h_0} = \frac{153.08 \times 10^3 - 82677}{1.25 \times 270 \times 465} = 0.449(\text{mm}^2/\text{mm})$$

选 ϕ8 双肢箍，$A_{sv1}=50.3mm^2$，$n=2$，代入上式得 $s \leqslant \frac{nA_{sv1}}{0.449}=\frac{2\times 50.3}{0.449}$

$s \leqslant 224mm$　取 $s=200mm=s_{max}=200mm$

（6）验算配箍率

$$\rho_{sv}=\frac{nA_{sv1}}{bs}=\frac{2\times 50.3}{200\times 200}=0.252\% > \rho_{sv,min}=0.24f_t/f_{yv}=0.127\%$$

配箍率满足要求，且所选箍筋直径和间距均符合构造要求，配筋图如图 5－88 所示。

【例 5－24】如图所示 5－89 所示，一 T 形截面简支梁，承受一集中荷载，其设计值为 $P=400kN$（忽略梁自重），环境类别一类，采用混凝土 C30，箍筋 HRB335 级，试确定箍筋数量。

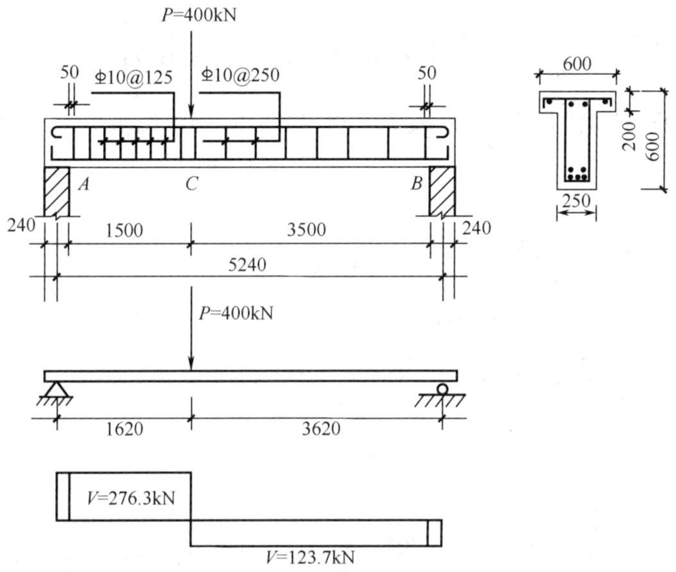

图 5－89　例 5－24 图

【解】（1）已知条件

$h_0=600-60=540$（mm），混凝土 C30，$f_c=14.3MPa$，$f_t=1.43MPa$；箍筋 HRB335 级 $f_{yv}=300MPa$，

（2）计算剪力设计值如图 5－89 所示，根据剪力的变化情况，将梁分 AC 和 BC 两段计算

（3）验算梁截面尺寸：

$$h_w=h_0-h'_f=540-200=340(mm)$$

$$\frac{h_w}{b}=\frac{340}{250}=1.36<4$$

$0.25\beta_c f_c bh_0=0.25\times 1\times 14.3\times 250\times 540=482625(N)=482.625(kN)>V_{max}=276.3kN$，截面尺寸满足要求。

（4）箍筋的直径和间距的计算

①AC 段：

a. 剪跨比 $\lambda = \frac{a}{h_0} = \frac{1620}{540} = 3$。

b. 判断是否需要按计算配置腹筋

$$\frac{1.75}{1+\lambda}f_t bh_0 = \frac{1.75}{1+3} \times 1.43 \times 250 \times 540 = 84459(\mathrm{N}) = 84.459(\mathrm{kN}) < V = 276.3\mathrm{kN}$$

所以需要按计算配置腹筋。

c. 计算配置腹筋

$$\frac{nA_{sv1}}{s} \geqslant \frac{V - \frac{1.75}{\lambda+1}f_t bh_0}{f_{yv}h_0} = \frac{276.3 \times 10^3 - 84459}{300 \times 540} = 1.18(\mathrm{mm^2/mm})$$

选Φ10 双肢箍，$A_{sv1} = 78.5\mathrm{mm}^2$，$n = 2$，代入上式得 $s \leqslant 132\mathrm{mm}$，取 $s = 125\mathrm{mm}$。

d. 配箍率验算

配箍率 $\rho_{sv} = \frac{nA_{sv1}}{bs} = \frac{2 \times 78.5}{250 \times 125} = 0.502\% > \rho_{sv,min} = 0.24f_t/f_{yv} = 0.114\%$

且所选箍筋直径和间距均符合表 5－13 和表 5－14 的要求，配筋图如图 5－89 所示。

②BC 段：

a. 剪跨比 $\lambda = \frac{a}{h_0} = \frac{3620}{540} = 6.7 > 3$，取 $\lambda = 3$。

b. 判断是否需要按计算配置腹筋

$$\frac{1.75}{1+\lambda}f_t bh_0 = \frac{1.75}{1+3} \times 1.43 \times 250 \times 540 = 84459(\mathrm{N}) = 84.459(\mathrm{kN}) < V = 123.7\mathrm{kN}$$

所以需要按计算配置腹筋。

c. 计算配置腹筋

$$\frac{nA_{sv1}}{s} \geqslant \frac{V - \frac{1.75}{\lambda+1}f_t bh_0}{f_{yv}h_0} = \frac{123.7 \times 10^3 - 84459}{300 \times 540} = 0.2422(\mathrm{mm^2/mm})$$

选Φ10 双肢箍，$A_{sv1} = 78.5\mathrm{mm}^2$，$n = 2$，代入上式得 $s \leqslant 648\mathrm{mm}$。

根据构造 $s \leqslant s_{max}$，取 $s = 250\mathrm{mm}$。

d. 配箍率 $\rho_{sv} = \frac{nA_{sv1}}{bs} = \frac{2 \times 78.5}{250 \times 250} = 0.25\% > \rho_{sv,min} = 0.24f_t/f_{yv} = 0.114\%$

所选箍筋直径和间距均符合构造要求，配筋图如图 5－89 所示。

（3） 构造要求

①纵向钢筋的弯起、截断和锚固：在进行受弯构件正截面承载力计算配置纵向钢筋时，是按照跨中的最大弯矩设计值计算配置跨中钢筋，根据支座的最大负弯矩计算配置支座负钢筋（图 5－90）。但除计算截面之外的其他截面，弯矩均小于计算截面。也就是说，计算截面外的其他截面配筋量可以减少。如图 5－90 所示，若每个截面均配置和计算截面同样数量的钢筋，显然是不经济的。

在实际工程中，常将一部分跨中正钢筋在其不需要的位置弯起，使其和箍筋一起抵抗剪力。而将支座负钢筋在其不需要的位置截断（或分批截断），以节省钢筋，如图 5－91 所示。

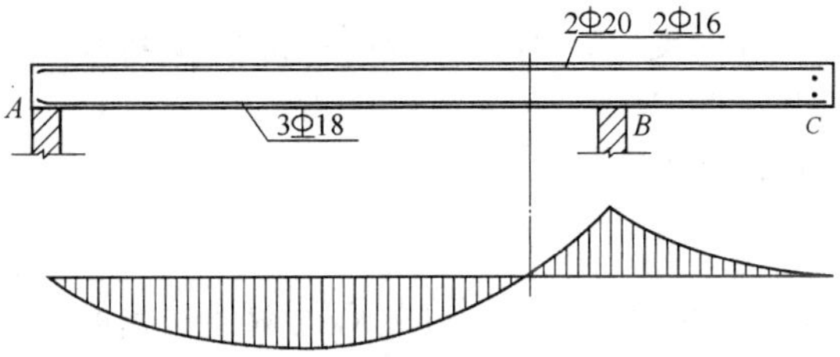

图 5－90　悬臂梁弯矩及配筋图

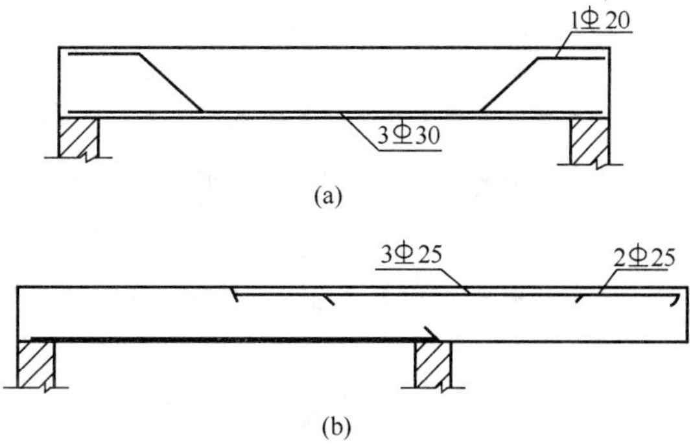

图 5－91　简支梁钢筋弯起（a）与悬臂梁负钢筋截断（b）

那么，对于不同的受弯构件，如何确定其纵向钢筋的弯起点位置、弯起筋的数量，即在纵向钢筋弯起和截断后，如何保证其正截面抗弯能力和其斜截面抗弯能力？此外，纵向钢筋必须有足够的锚固长度，通过在锚固长度上的黏结力积累，才能使钢筋建立起所需的拉力，那么，如何保证纵向钢筋的黏结锚固要求？这些问题需要通过抵抗弯矩图（M_R 图）或材料图来解决。为此，需要引进抵抗弯矩图的概念。

抵抗弯矩图是指按受弯构件实际配置的纵向钢筋绘制的梁上各正截面所能承受的弯矩图，它反映了沿梁长正截面上材料的抗力，故简称为材料图。图中竖标所表示的正截面受弯承载力设计值 M_R 简称抵抗弯矩。

如图 5－92 所示为一承受均布荷载作用下简支梁的 M 图和 M_R 图，其设计弯矩图（M 图）为曲线形，跨中最大弯矩为 M_{max}。该梁根据 M_{max} 计算配置的纵向钢筋为 4Φ22。若梁钢筋的总面积正好等于计算面积，则 M_R 图的外围水平线正好与 M 图上最大弯矩点相切，若梁钢筋的总面积略大于计算面积，则可根据实际配筋量 A_s，利用下式来求 M_R 图外围水平线的位置，即：

$$M_R = A_s f_y \left(h_0 - \frac{f_y A_s}{2\alpha_1 f_c b} \right) \qquad (5-63)$$

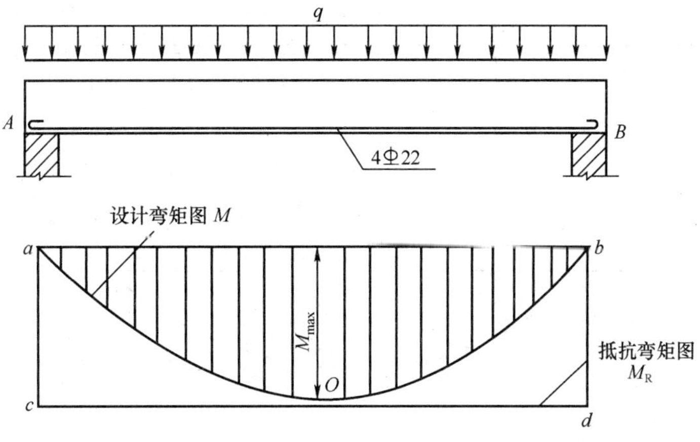

图 5－92　配通长直筋简支梁的抵抗弯矩图

每根钢筋所能承担的 M_{Ri} 可近似按该钢筋的面积 A_{si} 与总面积 A_s 的比，乘以 M_R 求得，即

$$M_{Ri} = M_R \frac{A_{si}}{A_s} \tag{5-64}$$

若上述梁所配的 4 Φ22 纵向钢筋均直通伸入两端支座，则梁各截面因配筋相同都具有大小为 M_R 的抵抗弯矩，因而，其抵抗弯矩图即为图中的矩形弯矩图。若有部分纵向钢筋在跨中的某一截面弯起，则该梁的抵抗弯矩图就不再是矩形。

a. 纵向钢筋的弯起：

ⓐ纵向钢筋弯起在抵抗弯矩图上的表示方法：图 5－93 为一根在均布荷载作用下的简支梁，配有 2 Φ22 +2 Φ20 的纵向钢筋。若欲将其中 1 Φ20 弯起，其抵抗弯矩图可以这样绘制：

按一定比例绘出梁的设计弯矩图（如图 5－93 中曲线形图 ono'），并按相同的比例绘出纵筋未弯起时梁的抵抗弯矩图（图 5－93 中 $ogg'o'$矩形图，一般所配纵筋实际能抵抗的弯矩较设计弯矩稍大）。按式（5－64）近似计算出每根钢筋所能抵抗的弯矩，如图中的 1、2、3 各点。竖矩 $m1$ 代表 1 Φ22 纵筋所能抵抗的弯矩，竖矩 12 代表另 1 Φ22 所能抵抗的弯矩，竖矩 23 和竖矩 $3n$ 分别代表其余 2 根 1 Φ20 的纵筋所能抵抗的弯矩（一般将拟弯起纵筋所能抵抗的弯矩划分在弯矩图下边）。分别过点 1、2、3 作水平线与 M 图相交于 c、b、a 点和 c'、b'、a'点，n 点为最后 1 Φ20 纵筋的“充分利用点”，a、a'则为该钢筋的“不需要点”。这时，若欲根据 1 Φ20 钢筋的“不需要点”决定该钢筋的弯起点位置，则可过 a 点作垂线与梁中和轴相交于 e 点，根据钢筋所需弯起的角度（一般为 45°或 60°）过 e 点作斜线与纵向钢筋交于点 e'，e'点即为 1 Φ20 纵筋的弯起点。过 e'点作垂线，与抵抗弯矩图交于点 n'，连接点 $n'a$，则折线 $odan'n$ 即为 1 Φ20 纵筋在 e'点弯起后的抵抗弯矩图。抵抗弯矩图中的斜线段 $n'a$ 是考虑纵筋 1 Φ20 虽然从 e'点弯起，但在其未进入中和轴之前仍具有一定的拉力，且越靠近中和轴拉力越小，至 e 点时不再受拉，因而 $e'e$ 段钢筋越接近中和轴，其所抵抗的弯矩也越小。

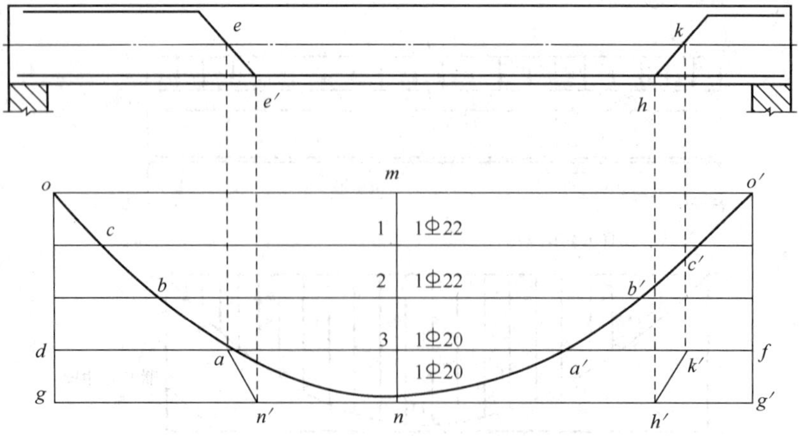

图 5－93 配弯起筋简支梁的抵抗弯矩图

若欲将 1 Φ20 纵筋在 h 点按一定角度弯起（图 5－93 所示），则可分别过 h、k 点作垂线，分别与抵抗弯矩图交于 h'、k' 点，连接 $h'k'$，则折线 $nh'k'fo'$ 即为 1 Φ20 纵筋在 h 点弯起时的抵抗弯矩图。也可以用同样的方法绘制另 1 Φ20 纵筋弯起时的抵抗矩图。

从抵抗弯矩图可以看出，抵抗弯矩图越贴近设计弯矩图，纵筋利用也就越充分，因而也越经济。但在实际工程中，纵筋弯起还要根据梁的具体情况、构造要求及施工方面的问题进行综合考虑。一般梁底部的纵向钢筋伸入支座不少于两根，故只有底部纵向钢筋数量多于三根以上才可以考虑弯起钢筋，另外，梁底部的纵向钢筋通常是不能截断的。

ⓑ纵向钢筋弯起应满足的条件：

i. 为了保证在纵向钢筋弯起后正截面有足够的抗弯能力，应使纵向钢筋弯起后梁的抵抗弯矩图包住梁的设计弯矩图，即弯起钢筋与梁中和轴的交点不得位于按正截面承载力计算不需要该钢筋的截面以内。

如图 5－94 所示，若纵向钢筋从 a 点弯起，由抵抗矩图可以看出，梁在 $b'b$ 段的正截面抗弯能力显然不足。

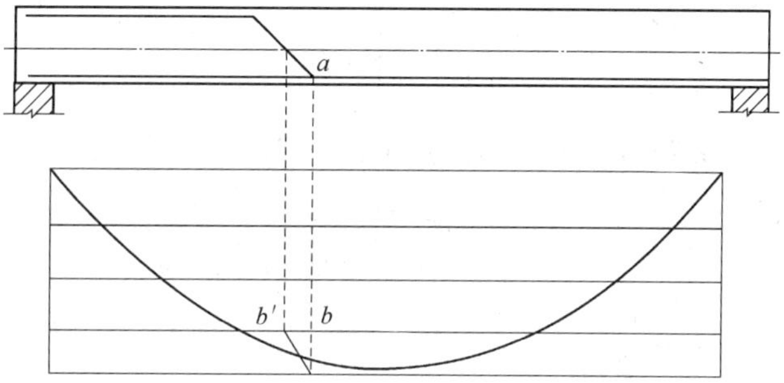

图 5－94　配弯起筋简支梁的抵抗弯矩图

ii. 为了保证斜截面抗弯能力，纵向钢筋的弯起点应设在按截面抗弯能力计算时该钢筋的“充分利用点”截面以外，其水平距离不小于 $h_0/2$ 处（图 5－95）。

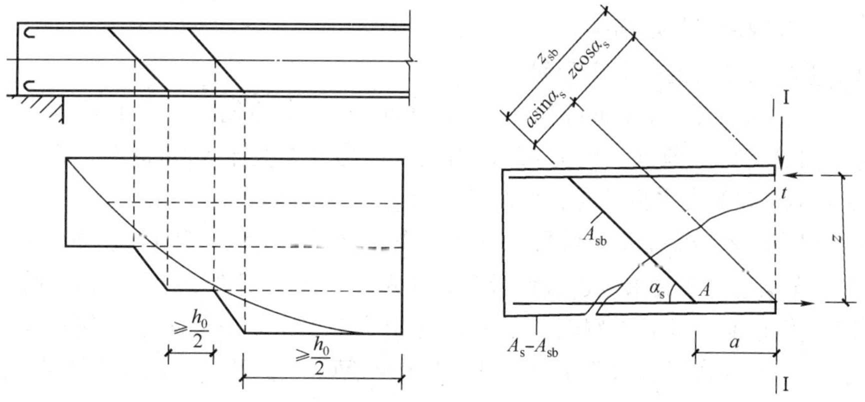

图 5－95　弯起点位置

为什么满足上述要求才能保证斜截面的抗弯能力呢？如图 5－95 所示，若截面Ⅰ-Ⅰ承受的设计弯矩为 M_{I}，按正截面计算需配置纵向钢筋截面面积为 A_s，在 A 点处弯起一根（一排）纵筋，其截面面积为 A_{sb}，未弯起纵筋截面面积则为 $(A_s - A_{sb})$。设弯起钢筋充分利用点至弯起点距离为 a，弯起筋至 t 点的力臂为 z_{sb}。

由正截面计算可算得Ⅰ-Ⅰ截面的抗弯能力为：

$$M_{\mathrm{I}} = f_y A_s z$$

当斜裂缝出现后，根据平衡条件可知，作用在斜截面上的弯矩仍为 M_{I}，但由于纵筋的弯起，斜截面所能承受的弯矩则为

$$f_y(A_s - A_{sb})z + f_y A_{sb} z_{sb} \tag{5-65}$$

为了保证斜截面的抗弯能力，则需满足

$$f_y(A_s - A_{sb})z + f_y A_{sb} z_{sb} \geqslant f_y A_s z \tag{5-66}$$

即

$$z_{sb} \geqslant z \tag{5-67}$$

而

$$z_{sb} = a\sin\alpha_s + z\cos\alpha_s \tag{5-68}$$

于是可得：

$$a \geqslant \frac{1 - \cos\alpha_s}{\sin\alpha_s} \cdot z \tag{5-69}$$

一般 $z = (0.91 \sim 0.77)h_0$，α_s 一般为45°或60°，则：

当 $\alpha_s = 45°$时，
$$a \geqslant (0.372 \sim 0.319)\ h_0 \tag{5-70}$$

当 $\alpha_s = 60°$时，
$$a \geqslant (0.525 \sim 0.445)\ h_0 \tag{5-71}$$

为了方便起见，取 $a \geqslant \dfrac{h_0}{2}$

所以，在布置弯起钢筋时，为了满足斜截面抗弯能力的要求，必须将该钢筋伸过其充分利用点以外至少 $0.5h_0$ 处才能弯起。

b. 弯起钢筋的构造：

ⓐ梁的剪力较小及梁内所配置纵向钢筋少于三根时，可不布置弯起钢筋。

ⓑ对于采用绑扎骨架的主梁、跨度大于或等于6m 的次梁以及吊车梁，不论计算是否需要，均宜设置构造弯起钢筋。

ⓒ位于梁侧的底层钢筋不应弯起。

ⓓ当梁截面宽度大于350mm 时，在一个截面上的弯起钢筋不得少于两根。

ⓔ弯起钢筋的弯起角度一般为45°，当梁截面高度 h 大于800mm 时，弯起角度可为60°，高度较小，并有集中荷载时，弯起角度可为30°。

ⓕ弯起钢筋的末端应留有直线段，其长度在受拉区不应小于 $20d$，在受压区不应小于 $10d$，对于光面钢筋，在其末端还应设置弯钩（图 5－96）。此处，d 为弯起钢筋的直径。

ⓖ当弯起钢筋是按计算设置时，前一排（相对于支座）弯起筋的弯终点至后一排弯起筋弯起点的水平距离不应大于表 5－14 规定的箍筋最大间距 s_{max}，以避免在两排弯起钢筋之间出现不与弯起钢筋相交的斜裂缝。需要进行疲劳验算的梁，两排弯起筋的间距除满足表 5－13 要求之外，还应不大于 $h_0/2$。

ⓗ靠近支座的第一排弯起钢筋的弯终点至支座边的距离不应大于表 5－13 规定的箍筋

图 5－96　弯起端部锚固

最大间距 s_{max}，原因同前，但也不宜小于 50mm（在实际工程中一般采用 50mm），以免由于钢筋尺寸误差而使钢筋的弯终点进入支座，造成施工不便及弯起钢筋不能充分发挥作用。

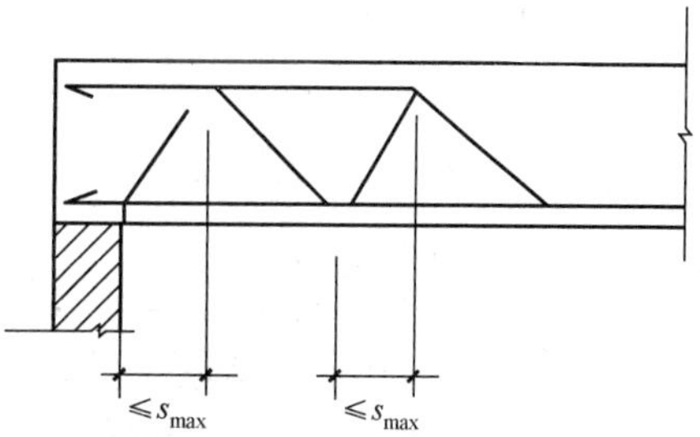

图 5－97　弯起点位置

ⓘ当纵向钢筋不能在所需要的地方弯起，或虽有箍筋及弯起筋但仍不足以抵抗设计剪力时，可增设附加抗剪钢筋，一般称为"鸭筋"［图5－98（a）］，但不准采用"浮筋"［图 5－98（b）］。因为弯筋的作用是将斜裂缝之间的混凝土斜压力传递到受压混凝土中去，以加强混凝土块体之间的共同工作，形成一拱桁架，因而不允许设置"浮筋"。

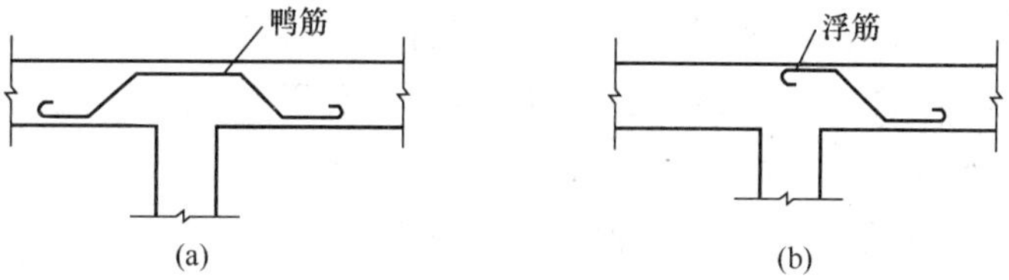

图 5－98　鸭筋和浮筋

c. 纵向钢筋的截断和锚固：

ⓐ纵向钢筋的截断：如前所述，梁跨中下部承受正弯矩的钢筋及支座承受负弯矩的钢筋，是分别根据梁的跨中最大正弯矩及支座最大负弯矩配置的，从理论上说，对这些钢筋中的一部分，可在其不需要的位置截断。但是，对于跨中下部钢筋，除焊接骨架外，一般不允许截断，而采用弯起，或者一直伸进支座。在支座负弯矩区段，负弯矩向支座两侧迅速减小，常采用截断钢筋的办法，减少钢筋用量，以节省钢材。

梁支座负钢筋也常根据材料图截断。从理论上讲，某一根纵筋可在其不需要点（称为理论断点）处截断，但事实上，当在理论断点处切断钢筋后，相应于该处的混凝土拉应力会突增，有可能在切断处过早地出现斜裂缝，而该处未切断纵筋的强度是被充分利用的，斜裂缝的出现，使斜裂缝顶端截面处承担的弯矩增大，未切断的纵筋应力就有可能超过其抗拉强度，造成梁的斜截面受弯破坏。因而，纵筋必须从理论断点以外延伸一定长度后再切断。此时，若在实际切断处再出现斜裂缝，则因该处未切断的纵筋并未充分利用，能承担因斜裂缝出现而增大的弯矩，再加上与斜裂缝相交的箍筋也能承担一部分增长的弯矩，从而使斜截面的受弯承载力得以保证。

梁支座截面承担负弯矩的纵向钢筋若要分批截断时，每批钢筋应延伸至按正截面受弯承载力计算不需要该钢筋的截面之外，延伸长度按以下规定采用：

i. 当 $V \leqslant 0.7f_tbh_0$ 时，应延伸至按正截面受弯承载力计算不需要该钢筋的截面以外不小于 $20d$ 处截断，且从该钢筋强度充分利用截面伸出的长度不应小于 $1.2l_d$（图 5－99）；

ii. 当 $V > 0.7f_tbh_0$ 时，应延伸至按正截面受弯承载力计算不需要该钢筋的截面以外不小于 h_0 且不小于 $20d$ 处截断，且从该钢筋强度充分利用截面伸出的长度不应小于 $1.2l_a + h_0$（图 5－100）。

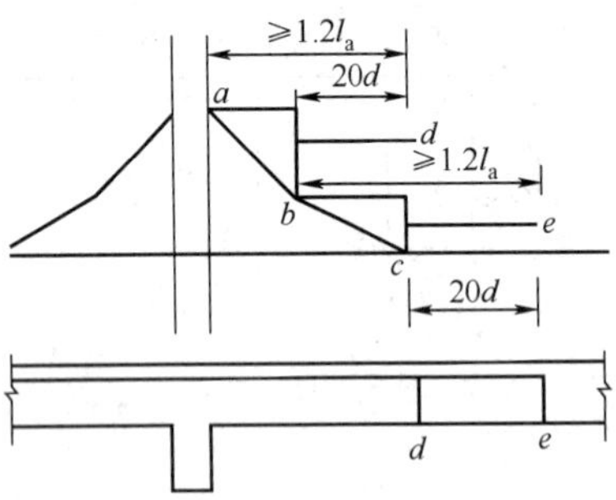

图 5－99　$V \leqslant 0.7f_tbh_0$ 时的钢筋截断

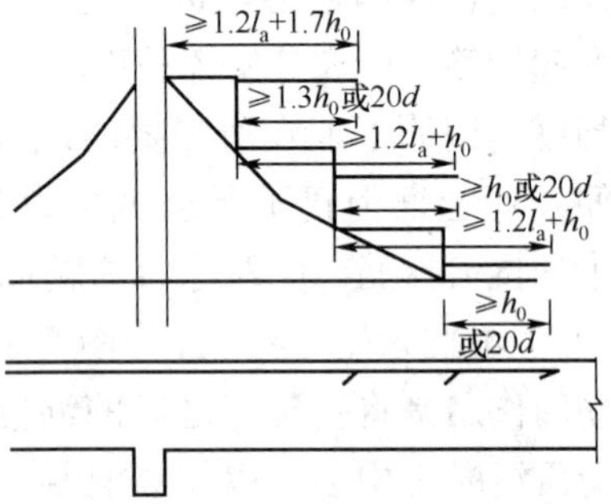

图 5－100　$V > 0.7f_tbh_0$ 时的钢筋截断

若按上述规定确定的截断点仍位于负弯矩受拉区内，则应延伸至按正截面受弯承载力计算不需要该钢筋的截面以外不小于 $1.3h_0$ 且不小于 $20d$ 处截断，且从该钢筋强度充分利用截面伸出的延伸长度不应小于 $1.2l_a + 1.7h_0$。

如图 5－101 所示一连续梁支座，根据支座处负弯矩设计值，配置 1Φ25 纵筋，则点 a、a'、b、b'、c、c'、d、d'分别为 4 根钢筋的不需要点（也称为钢筋的理论截断点），钢筋在离开不需要点一定长度后截断，钢筋截断后，其抵抗弯矩图为阶梯形。

在实际工程中，为了施工方便，对支座负钢筋常采用分批截断，以减少钢筋的长度种类。例如图 5－101 的支座负钢筋，采分两批截断，其抵抗弯矩图如图 5－102 所示。

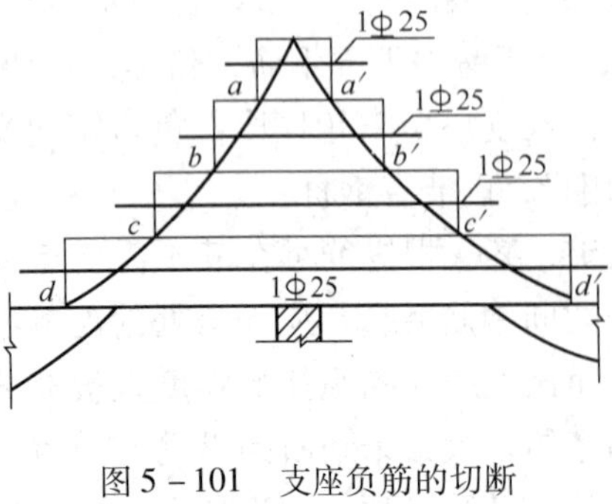

图 5－101　支座负筋的切断

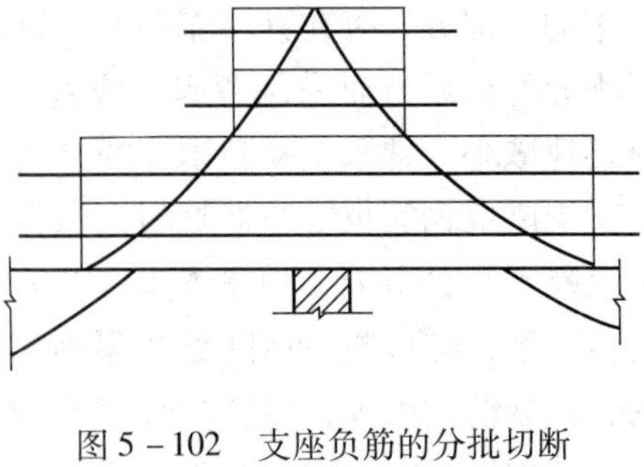

图 5－102　支座负筋的分批切断

对于板及次梁纵向钢筋的截断位置，一般不需绘制设计弯矩图及抵抗弯矩图来确定，而是根据经验确定（详见相关章节）。

ⓑ纵筋的锚固：为了避免纵筋在受力过程中产生滑移，甚至从混凝土中拔出而造成

锚固破坏，纵筋的锚固应满足以下要求：

i. 计算中充分利用钢筋的抗拉强度时，受拉钢筋的锚固长度应按下式计算：

$$l_a = \alpha \frac{f_y}{f_t} d \tag{5-72}$$

式中　l_a——受拉钢筋的锚固长度；

f_y——锚固钢筋抗拉强度设计值；

f_t——混凝土轴心抗拉强度设计值，按查表采用；当混凝土强度等级高于 C40 时，按 C40 取值；

d——钢筋的直径或锚固并筋（钢筋束）的等效直径；

α——钢筋的外形系数，按表 5－15 取用。

表 5－15　　钢筋的外形系数

钢筋类型	光面钢筋	带肋钢筋	刻痕钢丝	螺旋肋钢丝	三股钢绞线	七股钢绞线
α	0.16	0.14	0.19	0.14	0.16	0.17

此外，由于锚固条件的不同，锚固长度还应分别乘以下列修正系数：

当 HRB335、HRB400 和 RRB400 级钢筋的直径大于 25mm 时，其锚固长度应乘以修正系数 1.1；

HRB335、HRB400 和 RRB400 级的环氧树脂涂层钢筋，其锚固长度应乘以修正系数 1.25；

当钢筋在混凝土施工过程中易受扰动（如滑模施工）时，其锚固长度应乘以修正系数 1.1；

当 HRB335、HRB400 和 RRB400 级钢筋在锚固区的混凝土保护层厚度大于钢筋直径的 3 倍且配有箍筋时，其锚固长度可乘以修正系数 0.8；

除构造需要的锚固长度外，当纵向受力钢筋的实际配筋面积大于其设计计算面积时，如有充分依据和可靠措施，其锚固长度可乘以设计计算面积与实际配筋面积的比值。但对有抗震设防要求及直接承受动力荷载的结构构件，不得采用此项修正。

经上述修正后的锚固长度不应小于按式（5－72）计算锚固长度的 0.7 倍，且不应小于 250mm。

ii. 当 HRB335 级、HRB400 级和 RRB400 级纵向受拉钢筋末端采用机械锚固措施时，包括附加锚固端头在内的锚固长度可取为按式（5－72）计算的锚固长度的 0.7 倍。

机械锚固的形式及构造要求宜按图 5－103 采用。

采用机械锚固措施时，锚固长度范围内的箍筋不应少于 3 个，其直径不应小于纵向钢筋直径的 0.25 倍，其间距不应大于纵向钢筋直径的 5 倍。当纵向钢筋的混凝土保护层厚度不小于钢筋公称直径的 5 倍时，可不配置上述箍筋。

iii. 当计算中充分利用纵向钢筋的抗压强度时，其锚固长度不应小于受拉锚固长度的 0.7 倍。

iv. 对承受重复荷载的预制构件，应将纵向非预应力受拉钢筋末端焊接在钢板或角钢上，钢板或角钢应可靠地锚固在混凝土中。钢板或角钢的尺寸应按计算确定，其厚度不

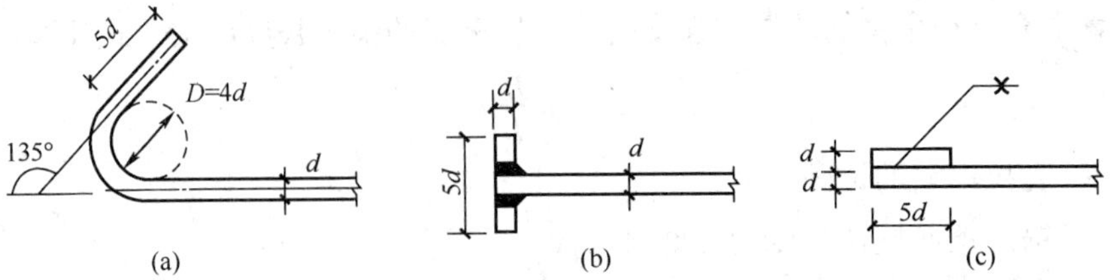

图 5－103　钢筋机械锚固的形式及构造要求

（a）末端带 135°弯钩　（b）末端与钢板穿孔塞焊　（c）末端与短筋双面贴焊

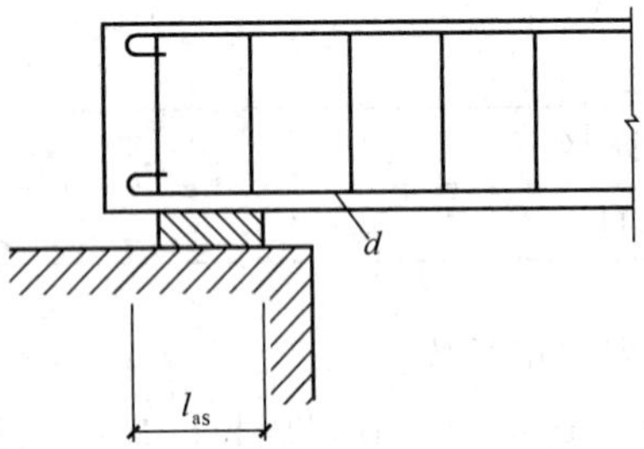

图 5－104　支座钢筋的锚固

宜小于 10mm。

v. 钢筋混凝土简支梁的下部纵向受力钢筋，其伸入支座范围内的锚固长度 l_{as}（图 5－104）应符合下列规定：

当 $V \leqslant 0.7f_t bh_0$ 时，　$l_{as} \geqslant 5d$　（5－73）

当 $V > 0.7f_t bh_0$ 时，带肋钢筋　$l_{as} \geqslant 12d$　（5－74）

光面钢筋　$l_{as} \geqslant 15d$　（5－75）

式中　l_{as}——钢筋的受拉锚固长度；

d——锚固钢筋直径。

如纵向受力钢筋伸入支座范围内的锚固长度不符合上述要求时，应采取在钢筋上加焊横向锚固钢筋、锚固钢板，或将钢筋端部焊接在梁端的预埋件上等有效锚固措施。

如焊接骨架中采用光面钢筋作为纵向受力钢筋，则在锚固长度 l_{as} 范围内应加焊横向钢筋：当 $V \leqslant 0.7f_t bh_0$ 时，至少加焊 1 根钢筋；当 $V > 0.7f_t bh_0$ 时，至少加焊 2 根钢筋，横向钢筋直径不应小于纵向受力钢筋直径的一半。同时，加焊在最外的横向钢筋应靠近纵向钢筋的末端。

对于混凝土强度等级小于或等于 C25 的简支梁，若在距支座 $1.5h$ 范围内作用有集中荷载（包括作用有多种荷载，且其中集中荷载对支座截面所产生的剪力占总剪力的 75%以上的情况），且 $V > 0.7f_t bh_0$ 时，对热轧带肋钢筋宜采用附加锚固措施，或取锚固长度 $l_{as} \geqslant 15d$。

在纵向受力钢筋锚固长度范围内，应配置箍筋。箍筋直径不应小于锚固钢筋直径或并筋（钢筋束）等效直径的 0.25 倍，间距不应大于锚固钢筋最小直径的 10 倍。在采用机械锚固措施时，间距不应大于锚固钢筋最小直径的 5 倍。在整个锚固长度范围内，箍筋不应小于 3 根。当锚固钢筋或并筋（钢筋束）的混凝土保护层厚度不小于钢筋直径或等效直径的 5 倍时，可不受以上限制。

vi. 连续梁或框架梁的上部钢筋应贯通其中间支座或中间节点范围。下部纵向钢筋伸入中间支座或中间节点范围内的锚固长度应符合以下要求：

当计算中不利用其强度时（例如梁在靠近中间支座或中间节点处，对于各种荷载组合情况均不可能出现正弯矩，因而下部钢筋不可能受拉，而且也不利用其抗压强度时），其伸入的锚固长度应符合前述简支梁中 $V > 0.7f_t bh_0$ 的要求；

当计算中充分利用钢筋的抗拉强度时，其伸入锚固长度应不小于 l_a 的数值；

当计算中充分利用钢筋的抗压强度时，其伸入的锚固长度不应小于 $0.7l_a$。

框架梁的上部钢筋在中间层端节点内的锚固长度除应符合 l_a 要求外，并应伸过节点中心线，当上部钢筋在节点内水平锚固长度不够时，应沿柱节点外边向下弯折，但弯折前后的水平投影长度不应小于 $0.4l_a$，垂直投影长度不应小于 $15d$；下部纵向钢筋伸入节点内的锚固长度，应符合中间节点的要求，如图 5－105 所示。

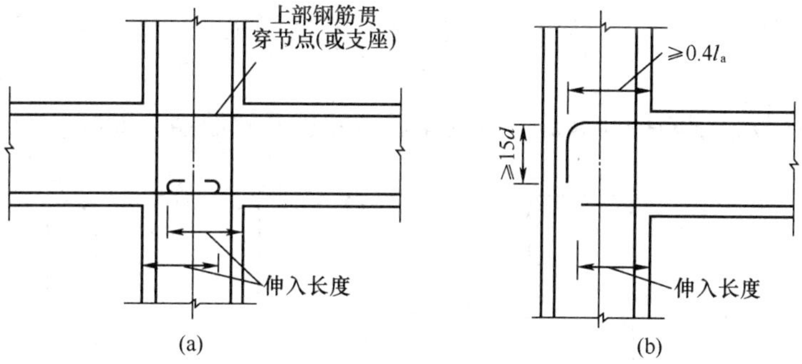

图 5－105　框架梁下部钢筋及上部钢筋在节点内的锚固

（a）框架中间层中节点　（b）框架中间层端节点

当混凝土强度等级不高于 C25，且受柱截面尺寸限制而纵向钢筋经弯折后的水平投影长度不能满足上述要求时，采用下列锚固措施后，水平投影长度可乘以折减系数 0.85：在纵向钢筋的弯弧内侧中点处，设置一根直径不小于该纵向钢筋直径且不小于 25mm 的横向插筋，其长度应等于梁截面宽度，并应与纵向钢筋绑扎。

框架顶层端节点内纵向钢筋的锚固，应采取有效措施或按有关规定采用。

vii. 钢筋骨架中的光面受力钢筋，应在钢筋末端做弯钩。

②箍筋的构造要求：

a. 箍筋的设置：当 $V \leq V_c$，按计算不需设置箍筋时，对于高度大于 300mm 的梁，仍应按梁的全长设置箍筋；高度为 150～300mm 的梁，可仅在梁的端部各 1/4 跨度范围内设置箍筋，但当梁的中部 1/2 跨度范围内有集中荷载作用时，则应沿梁的全长配置箍筋；高度为 150mm 以下的梁，可不设箍筋。

梁支座处的箍筋应从梁边（或墙边）50mm 处开始放置。

b. 箍筋的直径：箍筋除承受剪力外，尚能固定纵向钢筋的位置，并与纵向钢筋一起构成钢筋骨架，为使钢筋骨架具有一定的刚度，箍筋直径应不小于表 5－14 的规定。当梁中配有计算需要的纵向受压钢筋时，箍筋直径不应小于 $d/4$（d 为纵向受压钢筋的最大直径）。

c. 箍筋的间距：

ⓐ梁内箍筋的最大间距应符合表 5－13 的要求。

ⓑ当梁中配有按计算需要的纵向受压钢筋时，箍筋应做成封闭式；此时，箍筋的间距不应大于 $15d$（d 为纵向受压钢筋的最小直径），同时不应大于 400mm；当一层内的纵向受压钢筋多于 5 根且直径大于 18mm 时，箍筋间距不应大于 $10d$；当梁的宽度大于

400mm 且一层内的纵向受压钢筋多于 3 根时，或当梁的宽度不大于 400mm 但一层内的纵向受压钢筋多于 4 根时，应设置复合箍筋。

ⓒ梁中纵向受力钢筋搭接长度范围内的箍筋间距应符合《混凝土结构设计规范》（GB 50010—2010）第 9.4.5 条的规定。

d. 箍筋的形式：箍筋通常有开口式和封闭式两种，如图 5－106 所示。

对于 T 形截面梁，当不承受动荷载和扭矩时，在其跨中承受正弯矩区段内，可采用开口式箍筋。

除上述情况外，一般均应采用封闭式箍筋。在实际工程中，大多数情况下都是采用封闭式箍筋。

e. 箍筋的肢数：箍筋按其肢数，分为单肢、双肢及四肢箍，如图 5－107 所示。

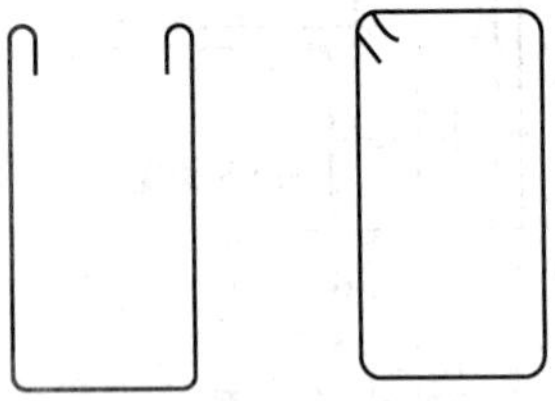

(a) (b)

图 5－106　箍筋的形式

（a）开口式　（b）封闭式

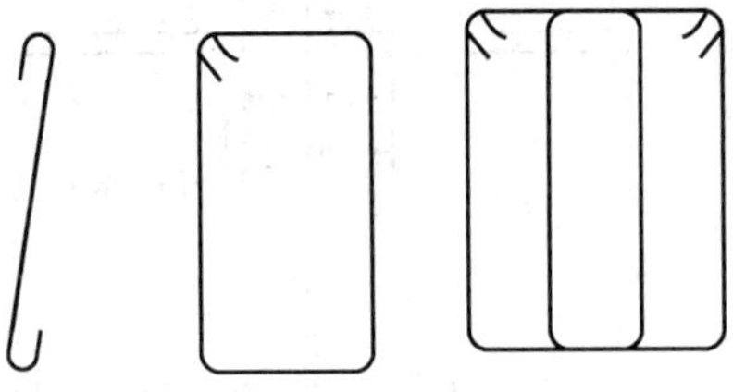

(a) (b) (c)

图 5－107　箍筋的肢数

（a）单肢　（b）双肢　（c）四肢

单肢箍一般在梁宽 $b \leqslant 150$mm 时采用；双肢箍一般在梁宽 $b < 350$mm 时采用；当梁宽 $b \geqslant 350$mm，或一排中受拉钢筋超过 5 根，受压钢筋超过 3 根时，采用四肢箍。四肢箍一般由两个双肢箍组合而成。

采用图 5－107 所示形式的双肢箍或四肢箍时，钢筋末端应采用 135°的弯钩，且弯钩伸进梁截面内的平直段长度，对于一般结构，应不小于箍筋直径的 5 倍。

任务技能

1. 复习本任务的各知识，对各部分的知识进行回顾与阐述。
2. 并完成任务习题。

任务习题

1. 钢筋混凝土梁和板中通常配置哪几种钢筋？各起何作用？

2. 梁、板内纵向受力钢筋的直径、根数、间距有何规定？梁中箍筋有哪几种形式？各适用于什么情况？箍筋肢数、间距有何规定？

3. 混凝土保护层的作用是什么？室内正常环境中梁、板的保护层厚度一般取为多少？

4. 根据纵向受力钢筋配筋率的不同，钢筋混凝土梁可分为哪几种类型？不同类型梁的破坏特征有何不同？破坏性质分别属于什么？实际工程设计中如何防止少筋梁和超筋梁？

5. 单筋矩形截面受弯构件正截面承载力计算公式的适用条件是什么？

6. 钢筋混凝土梁为什么要进行斜截面承载力计算？受弯构件斜截面承载力问题包括哪些内容？结构设计时分别如何保证？

7. 钢筋混凝土受弯构件斜截面受剪破坏有哪几种形态？破坏特征各是什么？以哪种破坏形态作为计算的依据？如何防止斜压和斜拉破坏？

8. 钢筋混凝土受弯构件斜截面承载力计算的基本公式的适用条件是什么？其意义是什么？

9. 钢筋混凝土受弯构件斜截面受剪承载力计算时，有哪些截面需计算？这些截面为什么需计算？

10. 保证钢筋混凝土受弯构件斜截面受弯承载力的构造措施有哪些？

11. 钢筋混凝土受弯构件为什么要进行变形和裂缝宽度验算？增大弯曲刚度和减小裂缝宽度的措施各有哪些？

12. 钢筋混凝土矩形梁的某截面承受弯矩设计值 $M = 100\text{kN}\cdot\text{m}$，$b \times h = 200\text{mm} \times 500\text{mm}$，采用 C25 级混凝土，HRB335 级钢筋。试求该截面所需纵向受力钢筋的数量。

13. 某钢筋混凝土矩形截面简支梁，$b \times h = 200\text{mm} \times 450\text{mm}$，计算跨度 6m，承受的均布荷载标准值为：恒荷载 8.5kN/m（不含自重），活荷载 7kN/m，可变荷载组合值系数 $\psi_c = 0.7$。采用 C25 级混凝土，HRB400 钢筋。试求纵向钢筋的数量。

14. 某钢筋混凝土矩形截面梁，$b \times h = 200\text{mm} \times 450\text{mm}$，承受的最大弯矩设计值 $M = 90\text{kN}\cdot\text{m}$，所配纵向受拉钢筋为 4Φ16，混凝土强度等级为 C20。试复核该梁是否安全。

15. 有一矩形截面梁，截面尺寸 $b \times h = 200\text{mm} \times 350\text{mm}$，采用混凝土强度等级 C20。现配有 HRB400 纵向受拉钢筋 6Φ20（排两排）。试求该梁的受弯承载力。

16. 某 T 形截面独立梁，截面如图所示。采用 C30 级混凝土，HRB400 钢筋。承受弯矩设计值 115kN · m，有效翼缘计算宽度 $b_f' = 600\text{mm}$。求纵向受力钢筋的数量。

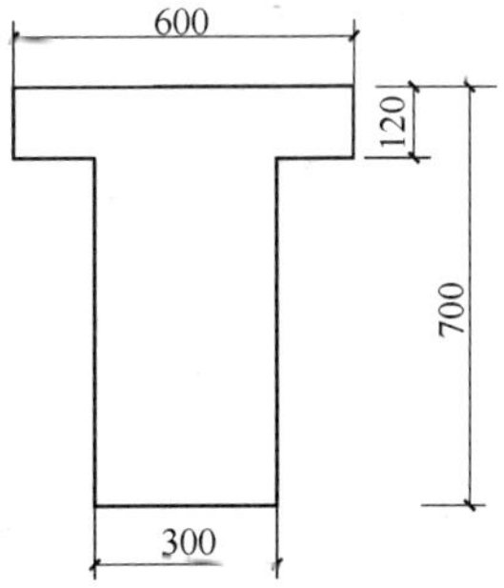

16 题图

17. 某 T 形截面独立梁，承受弯矩设计值 610kN · m。其余条件同习题 16。试求纵向钢筋数量。

18. 某矩形截面简支梁，截面尺寸 $b \times h = 250\text{mm} \times 550\text{mm}$，混凝土强度等级为 C25。

由均布荷载引起的支座边缘剪力设计值为 71kN，a_s = 40mm，箍筋采用 HPB300 钢筋。试求箍筋数量。

19. 某办公楼楼面梁采用矩形截面简支梁，截面尺寸 $b \times h$ = 200mm × 550mm，净跨度 5.76m，承受均布恒荷载标准值 16kN/m（含自重），均布活荷载标准值 8.4kN/m。混凝土强度等级为 C25。经正截面承载力计算，已配置纵向受力钢筋 6 Φ 18（排两排）。箍筋采用 HPB300 钢筋。试计算箍筋数量。

任务三　钢筋混凝土板

任务导航

任务导言

钢筋混凝土板与梁的设计有着很多相似处。

任务目标

了解板的设计方法。

任务布置

根据板的受力情况，对板进行设计。

任务分析

对板的受力进行平面转化，并结合荷载及构件尺寸，进行构件设计。

知识导航

5.3.1　板的构造规定

（1）板的最小厚度

现浇板的宽度一般较大，设计时可取单位宽度（$b=1000$mm）进行计算。其厚度除应满足各项功能要求外，尚应满足表5－4中的要求。

（2）板常用的混凝土强度等级是C20、C25、C30、C35、C40等。

板内钢筋一般有纵向受力钢筋和分布钢筋，如图5－108所示。

（3）板的受力钢筋

板的纵向受力钢筋常用HPB300（Ⅰ级）、HRB335（Ⅱ级）和HRB400（Ⅲ级），直径通常采用6～12mm；当板厚较大时，钢筋直径可用14～18mm。为了便于浇注混凝土，保证钢筋周围混凝土的密实性，板内钢筋间距不宜太密；为了使板能正常地承受外荷载，也不宜过稀；钢筋间距一般为70～200mm，如图5－109所示。当板厚$h\leqslant150$mm时，钢筋间距不宜大于200mm；当板厚$h>150$mm，钢筋间距不宜大于（1～5）h，且不宜大

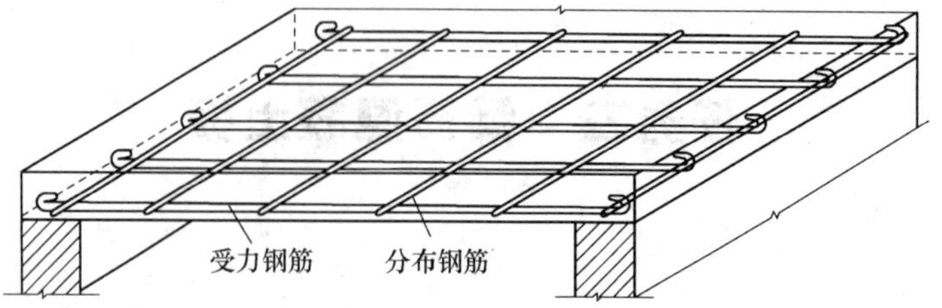

图 5-108　板的配筋

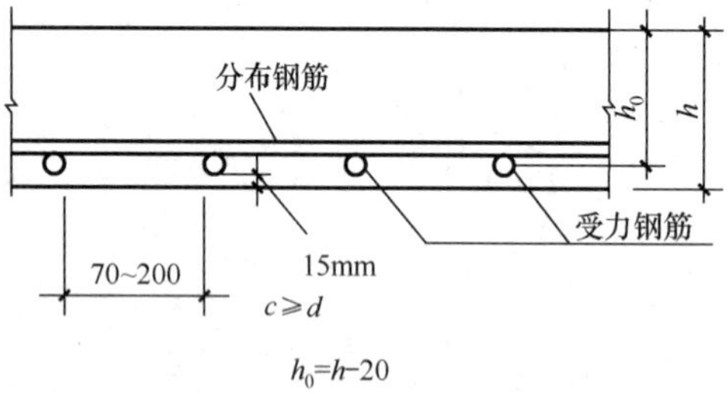

图 5-109　板的配筋构造要求

c—钢筋保护层厚度　d—受力钢筋直径的较大值

于 250mm。

（4）板的分布钢筋

当按单向板设计时，除沿受力方向布置受力钢筋外，尚应在垂直受力方向布置分布钢筋，如图 5-108 所示。分布钢筋宜采用 HPB300（Ⅰ级）和 HRB335（Ⅱ级），常用直径是 6mm 和 8mm。单位长度上分布钢筋的截面面积不宜小于单位宽度上受力钢筋截面面积的 15%，且不宜小于该方向板截面面积的 0.15%；分布钢筋的间距不宜大于 250mm，直径不宜小于 6mm；对集中荷载较大或温度变化较大的情况，分布钢筋的截面面积应适当增加，其间距不宜大于 200mm。

5.3.2　板的计算方法

板的计算方法与梁类似，需要结合表 5-16 的数据确定配筋。

表 5-16　　**每米板宽的钢筋截面面积表**　　单位：mm^2

钢筋间距/mm	钢筋直径/mm												
	4	4.5	5	6	8	10	12	14	16	18	20	22	25
70	180	227	280	404	718	1122	1616	2199	2872	3635	4488	5430	7012
75	168	212	262	377	670	1047	1508	2053	2681	3393	4189	5068	6545
80	157	199	245	353	628	982	1414	1924	2513	3181	3927	4752	6136
90	140	177	218	314	559	873	1257	1710	2234	2827	3491	4224	5454
100	126	159	196	283	503	785	1131	1539	2011	2545	3142	3801	4909
110	114	145	178	257	457	714	1028	1399	1828	2313	2856	3456	4462
120	105	133	164	236	419	654	942	1283	1676	2121	2618	3168	4091
125	101	127	157	226	402	628	905	1232	1608	2036	2513	3041	3927
130	97	122	151	217	387	604	870	1184	1547	1957	2417	2924	3776
140	90	114	140	202	359	561	808	1100	1436	1818	2244	2715	3506
150	84	106	131	188	335	524	750	1026	1340	1696	2094	2534	3272

续表

钢筋间距/mm	钢筋直径/mm												
	4	4.5	5	6	8	10	12	14	16	18	20	22	25
160	79	99	123	177	314	491	707	962	1257	1590	1963	2376	3068
170	74	94	115	166	296	462	665	906	1183	1497	1848	2236	2887
175	72	91	112	162	287	449	646	880	1149	1454	1795	2172	2805
180	70	88	109	157	279	436	628	855	1117	1414	1745	2112	2727
190	66	84	103	149	265	413	595	810	1058	1339	1653	2001	2584
200	63	80	98	141	251	392	565	770	1005	1272	1571	1901	2454
250	50	64	79	113	201	314	452	616	804	1018	1257	1521	1963
300	42	53	65	94	168	262	377	513	670	848	1047	1267	1636

【例5-25】某单跨简支钢筋混凝土板如图5-110所示，计算跨度 $l_0=2.04$m，板厚80mm，采用C15混凝土，HPB300级钢筋，楼面板标准值2.0kPa，组合值系数 $\psi_c=0.7$，自重标准值2.5kPa，试确定板的配筋 A_s。

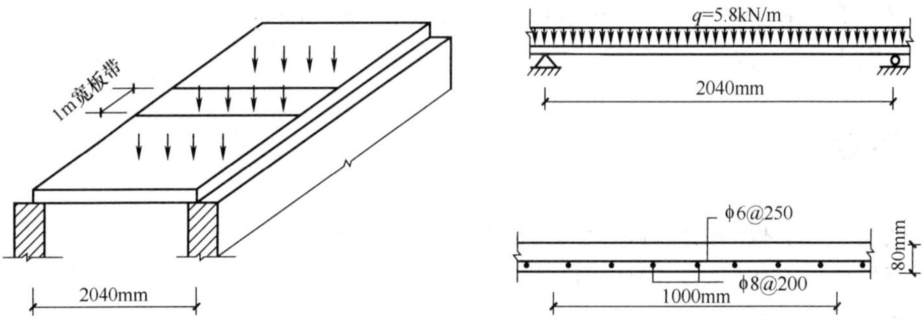

图5-110　例5-25图

【解】(1) 确定材料强度及计算单元

C15混凝土 $f_c=7.2$MPa，HPB300级钢筋 $f_y=270$MPa；

取1m宽板带作为计算单元，$b=1000$mm，$h=80$mm，$h_0=80-25=55$(mm)。

(2) 荷载及弯矩计算

荷载标准值：恒载 $g_k=2.5\times1=2.5$ (kN/m)，活载 $q_k=2.0\times1=2$(kN/m)，

荷载设计值 p：

按由可变荷载效应控制的组合：

$$p=\gamma_{Ggk}+\gamma_{Qqk}=1.2\times2.5+1.4\times2.0=5.8(\text{kN/m})$$

按由永久荷载效应控制的组合：

$$p=\gamma_{Ggk}+\gamma_{Q1}\psi_{c1qk}=1.35\times2.5+1.4\times0.7\times2.0=5.34(\text{kN/m})$$

取 $p=5.8$kN/m

弯矩设计值：

$$M=\frac{1}{8}ql_0^2=\frac{1}{8}\times5.8\times2.04^2=3.02(\text{kN}\cdot\text{m})$$

(3) 计算 α_s确定 γ_s

$$\alpha_s = \frac{M}{\alpha_1 f_c b h_0^2} = \frac{3.02\times10^6}{1.0\times7.2\times1000\times55^2} = 0.1386$$

查表 5－10 得 $\gamma_s=0.925$，$\xi=0.14<\xi_b=0.576$。

(4) 计算并选配纵向受拉钢筋

$$A_s = \frac{M}{\gamma_s f_y h_0} = \frac{3.02\times10^6}{0.925\times270\times55} = 220(\text{mm}^2)$$

查表 5－16，纵向受拉钢筋选用 ϕ8@200（$A_s=251\text{mm}^2$）

(5) 验算最小配筋率

$$\rho = \frac{A_s}{bh} = \frac{251}{1000\times80} = 0.314\% > \rho_{min} = 0.2\% > 45\frac{f_t}{f_y} = 0.152\%$$

根据构造，分布钢筋采用 ϕ6@250（$A_s=251\text{mm}^2$），配筋如图 5－110 所示。

可见，板的正截面承载力计算方法与梁是相同的。

任务技能

1. 复习本任务的各知识，对各部分的知识进行回顾与阐述。
2. 并完成任务习题。

任务习题

1. 钢筋混凝土板的内部构造是怎样的?
2. 板的计算方法与梁有哪些异同?
3. 查一份板的施工图，尝试识读。

任务四　钢筋混凝土楼梯和雨篷

任务导航

任务导言

钢筋混凝土楼梯和雨篷同样要根据受力来进行内部钢筋的合理排布与设计。

任务目标

掌握钢筋混凝土楼梯和雨篷的受力分析与设计原理。

任务布置

通过对钢筋混凝土楼梯和雨篷的受力分析与设计原理的学习，能对相关构件进行分析和设计。

任务分析

钢筋混凝土楼梯和雨篷内部的钢筋仍然要在受拉部位加强，其思路与方法仍然与设计梁板有相似之处。

知识导航

楼梯、雨篷、阳台等是建筑物中的重要组成部分，本节主要讲述楼梯和雨篷的结构计算及构造要点。

楼梯的平面布置、踏步尺寸、栏杆形式等由建筑设计确定。板式楼梯和梁式楼梯是最常见的现浇楼梯，宾馆和公共建筑有时也采用一些特种楼梯，如螺旋板式楼梯和剪刀式楼梯（图5－111）。此外也有采用装配式楼梯的。

楼梯的结构设计包括以下内容：

①根据建筑要求和施工条件，确定楼梯的结构型式和结构布置。

②根据建筑类别，按《荷载规范》确定楼梯的活荷载标准值。需要注意的是，楼梯的活荷载往往比所在楼面的活荷载大。生产车间楼梯的活荷载可按实际情况确定，但不宜小于3.5kN/m（按水平投影面计算）。除以上竖向荷载外，设计楼梯栏杆时尚应按规定考虑栏杆顶部水平荷载0.5kN/m（对于住宅、医院、幼儿园等）或1.0kN/m（对于学校、

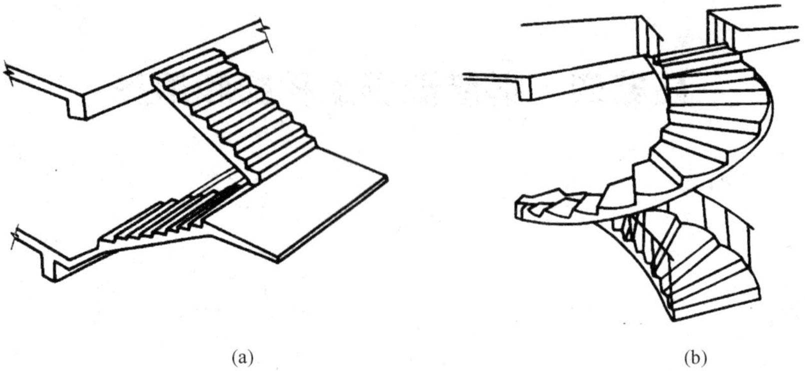

图 5－111 特种楼梯

（a）剪刀式楼梯 （b）螺旋板式楼梯

车站、展览馆等）。

③进行楼梯各部件的内力计算和截面设计。

④绘制施工图，特别应注意处理好连接部位的配筋构造。

5.4.1 板式楼梯

板式楼梯由梯段板、休息平台和平台梁等组成（图 5－112）。梯段是斜放的齿形板，支承在平台梁上和楼层梁上，底层下端一般支承在地垄墙上。板式楼梯的优点是下表面平整，施工支模较方便，外观比较轻巧。缺点是斜板较厚，为梯段板斜长的 1/30～1/25，其混凝土用量和钢材用量都较多，一般梯段板的水平跨长不超过 3m。

板式楼梯的计算特点：梯段斜板按斜放的简支梁计算（图 5－113），斜板的计算跨度取平台梁间的斜长净距 l_n。

设楼梯单位水平长度上的竖向均布荷

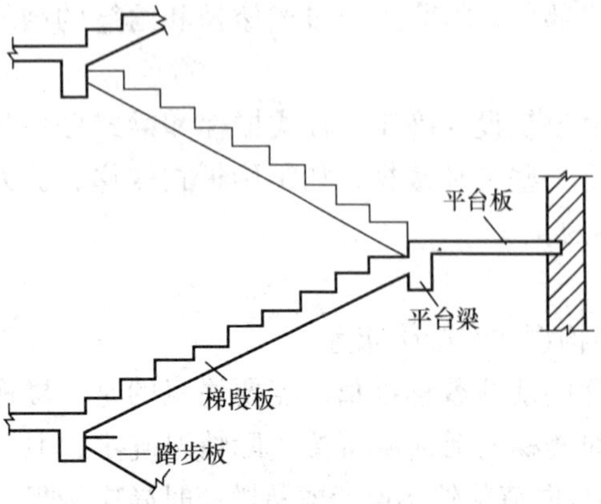

图 5－112 板式楼梯的组成

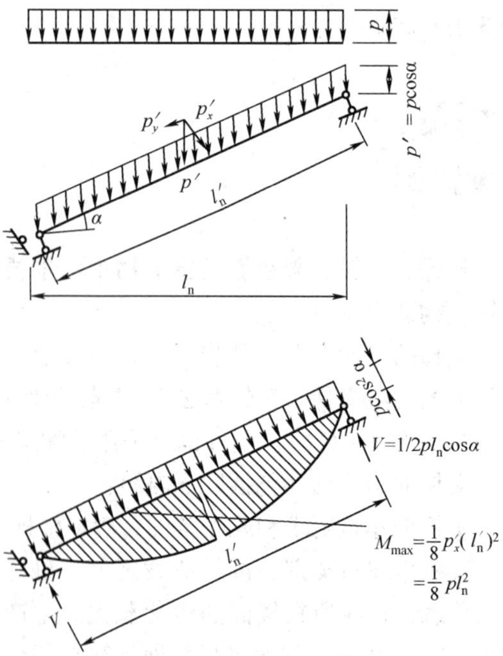

图 5－113 梯段板的内力

载 $p=g+q$（与水平面垂直），则沿斜板单位斜长上的竖向均布荷载 $p'=p\cos\alpha$（与斜面垂直），此处 α 为梯段板与水平线间的夹角（图 5－114），将 p' 分解为：

$$p'_x = p'\cos\alpha = p\cos\alpha \cdot \cos\alpha$$

$$p'_y = p'\sin\alpha = p\cos\alpha \cdot \sin\alpha$$

此处 p'_x、p'_y 分别为 p' 在垂直于斜板方向及沿斜板方向的分力，忽略 p'_y 对梯段板的影响，只考虑 p'_x 对梯段板的弯曲作用。

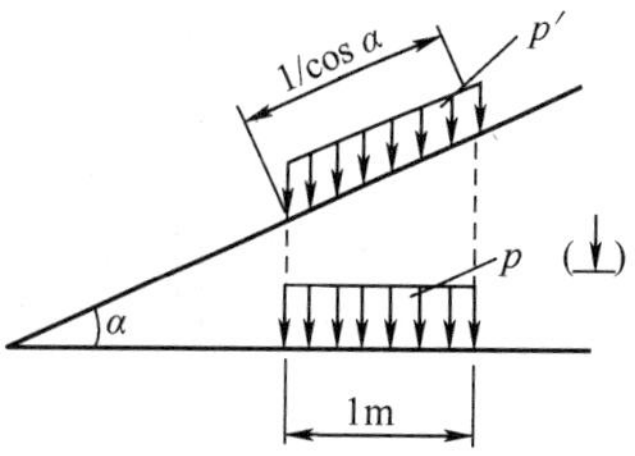

图 5－114　斜板上的荷载

设 l_n 为梯段板的水平净跨长，l'_n 为其斜向净跨长，因

$$l_n = l'_n\cos\alpha$$

故斜板弯矩：$M_{max} = \frac{1}{8}p'_x(l'_n)^2 = \frac{1}{8}p\cos^2\alpha(l_n/\cos\alpha)^2 = \frac{1}{8}pl_n^2$

斜板剪力：$V_{max}\ \frac{1}{2}p'_x l'_n = \frac{1}{2}p\cos^2\alpha(l_n/\cos\alpha) = \frac{1}{2}pl_n^2\cos\alpha$

因此，可以得到简支斜板（梁）计算的特点为：

①简支斜梁在竖向均布荷载 p（沿单位水平长度）作用下的最大弯矩，等于其水平投影长度的简支梁在户作用下的最大弯矩。

②最大剪力等于斜梁为水平投影长度的简支梁在 p 作用下的最大剪力值乘以 $\cos\alpha$。

③截面承载力计算时梁的截面高度应垂直于斜面量取。

虽然斜板按简支计算，但由于梯段与平台梁整浇，平台对斜板的变形有一定约束作用，故计算板的跨中弯矩时，也可以近似取 $M_{max}=ql_n^2/10$。为避免板在支座处产生裂缝，应在板上面配置一定量钢筋，一般取 ϕ8@200，长度为 $l_n/4$。分布钢筋可采用 ϕ6 或 ϕ8，每级踏步一根。

平台板一般都是单向板，可取 1m 宽板带进行计算，平台板一端与平台梁整体连接，另一端可能支承在砖墙上，也可能与过梁整浇，跨中弯矩可近似取为 $M=\frac{1}{8}pl^2$，或取 $M\cong\frac{1}{10}pl^2$。考虑到板支座的转动会受到一定约束，一般应将板下部受力钢筋在支座附近弯起一半，必要时可在支座处板上面配置一定量钢筋，伸出支承边缘长度为 $l_n/4$，如图 5－115 所示。

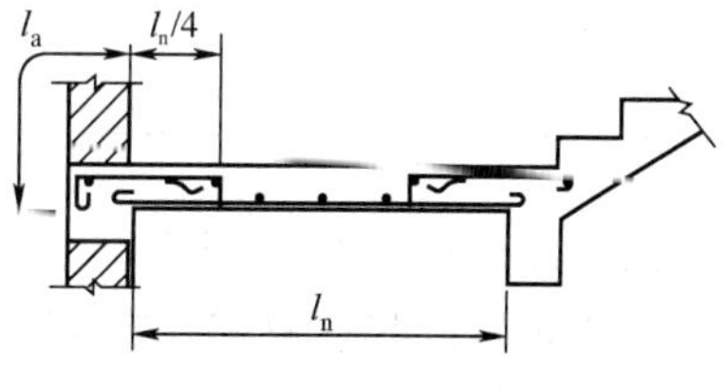

图 5－115　平台板配筋

【例 5－26】某公共建筑现浇板式楼梯，楼梯结构平面布置如图 5－116 所示。层高 3.6m，踏步尺寸 150mm × 300mm。采用混凝土强度等级 C25，钢筋为 HPB300 和 HRB335。楼梯上均布活荷载标准值 =3.5kPa，试设计此楼梯。

【解】(1) 楼梯板计算

板倾斜度 $\tan\alpha = 150/300 = 0.5$，$\cos\alpha = 0.894$；

设板厚 $h=120$mm，约为板斜长的 1/30；

取 1m 宽板带计算。

①荷载计算：楼段板的荷载见表 5－17。

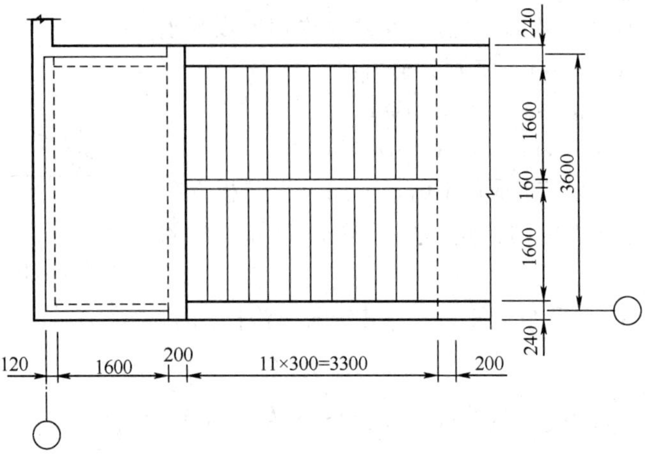

图 5－116　例 5－26 图

表 5－17　　**梯段板的荷载**

荷载种类		荷载标准值/(kN/m)
恒载	水磨石面层	$(0.3+0.15)\times 0.65\times\frac{1}{0.3}=0.98$
	三角形踏步	$\frac{1}{2}\times 0.3\times 0.15\times 25\times\frac{1}{0.3}=1.88$
	斜　板	$0.12\times 25\times\frac{1}{0.894}=3.36$
	板底抹灰	$0.12\times 17\times\frac{1}{0.894}=0.38$
	小计	6.6
活荷载		3.5

荷载分项系数 $\gamma_G=1.2$　　$\gamma_Q=1.4$

基本组合的总荷载设计值 $p=6.6\times 1.2+3.5\times 1.4=12.85$(kN/m)

②截面设计:

板水平计算跨度　　$l_n=3.3\text{m}$

弯矩设计值　　$M=\frac{1}{10}pl_n^2=\frac{1}{10}\times 12.82\times 3.3^2=13.96(\text{kN}\cdot\text{m})$

$$h_0=120-20=100(\text{mm})$$

$$\alpha_s=\frac{M}{\alpha_1 f_c b h_0^2}=\frac{13.96\times 10^6}{11.9\times 1000\times 100^2}=0.117$$

$$\xi=1-\sqrt{1-2\alpha_s}=1-\sqrt{1-2\times 0.117}=0.124<\xi_b=0.576$$

$$A_s=\frac{\alpha_1 f_c b h_0 \xi}{f_y}=\frac{11.9\times 1000\times 100\times 0.124}{270}=547(\text{mm}^2)$$

$$\rho_1=\frac{A_s}{bh}=\frac{547}{1000\times 120}=0.46\%>\rho_{min}=0.45\frac{f_t}{f_y}=0.45\times\frac{1.27}{270}=0.21\%$$

选用 ϕ10@220，$A_s = 561mm^2$。

分布筋 ϕ8，每级踏步下一根，梯段板配筋如图 5-117 所示。

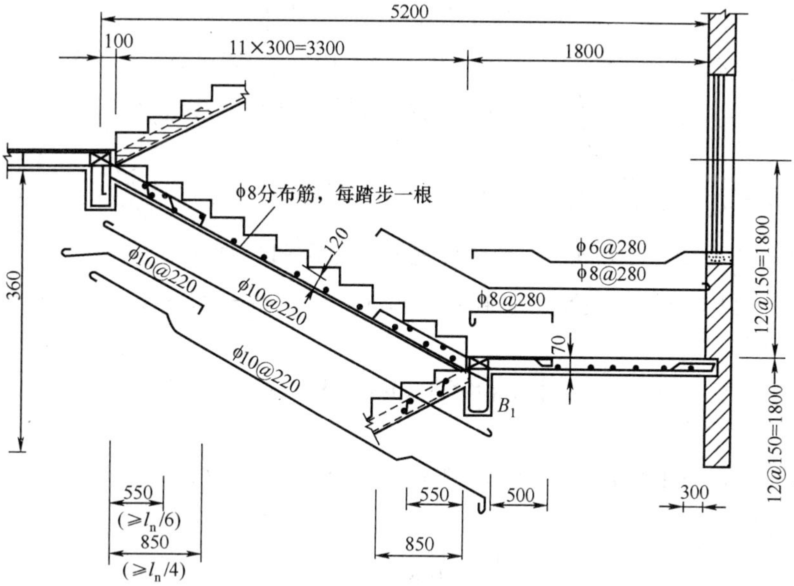

图 5-117　梯段板和平台板配筋

(2) 平台板计算

设平台板厚 $h = 70mm$，取 1m 宽板带计算。

①荷载计算：平台板的荷载见表 5-18。

表 5　18　　平台板的荷载

荷载种类		荷载标准值/(kN/m)
恒载	水磨石面层	0.65
	70 厚混凝土板	0.07×25=1.75
	板底抹灰	0.02×17=0.34
	小　计	2.74
活荷载		3.5

总荷载设计值

$$p = 1.2 \times 2.74 + 1.4 \times 3.5 = 8.19(\text{kN/m})$$

②截面设计：

板的计算跨度

$$l_0 = 1.8 - 0.2/2 + 0.12/2 = 1.76(\text{m})$$

弯矩设计值 $$M=\frac{1}{10}pl_0^2=\frac{1}{10}\times 8.19\times 1.76^2=2.54(\text{kN}\cdot\text{m})$$

$$h_0=70-20=50(\text{mm})$$

$$\alpha_s=\frac{M}{\alpha_1 f_c b h_0^2}=\frac{2.54\times 10^6}{11.9\times 1000\times 50^2}=0.085$$

$$\xi=1-\sqrt{1-2\alpha_s}=1-\sqrt{1-2\times 0.085}=0.09<\xi_b=0.576$$

$$A_s=\frac{\alpha_1 f_c b h_0 \xi}{f_y}=\frac{11.9\times 1000\times 50\times 0.09}{270}=198(\text{mm}^2)$$

$$\rho_1=\frac{A_s}{bh}=\frac{198}{1000\times 70}=0.293\%>\rho_{min}=0.45\frac{f_t}{f_y}=0.45\times\frac{1.27}{270}=0.21\%$$

选用 ϕ6@280，$A_s=202\text{mm}^2$；平台板配筋如图 5－117 所示。

(3) 平台梁 B1 计算　设平台梁截面 $b=200\text{mm}$　　$h=350\text{mm}$

①荷载计算

总荷载设计值　$p=14.95\times 1.2+8.93\times 1.4=30.44(\text{kN/m})$

②截面设计

计算跨度　$l_0=1.05l_n=1.05\times(3.6-0.24)=3.53(\text{m})$

弯矩设计值

$$M=\frac{1}{8}pl_0^2=\frac{1}{8}\times 30.44\times 3.53^2=47.4(\text{kN}\cdot\text{m})$$

剪力设计值

$$V=\frac{1}{2}pl_n=\frac{1}{2}\times 30.44\times 3.36=51.1(\text{kN})$$

截面按倒 L 形计算，$b_f'=b+5h_f'=200+5\times 70=550(\text{mm})$

$$h_0=350-35=315(\text{mm})$$

经计算属第一类 T 形截面，采用 HRB335 钢筋

$$\alpha_s=\frac{M}{\alpha_1 f_c b_f' h_0^2}=\frac{47.4\times 10^6}{11.9\times 550\times 315^2}=0.07$$

$$\xi=1-\sqrt{1-2\alpha_s}=1-\sqrt{1-2\times 0.07}=0.074<\xi_b=0.55$$

$$A_s=\frac{\alpha_1 f_c b_f' h_0 \xi}{f_y}=\frac{11.9\times 550\times 315\times 0.074}{300}=508(\text{mm}^2)$$

$$\rho_1=\frac{A_s}{bh}=\frac{508}{200\times 350}=0.73\%>\rho_{min}=0.45\frac{f_t}{f_y}=0.2\%$$

选用 2Φ14＋1Φ16，$A_s=509.1\text{mm}^2$。

③斜截面受剪承载力计算：

配置箍筋 ϕ6@200

$$V_u=0.7f_t b h_0+1.25f_{yv}\frac{A_{sv}}{S}h_0=0.7\times 1.25\times 200\times 315+1.25\times 210\times\frac{2\times 28.3}{200}\times 315=$$

$$79.41(\text{kN})>V=51.1(\text{kN})$$

满足要求。

平台梁配筋如图 5－118 所示。

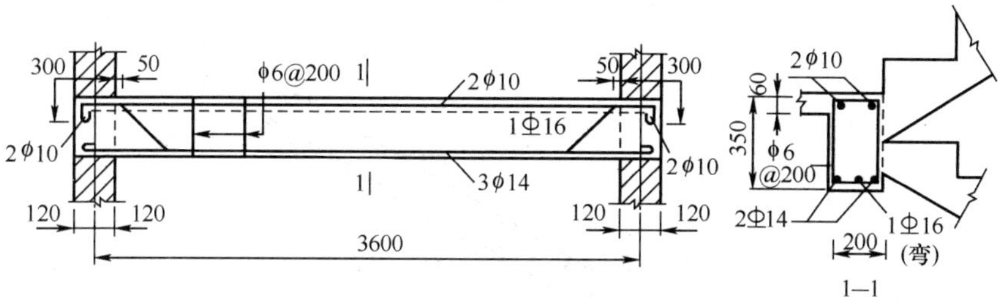

图 5－118　平台梁配筋

5.4.2　梁式楼梯

梁式楼梯由踏步板、斜梁和平台板、平台梁等组成（图 5－119）。其荷载传递为：

梯段上荷载 —均布荷载→ 踏步板 —均布荷载→ 斜梁 —集中荷载→ 平台梁 —集中荷载→ 侧墙（或框架梁）

平台板 —均布荷载↑→ 平台梁

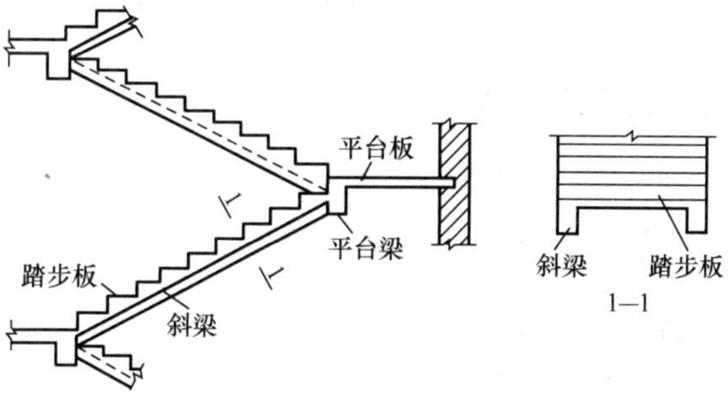

图 5－119　梁式楼梯的组成

（1）踏步板

踏步板按两端简支在斜梁上的单向板考虑，计算时一般取一个踏步作为计算单元，踏步板为梯形截面，板的计算高度可近似取平均高度 $h=(h_1+h_2)/2$，如图 5－120 所示，板厚一般不小于 30～40mm，每一踏步一般需配置不少于 2ϕ6 的受力钢筋，沿斜向布置间距不大于 300mm 的 ϕ6 分布钢筋。

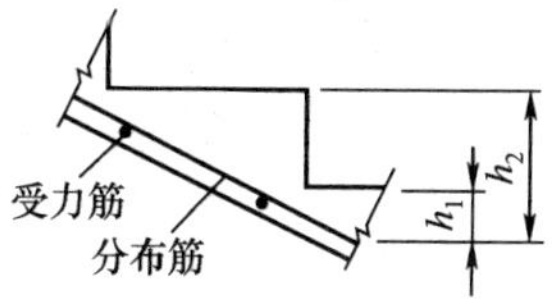

图 5－120　踏步板

（2）斜边梁

斜边梁的内力计算特点与梯段斜板相同。踏步板可能位于斜梁截面高度的上部，也可能位于下部，计算时可近似取为矩形截面。图 5－121 为斜边梁的配筋构造图。

（3）平台梁

平台梁主要承受斜边梁传来的集中荷载（由上下楼梯斜梁传来）和平台板传来的均布荷载，平台梁一般按简支梁计算。

【例 5－27】某数学楼楼梯活荷载标准值为 2.5kPa，踏步面层采用 30mm 厚水磨石，

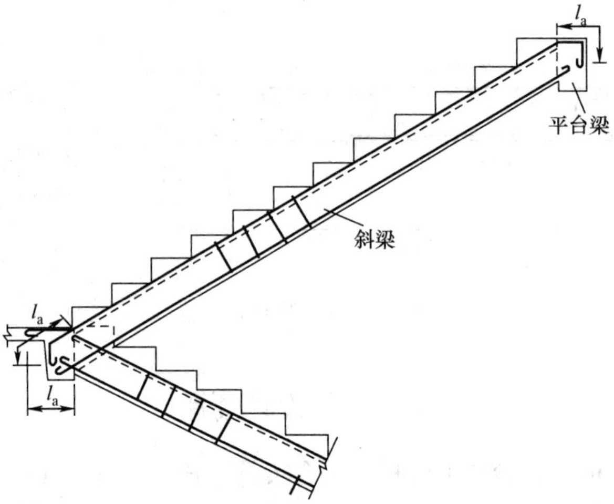

图 5－121　斜梁的配筋

底面为 20mm 厚，混合砂浆抹灰，混凝土采用 C25，梁中受力钢筋采用 HRB335，其余钢筋采用 HPB300，楼梯结构布置如图 5－122 所示。试设计此楼梯。

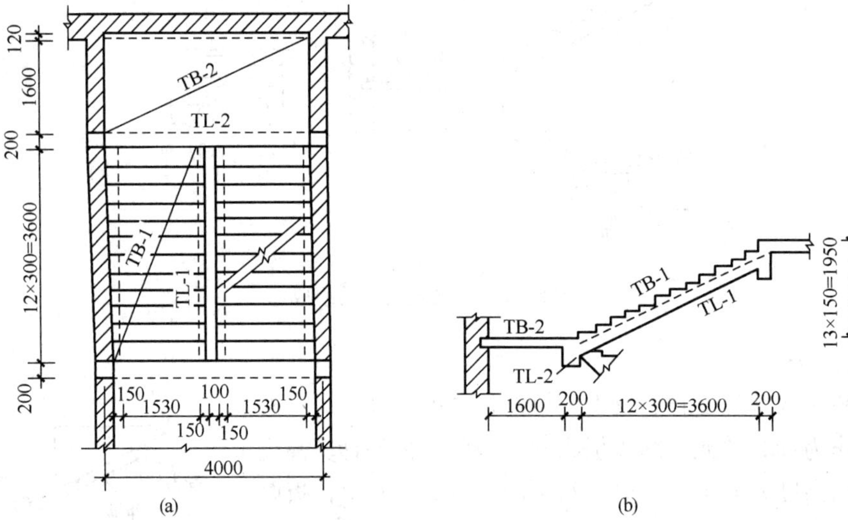

图 5－122　梁式楼梯结构布置图

（a）楼梯结构平面　（b）楼梯结构剖面

【解】（1）踏步板（TB－1）的计算

①荷载计算（踏步板尺寸 $a_1 \times b_1 = 300\text{mm} \times 150\text{mm}$，底板厚 $d = 40\text{mm}$）

恒荷载：

踏步板自重 $1.2 \times \dfrac{0.195 + 0.045}{2} \times 0.3 \times 25 = 1.08(\text{kN/m})$

踏步面层重 $1.2 \times (0.3 + 0.15) \times 0.65 = 0.35(\text{kN/m})$

计算踏步板自重时，踏步截面面积可按上底为 $d/\cos\varphi=40/0.894=45(\text{mm})$，下底为 $b_1+d/\cos\varphi=150+40/0.894=195(\text{mm})$，高为 $a_1=300\text{mm}$ 的梯形截面计算。

踏步抹灰重 $1.2\times\frac{0.3}{0.894}\times0.02\times17=0.14(\text{kN/m})$

$g=1.08+0.35+0.14=1.57(\text{kN/m})$

使用活荷载：$q=1.4\times2.5\times0.3=1.05(\text{kN/m})$

垂直于水平面的荷载及垂直于斜面的荷载分别为：

$$g+q=2.62(\text{kN/m})$$

$$g'+q'=2.62\times0.894=2.34(\text{kN/m})$$

②内力计算

斜梁截面尺寸选用 150mm×350mm，则踏步板的计算跨度为

$$l_0=l_n+b=1.53+0.15=1.68(\text{m})$$

踏步板的跨中弯矩

$$M=\frac{1}{8}(g'+q')l_0^2=\frac{1}{8}\times2.34\times1.68^2=0.826(\text{kN}\cdot\text{m})$$

③截面承载力计算

取一踏步（$a_1\times b_1=300\text{mm}\times150\text{mm}$）为计算单元，已知 $\cos\varphi=\cos26°56'=0.894$，等效矩形截面的高度 h 和宽度 b 为

$$h=\frac{2}{3}b_1\cos\varphi+d=\frac{2}{3}\times150\times0.894+40=129.4(\text{mm})$$

$$b=0.75a_1/\cos\varphi=0.75\times300/0.894=251.7(\text{mm})$$

则：

$$h_0=h-a_s=129.4-20=109.4(\text{mm})$$

$$\alpha_s=\frac{M}{\alpha_1 f_c bh_0^2}=\frac{8.26\times10^5}{11.9\times251.7\times109.4^2}=0.0248$$

$$\xi=1-\sqrt{1-2\alpha_s}=1-\sqrt{1-2\times0.0248}=0.0252<\xi_b=0.576$$

$$A_s=\frac{\alpha_1 f_c bh_0\xi}{f_y}=\frac{11.9\times251.7\times109.4\times0.0252}{270}=30.6(\text{mm}^2)$$

$$\rho_1=\frac{A_s}{bh}=\frac{30.6}{251.7\times129.4}=0.094\%<\rho_{min}=0.45\frac{f_t}{f_y}=0.45\times\frac{1.27}{270}=0.21\%$$

则：　$A_s=\rho_{min}bh=0.0027\times251.7\times129.4=87.9(\text{mm}^2)$

踏步板应按 ρ_{min} 配筋，每米宽沿斜面配置

$$A_s=\frac{87.9\times1000}{300}\times0.894=261.9(\text{mm}^2/\text{m})$$

为保证每个踏步至少有两根钢筋，故选用 ϕ8@150（$A_s=335\text{mm}^2$）。

（2）楼梯斜梁（TL－1）计算

①荷载

踏步板传来 $\frac{1}{2}\times2.62\times(1.53+2\times0.15)\times\frac{1}{0.3}=7.99(\text{kN/m})$

斜梁自重 $1.2\times(0.35-0.04)\times0.15\times25\times\frac{1}{0.894}=1.56(\text{kN/m})$

斜梁抹灰 $1.2\times(0.35-0.04)\times0.02\times17\times2\times\dfrac{1}{0.894}=0.28(\text{kN/m})$

楼梯栏杆 $1.2\times0.1=0.12(\text{kN/m})$

总计 $g+q=9.95(\text{kN/m})$

②内力计算

取平台梁截面尺寸 $b\times h=200\text{mm}\times450\text{mm}$，则斜梁计算跨度：

$$l_0=l_n+b=3.6+0.2=3.8(\text{m})$$

斜梁跨中弯矩和支座剪力为：

$$M=\frac{1}{8}(g+q)l_0^2=\frac{1}{2}\times9.95\times3.8^2=18.0(\text{kN}\cdot\text{m})$$

$$V=\frac{1}{2}(g+q)l_n=\frac{1}{2}\times9.95\times3.6=17.9(\text{kN})$$

③截面承载能力计算

取 $h_0=h-a=350-35=315(\text{mm})$

翼缘有效宽度 b_f'

按梁跨考虑 $b_f'=l_0/6=633(\text{mm})$

按梁肋净距考虑 $b_f'=\dfrac{s_0}{2}+b=\dfrac{1530}{2}+150=915(\text{mm})$

由于 $h_f'/h=40/350>0.1$，b_f' 可不按翼缘厚度考虑，最后应取 $b_f'=633\text{mm}$。

判别 T 形截面类型：

$\alpha_1 f_c b_f' h_f'(h_0-0.5h_f')=11.9\times633\times40\times(315-0.5\times40)=82(\text{kN}\cdot\text{m})>M=18\text{kN}\cdot\text{m}$

故按等一类 T 形截面计算

$$\alpha_s=\frac{M}{\alpha_1 f_c b_f' h_0^2}=\frac{18\times10^6}{11.9\times633\times315^2}=0.025$$

$$\xi=1-\sqrt{1-2\alpha_s}=1-\sqrt{1-2\times0.025}=0.0264<\xi_b=0.550$$

$$A_s=\frac{\alpha_1 f_c b_f' h_0\xi}{f_y}=\frac{11.9\times633\times315\times0.0264}{300}=187(\text{mm}^2)$$

$$\rho_1=\frac{A_s}{bh}=\frac{187}{150\times350}=0.36\%>\rho_{\min}=0.45\frac{f_t}{f_y}=0.2\%$$

故选用 2 Φ 12，$A_s=226\text{mm}^2$。

由于无腹筋梁的抗剪能力：

$$V_c=0.7f_t bh_0=0.7\times1.27\times150\times315=42005.25(\text{N})>V=17900\text{N}$$

可按构造要求配置箍筋，选用双肢箍 φ6@300。

(3) 平台梁 (TL-2) 计算

①荷载

斜梁传来的集中力 $G+Q=\dfrac{1}{2}\times9.95\times3.8=18.9(\text{kN})$

平台板传来的均布恒荷载

$$1.2\times(0.65+0.06\times25+0.02\times17)\times\left(\frac{1.6}{2}+0.2\right)=2.99(\text{kN/m})$$

平台板传来的均布活荷载 $1.4\times\left(\dfrac{1.6}{2}+0.2\right)\times 2.5=3.5(\text{kN/m})$

平台梁自重 $1.2\times 0.2\times(0.45-0.06)\times 25=2.34(\text{kN/m})$

平台梁抹灰 $2\times 1.2\times 0.02\times(0.46-0.06)\times 17=0.32(\text{kN/m})$

总计 $g+q=9.15(\text{kN/m})$

②内力计算（计算简图如图 5－123 所示）

平台梁计算跨度

$l_0=l_n+a=3.76+0.24=4.00(\text{m})$

$l_0=1.05l_n=1.05\times 3.76=3.95(\text{m})<4.00\text{m}$

故取 $l_0=3.95\text{m}$

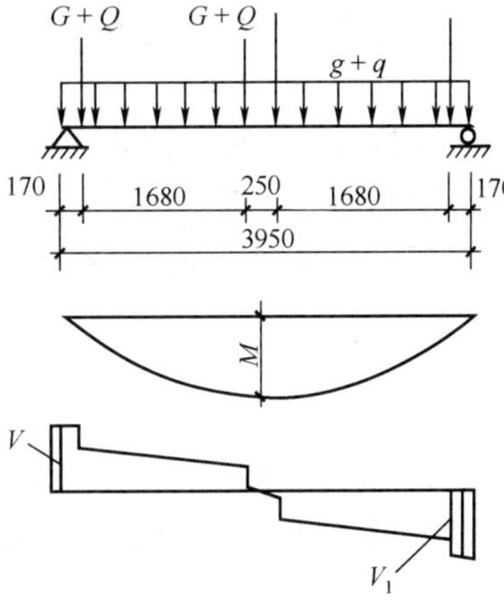

图 5－123　平台梁计算简图

跨中弯矩

$$M=\frac{1}{8}(g+q)l_0^2+2(G+Q)\frac{l_0}{2}-(G+Q)\left[\left(a+\frac{b}{2}\right)+\frac{b}{2}\right]$$

$$=\frac{1}{8}\times 9.15\times 3.95^2+2\times 18.9\times\frac{3.95}{2}-18.9\times\left[\left(1.68+\frac{0.25}{2}\right)+\frac{0.25}{2}\right]=56(\text{kN}\cdot\text{m})$$

支座剪力

$$V=\frac{1}{2}(g+q)l_n+2(G+Q)=\frac{1}{2}\times 9.15\times 3.76+2\times 18.9=55.0(\text{kN})$$

考虑计算的斜截面应取在斜梁内侧，故

$$V=\frac{1}{2}\times 9.15\times 3.76+18.9=36.1(\text{kN})$$

③正截面承载力计算

翼缘有效宽度 b_f'，

按梁跨度考虑 $b_f'=l_0/6=3950/6=658(\text{mm})$

按梁肋净距考虑 $b_f'=\dfrac{s_0}{2}+b=\dfrac{1600}{2}+200=1000(\text{mm})$

最后应取 $b_f'=658\text{mm}$

判别 T 形截面类型：

$\alpha_1 f_c b_f' h_f'(h_0-0.5h_f')=11.9\times 658\times 60\times(415-0.5\times 60)=167(\text{kN}\cdot\text{m})>M=56\text{kN}\cdot\text{m}$

按第一类 T 形截面计算

$$\alpha_s=\frac{M}{\alpha_1 f_c b_f' h_0^2}=\frac{56\times 10^6}{11.9\times 658\times 415^2}=0.045$$

$$\xi=1-\sqrt{1-2\alpha_s}=1-\sqrt{1-2\times 0.045}=0.046<\xi_b=0.550$$

$$A_s=\frac{\alpha_1 f_c b_f' h_0\xi}{f_y}=\frac{11.9\times 658\times 415\times 0.046}{300}=498(\text{mm}^2)$$

$$\rho_1=\frac{A_s}{bh}=\frac{498}{200\times 450}=0.55\%>\rho_{min}=0.45\frac{f_t}{f_y}=0.2\%$$

选用 2⌀18，$A_s=509\text{mm}^2$。

④斜截面承载力计算

由于无腹筋梁的承载力

$$V_c = 0.7f_t bh_0 = 0.7 \times 1.27 \times 200 \times 415 = 73787(\text{N}) > V = 36100\text{N}$$

可按构造要求配置箍筋，选用双肢箍 φ6@200。

⑤附加箍筋计算

采用附加箍筋承受由斜梁传来的集中力，若附加箍筋仍采用双肢箍筋 φ6，则附加箍筋总数为：

$$m = \frac{G+Q}{nA_{sv1}f_{yv}} = \frac{18900}{2 \times 28.3 \times 210} = 1.59(\text{个})$$

斜梁侧需附加 2 个 φ6 的双肢箍筋。

踏步板（TB－1）、斜梁（TL－1）和平台梁（TL－2）的配筋图如图 5－124 所示。

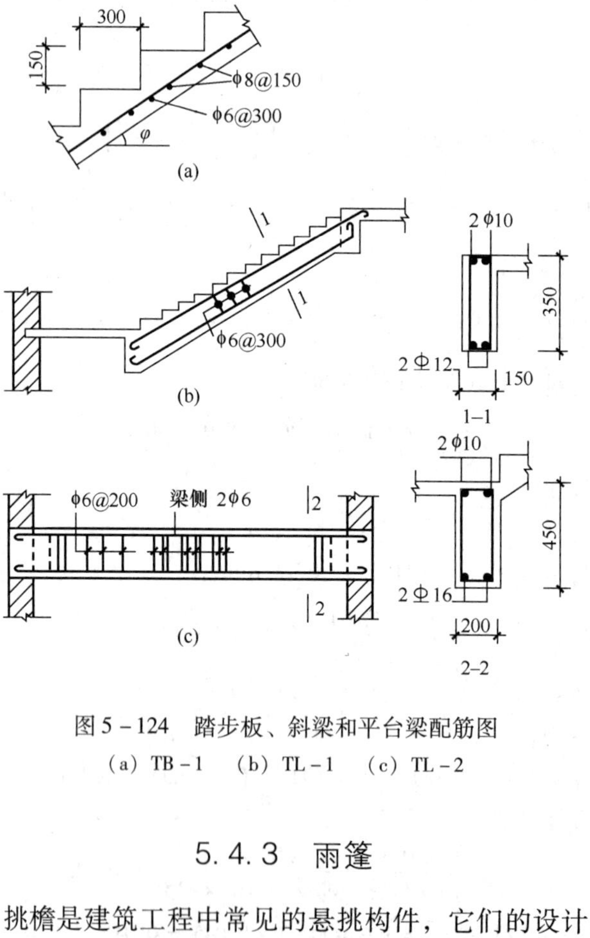

图 5－124　踏步板、斜梁和平台梁配筋图
（a）TB－1　（b）TL－1　（c）TL－2

5.4.3　雨篷

雨篷、外阳台、挑檐是建筑工程中常见的悬挑构件，它们的设计除与一般梁板结构相似外，悬挑构件还存在倾覆翻倒的危险，因此应进行抗倾覆验算。现以雨篷为例，讲述其计算特点。

（1）一般要求

板式雨篷一般由雨篷板和雨篷梁两部分组成，如图 5－125 所示。雨篷梁既是雨篷板的支承，又兼有过梁的作用。

一般雨篷板的挑出长度为0.6～1.2m或更大，视建筑要求而定。现浇雨篷板多数做成变厚度的，一般取根部板厚为1/10挑出长度，但不小于70mm，板端不小于50mm。雨篷板周围往往设置凸沿以便能有组织地排泄雨水。雨篷梁的宽度一般取与墙厚相同，梁的高度应按承载能力要求确定。梁两端伸进砌体的长度应考虑雨篷抗倾覆的因素确定。雨篷计算包括三方面内容：

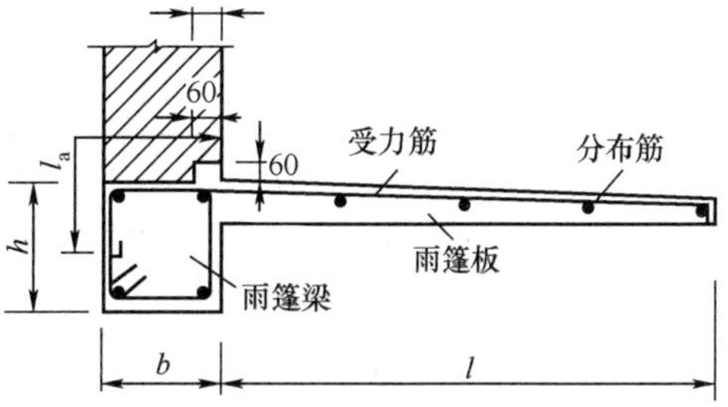

图5-125 板式雨篷

①雨篷板的正截面承载力计算。

②雨篷梁在弯矩、剪力、扭矩共同作用下的承载力计算。

③雨篷抗倾覆验算。

(2) 雨篷板和雨篷梁的承载能力计算

①作用在雨篷板上的荷载：雨篷板上的荷载有恒载（包括自重、粉刷等）、雪荷载；雨篷板上的均布活荷载（按《荷载规范》取活荷载标准值为0.7kPa），以及施工和检修集中荷载。以上荷载中，雨篷均布活荷载与雪荷载不同时考虑，取两者中较大值进行设计。每一集中荷载值为1.0kN，进行承载能力计算时，沿板宽每隔1m考虑一个集中荷载：进行雨篷抗倾覆验算时，沿板宽每隔2.5～3.0m考虑一个集中荷载。

施工集中荷载和雨篷的均布活荷载不同时考虑。

雨篷板的内力分析，当无边梁时，其受力特点和一般悬臂板相同，应分别按上述荷载组合作用，取较大的弯矩值进行正截面受弯承载力计算，计算截面取在梁截面外边缘，即板的跨度为l。构造上应保证板中纵向受拉钢筋在雨篷梁内有足够的受拉锚固长度。施工时应经常检查钢筋，注意维持雨篷板截面的有效高度，特别是板根部的纵筋，应防止被踩下沉。

对于有边梁的雨篷，其受力特点和一般梁、板体系的构件相同。

②雨篷梁计算：雨篷梁所承受的荷载有自重、梁上砌体重、可能计入的楼盖传来的荷载以及雨篷板传来的荷载。梁上砌体重量和楼盖传来的荷载应按过梁荷载的规定计算。现以雨篷板上作用均布荷载为例，来讲述雨篷梁的扭矩问题。

对于雨篷梁横截面的对称轴，板传给梁的内力有沿板宽每1m的竖向力$V=pl$(kN/m)和力矩m_p［图5-126 (a)］，此处

$$m_p = pl\left(\frac{b+l}{2}\right)(\text{kN}\cdot\text{m/m})$$

力矩m_p使雨篷梁发生转动，但由于梁两端砌固于墙体内可阻止梁转动，使梁承受了扭矩。梁上扭矩的分布规律是，在跨度中点处为零，按直线规律向两端增大直至梁支座处达最大值［图5-126 (b)］。

根据平衡条件，在梁两砌固端所产生的大小相等、方向相反的抵抗扭矩值为

$$T = m_p l_0 / 2$$

此处l_0为雨篷梁的跨度，可近似取为$l_0=1.05l_n$（l_n为梁的净跨）。

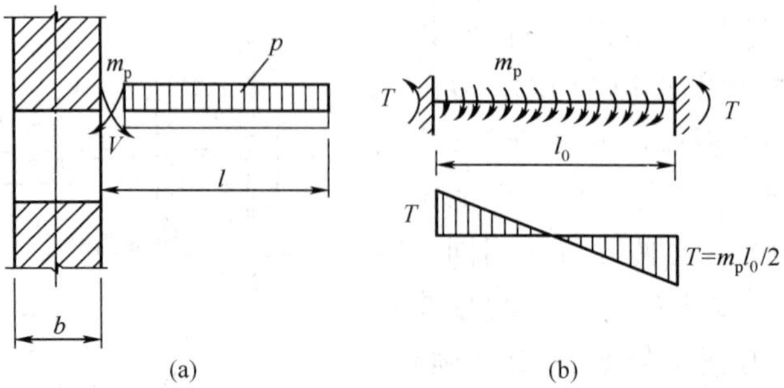

图 5-126　雨篷梁上的扭矩

（a）雨篷板传来的 V 和 m_p　（b）雨篷梁上的扭矩分布

雨篷梁在自重、梁上砌体重等荷载作用下，承受弯、剪；在雨篷板传来的荷载作用下，雨篷梁不仅承受弯、剪，而且还承受扭，因此雨篷梁是承受弯、剪、扭的构件。

雨篷梁应按弯、剪、扭构件确定所需纵向钢筋和箍筋的截面面积，并满足有关构造要求。

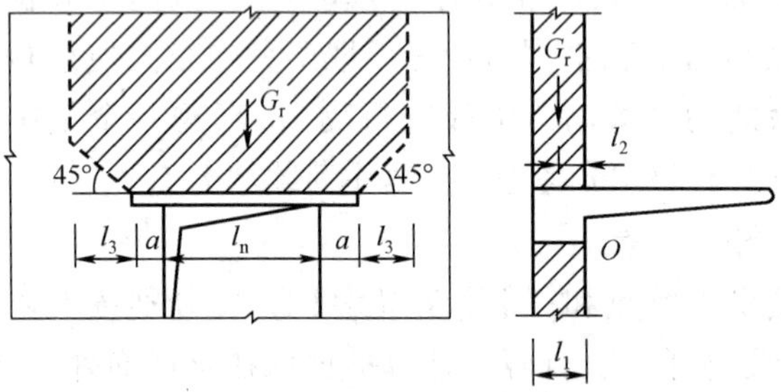

图 5-127　雨篷的抗倾覆荷载

③雨篷抗倾覆验算：雨篷板上的荷载使整个雨篷绕雨篷梁底的倾覆点 O 转动而倾倒（图 5-127），但是梁的自重、梁上砌体重等却有阻止雨篷倾覆的稳定作用。《砌体结构设计规范》取雨篷的倾覆点位于墙的外边缘进行抗倾覆验算，要求满足

$$M_{ov} \leqslant M_r$$

$$M_r = 0.8G_r(l_2 - x_0)$$

式中　M_{ov}——雨篷板的荷载设计值对 O 点的倾覆力矩；

M_r——雨篷的抗倾覆力矩设计值；

G_r——雨篷的抗倾覆荷载。为雨篷梁尾端上部 45°扩散角范围内，其水平长度为 l_3，要求 $l_3 = l_n/2$ 的砌体与楼面恒荷载标准值之和；

l_2——G_r 作用点至墙外边缘的距离（mm），$l_2 = l_1/2$。当 $l_1 \geqslant 2.2h_b$ 时，$x_0 = 0.3h_b$，且不大于 $0.13l_1$；当 $l_1 < 2.2h_b$ 时，$x_0 = 0.13l_1$；

l_1——雨篷梁埋入砌体中的长度（mm）；

x_0——计算倾覆点至墙外边缘的距离（mm）；

h_b——雨篷梁的截面高度（mm）。

雨篷梁两端埋入砌体越长，压在梁上的砌体重量增加，则抵抗倾覆的能力增强，所以当公式不满足时，可以将雨篷梁两端延长，或者采用其他拉结措施。一般当梁的净跨长 $l_n < 1.5$m 时，梁一端埋入砌体的长度 a 宜取 $a \geqslant 300$mm，当 $l_n \geqslant 1.5$m 时，宜取 $a \geqslant 500$mm。

任务技能

复习本任务所学知识，对各部分的知识进行回顾与阐述，并完成任务习题。

任务习题

1. 梁式楼梯与板式楼梯在设计上有哪些异同?
2. 雨篷的钢筋设置方法是由什么决定的?

任务五 预应力混凝土构件（拓展知识）

任务导航

任务导言

预应力混凝土的出现大大提升了钢筋混凝土的适用范围，这部分主要是讲述预应力混凝土与普通钢筋混凝土在材料、施工及特点等方面的不同。

任务目标

掌握预应力混凝土的基本概念、施工方法、特点、材料。

任务布置

对比普通钢筋混凝土，掌握预应力混凝土的基本知识。

任务分析

预应力混凝土的主要原理即在构件受主要荷载之前，混凝土自身先受到较大的拉力，从而可以抵消未来所受荷载，提高其自身的强度。

知识导航

要判断受力构件能否发生强度破坏，仅知道某个截面上内力的大小是不够的，还需要求出截面上各点的应力。下面首先研究拉（压）杆横截面上的应力。

5.5.1 预应力混凝土的基本概念

预应力混凝土结构简称 PC 结构，是由配置受力的预应力钢筋通过张拉或其他方法建立预加应力的混凝土制成的结构。

普通钢筋混凝土构件的主要缺点在于混凝土的极限拉伸变形和抗拉强度均很低，混凝土的极限拉伸变形为（0.1～0.15）$\times 10^{-3}$，即每米只能拉长 0.1～0.15mm。构件即将开裂时钢筋中的应力只有 20～30MPa，因而在使用阶段钢筋混凝土构件一般是带裂缝工作的。但是，在有些情况下，如处于潮湿环境或侵蚀介质中的构件，裂缝的存在会使钢筋锈蚀，影响构件的承载力及耐久性。对于受振动作用的构件，裂缝的存在还会影响构件的耐疲劳性能。

裂缝宽度应有所限制，一般不得超过0.2mm，否则也会有钢筋锈蚀等不良后果发生。对构件抗裂性和裂缝宽度限制的要求，使高强钢筋在普通钢筋混凝土中不可能应用，因而其技术经济指标就难以进一步得到改善。此外，由于裂缝的存在，不免要降低构件抵抗变形的刚度及其工作的可靠性，尤其是在动力荷载作用的情况下更为突出。

解决上述矛盾的有效办法是对构件采用预加应力的措施。形成预应力混凝土构件的基本思路是：在混凝土构件加荷以前，对其将发生受拉的部位以某种方法预先给以加压，使之建立预压应力；这样，在外荷作用时，混凝土的预压应力将抵消由于外荷作用引起的拉伸，因此就有可能在很大的荷载下，使受拉区的混凝土不会发生拉应力或发生完全可以由混凝土抵抗得了的拉应力，构件可以保持不出现裂缝。图5－128（a）、图5－128（b）分别表示仅有预压力和仅有外荷载作用时梁的工作情况，图5－128（c）是预压力和外荷载共同作用时梁的工作情况。可以看出：由于施加预压力，使梁下边缘的混凝土拉应力大大降低，梁的实际挠度也降低了，从而大大地改善了梁的工作状况。

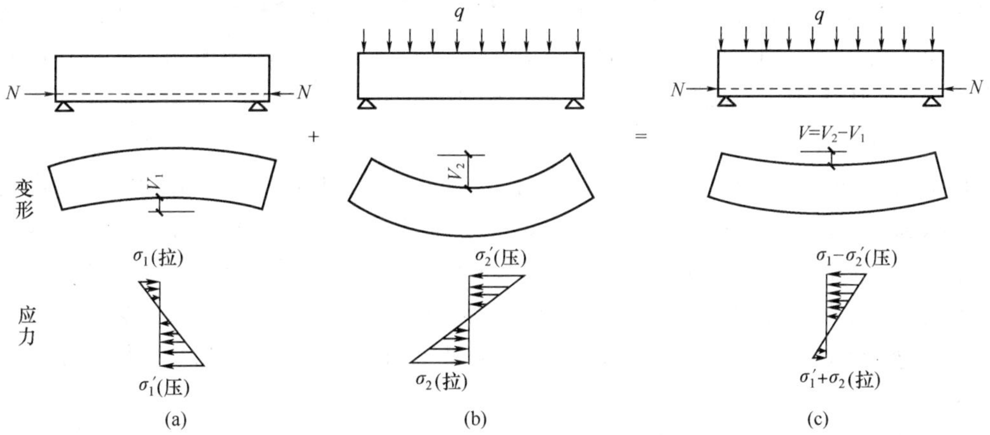

图5－128 预应力混凝土梁受力情况

（a）对构件预加压力 （b）构件在外荷载作用下 （c）构件在预压力和外荷载共同作用下

施加预应力的概念在我们日常生活中经常遇到。例如，木桶用铁箍箍紧，就可以使木块挤紧得到预压应力，桶内盛水后，桶壁内产生拉应力，当拉应力小于预压应力时，木桶就不会出现缝隙漏水，如图5－129所示。再如，当我们想要横端一摞书时，我们会很自然地用双手压紧这摞书的两端然后才能把它端起（图5－130）。这里实际也包含了“预应力”的原理。一摞书就像一根“梁”，端起时它的下部将因为“梁”弯曲而拉开，此时若不对受弯后可能被拉开的部位预先压紧，那么这摞书就很难端起。同时，我们对书加压总是把压力加在书的偏下部，因为这根“梁”受弯后可能被拉开的部位在下部，倘若在上部加压，不但不会帮助下部压紧，反而会使下部更快地拉开一切适得其反。

1928年法国工程师Freyssinet首次将高强钢丝应用于预应力混凝土梁，这是现代预应力混凝土的雏形。1939年Freyssinet设计出锥形锚具，用于锚固后张预应力混凝土构件端部的钢丝。1940年比利时Magnell教授开发了新型后张锚具，使后张预应力混凝土得到进

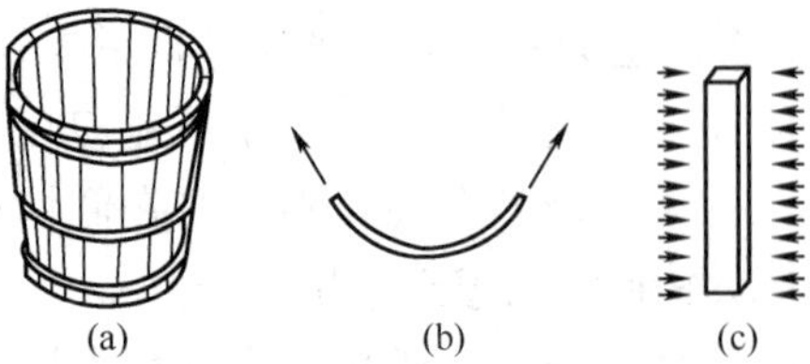

图 5-129　木桶的工作情况

（a）木桶　（b）铁箍受张拉　（c）木块受预压

图 5-130　成摞书的预压搬运

一步发展。从 20 世纪 50 年代以来，先张法预应力混凝土构件和后张法预应力混凝土结构在工程中得到广泛应用，先张法预应力混凝土构件主要用于中小跨度桥梁、预制桥面板、厂房等。后张预应力混凝土结构则主要用于箱型桥梁、大型厂房结构、现浇框架结构等。预应力混凝土结构已成为当前世界上最有发展前途的建筑结构之一。

施加预应力的概念虽然早已存在，但预应力混凝土结构的推广应用，还只是由于 50 多年来有了高强度钢筋才变为现实。因为构件在施加预应力之后钢筋是有应力损失的，如果钢筋强度不高，扣除应力损失后，实际建立的有效预应力所剩无几，达不到预期的效果。此外，因为预应力混凝土结构工程费用比较高，只有采用高强度钢筋大量节约钢材之后，才能获得经济效益。

在预应力混凝土的发展初期，设计要求在全部使用荷载作用下，混凝土应当永远处于受压状态而不允许出现拉应力，即要求为“全预应力混凝土”。但后来的大量工程实践和科学研究表明，要求预应力混凝土中一律不出现拉应力实属过严，在一些情况下，预应力混凝土中不仅可以出现拉应力，而且可以出现宽度不超过一定限值的裂缝，即所谓的“部分预应力混凝土”。目前，部分预应力混凝土的设计思想已在世界范围内得到了广泛的承认和应用。

当使用荷载作用下，不允许截面上混凝土出现拉应力的构件，称为全预应力混凝土，大致相当于《混凝土结构设计规范》中裂缝控制等级为一级，即严格要求下出现裂缝的构件。

当使用荷载作用下，允许出现裂缝，但最大裂缝宽度不超过允许值的构件，则称为部分预应力混凝土，大致相当于《混凝土结构设计规范》中裂缝控制等级为三级，即允许出现裂缝的构件。

当使用荷载作用下根据荷载效应组合情况，不同程度地保证混凝土不开裂的构件，则称为限值预应力混凝土，大致相当于《混凝土结构设计规范》中裂缝控制等级为二级，即一般要求不出现裂缝的构件。限值预应力混凝土也属部分预应力混凝土。

5.5.2　施加预应力的方法

施加预应力一般是靠张拉钢筋来实现的，即是张拉高强度的钢筋，并将其锚固在混凝土构件内，由于钢筋企图弹性回缩，使混凝土受压。

张拉钢筋一般采用千斤顶或其他张拉工具。根据张拉钢筋与浇筑混凝土的先后，可分为先张法和后张法两种。这两种张拉工艺和设备以及锚固装置有所不同，其技术经济效果相差很大。因此，正确选择生产工艺是设计预应力结构的一个前提。本节仅将这两种主要施工方法的工艺简单介绍如下：

（1）先张法

先张法就是在浇灌混凝土之前，先在台座上张拉钢筋，然后才浇灌混凝土，待混凝土达到一定强度（一般达到强度的70%）时就把张拉的钢筋放松，由于混凝土与钢筋的黏结阻止了钢筋的回缩，从而使混凝土受到预压应力，而预应力钢筋仍保持受拉状态。

在先张法构件中，预应力的传递主要依靠钢筋与混凝土之间的黏结力（简称自锚），构件端部不需任何锚具设备。但采用先张法需要特制专门的张拉台座、拉伸机、传力架和夹具等设备，其工序如图5－131所示。

（2）后张法

后张法就是先浇灌构件，并在构件中预留钢筋孔道，待混凝土达到充分强度一般不低于设计强度等级的70%后，将预应力钢筋穿入孔道，利用构件本身作加力台座进行张拉，二面张拉钢筋，构件一面受压，最后在构件端部用锚具把预应力钢筋锚住，并卸去张拉装置。由于锚具阻止了预应力钢筋自由回缩，从而使得所建立的预应力得以保存下来，如图5－132所示。

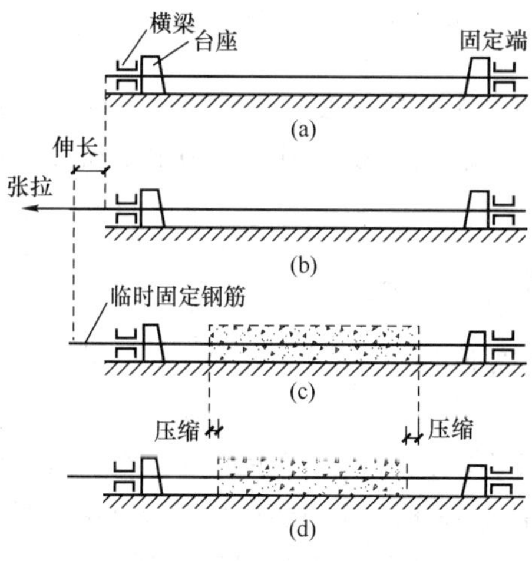

图5－131　先张法主要工序示意图

（a）钢筋就位　（b）张拉钢筋　（c）临时固定钢筋、浇灌混凝土并养护　（d）放松钢筋，钢筋回缩，混凝土受预压

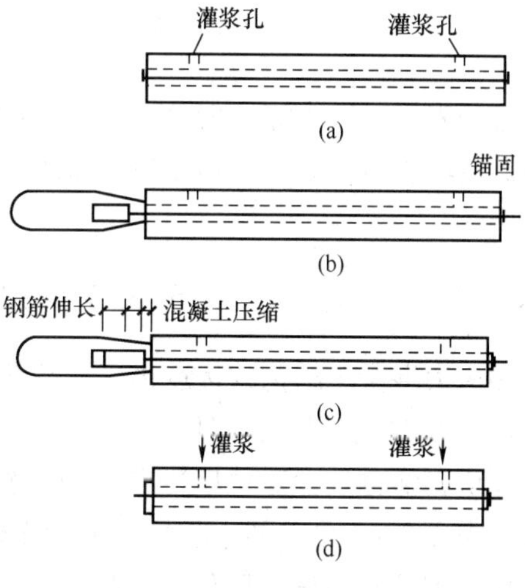

图5－132　后张法主要工序示意图

（a）制作构件，预留孔道，穿入预应力钢筋　（b）安装千斤顶　（c）张拉钢筋　（d）锚住钢筋，拆除千斤顶、孔道压力灌浆

在后张法构件中，预应力的传递要依靠钢筋两端的锚具，钢筋张拉时不需特别的台座，张拉力的反力由已结硬的混凝土构件负担。目前，在构件中预留孔道的常用方法有：无缝钢管抽芯法、橡胶管充水（或充气）加压抽芯法。通常在钢筋张拉及锚着完毕后用水泥砂浆填注管道空隙。

后张法构件的预应力钢筋两端，要有特制的锚具将钢筋端锚固于构件端部以维持其预应力。锚具型式很多，我国目前常用的锚具有螺栓端杆锚具、墩头锚具、JMl2 夹片锚具及锥形锚具等，如图 5－133 所示。

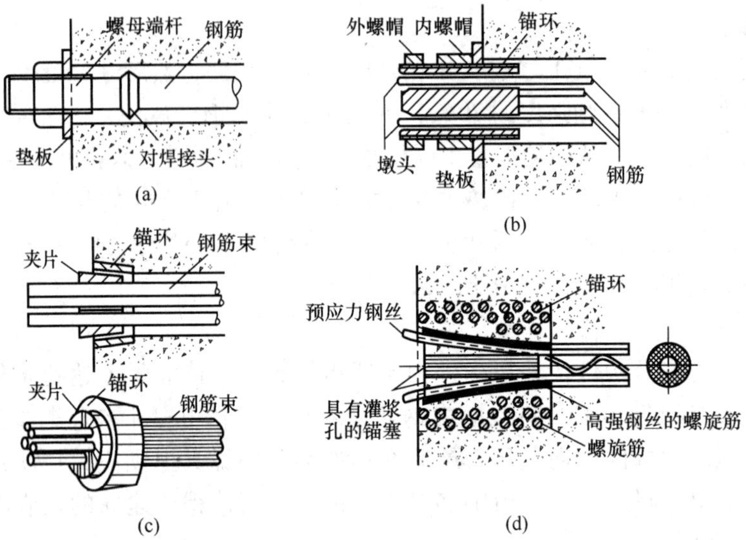

图 5－133 各种锚具

（a）螺丝端杆锚具 （b）镦头锚具 （c）JM12 锚具 （d）锥形锚具

总的来说，后张法比较灵活，不需要专门的台座张拉钢筋，故适宜于现场生产或工厂预制现场拼装。后张法由于施工比较麻烦，成本较高，故多用于现场中型和大型构件的生产。

5.5.3 预应力混凝土的特点

预应力混凝土结构的优点很多，归纳起来有以下几点：

（1）提高构件的抗裂性

预应力能使构件受拉区避免开裂，根据经验表明，一般情况下预应力能提高受弯构件的抗裂度 2～4 倍，使中心受拉构件抗裂度提高 4～8 倍，可见预应力对提高中心受拉构件的抗裂度特别明显。另外，构件采用预应力后，由于抗裂度的提高，裂缝得以避免，使构件的抗侵蚀能力和耐久性也大大增高。

（2）提高构件的刚度

由于预加应力推迟了裂缝的出现和限制了裂缝的开展，预应力构件受荷时不带裂缝工作（或裂缝很小），故截面刚度较大。另外，也由于预压应力使构件产生反挠度，所以它使构件在外荷作用时出现的变形较小。

（3）节约材料，降低造价

由于预应力提高了构件的抗裂性和刚度，同时由于预应力使高强材料得到有效的采用，所以构件截面尺寸能够减小，可以节约材料，降低造价，而且结构自重也可随之减轻。一般来说，预应力结构能节约混凝土 20%～40%，钢材 30%～60%，自重减轻

20% ~40%。

(4) 扩大钢筋混凝土结构的应用范围

由于预应力提高了构件的抗裂性能和刚度，减小了构件的尺寸和自重，因而它可以使钢筋混凝土结构扩大应用到较大的跨度上。例如，非预应力吊车梁一般只做到6m，而预应力吊车梁一般可做到12m；非预应力屋架一般只用到18 ~21m，而预应力屋架一般可用到30 ~36m或更大些。还应指出，预应力对装配式钢筋混凝土结构的发展也起着重要的作用，某些大型构件可以分段分块制造，然后用预应力的方法加以拼装，使施工制造、运输安装工作更加方便。

预应力混凝土构件具有很多的优点，其缺点是构造、施工和计算均较钢筋混凝土构件复杂，且延性也差些。

下列结构物宜优先采用预应力混凝土：

①要求裂缝控制等级较高的结构。

②大跨度或受力很大的构件。

③对构件的刚度和变形控制要求较高的结构构件，如工业厂房中的吊车梁、码头和桥梁中的大跨度梁式构件等。

5.5.4 预应力混凝土材料

(1) 混凝土

预应力混凝土结构构件所用的混凝土，需满足下列要求：

①强度高。预应力混凝土必须采用强度高的混凝土。因为强度高的混凝土对采用先张法的构件可提高钢筋与混凝土之间的黏结力，对采用后张法的构件，可提高锚固端的局部承压承载力。

②收缩、徐变小。以减少因收缩、徐变引起的预应力损失。

③快硬、早强。可尽早施加预应力，加快台座、锚具、夹具的周转率，以利加速施工进度。

因此，《混凝土结构设计规范》规定，预应力混凝土构件的混凝土强度等级不应低于C30。对采用钢绞线、钢丝、热处理钢筋作预应力钢筋的构件，特别是大跨度结构，混凝土强度等级不宜低于C40。

(2) 钢材

①预应力混凝土构件所用的钢筋（或钢丝），需满足下列要求：

a. 强度高。混凝土预压应力的大小，取决于预应力钢筋张拉应力的大小。考虑到构件在制作过程中会出现各种应力损失，因此需要采用较高的张拉应力，这就要求预应力钢筋具有较高的抗拉强度。

b. 具有一定的塑性。为了避免预应力混凝土构件发生脆性破坏，要求预应力钢筋在拉断前具有一定的伸长率。当构件处于低温或受冲击荷载作用时，更应注意对钢筋塑性和抗冲击韧性的要求。一般要求极限伸长率 >4%。

c. 良好的加工性能。要求有良好的可焊性，同时要求钢筋“墩粗”后并不影响其原来的物理力学性能。

d. 与混凝土之间能较好地黏结。对于采用先张法的构件，当采用高强度钢丝时，其表面应经过“刻痕”或“压波”等措施进行处理。

②我国目前用于预应力混凝土构件中的预应力钢材主要有钢绞线、钢丝、热处理钢筋三大类。

a. 钢绞线：常用的钢绞线是由直径5～6mm的高强度钢丝捻制成的。常用3根或7根钢丝捻制。钢绞线的极限抗拉强度标准值可达1860MPa，在后张法预应力混凝土中采用较多。

钢绞线经最终热处理后以盘或卷供应，每盘钢绞线应由一整根组成，如无特殊要求，每盘钢绞线长度≥200m。成品的钢绞线表面不得带有润滑剂、油渍等，以免降低钢绞线与混凝土之间的黏结力。钢绞线表面允许有轻微的浮锈，但不得锈蚀成目视可见的麻坑。

b. 钢丝：预应力混凝土所用钢丝可分为冷拉钢丝及消除应力钢丝两种。按外形分有光圆钢丝、螺旋肋钢丝、刻痕钢丝；按应力松弛性能分则有普通松弛即Ⅰ级松弛和低松弛即Ⅱ级松弛两种。钢丝的公称直径有3～9mm，其极限抗拉强度标准值可达1770MPa。要求钢丝表面不得有裂纹、小刺、机械损伤、氧化铁皮和油污。

c. 热处理钢筋：热处理钢筋是用热轧的螺纹钢筋经淬火和回火调质热处理而成的。热处理钢筋按其螺纹外形可分为有纵肋和无纵肋两种。钢筋经热处理后应卷成盘，每盘钢筋由一整根钢筋组成，其公称直径有6～10mm，极限抗拉强度标准值可达1470MPa。

热处理钢筋表面不得有肉眼可见的裂纹、结疤、折叠。钢筋表面允许有凸块，但不得超过横肋的高度，钢筋表面不得沾有油污，端部应切割正直。在制作过程中，除端部外，应使钢筋不受到切割火花或其他方式造成的局部加热影响。

任务技能

复习本任务所学知识，对各部分的知识进行回顾与阐述，并完成任务习题。

任务习题

1. 预应力混凝土构件的优势在哪里？
2. 预应力混凝土的施工方法有哪些？

项目小结

（1）按支座情况不同，工程中的单跨静定梁分为悬臂梁、简支梁和外伸梁三类。

（2）梁的内力包括剪力和弯矩，其正负规定为：截面上的剪力使所取脱离体有顺时针方向转动趋势时为正，反之为负；截面上的弯矩使所取脱离体上部受压，下部受拉时为正，反之为负。

（3）截面法是计算剪力和弯矩最基本的方法。

截面法计算任意截面剪力和弯矩具有如下规律：梁内任一截面上的剪力 V，等于该截面左侧（或右侧）所有垂直于梁轴线的外力的代数和，即 $V=\sum F_{外}$；梁内任一横截面上的弯矩 M，等于截面左侧（或右侧）所有外力对该截面形心的力矩的代数和，即 $M=\sum M_c(F_{外})$。

（4）静力法是绘制剪力图和弯矩图最基本的方法。

梁在常见荷载作用下，V 图和 M 图具有如下规律：在无荷载梁段，V 图为水平直线，M 图为斜直线；在均布荷载作用的梁段，V 图为斜直线，M 图为二次抛物线；在集中力作用处，V 图发生突变，突变值等于集中力的大小，而 M 图发生转折（即出现尖点）；在集中力偶作用处，V 图无变化，M 图有突变，突变值等于该力偶矩的大小；剪力等于零处，弯矩存在极值。

（5）根据配筋率不同，钢筋混凝土梁可分为适筋梁、超筋梁和少筋梁三种类型。其中，只有适筋梁能充分发挥材料的强度，并且其破坏性质属延性破坏，因此工程设计中必须设计成适筋梁，而不应采用超筋梁或少筋梁。

（6）钢筋混凝土受弯构件正截面承载力计算有截面设计和截面复核两种问题。单筋矩形截面设计的步骤是：确定截面有效高度；计算混凝土受压区高度，并判断是否属超筋梁；计算钢筋截面面积，并验算是否属少筋梁；选配钢筋。复核截面的步骤是：确定截面有效高度：判断梁的类型；计算受弯承载力 M_u；判断截面是否安全。

（7）T 形截面分为两类：中性轴通过翼缘的为第一类 T 形截面，中性轴通过肋部的为第二类 T 形截面。前者按 $b_f' \times h$ 的矩形截面计算，后者按 T 形截面计算。

（8）受弯构件斜截面承载力包括受剪承载力和受弯承载力，前者通过计算配置腹筋保证，后者通过构造措施保证。

（9）根据配箍率和剪跨比不同，受弯构件料截面破坏有三种形态：剪压破坏、斜压破坏和斜拉破坏，三种破坏都是脆性破坏。剪压破坏属正常破坏，其余两种为非正常破坏。设计中通过限制截面尺寸和最小配箍率来防止破坏。

（10）为确保结构构件的适用性和耐久性，钢筋混凝土受弯构件除应满足承载力要求外，还应满足变形和裂缝要求。

（11）现浇钢筋混凝土楼梯按受力方式的不同分为梁式楼梯和板式楼梯等。梁式楼梯和板式楼梯的主要区别在于楼梯梯段是采用梁承重还是板承重。前者受力较合理，用材较省，但施工较烦且欠美观，宜用于梯段较长的楼梯；后者反之。

（12）对雨篷、阳台等悬臂结构，除控制截面承载力计算外，尚应做整体抗倾覆的验算。工程事故表明，不宜采用悬挑板式阳台，而应采用悬挑梁式阳台，以确保安全。

项目六　偏心受压（拉）构件的设计

项目导读

建筑工程中的受压构件，除极少数构件是以轴心受压为主外，绝大多数情况的受压构件都是以偏心受压组合变形情况为主，因此在本项目中我们力求学会分析实际工程中的组合变形是如何产生的，组合变形中的最不利位置在什么位置，重点研究与偏心受压柱相关的组合变形，进而结合《混凝土结构设计规范》讲解分析钢筋混凝土柱的设计原理和设计方法，旨在让同学们掌握偏心受压构件的设计方法。

学习目标

能正确分析组合变形的组成，重点掌握偏心拉压变形的分析

能正确计算偏心拉压变形的应力，并分析出最大拉压应力的位置

掌握钢筋混凝土偏心受压柱的基本构造要求

掌握钢筋混凝土偏心受压柱的基本设计原理，重点掌握对称配筋条件下钢筋混凝土柱的设计原理和截面复核方法

任务一　组合变形的基本概念

任务导航

任务导言

实际建筑构件的变形并不是简单的拉伸、压缩、剪切、扭转和弯曲，在很多情况下结构的受力情况往往是两种或两种以上变形的组合，这种变形就叫作组合变形，如何对这种情况进行分析便是本任务的要点。

任务目标

能根据构件的受力情况，分析构件是哪种基本变形的组合。

任务布置

根据所给构件的受力情况，正确分析构件组合变形的情况。

任务分析

能正确识别构件组合变形的类别。

知识导航

认识组合变形

在前面分别讨论了杆件在拉伸（或压缩）、剪切、扭转和弯曲（主要是平面弯曲）四种基本变形时的内力、应力及变形计算，并建立了相应的强度条件。另外，也讨论了复杂应力状态下的应力分析及强度理论。但在实际工程中杆件的受力有时是很复杂的，如图 6-1 所示的一端固定另一端自由的悬臂杆，若在其自由端截面上作用有一空间任意的力系，我们总可以把空间的任意力系沿截面形心主惯性轴 $xOyz$ 简化，得到向 x、y、z 三坐标轴上投影 P_x、P_y、P_z 和对 x、y、z 三坐标轴的力矩 M_x、M_y、M_z。当这六种力（或力矩）中只有某一个作用时，杆件产生基本变形，这在前面已经讨论过了。

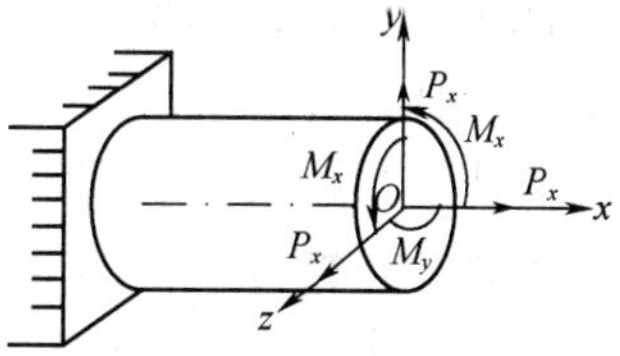

图 6-1　杆件的复杂受力

杆件同时有两种或两种以上的基本变形的组合时，称为组合变形，例如：

若六种力只有 P_x 和 M_z（或 M_y）两个作用时，杆件既产生拉（或压）变形又产生纯弯曲，简称为拉（压）纯弯曲的组合，又可称它为偏心拉（压），如图 6－2（a）所示。

若六种力中只有 M_z 和 M_y 两个作用时，杆件产生两个互相垂直方向的平面弯曲（纯弯曲）的组合，如图 6－2（b）所示。

若六种力中只有 P_z 和 P_y 两个作用时，杆件也产生两个互相垂直方向的平面弯曲（横力弯曲）的组合，如图 6－2（c）所示。

若六种力中只有对 P_y 和 M_x 两个作用时，杆件产生弯曲和扭转的组合，如图 6－2（d）所示。

若六种力中有 P_x、P_y 和 M_x 三个作用时，杆件产生拉（压）与弯曲和扭转的组合，如图 6－2（e）所示。

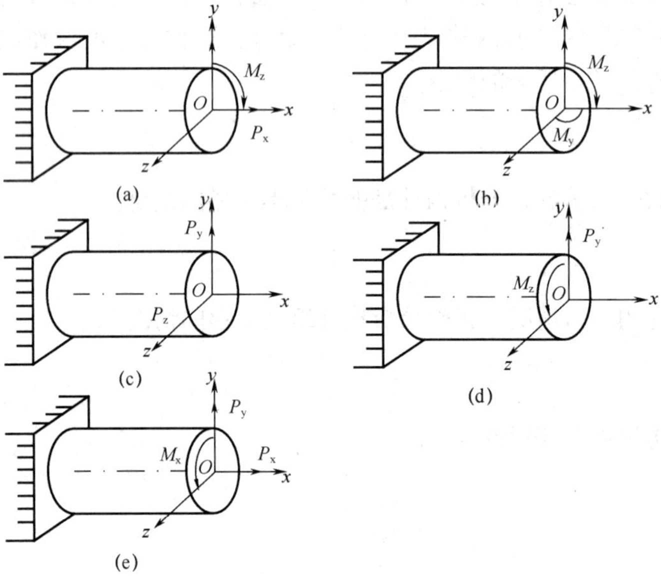

图 6－2　几种组合变形

组合变形的工程实例是很多的，例如，图 6－3（a）所示屋架上檩条的变形，是由檩条在 y、z 两个方向的平面弯曲变形所组合的斜弯曲；图 6－3（b）表示一悬臂吊车，当在横梁 AB 跨中的任一点处起吊重物时，梁 AB 中不仅有弯矩作用，而且还有轴向压力作用，从而使梁处在压缩和弯曲的组合变形情况下；图 6－3（c）中所示的空心桥墩（或渡槽支墩），图 6－3（d）中所示的厂房支柱，在偏心力 P_1、P_2 作用下，也都会发生压缩和弯曲的组合变形；图 6－3（e）中所示的卷扬机机轴，在力 P 作用下，则会发生弯曲和扭转的组合变形。

在小变形假设和胡克定律有效的情况下，可根据叠加原理来处理杆件的组合变形问题。即首先将杆件的变形分解为基本变形，然后分别考虑杆件在每一种基本变形情况下所发生的应力、应变或位移，最后再将它们叠加起来，即可得到杆件在组合变形情况下所发生的应力、应变或位移。

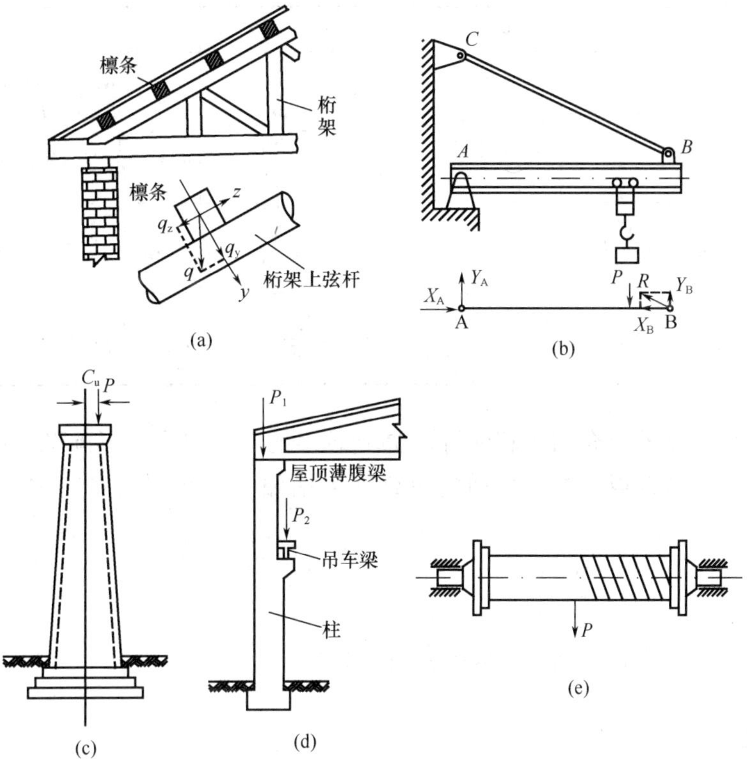

图 6－3　组合变形的实例

（a）屋架　（b）悬臂吊车　（c）空心墩　（d）厂房支柱　（e）卷扬机轴

为了便于读者研究杆件的组合变形问题，表 6－1 列出了杆件在四种基本变形情况下的外力、内力、应力和变形的计算公式以及强度条件，作为以上内容的小结。

表 6－1　杆件在四种基本变形情况下的外力、内力、应力和变形的计算公式以及强度条件

基本变形类型	拉伸（压缩）	剪　切	扭　转	弯　曲	
受力特点	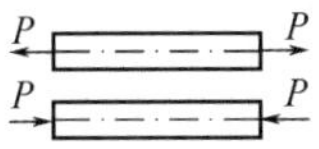	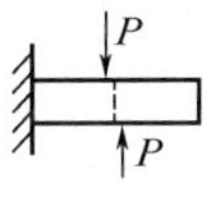		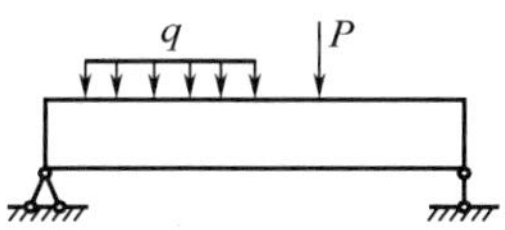	
横截面内力	N（轴力）	Q（剪力）	M_n（扭矩）	M（弯矩）	Q（剪力）
横截面上的应力分布情况	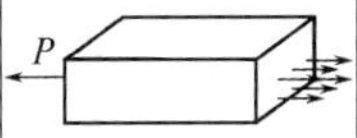（均布）	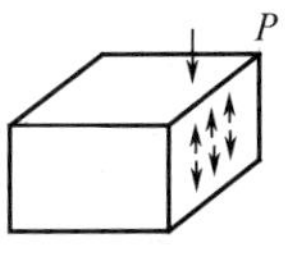（假设均布）	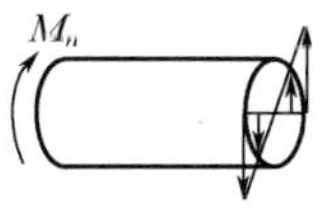（线性分布）	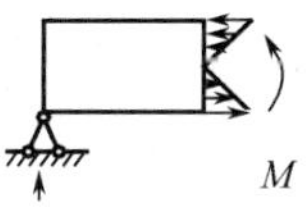（线性分布）	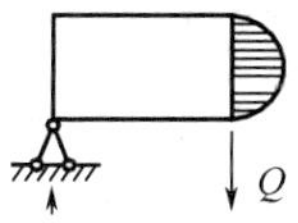（抛物线分布）
应力计算公式	$\sigma = \dfrac{N}{A}$	$\tau = \dfrac{Q}{A}$	$\tau_\rho = \dfrac{M_n \rho}{I_\rho}$	$\sigma = \dfrac{My}{I}$	$\tau = \dfrac{QS}{bI}$

续表

基本变形类型	拉伸（压缩）	剪　切	扭　转	弯　曲	
变形计算公式	$\Delta l=\dfrac{Nl}{EA}$		$\varphi=\dfrac{M_n l}{GI_p}$	$\theta=\dfrac{dy}{dx}=-\dfrac{1}{EI}[\int M(x)dx+C]$ $y=-\dfrac{1}{EI}[\int(\int M(x)dx)dx+Cx+D]$	
危险截面上最大应力计算公式	$\sigma_{max}=\dfrac{N_{max}}{A}$		$\tau_{max}=\dfrac{M_{nmax}}{W_p}$	$\sigma_{max}=\dfrac{M_{max}}{W}$	$\tau_{max}=\dfrac{Q_{max}S_{max}}{bI}$
强度条件	$\sigma_{max}=\dfrac{N_{max}}{A}\leqslant[\sigma]$	$\tau\leqslant[\tau]$	$\tau_{max}=\dfrac{M_{nmax}}{W_p}\leqslant[\tau]$	$\sigma_{max}=\dfrac{M_{max}}{W}\leqslant[\sigma]$	$\tau_{max}=\dfrac{Q_{max}S_{max}}{bI}\leqslant[\tau]$

在本项目中，将着重介绍工程实际中遇到较多的三种组合变形问题，即：①两个平面弯曲的组合；②拉伸或压缩与弯曲的组合（包括偏心拉伸或压缩）；③扭转与弯曲的组合。

注 意

常见组合变形是由什么基本变形组合而成的？

任务技能

1. 什么叫组合变形？

2. 图示结构由三段组成，AB 杆为 y 方向，BC 杆为水平 x 方向，CD 杆为水平 z 方向。三杆在 P_1、P_2 共同作用下，试分析各为何种组合变形。

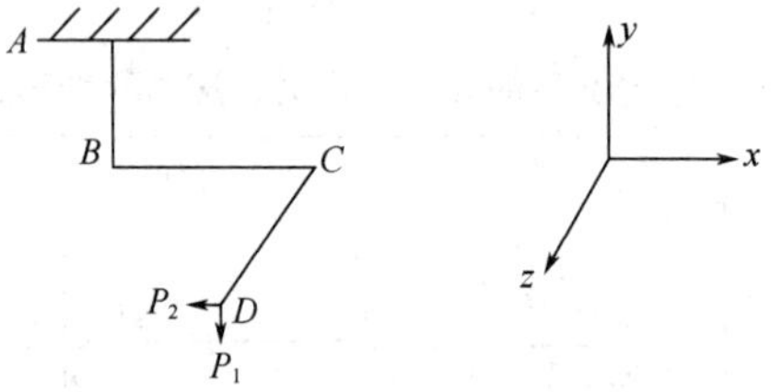

任务二　偏心压缩（拉伸）与截面核心

任务导航

任务导言

结构中的柱子，绝大多数情况是处于偏心受力状态，在偏心状态下截面内力的分布情况决定了柱子的破坏特点，如何计算偏心受力状态下柱子应力分布情况就成了本任务的重点，理解截面核心的含义，在截面核心范围内柱子受力的特点也是大家必须要清楚的。

任务目标

掌握偏心受压的受力特点和应力的分布情况，理解截面核心的受力特点和常见结合图形截面核心的计算。

任务布置

通过对任务的学习和讲解，能够正确计算单向和双向偏心受力状态下截面的应力。

任务分析

分析偏心状态下的基本变形组成，进行截面应力的计算，判断截面的破坏特点。

知识导航

当杆受到与杆轴线平行但不通过其截面形心的集中压力 P 作用时，杆处在偏心压缩的情况下。图 6－3（c）、图 6－3（d）中所示的空心墩与厂房支柱就是偏心受压杆。偏心受压杆的受力情况一般可抽象为如图 6－4（a）和图 6－4（b）所示的两种偏心受压情况（当 P 向上时为偏心受拉）。

在图 6－4（a）中，偏心压力 P 的作用点 F 是在截面的形心主轴 Oy 上，即它只在轴 Oy 的方向上偏心，这种情况在工程实际中是最常见的。若通过力的平移规则将偏心压力 P 简化为作用在截面形心 O 上的轴心压力 P 和对形心主轴 Oz 的弯曲力偶 $m = Pe$（这里的 e 称为偏心距），则不难看出，偏心压力 P 对杆的作用就相当于轴心压力 P 对杆的轴心压缩作用和弯曲力偶 m 对杆的纯弯曲作用的组合。由截面法可知，在这种杆的横截面上，同时存在轴向压力 $N = P$ 和弯矩 $M = m = Pe$。

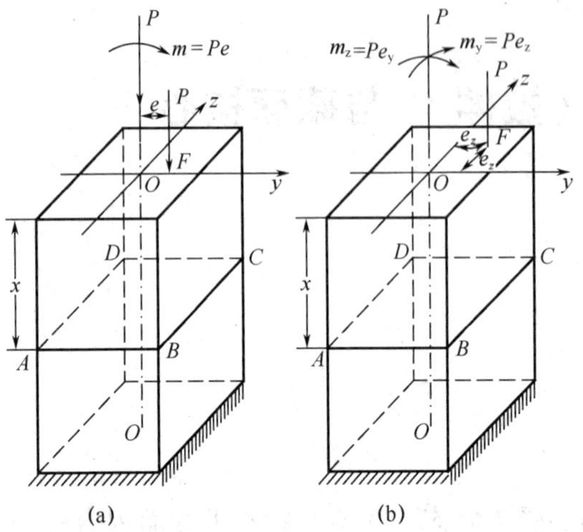

图6－4 偏心受压的两种情况
（a）单向偏心受压 （b）双向偏心受压

在图6－4（b）中，偏心压力 P 的作用点 F 既不在截面的形心主轴 Oy 上，也不在 Oz 上，即它对于两个形心主轴来说都是偏心的。同样，可将这种偏心压力简化为作用在截面形心 O 上的轴心压力 P、对形心主轴 Oy 的弯曲力偶 m_y 和对形心主轴 Oz 的弯曲力偶 m_z，故在杆的横截面上，同时存在轴向压力 $N=P$、弯矩 $M_z=m_z=Pe_y$ 和弯矩 $M_y=m_y=Pe_z$。

从以上的分析可见，杆的偏心压缩，即相当于杆的轴心压缩和弯曲的组合。

因为在偏心受压杆中，出现的正应力主要是压应力，故在本任务里，为了计算上的方便，我们对正应力正负号的规定作如下的改变，即令压应力的符号为正，拉应力的符号为负。

6.2.1 单向偏心受压

图6－4（a）所示的情况也称为单向偏心受压。因压力 P 的作用线平行于杆轴线，故在杆的各横截面上有同样的轴力 N 和同样的弯矩 M。根据叠加原理，可求得杆任一横截面上任一点处的正应力为

$$\sigma=\frac{N}{A}\pm\frac{My}{I_z} \tag{6－1}$$

在应用式（6－1）时，对于第二项前的正负号，一般可根据弯矩 M 的转向凭直观来选定，即当 M 对计算点处引起的正应力为压应力时取正号，为拉应力时取负号。但应注意，在这种情况下，M 和 y 都只要代入它们的绝对值。

最大正应力和最小正应力分别发生在截面的两个边缘上，其计算公式为：

$$\sigma_{\min}^{\max}=\frac{N}{A}\pm\frac{M}{W} \tag{6－2}$$

式中 A——杆的横截面面积；

W——相应的抗弯截面模量。

对图6－4（a）所示的矩形截面偏心受压杆，从偏心力 P 所在的位置可以看出，在任一横截面上，最大的正应力发生在边缘 BC 上。在边缘 AD 上则根据 N 和 M 的不同大小，可能发生最小的压应力，最大的拉应力或在该处的应力等于零。若将矩形截面的面积 $A=bh$，抗弯截面模量 $W=\dfrac{bh^2}{6}$ 和截面上的弯矩 $M=Ne$ 代入式（6－2），即可将其改写为

$$\sigma_{\min}^{\max}=\frac{N}{bh}\pm\frac{6Ne}{bh^2}=\frac{N}{bh}\left(1\pm\frac{6e}{h}\right) \tag{6－3}$$

6.2.2　双向偏心受压

如上所述，当偏心压力 P 的作用点 F 不在横截面的任一形心主轴上时，如图6－4（b）和图6－5所示，力 P 可简化为作用在截面形心 O 处的轴向压力 P 和二弯曲力偶 $m_y = Pe_z$，$m_z = Pe_y$。故在杆任一横截面上的内力，将包括轴力 $N = P$ 和弯矩 $M_y = Pe_z$，$M_z = Pe_y$，根据叠加原理，可得到杆横截面上任一点（y，z）处的正应力计算公式为

$$\sigma = \frac{N}{A} + \frac{M_y z}{I_y} + \frac{M_z y}{I_z} = \frac{P}{A} + \frac{Pe_z z}{I_y} + \frac{Pe_y y}{I_z} \qquad (6-4)$$

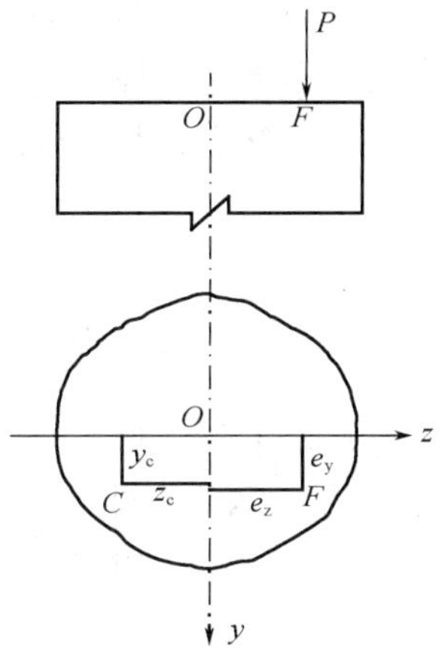

图6－5　双向偏心受压

式中，I_y 和 I_z 为横截面分别对 y 轴和 z 轴的惯性矩。将式（6－4）与式（6－2）比较可以看出，双向偏心受压实际上是轴心受压与斜弯曲的叠加。另外，当式（6－4）中的 e_z 或 e_y 为零时，它就成为在单向偏心受压情况下的式（6－1）。注意，式（6－4）是根据力 P 作用在坐标系的第一象限内，并规定压应力的符号为正而导出的。若需求图6－5中点 $C(y_c, z_c)$ 处的应力，应将坐标 y_c、z_c 的绝对值代入式（6－4），并将 y_c、z_c 所带的正、负号提到式中各项的前面，则可得到

$$\sigma_c = \frac{P}{A} - \frac{Pe_z |z_c|}{I_y} + \frac{Pe_y |y_c|}{I_z}$$

一般说来，每一种内力在截面上某一点处产生的应力的正、负号，是可从图上直接判断出来的。例如，由图6－5不难看出，轴心压力 P 会使点 C 处产生压应力，对 z 轴的弯矩 M_z 会使点 C 处产生压应力，对 y 轴的弯矩 M_y 则会使点 C 处产生拉应力，这与上式中各项所有的正负号是一致的。故在应用式（6－4）时，经常用到的办法是，只将 N、M_y、M_z、y、z 等的绝对值代入，至于每一项前应有的正负号，则可用上述直接判断的方法来确定。

为了进行强度计算，需要求出在截面上所产生的最大正应力和最小正应力，为此需先确定出中性轴的位置。同样，根据中性轴的概念可将 $\sigma = 0$ 代入式（6－4），求得中性轴的方程为

$$\frac{P}{A} + \frac{Pe_z z}{I_y} + \frac{Pe_y y}{I_z} = 0$$

将 $I_y = Ar_y^2$，$I_z = Ar_z^2$ 代入，则上式可改写为

$$1 + \frac{e_y y}{r_z^2} + \frac{e_z z}{r_y^2} = 0 \qquad (6-5)$$

这个方程是一直线方程，故中性轴为一直线，如图6－6中的直线 $n-n$ 所示。由式（6－5）还可看出，坐标 y 和 z 不能同时为零，故中性轴不通过截面的形心。至于中性轴是在截面之内还是在截面之外，则与力 P 的作用点 F 的位置（e_y，e_z）有关。将 $z = 0$ 和 $y = 0$ 分别代入式（6－5），即可求得中性轴与轴 y 和轴 z 的截距 a_y、a_z，如图6－6所示。

$$\left.\begin{aligned} a_y &= -\frac{r_z^2}{e_y} \\ a_z &= -\frac{r_y^2}{e_z} \end{aligned}\right\} \tag{6-6}$$

由式（6－6）可以看出，e_y、e_z 越小时，a_y、a_z 就越大，即力 P 的作用点越向截面形心靠近，截面的中性轴就离开截面形心越远，甚至会移到截面以外去。中性轴不在截面上面，则意味着在整个截面上只有压应力作用。

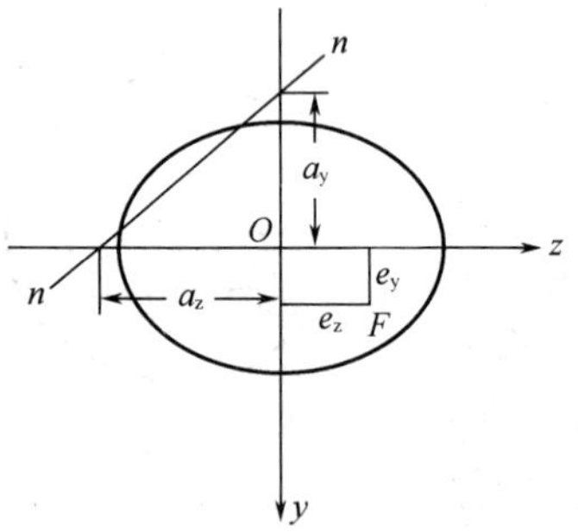

图 6－6　中性轴的位置

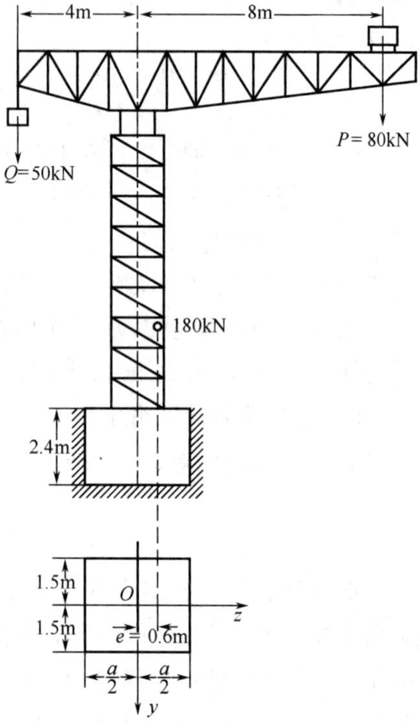

图 6－7　例 6－1 图

【例 6－1】起重能力为 80kN 的起重机，安装在混凝土基础上（图 6－7）。起重机支架的轴线通过基础的中心。已知起重机的自重为 180kN（荷载 P 及平衡锤 Q 的重量不包括在内），其作用线通过基础底面的轴 Oz，且有偏心距 $e=0.6$m。若矩形基础的短边长为 3m，问：（1）其长边的尺寸 a 应为多少才能使基础上不产生拉应力？（2）在所选的 a 值之下，基础底面上的最大压应力等于多少？（已知混凝土的密度 $\rho=2.243\times10^3\text{kg/m}^3$）

【解】（1）将有关各力向基础的中心简化，得到轴向压力

$$\begin{aligned} P &= 50+80+180+2.4\times3\times a\times2.243\times9.81 \\ &= (310+158.4a)(\text{kN}) \end{aligned}$$

对主轴 Oy 的力矩为

$$M=-50\times4+180\times0.6+80\times8=548(\text{kN}\cdot\text{m})$$

要使基础上不产生拉应力，必须使式（6－2）中的 $\sigma_{\min}=\dfrac{N}{A}-\dfrac{M}{W}=0$，将 $N=P$，$A=3a$，M 和 $W=\dfrac{3a^2}{6}$ 代入，可得

$$\sigma_{\min}=\frac{310+158.4a}{3a}-\frac{548}{\dfrac{3a^2}{6}}=0$$

从而解得 $a=3.68$m，取 $a=3.7$m。

（2）在基础底面上产生的最大压应力可以由式（6－2）中的另一式求得为

$$\sigma_{\min} = \frac{N}{A} + \frac{M}{W} = \frac{310 + 158.4 \times 3.7a}{3 \times 3.7} + \frac{548}{\frac{3 \times 3.7^2}{6}}$$

$$= 161(\mathrm{kPa}) = 0.161(\mathrm{MPa})$$

式（6－2）也可推广用于由其他形式荷载使构件同时受到压缩（或拉伸）和弯曲作用的情况，下面举例说明。

【例6－2】某水库溢洪道的浆砌块石挡土墙如图6－8所示（墙高与基宽的比例尺未画成一致），通常是取单位长度（1m）的挡土墙来进行计算。已知：墙的自重 $G = G_1 + G_2$，$G_1 = 72\mathrm{kN}$ 的作用线到横截面 BC 的形心 O 的距离为 $x_1 = 0.8\mathrm{m}$，$G_2 = 77\mathrm{kN}$ 的作用线到点 O 的距离为 $x_2 = 0.03\mathrm{m}$；在横截面 BC 以上的土壤作用在墙面上的总土压力 $E = 95\mathrm{kN}$，其作用线与水平面的夹角 $\theta = 42°$，其在墙面上的作用点 D 到点 O 的水平距离和竖直距离分别为 $x_0 = 0.43\mathrm{m}$ 和 $y_0 = 1.67\mathrm{m}$；砌体的许用压应力为3.5MPa，许用拉应力为0.14MPa。要求计算出作用在截面 BC 上点 B 和点 C 处的正应力并进行强度校核。

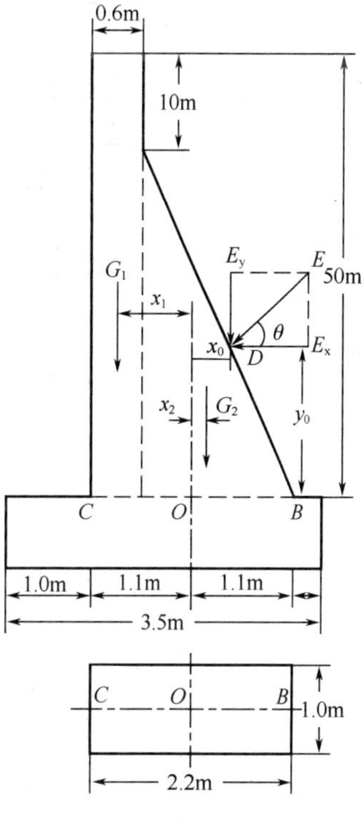

图6－8 例6－2图

【解】（1）土压力 E 的水平分力和竖直分力分别为

$$E_x = E\cos\theta = 95\cos42° = 70.6(\mathrm{kN})$$

$$E_y = E\sin\theta = 95\sin42° = 63.7(\mathrm{kN})$$

作用在横截面 BC 上的全部竖向压力为

$$N = G_1 + G_2 + E_y = 72 + 77 + 63.7 = 212.7(\mathrm{kN})$$

各力对横截面 BC 的形心 O 的总力矩为

$$M = G_1x_1 - G_2x_2 + E_xy_0 - E_yx_0$$

$$= 72 \times 0.8 - 77 \times 0.03 + 70.6 \times 1.67 - 63.7 \times 0.43$$

$$= 145.8(\mathrm{kN})$$

横截面 BC 的面积（按1m长的挡土墙计算）$A = 1 \times 2.2 = 2.2$（m^2），其抗弯截面模量为

$$W = \frac{bh^2}{6} = \frac{1 \times 2.2^2}{6} = 0.807(\mathrm{m}^3)$$

（2）由式（6－2）可求得点 C 处的正应力

$$\sigma_c = \frac{N}{A} + \frac{M}{W} = \frac{212.7}{2.2} + \frac{145.8}{0.807} =$$

$$278(\mathrm{kPa}) = 0.278(\mathrm{MPa})（压应力） < [\sigma]_c = 3.5\mathrm{MPa}$$

点 B 处的正应力

$$\sigma_t = \frac{N}{A} - \frac{M}{W} = 97 - 181 = -84(\mathrm{kPa}) =$$

$$-0.08(\mathrm{MPa})（拉应力） < [\sigma]_t = 0.14\mathrm{MPa}$$

故截面 BC 满足强度要求。

【例6－3】图6－9（a）为某渡槽工程中混凝土空心墩的构造简图。试计算当渡槽正

常工作时，在距墩顶的距离为 20m 处的截面 n－n 上的正应力。已知：当渡槽正常工作时，作用在空心墩上的荷载组合如图 6－9（a）所示。其中，槽身重 $W_1=2143\text{kN}$，水重 $W_2=2400\text{kN}$，截面 n－n 以上的墩身自重 $W_3=2431\text{kN}$，槽身所受的总风压力 $P_1=95.7\text{kN}$，墩帽所受的总风压力 $P_2=11.7\text{kN}$，截面 $n-n$ 以上墩身所受的总风压力 $P_3=47.3\text{kN}$。空心墩的截面 $n-n$ 的尺寸如图 6－9（b）所示。

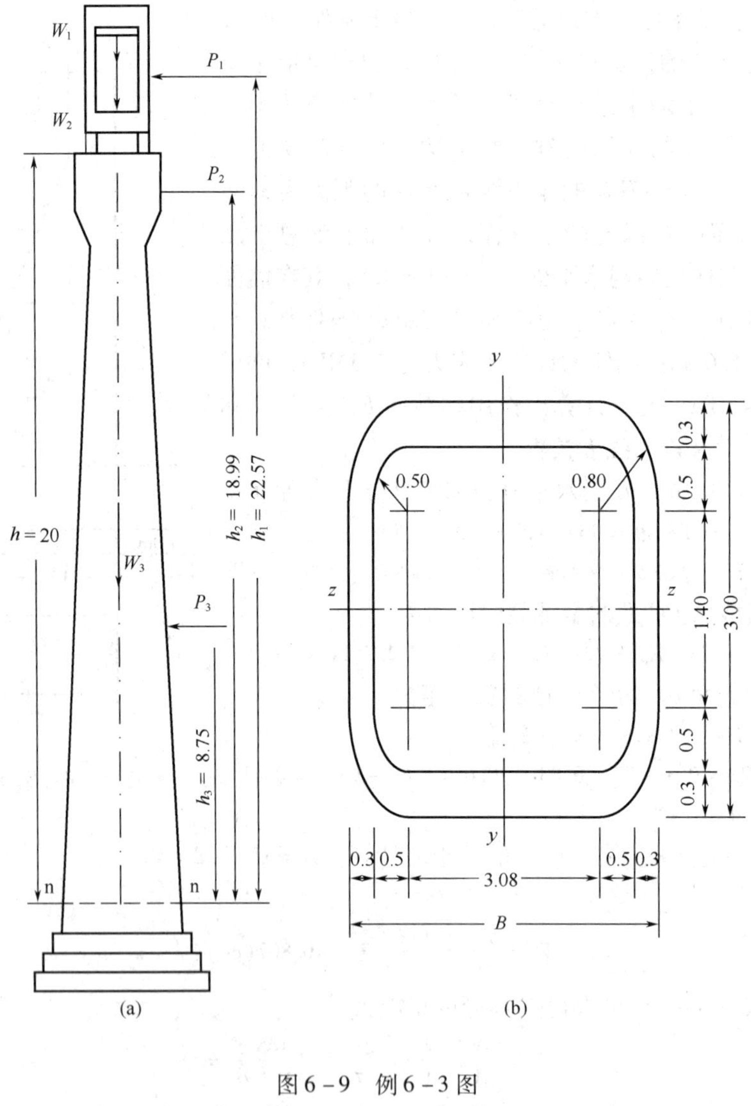

图 6－9　例 6－3 图

【解】由图 6－9（a）可以看出，槽身重、水重及墩身自重等将在截面 n－n 上产生轴心压力，而风荷载 P_1、P_2、P_3 等将在截面 n－n 上产生对 y 轴的弯曲力矩。

（1）截面 n－n 上的内力计算

轴力 $N=W_1+W_2+W_3=2143+2400+2431=6974(\text{kN})$

弯矩 $M=P_1h_1+P_2h_2+P_3h_3=95.7\times22.57+11.7\times18.99+47.3\times8.75=2796(\text{kN}\cdot\text{m})$

（2）截面 n－n 的几何性质计算

$$A = 2 \times (3.08 \times 0.3 + 1.40 \times 0.3) + 4 \times \frac{1}{4}\pi(0.8^2 - 0.5^2) = 3.92(\mathrm{m}^2)$$

$$I_y = \frac{1.4 \times 4.68^3}{12} - \frac{1.4 \times 4.08^3}{12} + 2 \times \frac{0.3 \times 3.08^3}{12} + 4I' = 5.49 + 4I'$$

式中的 I' 是截面 n－n 的一个角上的圆弧形面积（图 6－10）对截面主轴 $y-y$ 的惯性矩。

$$I' = \int_0^{\pi/2} t\,(R\sin\theta + a)^2 R\mathrm{d}\theta = \frac{\pi R^3 t}{4} + 2aR^2 t + \frac{\pi}{2}a^2 Rt$$

将 $R = \dfrac{R_1 + R_2}{2} = \dfrac{0.5 + 0.8}{2} = 0.65(\mathrm{m})$，$a = 1.54\mathrm{m}$，$t = 0.3\mathrm{m}$ 代入可得

$$I' = \frac{\pi \times 0.65^3 \times 0.3}{4} + 2 \times 1.54 \times 0.65^2 \times 0.3 + \frac{\pi \times 1.54^2}{2} \times 0.65 \times 0.3 = 1.185(\mathrm{m}^4)$$

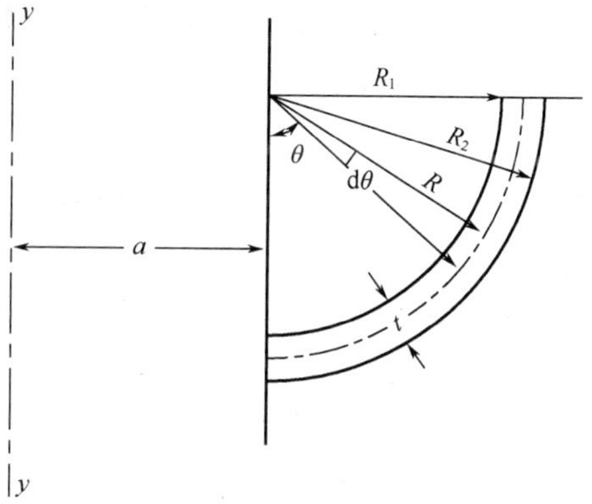

图 6－10　求圆弧形面积对 $y-y$ 轴的惯性矩

故

$$I_y = 5.49 + 4 \times 1.185 = 10.23(\mathrm{m}^4)$$

$$W_y = \frac{I_y}{2.34} = \frac{10.23}{2.34} = 4.38(\mathrm{m}^3)$$

（3）截面 n－n 上的正应力计算

$$\left.\begin{matrix}\sigma_{\max}\\ \sigma_{\min}\end{matrix}\right\} = \frac{N}{A} \pm \frac{M}{W} = \frac{6974}{3.92} \pm \frac{2796}{4.38}$$

$$\left.\begin{matrix}\sigma_{\max}\\ \sigma_{\min}\end{matrix}\right\} = 1779 \pm 638.36 = \begin{matrix}2418\\ 1140\end{matrix}(\mathrm{kPa})$$

$$\left.\begin{matrix}\sigma_{\max}\\ \sigma_{\min}\end{matrix}\right\} = \begin{matrix}2.42\\ 1.14\end{matrix}(\mathrm{MPa})(\text{都是压应力})$$

6.2.3　截面核心

前文曾经指出，采用使偏心压力 P 向截面形心靠近（即减小偏心距 e_y、e_z）的办法，可使杆横截面上的正应力全部为压应力而不出现拉应力。当偏心压力作用在截面的某个范围以内时，中性轴的位置将在截面以外或与截面周边相切，这样在整个截面上就只会产生压应力。通常把截面上的这个范围称为**截面核心**。

在实际工程中，砖、石、混凝土一类的建筑材料，其承压能力比抗拉能力要强得多，故在设计由这类材料制成的构件时，应充分发挥材料的抗压能力，在构件的横截面上最好不要出现拉应力，或使拉应力控制在许可的范围以内，以避免出现拉裂破坏。这就要用到截面核心的概念。

图 6－11 表示一任意形状的截面。要求其截面核心时，首先应选择通过截面形心的主轴 Oy 与 Oz 为坐标轴，然后过截面周边上的任意一点 F' 作与周边相切的中性轴 $f-f$，并求出它在两个坐标轴上的截距 a_y 和 a_z，将 a_y 与 a_z 代入式（6－6）求得 e_y 和 e_z，它们就

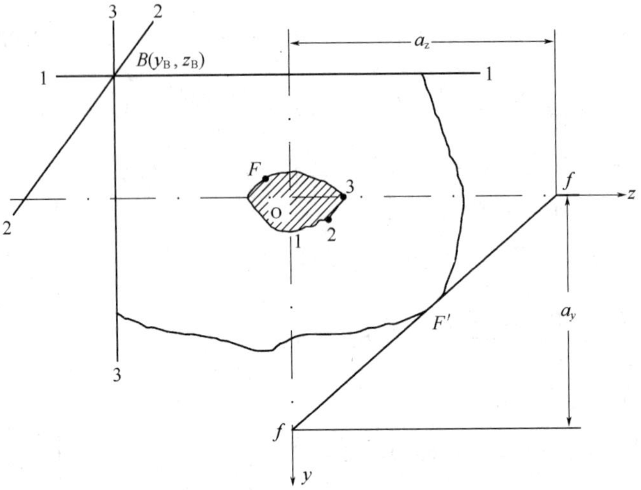

图 6-11 求截面核心

是与中性轴 $f-f$ 相对应的偏心压力作用点 F 的坐标。按照同样的方法，由与截面周边相切的一系列中性轴，可求得一系列偏心压力作用点，将这些点按顺序连接起来得出的闭合图形（图 6-11 中阴影部分）即为我们要求的截面核心。

在确定多边形的截面核心时，会遇到中性轴必须绕一定点（图 6-11 中的点 B）转动的情况，它与力作用点在一直线上的移动相对应。现证明如下：

将定点 B 的坐标 y_B 与 z_B 代入式（6-5）可以得到

$$e_y = -\frac{r_z^2}{y_B} - \frac{r_z^2 z_B}{r_y^2 y_B} e_z$$

因截面的形状不变，其 A、I_y、I_z 均为定值，故上式中的 r_y、r_z 也都是常数，e_y、e_z 间的关系是线性关系。如图 6-11 所示，与过点 B 的三条中性轴 1-1、2-2、3-3 分别对应的力的作用点 1、2、3 必定在一条直线上。

对边长为 b 和 h 的矩形截面［图 6-12（a）］，其截面核心可用如下的简单方法确定。设偏心荷载 P 作用在形心主轴 Oy 上的点 F_1 处时，与其相应的中性轴恰与 AD 边重合，运用式（6-3），并令 $\sigma = \frac{N}{bh}\left(1 - \frac{6e}{h}\right) = 0$，即可得出 $e_y = \frac{h}{6}$；再设偏心荷载 P 作用在形心主轴 Oy 上的点 F_3 处时，与其相应的中性轴恰与 BC 边重合，令 $\sigma = \frac{N}{bh}\left(1 + \frac{6e}{h}\right) = 0$，即可得出 $e_y = -\frac{h}{6}$；根据 e_y 的这两个值，可在截面的形心主轴 Oy 上描出点 1 和 3，如图 6-12（b）所示。同样设偏心荷载 P 作用在另一形心主轴 Oz 上，且中性轴与 CD 边或 AB 边重合，可得到 $e_z = \pm \frac{b}{6}$，从而又可在截面的形心主轴 Oz 上描出点 2 和 4。用直线将点 1、2、3、4 顺序相连，所形成的菱形［图 6-12（b）］即为矩形截面的截面核心。从图 6-12（b）可以看出，$e = \frac{h}{6}\left(或\frac{b}{6}\right)$ 表示偏心压力 P 正作用在矩形截面宽度 h（或 b）的三分点处。可得到这样的结论，即：当偏心压力作用在矩形截面任一形心主轴的中间三分点以内时，在截面上即不会出现拉应力。这个三分点的概念，对于设计砖、石、混凝土等材料结构来说是非常重要的。

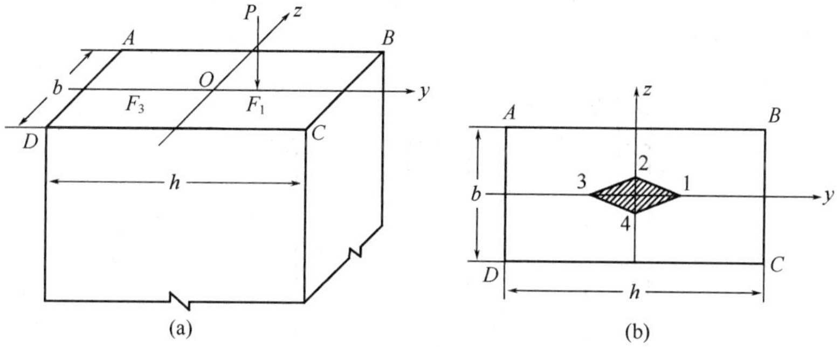

图 6－12　矩形截面的截面核心

在图 6－13 中画出了 I 形、墙形、T 形和圆形截面的截面核心。

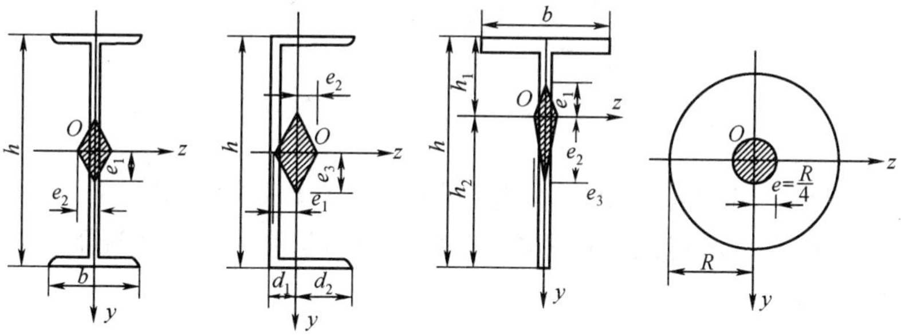

(a) $e_1=\pm\frac{2r_y^2}{h}$，$e_2=\pm\frac{2r_z^2}{b}$

(b) $e_1=-\frac{r_y^2}{d_1}$，$e_2=\frac{r_y^2}{d_2}$，$e_3=\pm\frac{2r_z^2}{h}$

(c) $e_1=\frac{r_z^2}{h_1}$，$e_2=-\frac{r_z^2}{h_2}$，$e_3=\pm\frac{2r_z^2}{b}$

图 6－13　几种常用截面的截面核心

（a）I 形　（b）墙形　（c）T 形　（d）圆形

注 意

1. 偏心拉压变形由哪些基本变形组成？应力分布的特点是什么？
2. 截面核心有什么作用？

任务技能

1. 图（a）表示一正方形截面杆受到轴心拉力 P 作用。若将力 P 沿 OA 线平移到截面边缘中点，如图（b）所示，或将力 P 沿对角线 OB 平移到截面角点 B，如图（c）所示，杆内的应力将怎样变化？

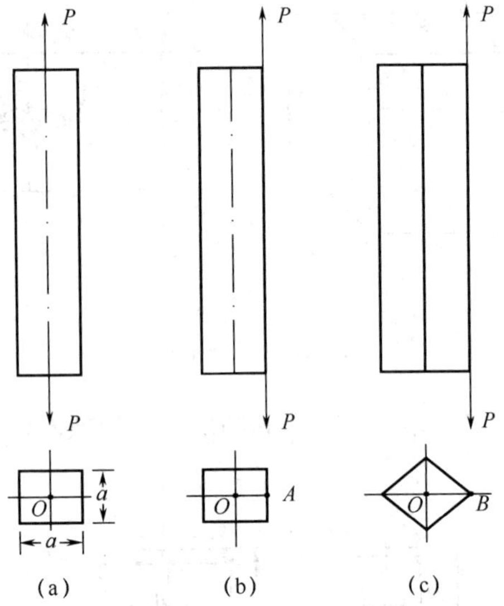

1 题图

2. 图（a）表示一正方形截面的短柱受到轴心压力 P 作用，图（b）表示将柱的一侧挖去一部分，图（c）表示将柱的两侧各挖去一部分。试判断三种情况下，短柱中的最大正应力的大小及位置。

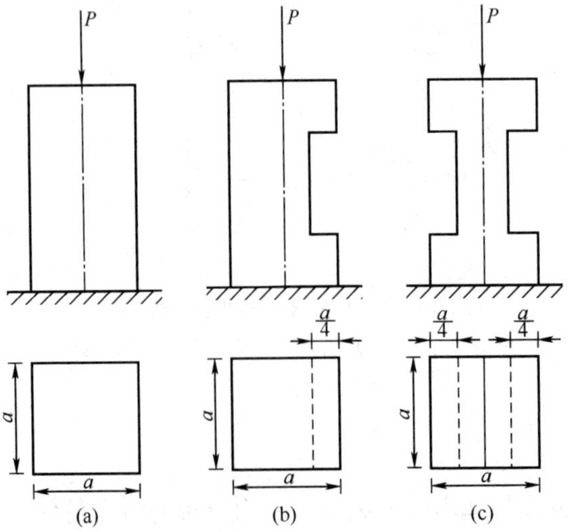

2 题图

3. 什么是“截面核心”？怎样画出一截面的截面核心？

任务习题

1. 某渡槽刚架的基础如图所示。已知：在它的顶面上受到由柱子传来的弯矩 $M=110\text{kN}\cdot\text{m}$，轴力 $N_1=980\text{kN}$ 和水平剪力 $Q=60\text{kN}$，基础的自重和基础上土重的总重为 $N_2=173\text{kN}$。试作出在基础底面的反力分布图（假定反力是按直线规律分布的）。

2. 混凝土重力坝如图所示，剖面为三角形，坝高 $h=30\text{m}$，混凝土的密度为 2.396t/m^3。若只考虑上游水压力和坝体自重的作用，在坝底截面上不允许出现拉应力，试求所需的坝底宽度 B 和在坝底上产生的最大压应力。

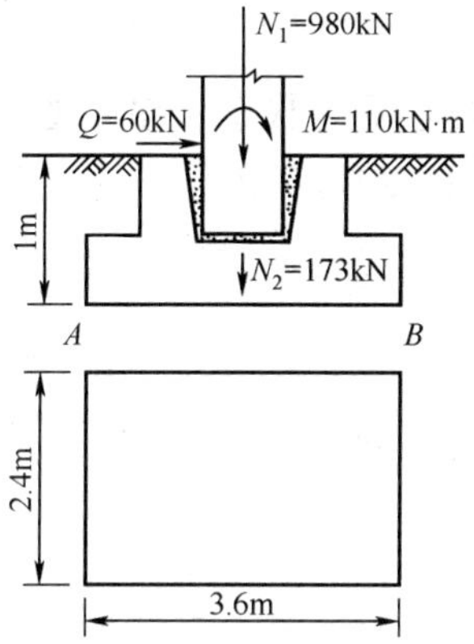

1 题图

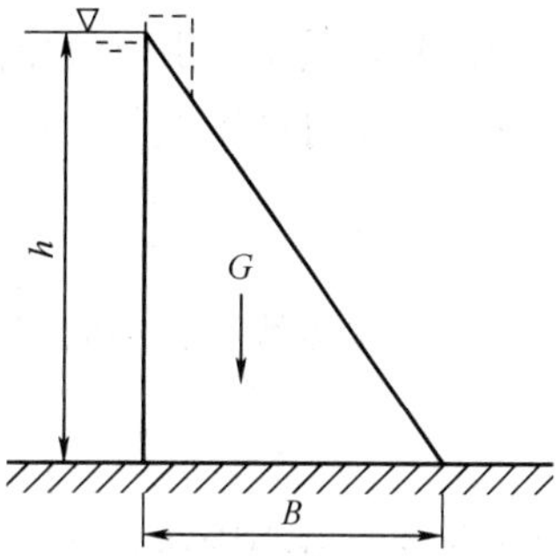

2 题图

3. 受拉构件形状如图，已知截面尺寸为 40mm×5mm，通过轴线的拉力 $P=12\text{kN}$。现拉杆开有切口，如不计应力集中影响，当材料的 $[\sigma]=100\text{MPa}$ 时。试确定切口的最大许可深度，并画出切口截面的应力变化图。

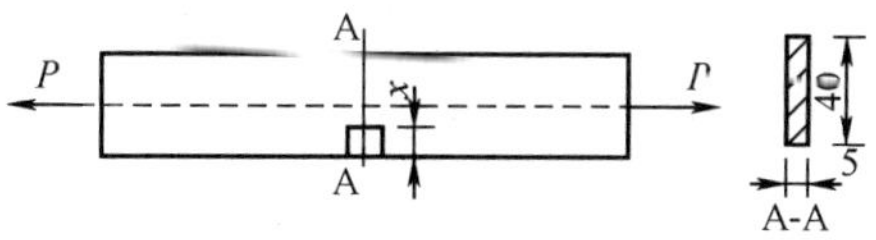

3 题图

任务三　偏心受压构件面配筋设计

任务导航

任务导言

实际工程中的受压柱在多数情况下都是处于偏心受压状态，偏心受压是常见的组合变形中的一种，这就要求我们应用力学的基础知识，结合钢筋混凝土的特点，研究偏心受压柱的破坏特点，进而对柱子进行设计。

任务目标

掌握偏心受压柱的破坏特点，能够设计单向的偏心受压柱。

任务布置

完成给定钢筋混凝土偏心受压柱的设计。

任务分析

首先分析构件偏心受压的应力分布原理，研究其破坏特点，进而对柱子进行截面设计或复核。

知识导航

概述

工程中偏心受压构件应用颇为广泛，如常见的多高层框架柱、单层刚架柱、单层厂房排架柱；大量的实体剪力墙和联肢剪力墙中的大部分墙肢；水塔、烟囱的筒壁和屋架、托架的上弦杆等均为偏心受压构件。

偏心受压构件包括单向偏心受压构件和双向偏心受压构件，本任务以介绍单向偏心受压构件为主。

对于单向偏心受压构件，在偏心压力 N 的作用下，离偏心压力 N 较近一侧的纵向钢筋受压，其截面面积用 A_s' 表示，而另一侧的纵向钢筋则随轴向压力 N 偏心距的大小可能受拉也可能受压，其截面面积用 A_s 表示，如图 6－14 所示。

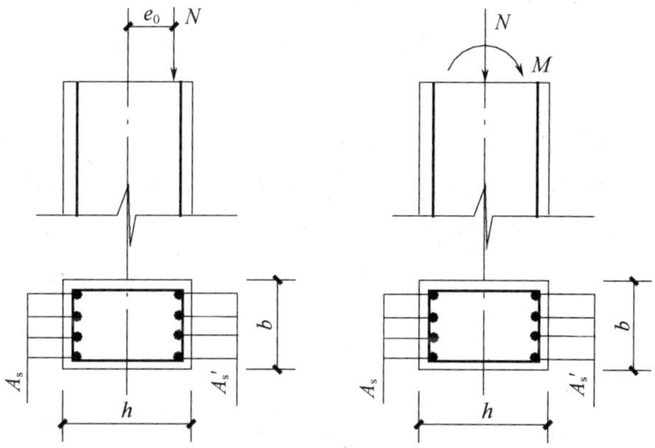

图 6－14　偏心受压构件纵向钢筋的表示方法

6.3.1　偏心受压构件正截面的破坏特征

偏心压力的作用，相当于在构件截面上同时作用有弯矩 M 和轴向压力 N，偏心距 $e_0=M/N$。我们可把偏心受压状态视为轴心受压与受弯之间的过渡状态，故能断定，偏心受压构件截面中的应变和应力分布特征将随着偏心距 e_0 的逐渐减小而从接近于受弯构件的状态过渡到接近于轴心受压构件的状态。

钢筋混凝土偏心受压构件正截面的受力特点和破坏特征与轴向压力偏心距的大小、纵向钢筋的数量、钢筋强度和混凝土强度等因素有关，一般可分为以下两类，如图 6－15 所示。

第一类——受拉破坏，也称为“大偏心受压破坏”；

第二类——受压破坏，也称为“小偏心受压破坏”。

（1）受拉破坏

当构件截面中轴向压力的偏心距较大，而且没有配置过多的受拉钢筋时，就将发生这种类型的破坏。

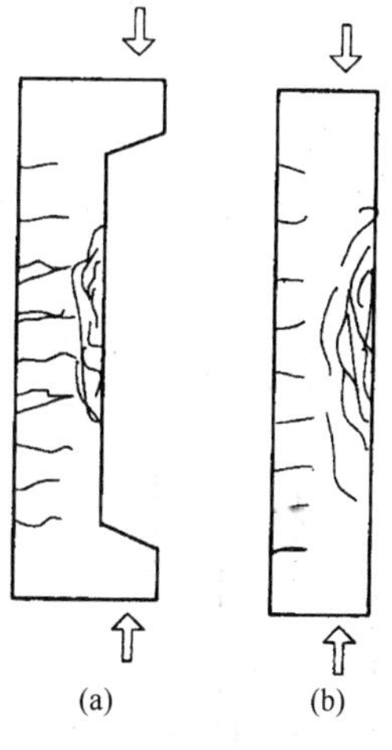

图 6－15　偏心受压构件的破坏
（a）大偏心受压　（b）小偏心受压

这类构件由于 e_0 较大，即弯矩 M 的影响较为显著，它具有与适筋受弯构件类似的受力特点。在偏心距较大的轴向压力 N 作用下，远离纵向偏心力一侧截面受拉。当 N 增大到一定程度时，受拉边缘混凝土将达到极限拉应变，出现垂直于构件轴线的裂缝。这些裂缝将随着荷载的增大而不断加宽并向受压一侧发展，裂缝截面中的拉力将全部转由受拉钢筋承担。随着荷载的增大，受拉钢筋将首先屈服。随着钢筋屈服后的塑性伸长，裂缝将明显加宽并进一步向受压一侧延伸，从而使受压区面积减小，受压边缘的压应变逐步增大。最后当受压边缘混凝土达到其极限压应变 ε_{cu} 时，受压区混凝土被压碎而导致构件的最终破坏。这类构件的混凝土压碎区一般都不太长，破坏时受拉区形成一条较宽的主裂缝。试验所得的典型破坏状况如图 6－15（a）所示。只要受压区相对高度不致过小，混凝土保护层不是太厚，即受压钢筋不是过分靠近中和轴，而且受压钢筋的强度等级也不是太高（如采用热轧钢筋），则在混凝土开始压碎时，受压钢筋应力一般都能达到受压屈服强度。

受拉破坏关键的破坏特征是受拉钢筋首先受拉屈服，然后受压钢筋一般也能达到受压屈服，最后由于受压区混凝土压碎而导致构件破坏。这种破坏形态在破坏前有明显的预兆，属于塑性破坏，所以这类破坏称为受拉破坏。

由于发生受拉破坏的构件轴向压力的偏心距较大，因此也把这类破坏称为大偏心受压破坏。大偏心受压破坏时截面中的应变及应力分布图形如图6－16（a）所示。

（2）受压破坏

若构件截面中轴向压力的偏心距较小或虽然偏心距较大，但配置过多的受拉钢筋时，构件就会发生这种类型的破坏。此时，截面可能处于大部分受压而小部分受拉状态。当荷载增加到一定程度时，受拉边缘混凝土将达到其极限拉应变，从而沿构件受拉边将出现一些垂直于构件轴线的裂缝。在构件破坏时，中和轴距受拉钢筋较近，钢筋中的拉应力较小，受拉钢筋应力达不到屈服强度，因此也不可能形成明显的主拉裂缝。构件的破坏是由受压区混凝土的压碎所引起的，而且压碎区的长度往往较大。当柱内配置的箍筋较少时，还可能于混凝土压碎前在受压区内出现较长的纵向裂缝。在混凝土压碎时，受压一侧的纵向钢筋只要强度等级不是过高（如采用热轧钢筋），其压应力一般都能达到受压屈服强度。这种情况下的构件典型破坏状况如图6－15（b）所示，破坏阶段截面中的应变及应力分布图形则如图6－16（b）所示。这里需要注意的是，由于受拉钢筋中的应力没有达到屈服强度，因此在截面应力分布图形中其拉应力只能用 σ_s 来表示。

当轴向压力的偏心距很小时，也发生小偏心受压破坏。此时，构件截面将全部受压，只不过一侧压应变较大，另一侧压应变较小。这类构件的压应变较小一侧在整个受力过

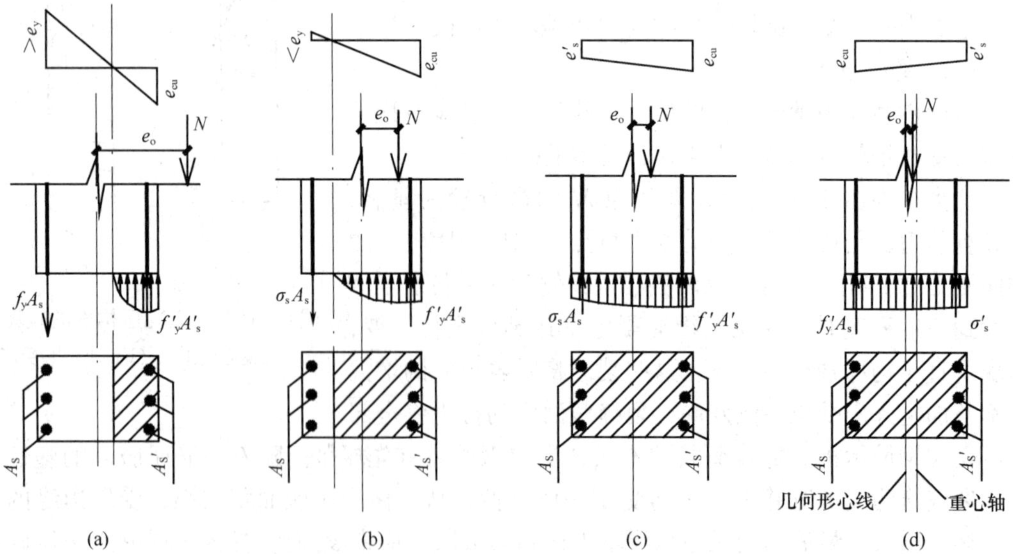

图6－16　偏心受压构件破坏时截面中的应变及应力分布图

（a）大偏心受压　（b）（c）（d）小偏心受压

程中自然也就不会出现与构件轴线垂直的裂缝。构件的破坏是由压应变较大一侧的混凝土压碎所引起的。在混凝土压碎时，接近纵向偏心力一侧的纵向钢筋只要强度等级不是过高，其压应力一般均能达到屈服强度。这种受压情况破坏阶段截面中的应变及应力分布图形如图6－16（c）所示。由于受压较小一侧的钢筋压应力通常也达不到受压屈服强度，故在应力分布图形中它的应力也用 σ_s 表示。

此外，小偏心受压的一种特殊情况是：当轴向压力的偏心距很小，而远离轴向压力一侧的钢筋配置得过少，靠近轴向压力一侧的钢筋配置较多时，截面的实际重心和构件的几何形心不重合，重心轴向压力方向偏移，且越过轴向压力作用线。此时，破坏阶段截面中的应变和应力分布图形如图6－16（d）所示。由图可见远离轴向压力一侧的混凝土的压应力反而大，出现远离轴向压力一侧边缘混凝土的应变先达到极限压应变，混凝土被压碎，导致构件破坏的现象。由于压应力较小一侧钢筋的应力通常也达不到受压屈服强度，故在截面应力分布图形中其应力只能用 σ_s' 来表示。

综上所述，受压破坏所共有的关键性破坏特征是：构件的破坏是由受压区混凝土的压碎所引起的，构件在破坏前变形不会急剧增长，但受压区垂直裂缝不断发展，破坏时没有明显预兆，属脆性破坏。具有这类特征的破坏形态统称为受压破坏。由于发生受压破坏的构件轴向压力的偏心距一般较小，因此也把这类破坏称为小偏心受压破坏。

6.3.2　大小偏心受压界限

偏心受压构件正截面承载力计算的基本假定与受弯构件相同，即仍假定截面的应变符合平截面假定（图6－17），钢筋和混凝土的应力应变关系按简化的应力－应变曲线（图5－35、图5－36）确定。另外，混凝土压区的应力图形也采用等效矩形应力图［图5－37（e）］。

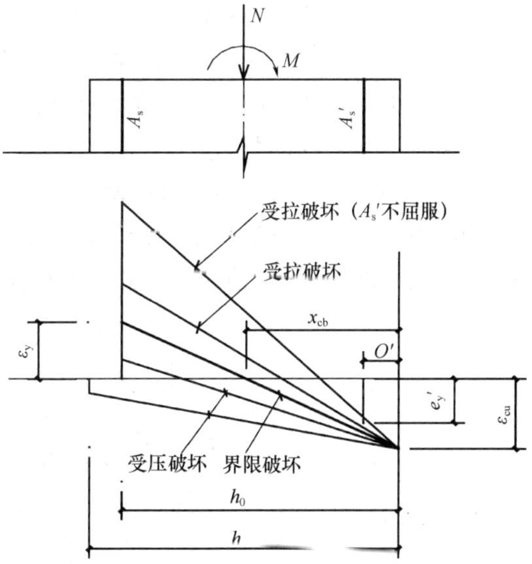

图6－17　偏心受压构件正截面破坏时应变分布

偏心受压构件随着轴向压力偏心距的增大，破坏形态由受压破坏过渡到受拉破坏，受压破坏和受拉破坏的界限称为界限破坏。界限破坏时，受拉钢筋达到屈服的同时受压混凝土边缘压应变达到极限压应变。偏心受压构件正截面在各种破坏情况下，沿截面高度的平均应变分布如图6－18所示。在图6－18中，ε_{cu}表示受压区边缘混凝土极限应变值；ε_y 表示受拉纵筋在受拉屈服点时的应变值；ε_y' 表示受压纵筋在受压屈服点时的应变值；x_{cb}表示界限状态时截面受压区的实际高度。从图6－17可看出，当受压区太小，混凝土达到极限应变值时，受压纵筋的应变很小以至于达不到受压屈服强度。

与受弯构件相同，界限破坏时相对受压区高度用 ξ_b 表示。由于受压界限破坏和受弯界限破坏的破坏特征相同，而且受压构件采用了与受弯构件相同的计算假定，因此，ξ_b 的大小与受弯构件相同，见表5-9。

显然，当 $\xi \leqslant \xi_b$ 时为大偏心受压破坏，$\xi > \xi_b$ 时为小偏心受压破坏。

6.3.3 附加偏心距和初始偏心距

考虑到因荷载的作用位置和大小的不定性、施工误差以及混凝土质量的不均匀性等原因，有可能使轴向压力的偏心距大于 e_0。为了考虑这一不利影响，在原有偏心距 e_0 的情况下增加一附加偏心距 e_a，作为轴向压力的初始偏心距 e_i。在我国《规范》中，e_a 取20mm和偏心方向截面尺寸的1/30两者中的较大值，初始偏心距 e_i 按下式计算：

$$e_i = e_0 + e_a \tag{6-7}$$

6.3.4 二阶效应（$P-\delta$ 效应）

构件中轴向压力在变形后的结构或构件中引起的附加内力和附加变形称为二阶效应（$P-\delta$ 效应）。弯矩作用平面内截面对称的偏心受压构件，当同一主轴方向的杆端弯矩比 $\frac{M_1}{M_2}$ 不大于0.9且设计轴压比不大于0.9时，若构件的长细比满足式（6-8）的要求，可不考虑轴向压力在该方向挠曲杆件中产生的附加弯矩影响；否则应按截面的两个主轴方向分别考虑轴向压力在挠曲杆件中产生的附加弯矩影响。

$$l_c/i \leqslant 34 - 12(M_1/M_2) \tag{6-8}$$

式中 M_1、M_2——偏心受压构件两端截面按结构分析确定的对同一主轴的组合弯矩设计值，绝对值较大端为 M_2，绝对值较小端为 M_1，当构件按单曲率弯曲时，M_1/M_2 取正值，否则取负值；

l_c——构件的计算长度，可近似取偏心受压构件相应主轴方向上下支撑点之间的距离；

i——偏心方向的截面回转半径。

除排架结构柱以外的其他偏心受压构件，考虑轴向压力在挠曲杆件中产生的二阶效应后，控制截面弯矩设计值应按下列公式计算：

$$M = C_m \eta_{ns} M_2 \tag{6-9}$$

$$C_m = 0.7 + 0.3 \times \frac{M_1}{M_2} \tag{6-10}$$

$$\eta_{ns} = 1 + \frac{1}{1300(M_2/N + e_a)/h_0}\left(\frac{l_c}{h}\right)^2 \zeta_c \tag{6-11}$$

$$\zeta_c = \frac{0.5 f_c A}{N} \tag{6-12}$$

式中 C_m——构件端截面偏心距调节系数，当小于0.7时取0.7；

η_{ns}——弯矩增大系数；

N——与弯矩设计值 M_2 相应的轴向压力设计值；

e_a——附加偏心距；

ζ_c——截面曲率修正系数，当计算值大于1.0时取1.0；

h ——截面高度；对环形截面，取外直径；对圆形截面，取直径；

h_0 ——截面有效高度；对环形截面，取 $h_0 = r_2 + r_s$；对圆形截面，取 $h_0 = r + r_s$，此处，r、r_2 和 r_s 按《规范》附录 E 第 E. 0. 3 条和第 E. 0. 4 条计算；

A ——构件截面面积。

当 $C_m\eta_{ns} < 1.0$ 时取 1. 0；对剪力墙肢类及核心筒墙肢类构件，可取 $C_m\eta_{ns} = 1.0$。排架结构柱的二阶效应应按《规范》第 5. 3. 4 条的规定计算。

6. 3. 5　矩形截面偏心受压构件正截面受压承载力基本计算公式

（1）大偏心受压

大偏心受压破坏时，承载能力极限状态下截面的实际应力图如图 6－18（a）所示。与受弯构件的处理方法相同，将受压区混凝土曲线应力图用等效矩形应力分布图来代替，应力值为 $\alpha_1 f_c$，受压区高度为 x，则大偏心受压破坏的截面计算图如图 6－18（b）所示。

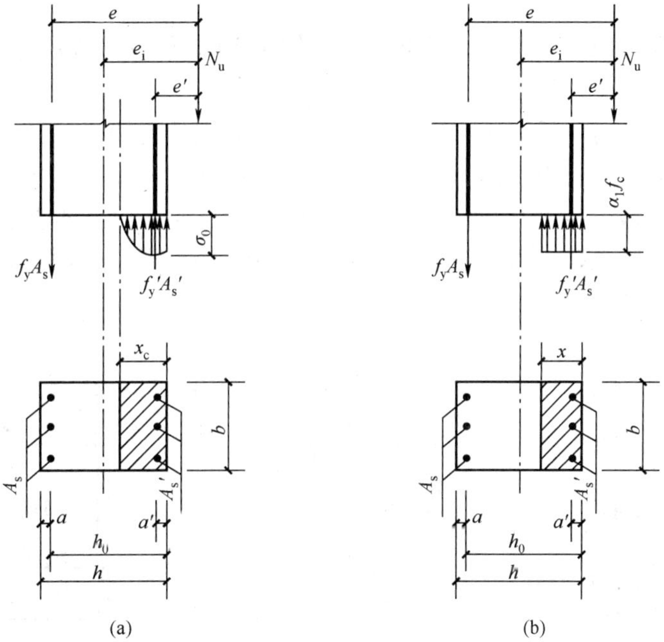

图 6－18　大偏心受压应力图

（a）截面应力分布图　（b）等效应力图

由轴向力为零和各力对受拉钢筋合力点的力矩为零两个平衡条件得：

$$N_u = \alpha_1 f_c bx + f'_y A'_s - f_y A_s \tag{6-13}$$

$$N_u e = \alpha_1 f_c bx\left(h_0 - \frac{x}{2}\right) + f'_y A'_s (h_0 - a') \tag{6-14}$$

设计表达式为：

$$N \leqslant N_u = \alpha_1 f_c bx + f'_y A'_s - f_y A_s \tag{6-15}$$

$$Ne \leqslant N_u e = \alpha_1 f_c bx\left(h_0 - \frac{x}{2}\right) + f'_y A'_s (h_0 - a') \tag{6-16}$$

式中 N——偏心压力设计值；

N_u——偏心受压承载力设计值；

α_1——系数，当混凝土强度等级不大于 C50 时，取 1.0；混凝土强度等级为 C80 时，取 0.94；其间按线性内插法确定；

x——受压区计算高度；

e——轴向力作用点到受拉钢筋 A_s 合力点之间的距离；

$$e = e_i + \frac{h}{2} - a \tag{6-17}$$

$$e_i = e_0 + e_a \tag{6-18}$$

e_0——轴向压力对截面重心的偏心距，取为 M/N，当需要考虑二阶效应时，M 按式（6-9）确定。

适用条件：

①为保证其为大偏心受压破坏，即破坏时受拉钢筋应力先达到屈服强度，必须满足 $x \leqslant \xi_b h_0$（或 $\xi \leqslant \xi_b$）。

②为了保证构件破坏时，受压钢筋应力能达到抗压强度设计值 f'_y，应满足 $x \geqslant 2a'$。

（2）小偏心受压

小偏心受压破坏时，远离压力作用一侧的钢筋无论是受拉还是受压，其应力都达不到屈服强度，承载能力极限状态下截面的应力图如图 6-19（a）、图 6-19（b）所示。建立计算公式时，假设截面有受拉区，受压区的混凝土曲线应力图仍然用等效矩形应力图来代替，小偏心受压破坏的截面计算图如图 6-19（c）所示，如果算得的 σ_s 为负值，则为全截面受压的情况。

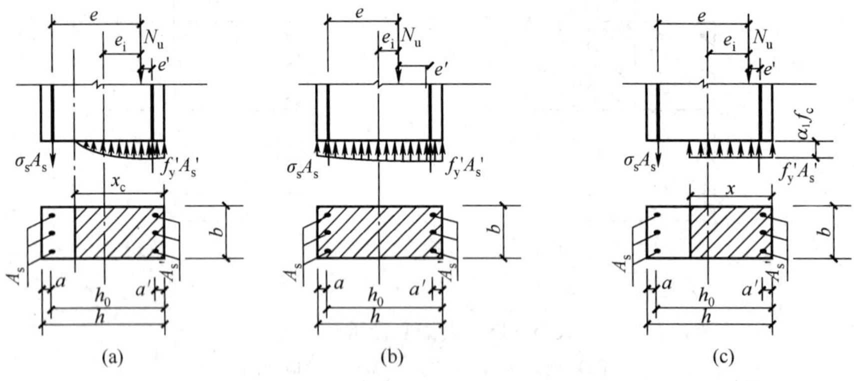

图 6-19 小偏心受压应力图

（a）A_s受拉不屈服 （b）A_s受压不屈服 （c）等效应力图

根据力的平衡条件及力矩平衡条件得：

$$N_u = \alpha_1 f_c bx + f'_y A'_s - \sigma_s A_s \tag{6-19}$$

$$N_u e = \alpha_1 f_c bx\left(h_0 - \frac{x}{2}\right) + f'_y A'_s (h_0 - a') \tag{6-20}$$

设计表达式为：

$$N \leqslant N_u = \alpha_1 f_c bx + f'_y A'_s - \sigma_s A_s \tag{6-21}$$

$$Ne \leqslant N_u e = \alpha_1 f_c bx\left(h_0 - \frac{x}{2}\right) + f'_y A'_s (h_0 - a') \tag{6-22}$$

式中　σ_s——钢筋 A_s 的应力值。

σ_s 可根据应变的平截面假定条件得到：

$$\frac{\varepsilon_s}{h_0 - x_c} = \frac{\varepsilon_{cu}}{x_c}$$

由 $x_c = x/\beta_1$ 及 $\sigma_s = E_s \varepsilon_s$ 得：

$$\sigma_s = \varepsilon_{cu} E_s \left(\frac{\beta_1}{\xi} - 1\right) \tag{6-23}$$

σ_s 也可根据截面应力的边界条件（$\xi = \xi_b$ 时，$\sigma_s = f_y$；$\xi = \beta_1$ 时，$\sigma_s = 0$），近似取为：

$$\sigma_s = \frac{\xi - \beta_1}{\xi_b - \beta_1} f_y \tag{6-24}$$

σ_s 应满足 $-f'_y \leqslant \sigma_s < f_y$。

当偏心距很小时，若 A_s 配置不足，有可能出现远离轴向压力的一侧混凝土首先达到受压破坏的情况［图 6-20（a）］。为避免发生这种破坏，《规范》规定：当 $N > f_c bh$ 时，尚应按下列公式进行验算：

$$Ne' \leqslant f_c bh\left(h'_0 - \frac{h}{2}\right) + f'_y A_s (h'_0 - a) \tag{6-25}$$

$$e' = \frac{h}{2} - a' - (e_0 - e_a) \tag{6-26}$$

式中　h'_0——钢筋 A'_s 合力点至离轴向压力较远一侧边缘的距离，即 $h'_0 = h - a'$。

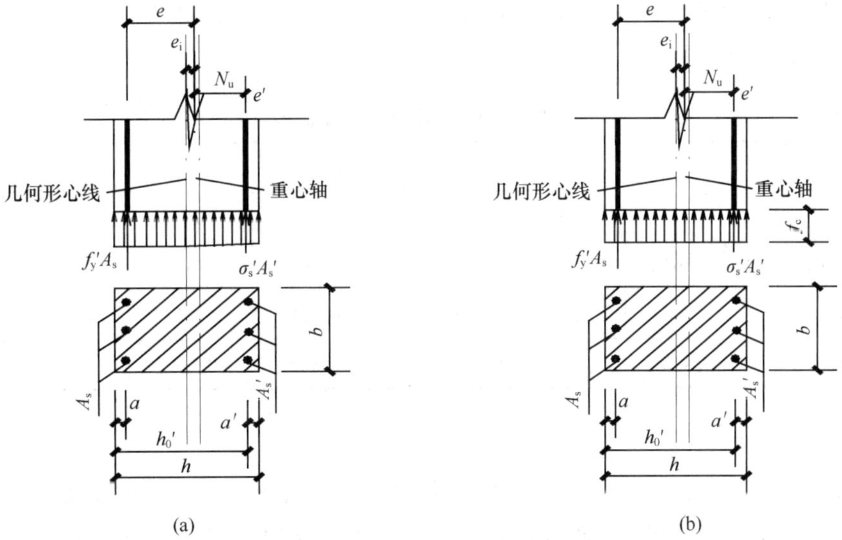

图 6-20　小偏心的一种特殊情况
（a）截面应力分布图　（b）等效应力图

小偏心受压构件计算公式的适用条件为：$\xi > \xi_b$。

6.3.6 非对称配筋矩形截面偏心受压构件正截面受压承载力计算方法

（1）大小偏心受压构件的判别

无论是截面设计还是截面复核，都必须先对构件进行大小偏心的判别。在截面设计时，由于 A_s 和 A_s' 未知，因而无法利用相对受压区高度 ξ 来进行判别。计算时，一般可以先用偏心距来进行判别。

取界限情况 $x = \xi_b h_0$ 代入大偏心受压的计算公式（6－13），并取 $a = a'$，可得界限破坏时的抗压承载力 N_b 为：

$$N_b = \alpha_1 f_c b \xi_b h_0 + f_y' A_s' - f_y A_s$$

再根据力矩平衡条件（对截面中心轴取矩），得界限破坏时的抗弯承载力 M_b 为：

$$M_b = 0.5\alpha_1 f_c b \xi_b h_0 (h - \xi_b h_0) + 0.5(f_y' A_s' + f_y A_s)(h_0 - a)$$

从而可得相对界限偏心距为：

$$\frac{e_{0b}}{h_0} = \frac{M_b}{N_b h_0} = \frac{0.5\alpha_1 f_c b \xi_b h_0 (h - \xi_b h_0) + 0.5(f_y' A_s' + f_y A_s)(h_0 - a)}{(\alpha_1 f_c b \xi_b h_0 + f_y' A_s' - f_y A_s) h_0} \tag{6-27}$$

分析式（6－27）知，当截面尺寸和材料强度给定时，界限相对偏心距 e_{0b}/h_0 就取决于截面配筋面积 A_s 和 A_s'。随着 A_s 和 A_s' 的减小，e_{0b}/h_0 也减小。故当 A_s 和 A_s' 分别取最小配筋率时，可得 e_{0b}/h_0 的最小值 $e_{0b,\min}/h_0$。将 A_s 和 A_s' 按最小配筋率 0.002 代入，并近似取 $h = 1.05h_0$，$a' = 0.05h_0$，则可得到常用的各种混凝土强度等级和常用钢筋强度等级的相对界限偏心距的最小值 $e_{0b,\min}/h_0$，见表 6－2。截面设计时可根据实际材料强度，判别大小偏心，也可近似取表 6－2 中的偏小值 $e_{0b,\min}/h_0 = 0.3$ 作为最小相对界限偏心矩，当 $e_i < 0.3h_0$ 时，按小偏心受压计算；当 $e_i \geq 0.3h_0$ 时，可能属于大偏心受压，也可能属于小偏心受压，可先按大偏心受压计算，然后再判断其是否满足适用条件，如不满足，则应按小偏心受压重新设计。

表 6－2　最小相对界限偏心距 $e_{0b,\min}/h_0$

钢筋	混凝土						
	C20	C30	C40	C50	C60	C70	C80
HRB335、HRBF335	0.363	0.326	0.307	0.297	0.301	0.307	0.314
HRB400、HRBF400	0.410	0.363	0.339	0.326	0.329	0.333	0.340
HRB500、HRBF500	0.472	0.409	0.378	0.362	0.362	0.365	0.370

（2）截面设计

截面设计时，截面尺寸（$b \times h$）、材料强度（f_c、f_y、f_y'）、构件长细比（l_0/h）以及内力设计值 N 和 M 均已知，要求纵向钢筋截面面积 A_s 和 A_s'。求解时可先初步判断构件的偏心类型：当 $e_i \geq 0.3h_0$ 时，先按大偏心受压计算，求出钢筋截面面积和 x 后，若 $x \leq x_b$，说明原假定大偏心受压是正确的，否则需按小偏心受压重新计算；若 $e_i < 0.3h_0$，则按小偏心受压设计。在所有情况下，A_s 和 A_s' 均需满足最小配筋率要求，同时，（$A_s + A_s'$）不宜大于 $0.05bh$。

①大偏心受压：

大偏心受压的基本公式为式（6－15）、式（6－16）：

$$N \leqslant N_u = \alpha_1 f_c bx + f'_y A'_s - f_y A_s$$

$$Ne \leqslant N_u e = \alpha_1 f_c bx\left(h_0 - \frac{x}{2}\right) + f'_y A'_s (h_0 - a')$$

公式的适用条件为：

$$2a' \leqslant x \leqslant \xi_b h_0$$

a. 第一种情况：A_s 和 A'_s 均未知。

此时，有 A_s、A'_s 和 x 三个未知数而只有式（6－15）和式（6－16）两个基本公式，因而无唯一解。与双筋受弯构件类似，为使总钢筋面积（$A_s + A'_s$）最小，可取 $x = \xi_b h_0$，并将其代入式（6－16），则得计算 A'_s 的公式：

$$A'_s = \frac{Ne - \alpha_1 f_c b h_0^2 \xi_b (1 - 0.5\xi_b)}{f'_y (h_0 - a')} \tag{6-28}$$

若算得的 $A'_s \geqslant \rho_{min} bh = 0.002bh$，则将 A'_s 值和 $x = \xi_b h_0$ 代入式（6－15），便可由下式求出 A_s：

$$A_s = \frac{\alpha_1 f_c b \xi_b h_0 + f'_y A'_s - N}{f_y} \tag{6-29}$$

若算得的 $A'_s < \rho_{min} bh = 0.002bh$，应取 $A'_s = \rho_{min} bh = 0.002bh$，按 A'_s 已知的情况计算。

b. 第二种情况：已知 A'_s，求 A_s。

此类问题往往是因为承受变号弯矩或如上所述需要满足 A'_s 最小配筋率等构造要求，必须配置截面面积为 A'_s 的钢筋，然后求 A_s 的截面面积。这时，两个基本公式求 A_s 与 x 两个未知数，有唯一解。先由式（6－16）解二次方程求 x，x 有两个根，找出其中一个根是真实的 x 值，也可按下式直接算出 x：

$$x = h_0 - \sqrt{h_0^2 - \frac{2[Ne - f'_y A'_s (h_0 - a')]}{\alpha_1 f_c b}} \tag{6-30}$$

若 $2a' \leqslant x \leqslant \xi_b h_0$，则将 x 代入式（6－15）得：

$$A_s = \frac{\alpha_1 f_c bx + f'_y A'_s - N}{f_y} \tag{6-31}$$

若 $x > \xi_b h_0$，说明原有的 A'_s 过少，应按 A_s 和 A'_s 均未知的第一种情况重算或按小偏心受压计算。

若 $x < 2a'$，则可偏于安全地近似取 $x = 2a'$，对 A'_s 合力重心取矩后，得 A_s 的计算公式如下：

$$A_s = \frac{Ne'}{f_y (h_0 - a')} \tag{6-32}$$

式中，$e' = e_i - \frac{h}{2} + a'$。

②小偏心受压：

小偏心受压的基本计算公式为式（6－21）、式（6－22）：

$$N \leqslant N_u = \alpha_1 f_c bx + f'_y A'_s - \sigma_s A_s$$

$$Ne \leqslant N_u e = \alpha_1 f_c bx\left(h_0 - \frac{x}{2}\right) + f'_y A'_s (h_0 - a')$$

σ_s 一般用近似公式计算，即式（6－24）

$$\sigma_s = \frac{\xi - \beta_1}{\xi_b - \beta_1} f_y$$

两个基本公式加一个应力表达式，有 A_s、A'_s、ξ（或 x）及 σ_s 四个未知数，故无唯一解。对于小偏心受压，$\xi > \xi_b$，$\sigma_s < f_y$，A_s 未达到受拉屈服；而由式（6－24）知，若 A_s 的应力 σ_s 达到 $-f'_y$，且 $f'_y = f_y$ 时，其相对受压区高度为 $2\beta_1 - \xi_b$，若 $\xi < 2\beta_1 - \xi_b$，则 $\sigma_s > -f'_y$，即 A_s 未达到受压屈服。由此可见，当 $\xi_b < \xi < 2\beta_1 - \xi_b$ 时，A_s 无论是受拉还是受压，无论配筋多少，都不能达到屈服，因而可取 $A_s = 0.002bh$，这样算得的总用钢量（$A_s + A'_s$）一般为最少。

此外，当 $N > f_c bh$ 时，为使 A_s 配置不致过少，据式（6－25）知，A_s 应满足：

$$A_s \geqslant \frac{Ne' - f_c bh\left(h'_0 - \frac{h}{2}\right)}{f'_y(h'_0 - a)} \tag{6-33}$$

式中，e' 由式（6－26）算得。

综上所述，当 $N > f_c bh$ 时，A_s 应取 $0.002bh$ 和按式（6－33）算得的两数值中之大者。

A_s 确定后，代入式（6－21）、式（6－22）和式（6－24），解方程组，就可求出 ξ 和 A'_s 的唯一解。

据算出的 ξ 值，可分为以下三种情况：

a. 若 $\xi < 2\beta_1 - \xi_b$，则所得的 A'_s 值即为所求受压钢筋面积；

b. 若 $2\beta_1 - \xi_b \leqslant \xi \leqslant h/h_0$，此时 $\sigma_s = -f'_y$，式（6－21）和式（6－22）转化为：

$$N \leqslant \alpha_1 f_c b\xi h_0 + f'_y A'_s + f'_y A_s \tag{6-34}$$

$$Ne \leqslant \alpha_1 f_c bh_0^2 \xi(1 - 0.5\xi) + f'_y A'_s(h_0 - a') \tag{6-35}$$

将 A_s 值代入以上两式，重新求解 ξ 和 A'_s；

c. 若 $\xi > h/h_0$，此时为全截面受压，应取 $x = h$，同时取混凝土应力图形系数 $\alpha_1 = 1$，代入式（6－22）直接解得：

$$A'_s = \frac{Ne - f_c bh(h_0 - 0.5h)}{f'_y(h_0 - a')} \tag{6-36}$$

设计小偏心受压构件时，还应注意须满足 $A'_s \geqslant 0.002bh$ 的要求。

（3）截面复核

截面复核问题一般是已知截面尺寸 $b \times h$，配筋面积 A_s 和 A'_s，混凝土强度等级与钢筋强度等级，构件长细比 l_0/h，轴向力设计值 N 及偏心距 e_0，要求验算截面是否能承受此轴向力设计值 N；或已知轴向力设计值 N，求截面所能承受的弯矩设计值 M。

①已知轴力设计值 N，求弯矩设计值 M。

可先假设为大偏心受压，则由式（6－15）算得 x，即：

$$x = \frac{N - f'_y A'_s + f_y A_s}{\alpha_1 f_c b} \tag{6-37}$$

若 $x \leqslant \xi_b h_0$，即为大偏心受压，此时的截面复核方法为：将 x 代入式（6－16）求出 e，由式（6－17）算出 e_i，从而得出 e_0，则所求的弯矩设计值 $M = Ne_0$。

若 $x > \xi_b h_0$，按小偏心受压进行截面复核：由式（6－21）和式（6－24）求 x，将 x 代入式（6－22）算得 e，也按式（6－17）式算出 e_i，然后求出 e_0，则所求的弯矩设计值 $M = Ne_0$。

②已知轴向力作用的偏心距 e_0，求轴力设计值 N。

先假定为大偏心受压，但由于此时 N 未知，而式（6－15）、式（6－16）中均含 N 值，故必须重新建立一个不含 N 的平衡方程。据图 6－19，对 N 作用点取矩得：

$$\alpha_1 f_c bx(e_i - 0.5h + 0.5x) = f_y A_s(e_i + 0.5h - a) - f'_y A'_s(e_i - 0.5h + a') \quad (6-38)$$

按式（6－38）求出 x。若 $x \leqslant \xi_b h_0$，为大偏心受压，将 x 等数据代入式（6－15）便可算得 N。若 $x > \xi_b h_0$，则为小偏心受压，将式（6－38）的 f_y 改为 σ_s 得：

$$\alpha_1 f_c bx(e_i - 0.5h + 0.5x) = \sigma_s A_s(e_i + 0.5h - a) - f'_y A'_s(e_i - 0.5h + a') \quad (6-39)$$

将式（6－24）代入式（6－39）即可求出 x，将 x 等数据代入式（6－22）便可算得 N。

【例 6－4】某钢筋混凝土偏心受压柱，截面尺寸 $b = 400\text{mm}$，$h = 500\text{mm}$，计算长度为 4.0m，两端截面的组合弯矩设计值分别为 $M_1 = 200\text{kN}\cdot\text{m}$，$M_2 = 250\text{kN}\cdot\text{m}$，与 M_2 相应的轴力设计值 $N = 1250\text{kN}$。混凝土采用 C30，纵筋采用 HRB400 级钢筋。求钢筋截面面积 A_s 和 A'_s。

【解】（1）判别是否要考虑二阶效应

$$M_1/M_2 = 200/250 = 0.8 < 0.9$$

$$\frac{N}{f_c A} = \frac{1250 \times 10^3}{14.3 \times 400 \times 500} = 0.437 < 0.9$$

$$\frac{l_c}{i} = l_c/\sqrt{\frac{I}{A}} = l_c/\frac{h}{\sqrt{12}} = \sqrt{12}\frac{l_c}{h} = \sqrt{12} \times \frac{4000}{500} = 27.71$$

$$34 - 12\left(\frac{M_1}{M_2}\right) = 34 - 12 \times 0.8 = 24.4$$

$$l_c/i > 34 - 12(M_1/M_2)$$

故要考虑二阶效应影响。

（2）判断大小偏心

取 $a = a' = 40\text{mm}$，$h_0 = 500 - 40 = 460$（mm）

$$e_a = 20\text{mm} > h/30 = 500/30 = 16.67(\text{mm})$$

$$C_m = 0.7 + 0.3\frac{M_1}{M_2} = 0.7 + 0.3 \times 0.8 = 0.94$$

$$\zeta_c = \frac{0.5 f_c A}{N} = \frac{0.5 \times 14.3 \times 400 \times 500}{1250 \times 10^3} = 1.144 > 1, \quad 取\ \zeta_c = 1.0$$

$$\eta_{ns} = 1 + \frac{1}{1300(M_2/N + e_a)/h_0}\left(\frac{l_c}{h}\right)^2 \zeta_c$$

$$= 1 + \frac{1}{1300 \times [(250 \times 10^6)/(1250 \times 10^3) + 20]/460} \times \left(\frac{4000}{500}\right)^2 \times 1.0$$

$$= 1.103$$

$$M = C_m \eta_{ns} M_2 = 0.94 \times 1.103 \times 250 = 259.205(\text{kN}\cdot\text{m})$$

$$e_0 = \frac{M}{N} = \frac{259.205 \times 10^6}{1250 \times 10^3} = 207.364(\text{mm})$$

$$e_i = e_0 + e_a = 207.364 + 20 = 227.364(\text{mm})$$
$$e_i > 0.3h_0 = 0.3 \times 460 = 138(\text{mm})$$

先按大偏心受压计算。

（3）配筋计算

$$e = e_i + h/2 - a = 227.364 + 250 - 40 = 437.364(\text{mm})$$

$$A'_s = \frac{Ne - \alpha_1 f_c b h_0^2 \xi_b (1 - 0.5\xi_b)}{f'_y(h_0 - a')}$$
$$= \frac{1250 \times 10^3 \times 437.364 - 1.0 \times 14.3 \times 400 \times 460^2 \times 0.518(1 - 0.5 \times 0.518)}{360(460 - 40)}$$
$$= 543.16(\text{mm}^2)$$
$$A'_s > 0.002bh = 0.002 \times 400 \times 500 = 400(\text{mm}^2)$$
$$A_s = \frac{\alpha_1 f_c b h_0 \xi_b + f'_y A'_s - N}{f_y}$$
$$= \frac{1.0 \times 14.3 \times 400 \times 460 \times 0.518 + 360 \times 543.16 - 1250 \times 10^3}{360}$$
$$= 856.94(\text{mm}^2)$$
$$A_s > 0.002bh = 0.002 \times 400 \times 500 = 400(\text{mm}^2)$$

选配 3 ⌀16 受压钢筋（$A'_s = 603\text{mm}^2$）。

选配 2 ⌀20 + 1 ⌀18 受拉钢筋（$A_s = 883\text{mm}^2$）。

$0.55\% < (A_s + A'_s)/A = (883 + 603)/400 \times 500 = 0.74\% < 5\%$，满足要求。

（4）截面配筋图

截面配筋图如图 6－21 所示。

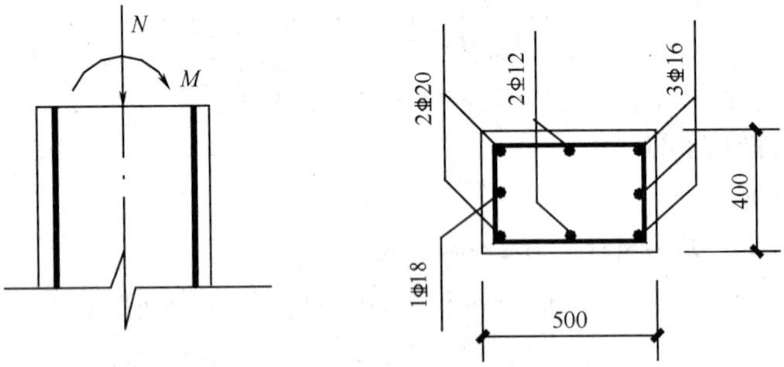

图 6－21　截面配筋图

【例 6－5】基本数据同【例 6－4】，但在受压区配置了 3 ⌀22 钢筋（$A'_s = 1140\text{mm}^2$）。求所需的受拉钢筋 A_s。

【解】(1)、(2) 同【例 6－4】，先按大偏心受压进行计算

（3）配筋计算

由【例 6－4】知，$e = 437.364\text{mm}$

将 $A'_s = 1140\text{mm}^2$ 代入式（6－16）

$$Ne = \alpha_1 f_c bx(h_0 - 0.5x) + f'_y A'_s (h_0 - a')$$

得

$$1250\times10^3\times437.364=1.0\times14.3\times400x(460-0.5x)+360\times1140(460-40)$$

解方程得：$x=175.9\text{mm}<\xi_b h_0=238.28\text{mm}$，说明确属大偏心受压。

又 $x>2a'=80\text{mm}$

将 x 代入式（6－15）得

$$A_s=\frac{\alpha_1 f_c bx+f'_y A'_s-N}{f_y}=\frac{1.0\times14.3\times400\times175.9+360\times1140-1250\times10^3}{360}$$
$$=462.63(\text{mm}^2)$$

$$A_s>0.002bh=0.002\times400\times500=400(\text{mm}^2)$$

选配 3 ⌀14 受拉钢筋（$A_s=461\text{mm}^2$）。

$0.55\%<(A_s+A'_s)/A=(461+1140)/400\times500=0.8\%<5\%$，满足要求。

（4）截面配筋图

截面配筋图如图 6－22 所示。

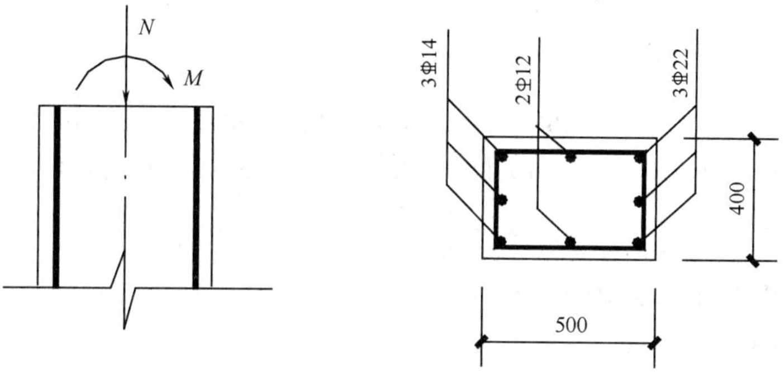

图 6－22　截面配筋图

【例 6－6】某钢筋混凝土偏心受压柱，截面尺寸 $b=400\text{mm}$，$h=500\text{mm}$，计算长度为 3.0m，两端截面的组合弯矩设计值分别为 $M_1=135\text{kN}\cdot\text{m}$，$M_2=150\text{kN}\cdot\text{m}$，与 M_2 相应的轴力设计值 $N=2500\text{kN}$。混凝土采用 C30，纵筋采用 HRB400 级钢筋。求钢筋截面面积 A_s 和 A'_s。

【解】（1）判别是否要考虑二阶效应

$$M_1/M_2=135/150=0.9$$

$$\frac{N}{f_c A}=\frac{2500\times10^3}{14.3\times400\times500}=0.874<0.9$$

$$\frac{l_c}{i}=l_c/\sqrt{\frac{I}{A}}=l_c/\frac{h}{\sqrt{12}}=\sqrt{12}\frac{l_c}{h}=\sqrt{12}\times\frac{3000}{500}=20.784$$

$$34-12\left(\frac{M_1}{M_2}\right)=34-12\times0.9=23.2$$

$$l_c/i<34-12(M_1/M_2)$$

故不需考虑二阶效应影响。

（2）判别大小偏心

取 $a = a' = 40\text{mm}$，$h_0 = 500 - 40 = 460$（mm）

$$e_0 = \frac{M}{N} = \frac{150 \times 10^6}{2500 \times 10^3} = 60(\text{mm})$$

$$e_a = 20\text{mm} > h/30 = 500/30 = 16.67(\text{mm})$$

$$e_i = e_0 + e_a = 60 + 20 = 80(\text{mm}) < 0.3h_0 = 138(\text{mm})$$

属小偏心受压。

（3）配筋计算

根据已知条件，有 $\xi_b = 0.518$，$\alpha_1 = 1.0$，$\beta_1 = 0.8$，$2\beta_1 - \xi_b = 1.082$

由于 $N = 2500\text{kN} < f_c bh = 14.3 \times 400 \times 500 = 2860000(\text{N}) = 2860(\text{kN})$

所以，取 $A_s = \rho_{\min} bh = 0.002 \times 400 \times 500 = 400(\text{mm}^2)$

$$e = e_i + h/2 - a = 80 + 250 - 40 = 290(\text{mm})$$

将 A_s 代入式（6－21）、式（6－22）和式（6－24）

$$N = \alpha_1 f_c bx + f'_y A'_s - \sigma_s A_s$$

$$Ne = \alpha_1 f_c bx(h_0 - 0.5x) + f'_y A'_s(h_0 - a')$$

$$\sigma_s = \frac{\xi - \beta_1}{\xi_b - \beta_1} f_y$$

得 $$2500 \times 10^3 = 1.0 \times 14.3 \times 400x + 360A'_s - \sigma_s \times 400$$

$$2500 \times 10^3 \times 290 = 1.0 \times 14.3 \times 400x(460 - 0.5x) + 360A'_s(460 - 40)$$

$$\sigma_s = \frac{x/460 - 0.8}{0.518 - 0.8} \times 360$$

解得 $x = 379.25\text{mm}$，$\xi = 0.8245$

因 $\xi_b < \xi < 2\beta_1 - \xi_b$，故

$$A'_s = \frac{2500 \times 10^3 \times 290 - 1.0 \times 14.3 \times 400 \times 379.25(460 - 0.5 \times 379.25)}{360(460 - 40)} = 915.83(\text{mm}^2)$$

$$A'_s > \rho_{\min} bh = 0.002 \times 400 \times 500 = 400(\text{mm}^2)$$

选配 3 Φ14 的受拉钢筋（$A_s = 461\text{mm}^2$）。

选配 3 Φ20 受压钢筋（$A'_s = 942\text{mm}^2$）。

$0.55\% < (A_s + A'_s)/A = (461 + 942)/400 \times 500 = 0.7\% < 5\%$，满足要求。

（4）截面配筋图

截面配筋图如图 6－23 所示。

【例 6－7】某钢筋混凝土矩形截面偏心受压柱如图 6－24 所示。截面尺寸 $b = 400\text{mm}$，$h = 500\text{mm}$，取 $a = a' = 45\text{mm}$，柱的计算长度 $l_0 = 3.75\text{m}$，轴向力设计值 $N = 500\text{kN}$。配有 4 Φ22（$A_s = 1520\text{mm}^2$）的受拉钢筋及 3 Φ20（$A'_s = 942\text{mm}^2$）的受压钢筋。混凝土采用 C25，求截面在 h 方向能承受的弯矩设计值 M。

【解】（1）判别大小偏心

先假设为大偏心受压，将已知数据代入式（6－15）$N = \alpha_1 f_c bx + f'_y A'_s - f_y A_s$，得：

$$x = \frac{N - f'_y A'_s + f_y A_s}{\alpha_1 f_c b} = \frac{500 \times 10^3 - 360 \times 942 + 360 \times 1520}{1.0 \times 11.9 \times 400} = 148.76(\text{mm})$$

$$x < \xi_b h_0 = 0.518 \times 455 = 235.69(\text{mm})$$

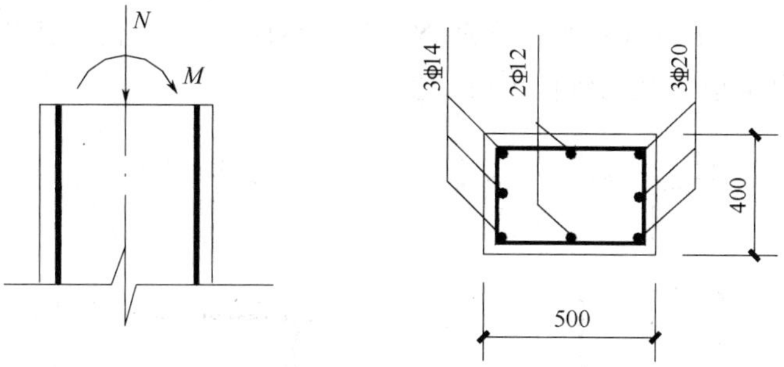

图 6－23　截面配筋图

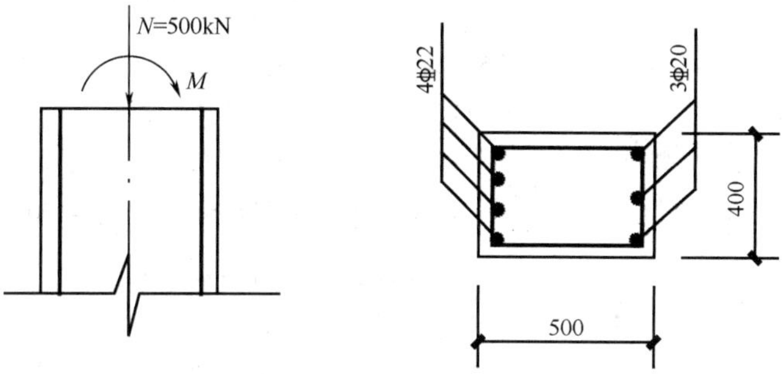

图 6－24　例 6－7 图

为大偏心受压。

（2）求偏心距 e_0

因为 $x > 2a' = 90\text{mm}$，故据式（6－16）：

$$Ne = \alpha_1 f_c bx\left(h_0 - \frac{x}{2}\right) + f'_y A'_s (h_0 - a')$$

$$\text{得}: e = \frac{\alpha_1 f_c bx\left(h_0 - \frac{x}{2}\right) + f'_y A'_s (h_0 - a')}{N}$$

$$= \frac{1.0 \times 11.9 \times 400 \times 148.76(455 - 148.76/2) + 360 \times 942 \times (455 - 45)}{500 \times 10^3} = 817.11(\text{mm})$$

$$\frac{h}{30} = \frac{500}{30} = 16.67(\text{mm}) < 20\text{mm}, \quad \text{取 } e_a = 20\text{mm}$$

由 $e = e_i + \dfrac{h}{2} - a$

得 $e_i = 817.11 - 250 + 45 = 612.11(\text{mm})$

$e_0 = e_i - e_a = 612.11 - 20 = 592.11(\text{mm})$

（3）求弯矩设计值 M

$$M = Ne_0 = 500 \times 10^3 \times 592.11 = 296.055 \times 10^6(\text{N} \cdot \text{mm}) = 296.055(\text{kN} \cdot \text{m})$$

故截面在 h 方向能承受的弯矩设计值 M 为 296.055kN · m。

【例 6－8】某钢筋混凝土矩形截面偏心受压柱如图 6－25 所示，截面尺寸 $b = 400\text{mm}$，

$h=500\text{mm}$，取 $a=a'=40\text{mm}$，柱的计算长度 $l_0=3.75\text{m}$，混凝土强度等级为C30。配有3Φ20（$A_s=942\text{mm}^2$）的受拉钢筋及5Φ25（$A_s'=2454\text{mm}^2$）的受压钢筋。轴向力的偏心距 $e_0=80\text{mm}$，求截面能承受的轴向力设计值 N。

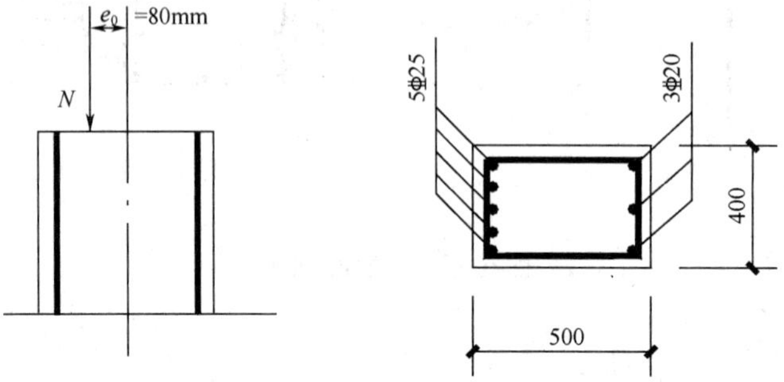

图6-25　例6-8图

【解】（1）判别大小偏心

$$e_0=80\text{mm},\quad \frac{h}{30}=\frac{500}{30}=16.67(\text{mm})<20\text{mm},\quad 取\ e_a=20\text{mm}$$

$$e_i=e_0+e_a=80+20=100(\text{mm})$$

把已知数据代入式（6-38）

$$\alpha_1 f_c bx(e_i-0.5h+0.5x)=f_yA_s(e_i+0.5h-a)-f_y'A_s'(e_i-0.5h+a')$$

得 $1.0\times14.3\times400x(100-250+0.5x)=360\times942(100+250-40)-360\times2454(100-250+40)$

解得 $x=455.35\text{mm}$

$x>\xi_b h_0=0.518\times460=238.23(\text{mm})$，故为小偏心受压。

（2）求轴向力设计值 N

把已知数据及 σ_s 表达式代入式（6-39）

$$\alpha_1 f_c bx(e_i-0.5h+0.5x)=\sigma_sA_s(e_i+0.5h-a)-f_y'A_s'(e_i-0.5h+a')$$

得

$$1.0\times14.3\times400x(100-250+0.5x)=$$

$$\frac{x/460-0.8}{0.518-0.8}\times360\times942(100+250-40)-360\times2454(100-250+40)$$

解得 $x=379.42\text{mm}$　$\xi=0.825$

因 $\xi_b=0.518<\xi<1.082=2\beta_1-\xi_b$，故将 x 代入式（6-22）即得

$$N=\frac{\alpha_1 f_c bx(h_0-0.5x)+f_y'A_s'(h_0-a')}{e}$$

$$=\frac{1.0\times14.3\times400\times379.42(460-0.5\times379.42)+2454\times360\times(460-40)}{100+250-40}$$

$$=3089194.935(\text{N})=3089.2(\text{kN})$$

故该柱所能承受的轴向力设计值为3089.2kN。

6.3.7　对称配筋矩形截面偏心受压构件正截面受压承载力计算方法

实际工程中，偏心受压构件截面在各种不同内力作用下，可能承受方向相反的弯矩，当两个方向的弯矩相差不大，或即使相差较大，但按对称配筋设计计算得出的纵向钢筋总

用量比按不对称配筋设计增加不多时，均宜采用对称配筋（$A_s = A'_s$）。装配式柱为避免吊装出错，一般采用对称配筋。

6.3.7.1　截面设计

（1）判别大小偏心类型

对称配筋时，$A_s = A'_s$，对于热轧钢筋，$f_y = f'_y$，代入式（6－15）得：

$$x = \frac{N}{\alpha_1 f_c b} \tag{6-40}$$

当 $x \leqslant \xi_b h_0$ 时，按大偏心受压构件计算；当 $x > \xi_b h_0$ 时，按小偏心受压构件计算。

值得注意的是，利用式（6－40）判断大小偏心类型时，有时会出现矛盾的情况。如当轴向压力的偏心距很小甚至接近轴心受压时，应该说是属于小偏心受压，然而当截面尺寸较大而 N 又较小时，用式（6－40）进行计算，有可能出现 $x \leqslant \xi_b h_0$ 的大偏心情况，也就是说会出现 $e_i < 0.3h_0$ 而 $x \leqslant \xi_b h_0$ 的情况。究其原因，是由于截面尺寸过大，截面并未达到承载能力极限状态所致。此时，无论用大偏心受压或小偏心受压公式计算，所得配筋均由最小配筋率控制。

不论是大小偏心还是小偏心受压构件，A_s 和 A'_s 都必须满足最小配筋率的要求。

（2）大偏心受压

若 $2a' \leqslant x \leqslant \xi_b h_0$，则将 x 代入式（6－16）得：

$$A_s = A'_s = \frac{Ne - \alpha_1 f_c bx(h_0 - 0.5x)}{f'_y(h_0 - a')} \tag{6-41}$$

式中，$e = e_i + \frac{h}{2} - a$。

若 $x < 2a'$，可按不对称配筋大偏心受压计算方法一样处理，由式（6－32）得：

$$A_s = A'_s = \frac{Ne'}{f_y(h_0 - a')} \tag{6-42}$$

式中，$e' = e_i - \frac{h}{2} + a'$。

（3）小偏心受压

对于小偏心受压破坏，将 $A_s = A'_s$，$f_y = f'_y$，代入式（6－21）、式（6－22）和式（6－24）并整理得：

$$N = \alpha_1 f_c bx + f_y A_s - \frac{\frac{x}{h_0} - \beta_1}{\xi_b - \beta_1} f_y A_s \tag{6-43}$$

$$Ne = \alpha_1 f_c bx\left(h_0 - \frac{x}{2}\right) + f_y A_s(h_0 - a') \tag{6-44}$$

由式（6－43）和式（6－44）知，求 x 需求解三次方程，计算复杂，可用近似公式计算。近似公式推导如下：

由式（6－43）和 $\xi = \frac{x}{h_0}$ 得：

$$f'_y A'_s = f_y A_s = (N - \alpha_1 f_c b \xi h_0)\frac{\xi_b - \beta_1}{\xi_b - \xi}$$

代入式（6－44）得：

$$Ne\frac{\xi_b-\xi}{\xi_b-\beta_1}=\alpha_1 f_c bh_0^2\xi(1-0.5\xi)\frac{\xi_b-\xi}{\xi_b-\beta_1}+(N-\alpha_1 f_c b\xi h_0)(h_0-a') \qquad (6-45)$$

这是ξ的三次方程，求解较麻烦。令

$$\bar{y}=\xi(1-0.5\xi)\frac{\xi_b-\xi}{\xi_b-\beta_1} \qquad (6-46)$$

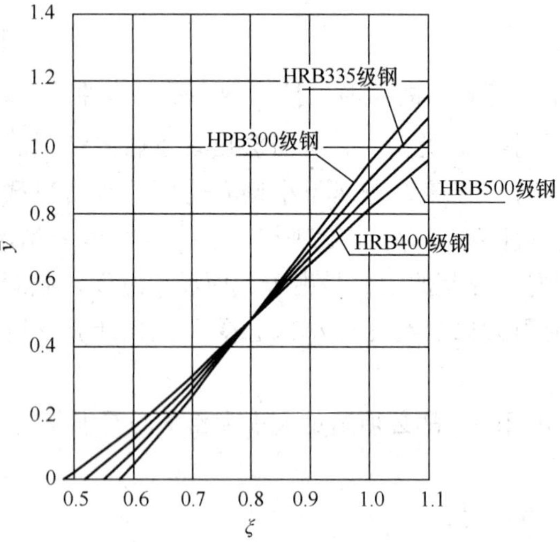

图6-26 参数$\bar{y}-\xi$关系曲线

对于选定的钢筋和混凝土，ξ_b及β_1为已知，则据式（6-46）可画出$\bar{y}-\xi$关系曲线，如图6-26所示。由图6-26可知，在小偏心受压（$\xi_b\leqslant\xi\leqslant 2\beta_1-\xi_b$）的区段内，$\bar{y}-\xi$逼近于直线。对于热轧钢筋，$\bar{y}$与$\xi$的线性方程可近似取为：

$$\bar{y}=0.43\frac{\xi_b-\xi}{\xi_b-\beta_1} \qquad (6-47)$$

将式（6-47）代入式（6-45），整理后即可得求ξ的近似公式：

$$\xi=\frac{N-\xi_b\alpha_1 f_c bh_0}{\dfrac{Ne-0.43\alpha_1 f_c bh_0^2}{(\beta_1-\xi_b)(h_0-a')}+\alpha_1 f_c bh_0}+\xi_b \qquad (6-48)$$

将ξ代入式（6-22）即可得：

$$A_s=A'_s=\frac{Ne-\alpha_1 f_c bh_0^2\xi(1-0.5\xi)}{f'_y(h_0-a')} \qquad (6-49)$$

6.3.7.2 截面复核

对称配筋与非对称配筋截面复核方法基本相同，计算时在有关公式中取$A_s=A'_s$，$f_y=f'_y$即可。此外，在复核小偏心受压构件时，因采用了对称配筋，故仅须考虑靠近轴向压力一侧的混凝土先破坏的情况。

【例6-9】已知条件同【例6-5】，采用对称配筋，求钢筋截面面积A_s和A'_s。

【解】（1）判别大小偏心

由式（6-40）得

$$x=\frac{N}{\alpha_1 f_c b}=\frac{1250\times10^3}{1.0\times14.3\times400}=218.53(\text{mm})$$

$x<\xi_b h_0=0.518\times460=238.28(\text{mm})$，故为大偏心受压。

（2）配筋计算

由【例6-4】求得：$e=437.364\text{mm}$

因$x>2a'=80$（mm），故将x代入式（6-41）

$$A_s=A'_s=\frac{Ne-\alpha_1 f_c bx(h_0-0.5x)}{f'_y(h_0-a')}$$

得 $$A_s=A'_s=\frac{1250\times10^3\times437.364-1.0\times14.3\times400\times218.53(460-0.5\times218.53)}{360(460-40)}$$

$$=716.2(\text{mm}^2)$$

$$A_s=A'_s>0.002bh=0.002\times400\times500=400(\text{mm}^2)$$

A_s 和 A'_s 均选配 3 Φ18 的钢筋（$A_s = A'_s = 763\text{mm}^2$）。

$0.55\% < (A_s + A'_s)/A = 2 \times 763/400 \times 500 = 0.763\% < 5\%$，满足要求。

（3）截面配筋图

截面配筋图如图 6－27 所示。

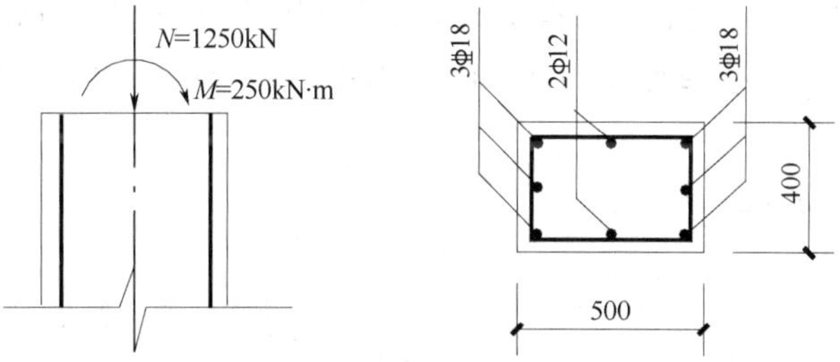

图 6－27　截面配筋图

（4）比较讨论

【例 6－6】、【例 6－7】、【例 6－9】是同一根柱子分别按 A_s 和 A'_s 均未知的非对称配筋、A'_s 已知的非对称配筋及 A_s 和 A'_s 均未知的对称配筋的三种情况设计。比较三者的总配筋面积 $[(A_s + A'_s)_6 = 543.16 + 856.94 = 1400.1(\text{mm}^2)$，$(A_s + A'_s)_7 = 462.63 + 1140 = 1602.63(\text{mm}^2)$，$(A_s + A'_s)_9 = 716.2 + 716.2 = 1432.4(\text{mm}^2)]$ 可知，对于大偏心受压构件，按 A_s 和 A'_s 均未知的非对称配筋设计总用钢量最小，这是因为在设计时，充分利用了混凝土的受压能力，即取了 $x = \xi_b h_0$。

【例 6－10】已知条件同【例 6－6】，采用对称配筋，试用近似公式法求纵向钢筋截面面积 A_s 和 A'_s。

【解】（1）判别大小偏心

由式（6－40）得

$$x = \frac{N}{\alpha_1 f_c b} = \frac{2500 \times 10^3}{1.0 \times 14.3 \times 400} = 437.06(\text{mm})$$

$x > \xi_b h_0 = 0.518 \times 460 = 238.28(\text{mm})$，故为小偏心受压。

（2）配筋计算

由【例 6－6】求得：$e = 290\text{mm}$

将已知数据代入近似式（6－48）得

$$\xi = \frac{N - \xi_b \alpha_1 f_c b h_0}{\dfrac{Ne - 0.43\alpha_1 f_c b h_0^2}{(\beta_1 - \xi_b)(h_0 - a')} + \alpha_1 f_c b h_0} + \xi_b$$

$$= \frac{2500 \times 10^3 - 0.518 \times 1.0 \times 14.3 \times 400 \times 460}{\dfrac{2500 \times 10^3 \times 290 - 0.43 \times 1.0 \times 14.3 \times 400 \times 460^2}{(0.8 - 0.518) \times (460 - 40)} + 1.0 \times 14.3 \times 400 \times 460} + 0.518$$

$$= 0.779$$

因 $\xi_b < \xi < 2\beta_1 - \xi_b$，故将 ξ 值代入式（6－49）得

$$A_s = A_s' = \frac{Ne - \alpha_1 f_c b h_0^2 \xi(1 - 0.5\xi)}{f_y'(h_0 - a')}$$

$$= \frac{2500 \times 10^3 \times 290 - 1.0 \times 14.3 \times 400 \times 460^2 \times 0.779(1 - 0.5 \times 0.779)}{360(460 - 40)}$$

$$= 987.97(\text{mm}^2)$$

$$A_s = A_s' > 0.002bh = 0.002 \times 400 \times 500 = 400(\text{mm}^2)$$

根据以上计算结果，A_s 和 A_s' 均选配 3 ⌀22 的钢筋（$A_s = A_s' = 1140\text{mm}^2$）。

$0.55\% < (A_s + A_s')/A = 2 \times 1140/400 \times 500 = 1.14\% < 5\%$，满足要求。

（3）截面配筋图

截面配筋图如图 6－28 所示。

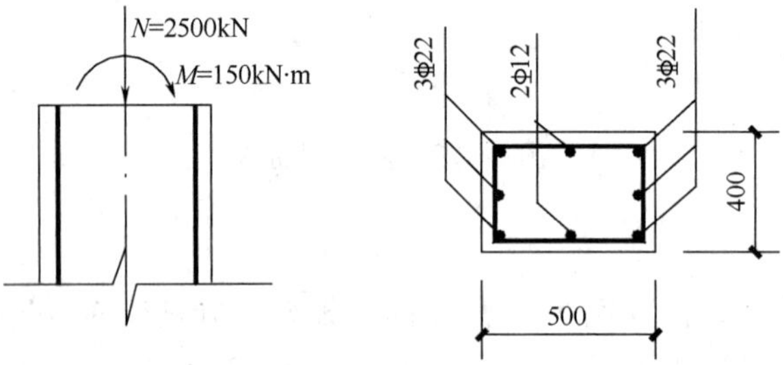

图 6－28　截面配筋图

（4）比较讨论

【例 6－6】、【例 6－8】是同一根柱子分别按非对称配筋和对称配筋的两种情况设计。比较两者的总配筋面积 [$(A_s + A_s')_6 = 400 + 915.83 = 1315.83(\text{mm}^2)$，$(A_s + A_s')_8 = 987.97 \times 2 = 1975.94(\text{mm}^2)$] 可知，对于小偏心受压构件，非对称配筋设计的用钢量较小，这是因为小偏心受压构件远离压力作用一侧的钢筋，一般情况下无论拉压都达不到屈服，所以采取对称配筋设计（$A_s = A_s'$），必然会造成 A_s 过大的情况。

6.3.8　偏心受压构件斜截面承载力计算

偏心受压构件除了要承受弯矩和轴力作用外，往往还要承受剪力的作用，因此，对偏心受压构件还必须进行斜截面受剪承载力计算。

试验表明，轴向压力对构件抗剪起有利作用，主要是因为轴向压力的存在不仅能阻滞斜裂缝的出现和开展，而且能增加混凝土剪压区的高度，使剪压区的面积相对增大，从而提高了剪压区混凝土的抗剪能力。但是，轴向压力对构件抗剪承载力的有利作用是有限度的，图 6－29 为一组构件的试验结果。在轴压比 $N/(f_c bh)$ 较小时，构件的抗剪承载力随轴压比的增大而提高，当轴压比 $N/(f_c bh) = 0.3 \sim 0.5$ 时，抗剪承载力达到最大值。若再增大轴压力，则构件抗剪承载力反而会随着轴压力的增大而降低，并转变为带有斜裂缝的小偏心受压正截面破坏。

据图 6－29 和图 6－30 所示的试验结果，并考虑一般偏心受压框架柱两端在节点处是有约束的，故在轴向压力作用下的偏心受压构件受剪承载力，采用在无轴力受弯构件连续梁受剪承载力公式的基础上增加一项附加受剪承载力的办法，来考虑轴向压力对构件受剪承载力的有利影响。矩形、T 形和 I 形截面偏心受压构件的受剪承载力计算公式为：

$$V \leqslant \frac{1.75}{\lambda+1} f_t b h_0 + f_{yv} \frac{A_{sv}}{s} h_0 + 0.07N \tag{6-50}$$

式中　λ——偏心受压构件计算截面的剪跨比，取为 $M/(Vh_0)$；

N——与剪力设计值 V 相应的轴向压力设计值，当 $N > 0.3f_cA$ 时，取 $N = 0.3f_cA$，A 为构件截面面积。

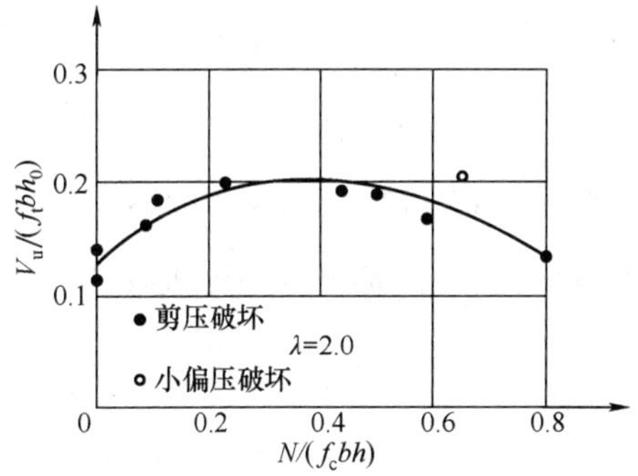

图 6－29　抗剪承载力与轴向压力的关系

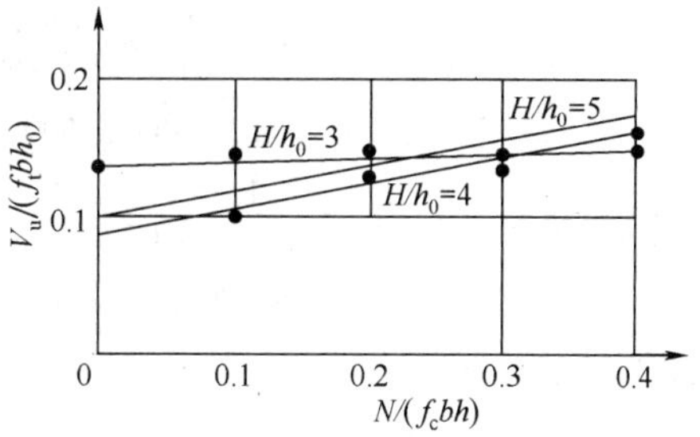

图 6－30　不同剪跨比的 V_u-N 关系

计算截面的剪跨比应按下列规定取用：

①对框架结构中的框架柱，当其反弯点在层高范围内时，可取 $\lambda = H_n/(2h_0)$。当 λ 小于 1 时，取 $\lambda=1$；当 λ 大于 3 时，取 $\lambda=3$。此处，M 为计算截面上与剪力设计值 V 相应的弯矩设计值，H_n 为柱净高。

②其他偏心受压构件，当承受均布荷载时，取 $\lambda=1.5$；当承受集中荷载时（包括作用有多种荷载，其集中荷载对支座截面或节点边缘所产生的剪力值占总剪力值的 75% 以上的情况），取 $\lambda=a/h_0$，且当 $\lambda<1.5$ 时取 $\lambda=1.5$，当 $\lambda>3$ 时取 $\lambda=3$。此处，a 取集中荷载作用点至支座截面或节点边缘的距离。

与受弯构件类似，为防止斜压破坏，矩形、T 形和 I 形截面框架柱的截面必须满足下列条件：

当 $h_w/b \leqslant 4$ 时　　$V \leqslant 0.25\beta_c f_c b h_0$　　(6－51)

当 $h_w/b \geqslant 6$ 时　　$V \leqslant 0.2\beta_c f_c b h_0$　　(6－52)

当 $4 < h_w/b < 6$ 时，按线性内插法确定。

式中　β_c——混凝土强度影响系数：当混凝土强度等级不超过 C50 时，取 $\beta_c=1.0$；当混凝土强度等级为 C80 时，取 $\beta_c=0.8$；其间按线性内插法确定；

h_w——截面的腹板高度，取值同受弯构件。

此外，当符合下面公式要求时，则可不进行斜截面受剪承载力计算，而仅需按构造要求配置箍筋。

$$V \leqslant \frac{1.75}{\lambda+1} f_t b h_0 + 0.07N \tag{6-53}$$

式中剪跨比 λ 和轴向压力设计值 N 的取值同式（6－50）。

【例 6-11】某偏心受压的框架柱，截面尺寸 $b=400\mathrm{mm}$，$h=500\mathrm{mm}$，柱净高 $H_n=2.5\mathrm{m}$，取 $a=a'=40\mathrm{mm}$，混凝土强度等级 C30，箍筋用 HRB335 钢筋。在柱端作用剪力设计值 $V=300\mathrm{kN}$，相应的轴向压力设计值 $N=2500\mathrm{kN}$。确定该柱所需的箍筋数量。

【解】(1) 验算截面尺寸是否满足要求

$$\frac{h_w}{b}=\frac{460}{400}=1.15<4$$

$$0.25\beta_c f_c bh_0=0.25\times1.0\times14.3\times400\times460=657800(\mathrm{N})=657.8(\mathrm{kN})>V=300\mathrm{kN}$$

截面尺寸满足要求。

(2) 验算截面是否需按计算配置箍筋

$$\lambda=\frac{H_n}{2h_0}=\frac{2500}{2\times460}=2.717 \qquad 1<\lambda<3$$

$$0.3f_cA=0.3\times14.3\times400\times500=858000(\mathrm{N})=858(\mathrm{kN})<N=2500\mathrm{kN}$$

$$\frac{1.75}{\lambda+1}f_t bh_0+0.07\mathrm{N}=\frac{1.75}{2.717+1}\times1.43\times400\times460+0.07\times858000=183939.47(\mathrm{N})=183.9(\mathrm{kN})<V=300\mathrm{kN}$$

应按计算配箍筋。

(3) 计算箍筋用量

由 $V\leqslant\frac{1.75}{\lambda+1}f_t bh_0+f_{yv}\frac{A_{sv}}{s}h_0+0.07\mathrm{N}$ 得

$$\frac{nA_{sv1}}{s}\geqslant\frac{V-\left(\frac{1.75}{\lambda+1}f_t bh_0+0.07N\right)}{f_{yv}h_0}=\frac{300000-183939.47}{300\times460}=0.841(\mathrm{mm^2/mm})$$

采用Φ10@150 双肢箍筋。

$$\frac{nA_{sv1}}{s}=\frac{2\times78.5}{150}=1.05>0.841$$

满足要求。

注 意

1. 大小偏心受压有何异同点？
2. 对称配筋与非对称配筋的计算结果有何区别，为什么？

任务技能

1. 偏心受压构件有哪两种破坏形态？形成这两种破坏形态的条件是什么？
2. 大偏心受压和小偏心受压的破坏特征如何？有何本质不同？
3. 试比较矩形截面大偏心受压构件和双筋受弯构件的应力分布和计算公式有何异同。
4. 什么情况下需要考虑轴向压力在挠曲杆件中产生的附加弯矩影响？如何考虑？
5. 为什么要考虑附加偏心距？如何确定附加偏心距？
6. 如何判别大小偏心受压？什么情况下采用偏心距来判别大小偏压？为什么说这只是个近似的判别条件？

7. 矩形截面大偏心受压构件正截面的受压承载力如何计算？

8. 矩形截面小偏心受压构件正截面的受压承载力如何计算？

9. 在大偏心和小偏心受压构件截面设计时为什么要补充一个条件？这补充条件是根据什么建立的？

10. 矩形截面偏心受压构件如何进行正截面承载力复核？

11. 对称配筋矩形截面偏心受压构件如何区分大小偏心受压？

12. 对称配筋矩形截面大偏心受压构件正截面的受压承载力如何计算？

13. 对称配筋矩形截面小偏心受压构件正截面的受压承载力如何计算？

14. 对称配筋矩形截面偏心受压构件如何进行正截面承载力复核？

15. 均匀配筋偏心受压构件正截面的受压承载力如何计算？

任务习题

1. 某矩形截面钢筋混凝土偏心受压柱，其截面尺寸为 $b=400$mm，$h=500$mm，$a=a'=45$mm，计算长度 $l_0=3.9$m。混凝土强度等级为 C25，纵向受力钢筋采用 HRB400 级钢筋。承受的轴向压力设计值 $N=800$kN，柱两端弯矩设计值分别为 $M_1=240$kN·m 和 $M_2=250$kN·m。

（a）计算当采用非对称配筋时的 A_s 和 A'_s；

（b）如果受压钢筋已配置了 3⌀20 钢筋，计算 A_s；

（c）计算当采用对称配筋时的 A_s 和 A'_s；

（d）比较上述三种情况的钢筋用量。

2. 矩形截面偏心受压柱，$b=400$mm，$h=600$mm，轴向力设计值 $N=3000$kN，柱两端弯矩设计值 $M_1=M_2=180$kN·m，混凝土强度等级 C30，纵向受力钢筋用 HRB400 钢筋，构件的计算长度 $l_0=4.8$m。求纵向受力钢筋数量，并绘制配筋图。

3. 某框架柱，截面为矩形，$b=400$mm，$h=500$mm，$a=a'=40$mm，计算长度 $l_0=5$m。混凝土强度等级为 C30，纵向受力钢筋采用 HRB500 级钢筋。轴向压力设计值 $N=3000$kN，柱两端弯矩设计值 $M_1=M_2=98.3$kN·m 时，计算所需的 A_s 和 A'_s。

4. 已知数据同习题 5，采用对称配筋，求所需的 A_s 和 A'_s，并比较钢筋用量。

5. 已知某矩形截面偏心受压柱，截面尺寸 $b=400$mm，$h=500$mm，$a=a'=40$mm。混凝土强度等级为 C30，纵向受力钢筋采用 HRB335 级钢筋，A'_s 为 3⌀20，A_s 为 4⌀20，计算长度 $l_0=4$m。若作用的轴向力设计值 $N=1500$kN，求截面在 h 方向所能承受的弯矩设计值 M（假设柱的两端弯矩设计值相等）。

6. 矩形截面偏心受压柱的截面尺寸为 $b=400$mm，$h=500$mm，柱的计算长度 $l_0=3.2$m，取 $a=a'=40$mm。混凝土强度等级为 C30，用 HRB400 级钢筋配筋，A'_s 为 3⌀20，A_s 为 3⌀22。轴向力的偏心距 $e_0=120$mm。求截面所能承受的轴向力设计值 N（假设柱的两端弯矩设计值相等）。

项目小结

（1）组合变形

杆件上同时有两种或两种以上基本变形时，称为组合变形。如拉（压）与弯曲的组合；两个相互垂直平面内弯曲的组合；偏心拉、压；弯曲与扭转的组合等。要解决组合变形的问题首先要掌握前面学过的三种基本变形的知识。其次要能将杆件上的任意荷载分解或简化成若干与基本变形受力特点相对应的简单荷载，然后按各种基本变形下的结果叠加起来（代数叠加或几何叠加），即可得到组合变形的应力及变形。

（2）偏心拉（压）

在土建工程中常遇见偏心受压柱，当柱顶上作用有平行柱轴线的集中力，力的作用点是截面上任意点时，偏心距为 e_y、e_z，可以将力平移到柱顶截面的形心上，得到一个轴向压力 P 和两个绕截面形心主惯性轴 z、y 轴的力偶矩 $M_z = Pe_y$，$M_y = Pe_z$，三者在截面上产生的正应力分别为：

$$\sigma' = \frac{\rho}{A} \qquad \sigma'' = \frac{M_z y}{I_z} \qquad \sigma''' = \frac{M_y z}{I_y}$$

由叠加原理得，共同作用下的应力：

$$\sigma = \sigma' + \sigma'' + \sigma''' = \frac{P}{A} + \frac{Pe_y y}{I_z} + \frac{Pe_z z}{I_y}$$

$$= \frac{P}{A}\left(1 + \frac{e_y y}{r_z^2} + \frac{e_z z}{r_y^2}\right)$$

式中三项的正负号可以直观判断，若以受压为正则第一项为正，第二、第三项使截面产生压应力时取正号，产生拉应力时取负号。另外 $r_z = \sqrt{\frac{I_z}{A}}$，$r_y = \sqrt{\frac{I_y}{A}}$，称为惯性半径。

设 z_0、y_0 为截面中性轴上的任一点的坐标，则该点的正应力

$$\sigma = \frac{P}{A}\left(1 + \frac{e_y y_0}{r_z^2} + \frac{e_z z_0}{r_y^2}\right) = 0$$

得中性轴方程：$1 + \frac{e_y y_0}{r_z^2} + \frac{e_z z_0}{r_y^2} = 0$

方程为直线方程，故中性轴为一条不通过截面形心的斜直线。

当上式中的 $e_y = 0$（或 $e_z = 0$）时，得到单向偏心受压的应力公式：

$$\sigma = \frac{P}{A} + \frac{Pe_z z}{I_y}\left(\text{或}\sigma = \frac{P}{A} + \frac{Pe_y y}{I_z}\right)$$

（3）截面核心

偏心受压柱的中性轴是一条不过形心的斜直线。中性轴将截面分成两个区域，一个是受压区，另一边是受拉区。若力的作用点往截面形心移动，则中性轴向截面外面移动。当中性轴正好与截面周边相切时力作用点连成的包括形心在内的一个区域——称为截面核心。当偏心外力作用点在截面核心内或边界上时，截面上只有一种应力（偏心受压时只有压应力，偏心受拉时只产生拉应力）。矩形截面（$b \times h$）的截面核心是对角线长为

$\frac{b}{3}$、$\frac{h}{3}$的菱形。图形截面（直径为 d）的截面核心是直径为$\frac{d}{4}$的小圆。

在建筑工程中的偏心受压柱往往是由抗压性能好、抗拉性能差的材料（如砖、石、混凝土等）制成，希望在偏心压力作用下截面上不要出现拉应力或拉应力很小（在允许的范围内），就要用到截面核心的概念。

①除排架柱以外的其他偏心受压构件，引入弯矩增大系数 $C_m\eta_{ns}$ 来考虑轴向压力在挠曲杆件中产生的二阶效应影响。

②平截面假定对偏心受压构件仍适用，故偏心受压构件的相对界限受压区高度 ξ_b 与受弯构件适筋和超筋的界限相同。当 $\xi \leqslant \xi_b$ 时为大偏心受压；当 $\xi > \xi_b$ 时为小偏心受压。

③由于大偏心受压与双筋受弯构件截面的破坏形态及其特征相同，因而不对称配筋大偏心受压构件正截面承载力计算的基本公式、适用条件和计算方法都与双筋受弯构件类似。

④偏心受压构件的计算较复杂，计算的要点：一是掌握计算简图、基本公式和适用条件与补充条件；二是在计算过程中随时注意是否符合适用条件和补充条件以及处理方法。

⑤从偏心受压构件 $N_u - M_u$ 相关曲线可看出：当为大偏心受压时，若截面上作用的 N 越大，则构件的抗弯承载力 M_u 也越大；当为小偏心受压时，若截面上作用的 N 越大，则构件的抗弯承载力 M_u 会越小。掌握 $N_u - M_u$ 相关曲线的规律对偏心受压构件的设计计算颇为有益。

项目七　现浇框架结构

项目导读

作为建筑结构的组成部分之一——现浇钢筋混凝土框架结构，是指框架柱、框架梁以及楼板都是现场浇注的。现浇是相对于预制而产生的概念，对于造型多变的建筑实现现场制造。通过该部分的学习，进而学习钢筋混凝土框架的构造要求，并掌握现浇单向板肋梁楼盖和构造要求。

学习目标

能正确理解现浇整体式肋形楼盖的受力特点及构造要求
了解平面布置的几种方法
掌握现浇框架构造要求
掌握抗震设防的划分
掌握钢筋混凝土框架结构在抗震设防要求下的构造要求
掌握钢筋混凝土施工图的内容及读识方法

任务一 现浇单向板肋梁楼盖

任务导航

任务导言

根据弹性薄板理论的分析结果，当四边支撑的板的长边与短边之比超过一定数值时，荷载主要是通过沿板的短边方向的弯曲（及剪切）作用传递的，沿长边方向传递的荷载可以忽略不计，这时可称其为“单向板”。

任务目标

能理解现浇整体式肋形楼盖的受力特点及构造要求。

任务布置

会根据所给的建筑施工图进行平面布置，掌握现浇单向板肋梁楼盖的构造要求。

任务分析

能正确看懂现浇单向板肋梁楼盖平面布置图，正确识别现浇单向板肋梁楼盖的构造要求。

知识导航

了解结构平面布置的特点，重点学习单向板肋梁楼盖的构造要求。

7.1.1 结构平面布置

肋形楼盖由板、次梁、主梁组成，三者整体相连，通常为多跨连续的超静定结构。每一区格的板一般四边均有支承，板上的荷载通过双向受弯传到四边支承的构件上。但当区格板的长边 l_1 与短边 l_2 之比较大时，板上的荷载主要沿短边方向传递到支承构件上，而沿长边方向传递的荷载较小，可忽略不计。

《混凝土规范》规定，当 $l_2/l_1 \leq 2.0$ 时应按双向板计算；当 $2.0 < l_2/l_1 < 3.0$ 时宜按双向板计算；当 $l_2/l_1 \geq 3.0$ 时可按单向板计算。双向板沿长边传递的荷载及板在长跨方向的弯曲均较大而不能忽略，在设计中考虑板双向受弯。单向板与双向板如图 7－1 所示。

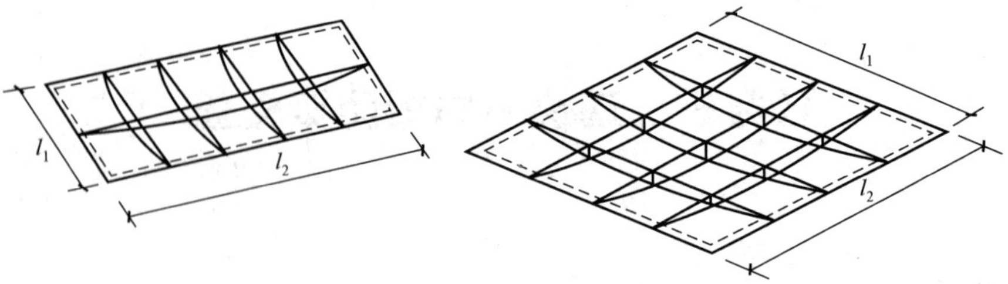

图 7-1 单向板与双向板

单向板肋形楼盖构造简单、施工方便；双向板肋形楼盖较单向板受力好、板的刚度好，但构造较复杂、施工不够方便。

单向板肋形楼盖中，次梁的间距决定板的跨度；主梁的间距决定次梁的跨度；柱或墙的间距决定主梁的跨度。

在实际工程中，单向板、次梁、主梁的常用跨度为：单向板 1.7～2.5m，一般不宜超过 3m；次梁 4～6m；主梁 5～8m。

单向板肋形楼盖的结构平面布置方案通常有以下三种：

①主梁横向布置，次梁纵向布置。

如图 7-2（a）所示，其优点是主梁和柱可形成横向框架，房屋横向抗侧移刚度大，各榀横向框架间由纵向的次梁相连，整体性较好。此外，由于次梁沿外纵墙方向布置，使外纵墙上窗户高度可开得大些，对室内采光有利。

②主梁纵向布置，次梁横向布置。

如图 7-2（b）所示，其优点是减小了主梁的截面高度，增加了室内净高，适用于横向柱距比纵向柱距大得多的情况。

③只布置次梁，不布置主梁。

如图 7-2（c）所示，仅适用于有中间走道的砌体墙承重的混合结构房屋。

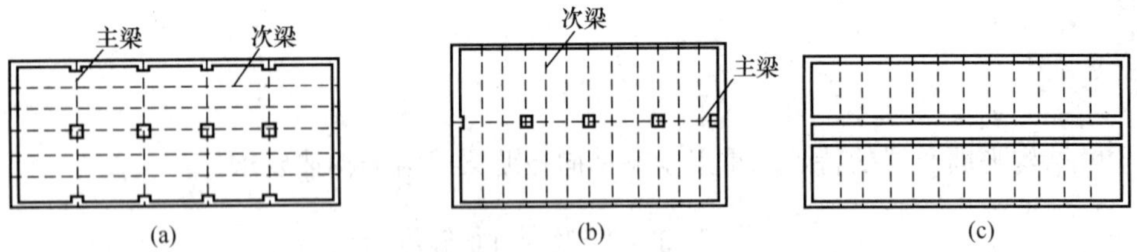

图 7-2 梁的布置

（a）主梁沿横向布置 （b）主梁沿纵向布置 （c）不设主梁

7.1.2 单向板肋梁楼盖的构造要求

（1）板的构造

①板厚：为保证刚度，单向板板厚一般取 $l_0/40 \sim l_0/35$，悬臂板可取 $l_0/12 \sim l_0/10$（l_0 为板的计算跨度）。板在砌体墙上的支承长度不宜小于 120mm。

②板中受力钢筋：板中受力钢筋有板面承受负弯矩的板面负筋和板底承受正弯矩的受力钢筋，常用直径为 6 ~ 12mm。为防止施工中踩塌负钢筋，负钢筋直径不宜小于 8mm。为方便施工，选择板内正、负钢筋时，一般宜使它们的间距相同而直径不同，但直径不宜多于两种。连续单向板中受力钢筋的配筋方式有弯起式和分离式两种，如图 7 - 3 所示。

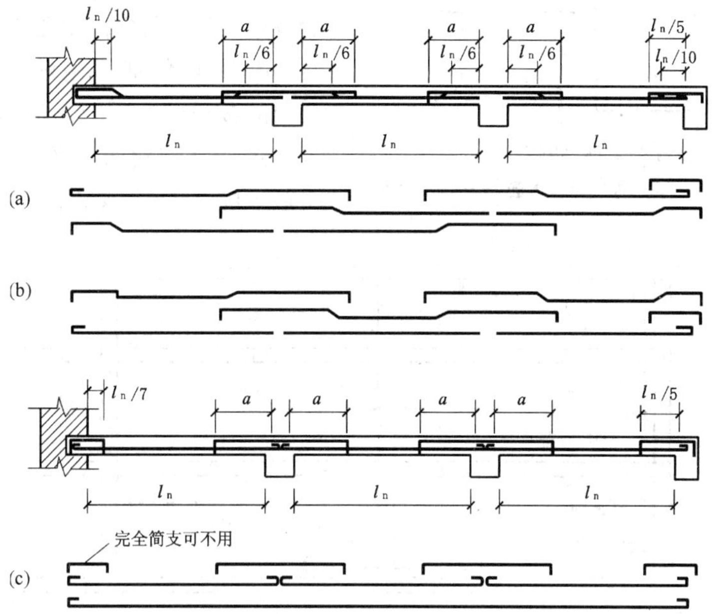

图 7 - 3　连续单向板的配筋方式

（a）一端弯起式　（b）两端弯起式　（c）分离式

弯起式配筋锚固较好，整体性强，用钢量少，但施工较复杂，工程中应用较少。

分离式配筋锚固稍差，耗钢量略高，但设计和施工都比较方便，是目前工程中常用的配筋方式。

连续单向板内受力钢筋的弯起和截断，一般可按图 7 - 3 确定，图中 a 的取值，当相邻跨度之差不超过 20%，可按下列规定采用：

当 $q/g \leqslant 3$ 时，$a = l_n/4$；

当 $q/g > 3$ 时，$a = l_n/3$。

其中 l_n 为板的净跨；q、g 分别为板上均布活荷载和均布恒荷载。

③板中构造钢筋：

a. 分布钢筋：在垂直于受力钢筋方向布置的分布钢筋，放在受力筋的内侧。单位长度上分布钢筋的截面面积不宜小于单位宽度上受力钢筋截面面积的 15%，且每米宽度内不少于 3 根，分布钢筋的间距不宜大于 250mm，直径不宜小于 6mm。

b. 与主梁垂直的附加负筋：主梁梁肋附近的板面上，由于力总是按最短距离传递，所以荷载大部分传给主梁，因此存在一定负弯矩。为此，在主梁上部的板面应配置附加短钢筋，其直径不宜小于 8mm，间距不大于 200mm，且单位长度内的总截面面积不宜小于板中单位宽度内受力钢筋截面面积的 1/3，伸入板内的长度从梁边算起每边不宜小于板

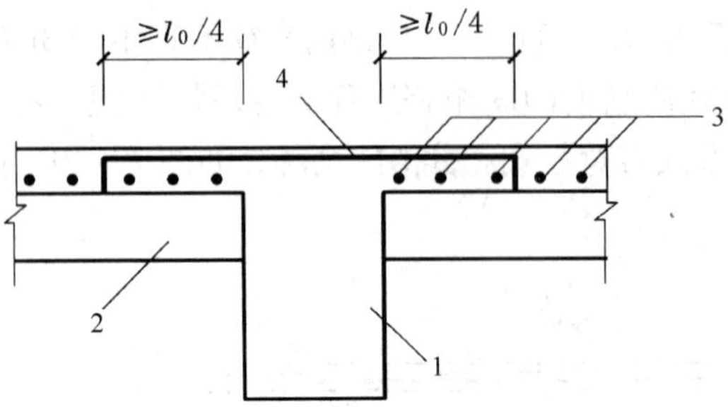

图 7-4 与主梁垂直的附加负筋

1—主梁 2—次梁 3—板的受力钢筋 4—附加负筋

计算跨度 l_0 的 1/4，如图 7-4 所示。

c. 与承重砌体墙垂直的附加负筋：嵌固在承重砌体墙内的板，由于支座处的嵌固作用将产生负弯矩。所以，沿承重砌体墙应配置不少于 ф8@200 的附加负筋，伸出墙边长度≥l_0/7，如图 7-5 所示。

d. 板角附加短钢筋：两边嵌入砌体墙内的板角部分，应在板面双向配置不少于 ф8@200 的附加短钢筋，每一方向伸出墙边长度≥l_0/4，如图 7-5 所示。

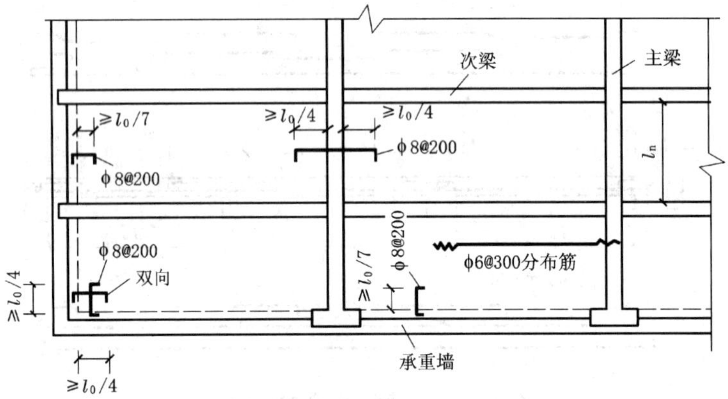

图 7-5 墙边和角部附加负筋

(2) 次梁的构造

次梁的截面高度一般为跨度的 1/20～1/15，梁宽为梁高的 1/3～1/2。纵向钢筋的配筋率一般为 0.6%～1.5%。

次梁的配筋方式有弯起式和连续式。当次梁的跨度相等或相邻跨跨度相差不超过 20%，且活荷载与恒荷载之比 $q/g \leqslant 3$ 时，梁中纵向钢筋沿梁长的弯起和截断可参照图 7-6。

位于次梁下部的纵向钢筋除弯起以外，应全部伸入支座，不得在跨间截断。

(3) 主梁的构造

主梁的截面高度一般为跨度的 1/12～1/8，梁宽为梁高的 1/3～1/2。主梁的一般构造要求与次梁相同。主梁支座截面的钢筋位置如图 7-7 所示。主梁内纵向钢筋的弯起与截断的位置，应按弯矩包络图确定。

次梁与主梁相交处，次梁传来的集中荷载有可能在主梁上产生斜裂缝而引起局部破坏，所以，在主梁与次梁的交接处应设置附加横向钢筋。

位于梁下部或梁截面高度范围内的集中荷载，应全部由附加横向钢筋（箍筋、吊筋）承担，附加横向钢筋宜优先采用箍筋。附加横向钢筋应布置在长度为 $s=2h_1+3b$ 的范围内，如图 7-8 所示。

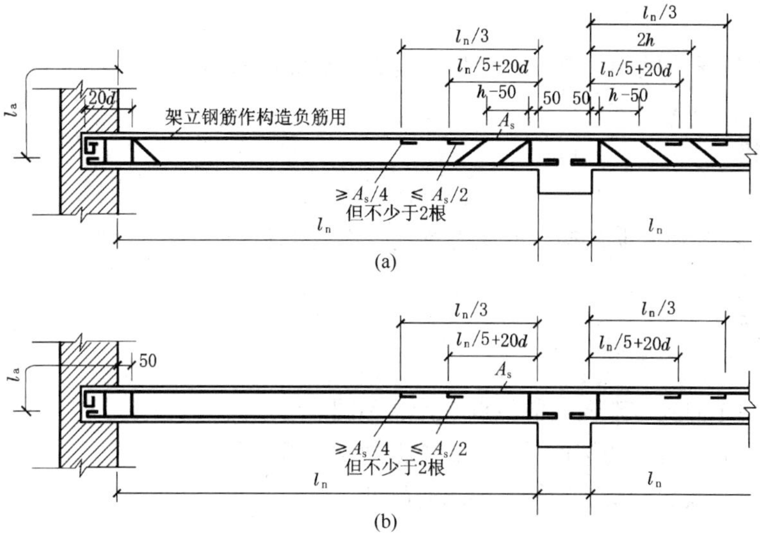

图7－6　次梁的钢筋布置

（a）有弯起钢筋　（b）无弯起钢筋

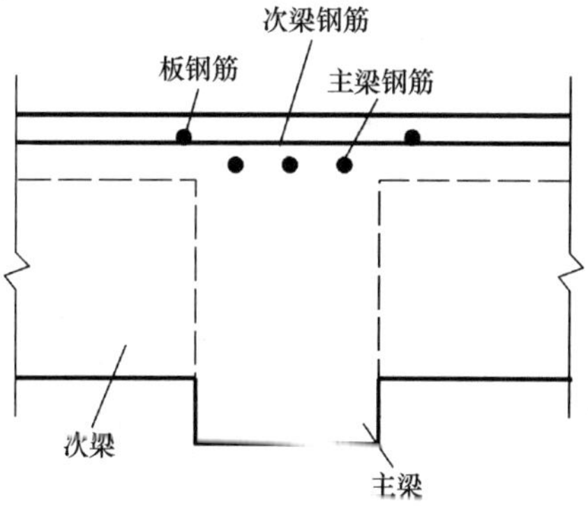

图7－7　主梁支座截面的钢筋位置

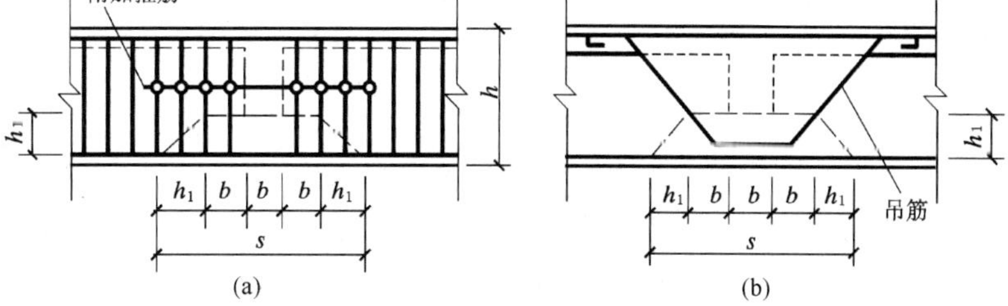

图7－8　附加横向钢筋布置

（a）箍筋　（b）吊筋

注 意

有兴趣的同学查阅相关资料，自学双向板肋形楼盖的知识。

任务技能

能理解现浇整体式肋形楼盖的受力特点及构造要求。

任务习题

1. 想一想单向板与双向板的特点有什么不同。
2. 单向板肋形楼盖的结构平面布置方案通常有哪几种？
3. 简述单向板肋梁楼盖的构造要求有哪些。

任务二　现浇框架构造要求（非抗震设防要求）

任务导航

任务导言

全现浇框架施工始于20世纪50年代末期，大都用于工厂厂房中的框架结构。现浇钢筋混凝土结构施工在支模时所使用的材料由木模板、七夹板、钢模板等组合形成，筒子模工艺、滑模工艺、提模工艺、大模工艺技术均在施工中得到应用。因此，掌握其构造要求为本节的任务。

任务目标

掌握现浇框架的构造要求，掌握构造措施的工程应用。

任务布置

通过对任务的学习和讲解，能够明确现浇框架的构造要求。

任务分析

根据现浇框架的构造要求，进而熟悉并掌握框架结构的结构特征。

知识导航

要掌握现浇框架构造要求，就必须知道各部分的各种构造要求，这是这部分学习的重点。

7.2.1　框架梁构造要求

钢筋的锚固有直锚和弯锚两种方式。当采用直锚时，锚固长度不应小丁 l_a，当构件截面尺寸不足时，可采用弯锚。

图7－9所示为非抗震楼层框架梁和层面框架梁纵向钢筋的构造。

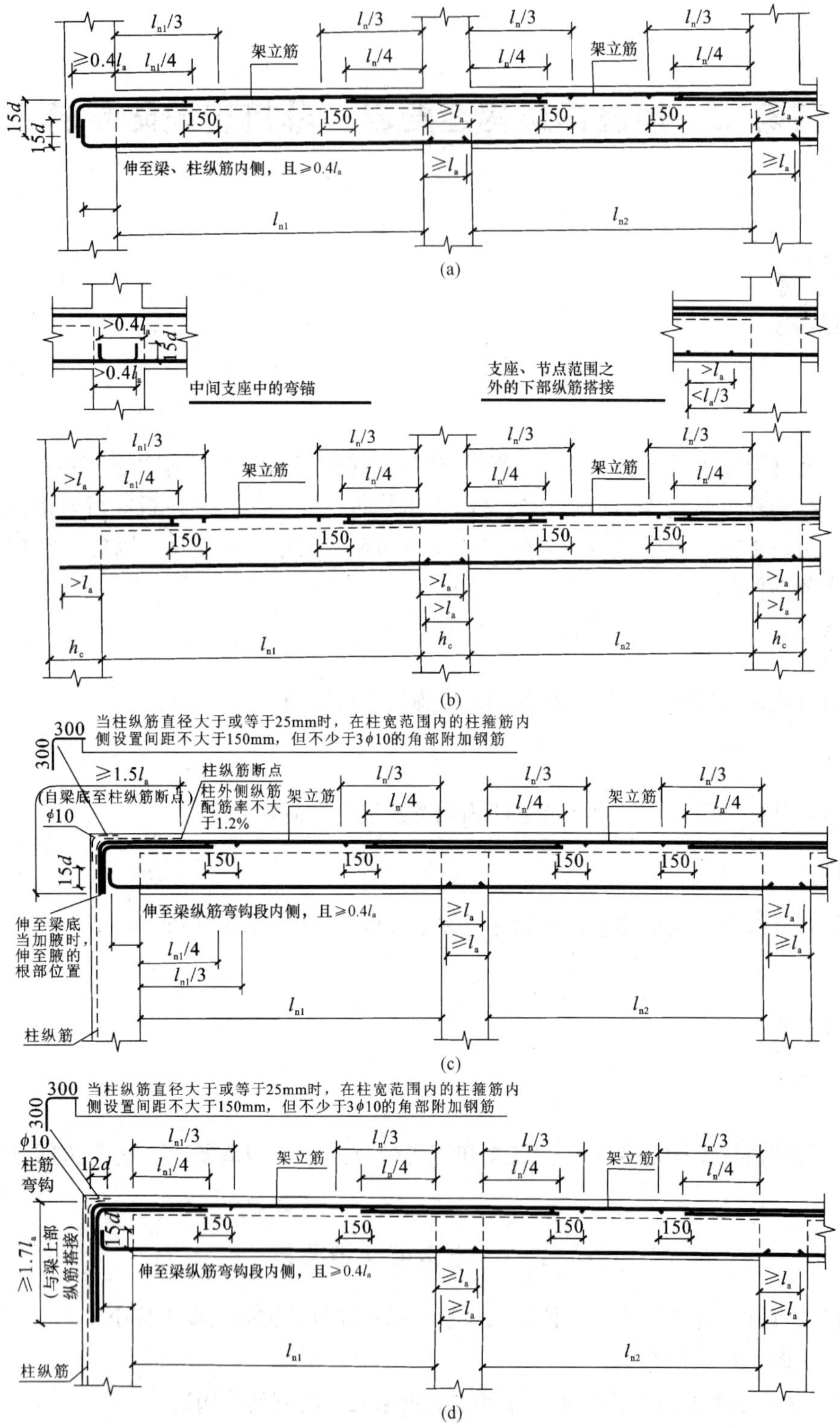

图 7-9 非抗震楼层框架梁（KL）和屋面框架梁（WKL）纵向钢筋的构造

（a）非抗震楼层框架梁（KL）（端支座弯锚） （b）非抗震楼层框架梁（KL）（端支座直锚）

（c）非抗震屋面框架梁（WKL）纵向钢筋构造（一） （d）非抗震屋面框架梁（WKL）纵向钢筋构造（二）

7.2.2　框架柱构造要求

7.2.2.1　材料

受压构件的承载力主要取决于混凝土强度，采用较高强度等级的混凝土可以减小构件截面尺寸、节省钢材，因而柱中混凝土一般宜采用较高强度等级，但不宜选用高强度钢筋，高强度钢筋的受压强度不能充分利用。一般柱中采用 C25 及以上等级的混凝土，纵向钢筋一般选用 HRB400 和 HRB500 级钢筋，也可采用 HRB335、RRB400 级钢筋；箍筋一般采用 HPB300、HRB400 级钢筋，也可采用 HRB335 级钢筋。

7.2.2.2　柱的截面尺寸

宜符合下列各项要求：

截面的宽度和高度均不宜小于 300mm；圆柱直径不宜小于 350mm。

为了制作方便，钢筋混凝土受压构件通常采用方形或矩形截面，有特殊要求时也采用圆形或多边形。

柱截面尺寸宜取整数。在 800mm 以下时取 50mm 的倍数；在 800mm 以上时，取 100mm 的倍数。

7.2.2.3　柱的钢筋配置

应符合下列各项要求：

①柱纵向钢筋的最小总配筋率应按表 7－4 采用，同时每一侧配筋率不应小于 0.2%。

②对建造于Ⅳ类场地且较高的高层建筑，表中的数值应增加 0.1。

注：采用 HRB400 级热轧钢筋时应允许减少 0.1，混凝土强度等级高于 C60 时应增加 0.10。二级框架柱的箍筋直径不小于 10mm 且箍筋肢距不大于 200mm 时，除柱根外最大间距应允许采用 150mm；三级框架柱的截面尺寸不大于 400mm 时，箍筋最小直径应允许采用 6mm；四级框架柱剪跨比不大于 2 时，箍筋直径不应小于 8mm。

③框支柱和剪跨比不大于 2 的柱，箍筋间距不应大于 100mm。

7.2.2.4　纵向受力钢筋

（1）受力纵筋的作用

纵向受力钢筋主要用来帮助混凝土受压，以减小截面尺寸，同时也可增加构件的延性以及抵抗偶然因素所产生的拉力。偏心受压构件中还用于抵抗弯矩引起的拉力。

①轴心受压构件应满足公式 $N \leqslant 0.9\varphi(f_c A + f'_y A'_s)$ 的要求。

②偏心受压构件截面破坏特征与压力的偏心距、纵向钢筋的数量、钢筋强度和混凝土强度等因素有关，一般分为大偏心受压破坏和小偏心受压破坏两种。应注意按照 $\xi_b = \frac{x}{h_0}$ 加以区分，当 $\xi \leqslant \xi_b$ 时为大偏心受压破坏，当 $\xi > \xi_b$ 时为小偏心受压破坏。

（注：式中 x 为混凝土受压区高度；H_0 为截面有效高度；ξ 为受压区相对高度；ξ_b 为界限受压区相对高度）

（2）受力纵筋的配筋率

受压构件纵向受力钢筋的截面面积不能太小，也不宜太大。除满足计算要求外，还需满足最小配筋率要求。《混凝土结构设计规范》规定全部纵向钢筋的配筋率不宜大于 5%，也不应小于 0.6%；当采用 HRB400、RRB400 级钢筋时，全部纵向受力钢筋的配筋率不应小于0.5%；同时一侧受压钢筋的配筋率不应小于0.2%。从经济和施工方便角度考虑，受压钢筋的配筋率一般不超过3%，通常在0.5%～2%。

（3）注意事项

①偏心受拉构件中的受压钢筋应按受压构件一侧纵向钢筋考虑。

②当钢筋沿构件截面周边布置时，一侧纵向钢筋系指沿受力方向两个对边中的一边布置的纵向钢筋。

③受力纵筋的直径：纵向受力钢筋宜采用直径较大的钢筋，以增大钢筋骨架的刚度、减少施工时可能产生的纵向弯曲和受压时的局部屈曲。纵向受力钢筋的直径不宜小于12mm，通常为16～32mm。

④受力纵筋的布置和间距：矩形截面钢筋根数不得少于4根，以便与箍筋形成刚性骨架。轴心受压构件中纵向受力钢筋应沿截面四周均匀配置，偏心受压构件中纵向受力钢筋应布置在离偏心压力作用平面垂直的两侧。圆形截面钢筋根数不宜少于8根，且不应少于6根，应沿截面周边均匀配置。纵向受力钢筋的净间距不应小于50mm，且不宜大于300mm；对于水平浇筑的预制柱，其净间距可按梁的有关规定取用。

7.2.2.5 箍筋

在受压构件中配置箍筋的目的是约束受压纵筋，防止其受压后外凸；密排式钢筋可约束内部混凝土，提高其强度；同时箍筋与纵筋构成骨架；一些剪力较大的偏心受压构件也需要利用箍筋来抗剪。

受压构件中的周边箍筋应做成封闭式。对于形状复杂的构件，不可采用具有内折角的箍筋（图7－10）。其原因是内折角处受拉箍筋的合力向外，可使该处混凝土保护层崩裂。

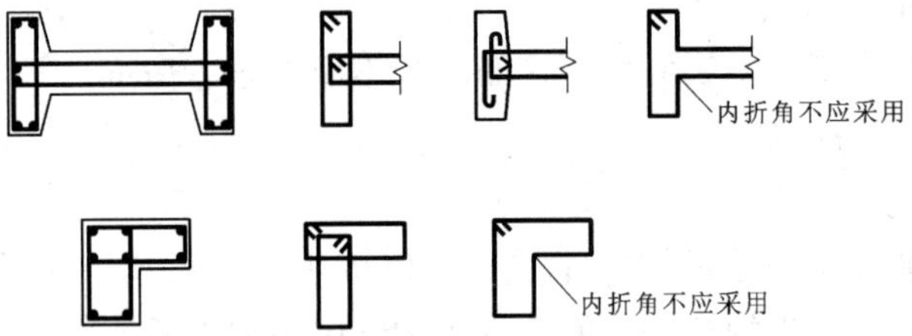

图7－10 箍筋形式

7.2.2.6 钢筋的连接

框架柱纵向钢筋的连接可采用绑扎搭接、机械连接或焊接连接等方式，宜优先采用焊接或机械连接。柱相邻纵筋连接接头应相互错开，在同一连接区段内的钢筋接头面积比例，对于绑扎搭接和机械连接不宜大于50%，对于焊接连接不应大于50%。

7.2.3 框架节点

构件连接是框架设计的一个重要组成部分。只有通过构件之间的相互连接，结构才能成为一个整体。现浇框架的连接构造，主要是梁与柱、柱与柱之间的配筋构造。

框架梁、柱的纵向钢筋在框架节点区的锚固和搭接，应符合下列要求（图7－11）：

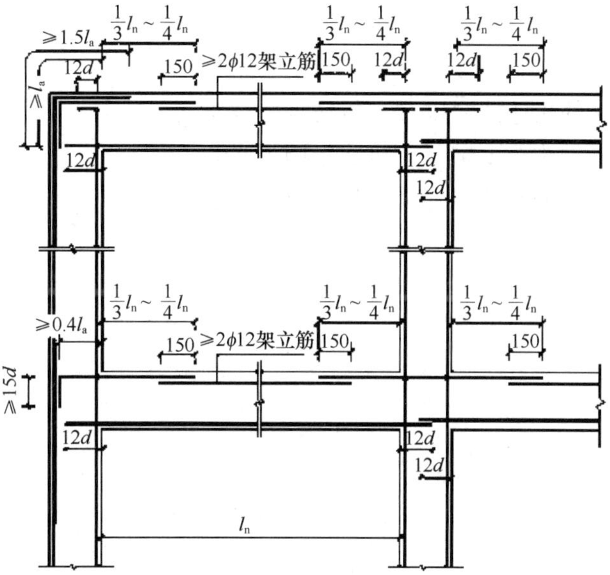

图7－11　非抗震设计时框架梁、柱纵向钢筋在节点区的锚固要求

①顶层中节点柱纵向钢筋和边节点柱内侧纵向钢筋应伸至柱顶；当从梁底边计算的直线锚固长度不小于l_a时，可不必水平弯折，否则应向柱内或梁、板水平弯折；当充分利用柱纵向钢筋的抗拉强度时，其锚固段弯折前的竖直投影长度不应小于0.5l_a，弯折后的水平投影长度不宜小于12倍的柱纵向钢筋直径。

②在顶层端节点处，梁宽范围以内的柱外侧纵向钢筋可与梁上部纵向钢筋搭接，搭接长度不应小于1.5l_a；梁宽范围以外的柱外侧纵向钢筋可伸入现浇板内，其伸入长度与伸入梁内的相同。当柱外侧纵向钢筋的配筋率大于1.2%时，伸入梁内的柱纵向钢筋宜分两批截断，其截断点之间的距离不宜小于20倍的柱纵向钢筋直径。

③梁上部纵向钢筋伸入端节点的锚固长度，直线锚固时不应小于l_a，且伸过柱中心线的长度不宜小于5倍的梁纵向钢筋直径；当柱截面尺寸不足时，梁上部纵向钢筋应伸至节点对边并向下弯折，锚固段弯折前的水平投影长度不应小于0.4l_a，弯折后的竖直投影长度应取15倍的梁纵向钢筋直径。

④当计算中不利用梁下部纵向钢筋的强度时，其伸入节点内的锚固长度应取不小于12倍的梁纵向钢筋直径。当计算中充分利用梁下部钢筋的抗拉强度时，梁下部纵向钢筋可采用直线方式或向上90°弯折方式锚固于节点内，直线锚固时的锚固长度不应小于l_a；弯折锚固时，锚固段的水平投影长度不应小于0.4l_a，竖直投影长度应取15倍的梁纵向钢筋直径。

任务技能

掌握现浇整框架的相关构造要求。

任务习题

1. 想一想框架梁的构造造要求（非抗震设防要求）。
2. 想一想框架柱的构造要求（非抗震设防要求）。
3. 想一想框架节点的构造要求（非抗震设防要求）。

任务三　现浇框架抗震构造要求

任务导航

任务导言

5·12汶川地震，也称2008年四川大地震，发生于2008年5月12日（星期一）14时28分04秒，震中位于中华人民共和国四川省阿坝藏族羌族自治州汶川县映秀镇与漩口镇交界处、四川省省会成都市西北偏西方向92km处。根据中国地震局的数据，此次地震为里氏8.0级地震，造成69227人遇难，374643人受伤，17923人失踪。所以，了解地震，进而采取相应的措施来减少人员和财产的损失。

任务目标

掌握现浇框架抗震构造要求，掌握构造措施的工程应用。

任务布置

通过对任务的学习和讲解，能够明确现浇框架抗震构造要求。

任务分析

根据现浇框架抗震构造要求，进而熟悉并掌握框架结构的结构特征。

知识导航

要掌握现浇框架抗震构造要求，就必须知道各部分的各种构造要求，这是这部分学习的重点，也是工程中广泛应用的重要内容。

7.3.1　框架抗震等级

地震是指由于人工爆破、矿山开采、工程活动以及火山爆发、地壳运动所引起的地面震动。

地震可分为诱发地震和天然地震两大类。

诱发地震主要是由于人工爆破、矿山开采及工程活动（如兴建水库）所引发的地震。诱发地震一般都不太强烈，仅有个别情况（如水库地震）会造成严重的地震灾害。

天然地震主要有构造地震与火山地震。前者由地壳构造运动所产生，后者由火山爆发所引起。比较而言，构造地震发生次数多（占地震发生总数约90%），影响范围广，是建筑抗震设防研究的对象，以下所称地震均指构造地震。

地震震级是表示地震本身能量大小的一种度量，其数值是根据地震仪记录到的地震波图表确定的，震级用 M 表示。地震震级每增加一级，地震所释放的能量约增加30倍。

大于2.5级的浅震，在震中附近地区的人就有感觉，叫作有感地震；5级以上的地震会造成明显的破坏，叫作破坏性地震。

地震烈度是指某一区域的地表和各类建筑物遭受某一次地震影响的平均强弱程度。一次地震，表示地震大小的震级只有一个。然而，由于同一次地震对不同地点的影响不一样，随着距离震中的远近会出现多种不同的烈度。一般来说，距离震中近，烈度就高；距离震中越远，烈度也越低。为评定地震烈度而建立起来的标准叫地震烈度表。

7.3.1.1 建筑抗震设防

（1）抗震设防的依据

一个地区在一定时期内（我国取50年）、在一般场地条件下、按一定的概率（我国取10%）可能遭遇到的最大地震烈度称为基本烈度。

抗震设防烈度是指按国家规定的权限批准作为一个地区抗震设防依据的地震烈度。一般取基本烈度。

（2）建筑抗震设防分类

建筑应根据其使用功能的重要性分为特殊设防类（甲类）、重点设防类（乙类）、标准设防类（丙类）、适度设防类（丁类）四个抗震设防类别。

甲类建筑应属于重大建筑工程和地震时可能发生严重次发性灾害的建筑，乙类建筑应属于地震时使用功能不能中断或需尽快恢复的建筑，丙类建筑应属于除甲、乙、丁类以外的一般建筑，丁类建筑应属于抗震次要建筑。

（3）抗震设防标准

抗震设防标准是指衡量抗震设防要求的尺度，由抗震设防烈度和建筑使用功能的重要性确定。

①甲类建筑：地震作用应高于本地区抗震设防烈度的要求，其值应按批准的地震安全性评价结果确定；抗震措施，当抗震设防烈度为6~8度时，应符合本地区抗震设防烈度提高一度的要求，当为9度时，应符合比9度抗震设防更高的要求。

②乙类建筑：地震作用应符合本地区抗震设防烈度的要求；抗震措施，一般情况下，当抗震设防烈度为6~8度时，应符合本地区抗震设防烈度提高一度的要求，当为9度时，应符合比9度抗震设防更高的要求；地震基础的抗震措施，应符合有关规定。对较小的乙类建筑，当其结构改用抗震性能较好的结构类型时，应允许仍按本地区抗震设防烈度的要求采取抗震措施。

③丙类建筑：地震作用和抗震措施均应符合本地区抗震设防烈度的要求。

④丁类建筑：一般情况下，地震作用仍应符合本地区抗震设防烈度的要求；抗震措施应允许比本地抗震设防烈度的要求适当降低，但抗震设防烈度为6度时不应降低。抗震

设防烈度为 6 度时，除《建筑抗震设计规范》(GB 50011—2010) 有具体规定外，对乙、丙、丁类建筑可不进行地震作用计算。

(4) 抗震设防的目的

抗震设防的目的是在一定的经济条件下，最大限度地限制和减轻建筑物的地震破坏，保障人民生命财产的安全。为了实现这一目的，近年来，许多国家的抗震设计规范都趋向于以“小震不坏、中震可修、大震不倒”作为建筑抗震设计的基本准则。

“小震不坏”即当遭受低于本地区抗震设防烈度的多遇地震影响时，一般不受损坏或不需修理仍可继续使用；

“中震可修”即遭受相当于本地区抗震设防烈度的地震影响时，建筑物可能损坏，经一般修理或不需修理仍可继续使用；

“大震不倒”即当遭受到本地区抗震设防烈度预估的罕遇地震影响时，建筑物不致倒塌或发生危及生命的严重破坏。

7.3.1.2　抗震设计的基本要求

所谓建筑抗震概念设计指根据地震灾害和工程经验等所形成的基本设计原则和设计思想，进行建筑和结构总体布置并确定细部构造的过程。

建筑抗震概念设计的基本内容和要求如下：

(1) 场地和地基的要求

①同一结构单元的基础不宜设置在性质截然不同的地基上。

②同一结构单元不宜部分采用天然地基、部分采用桩基。

③地基为软弱黏性土、液化土、新近填土或严重不均匀土时，应估计地震时地基不均匀沉降或其他不利影响，并采取相应的措施。

所谓地基，是指为支撑基础的土体或岩体；场地指工程群体所在地，其范围相当于厂区、居民小区和自然村或不小于 $1.0km^2$ 的平面面积。

(2) 建筑设计和建筑结构的规则性

建筑设计时应符合抗震设计要求，不应采用严重不规则的设计方案。

(3) 结构体系的要求

①应具有明确的计算简图和合理的地震作用传递途径。

②应避免因部分结构或构件破坏而导致整个结构丧失抗震能力或对重力荷载的承载能力。

③应具备必要的抗震能力、良好的变形能力和消耗地震能量的能力。

④对可能出现的薄弱部位，应采取措施提高抗震能力。

7.3.1.3　框架抗震等级

钢筋混凝土房屋应根据烈度、结构类型和房屋高度采用不同的抗震等级，并应符合相应的计算和构造措施要求，见表 7-1。

钢筋混凝土房屋抗震等级的确定，尚应符合下列要求：

①框架-抗震墙结构，在基本震型地震作用下，若框架部分承受的地震倾覆力矩大于结构总地震倾覆力矩的 50%，其框架部分的抗震等级应按框架结构确定，最大适用高度可比框架结构适当增加。

②裙房与主楼相连，除应按裙房本身确定外，不应低于主楼的抗震等级；主楼结构在裙房顶层及相邻上下各一层应适当加强抗震构造措施。裙房与主楼分离时，应按裙房本身确定抗震等级。

③当地下室顶板作为上部结构的嵌固部位时，地下一层的抗震等级应与上部结构相同，地下一层以下的抗震等级可根据具体情况采用三级或更低等级。地下室中无上部结构的部分，可根据具体情况采用三级或更低等级。

④钢筋混凝土高层建筑结构的最大适用高度和高宽比应分为 A 级和 B 级。B 级高度高层建筑结构的最大适用高度和高宽比可较 A 级适当放宽，其结构抗震等级、有关的计算和构造措施应相应严格。

表 7－1　现浇钢筋混凝土房屋的抗震等级

结构类型		设防烈度									
		6		7			8			9	
框架结构	高度/m	≤24	>24	≤24		>24	≤24		>24	≤24	
	框架	四	三	三		二	二		一	一	
	大跨度框架	三		二			一			一	
框架－抗震墙结构	高度/m	≤60	>60	≤24	25～60	>60	≤24	25～60	>60	≤24	25～50
	框架	四	三	四	三	二	三	二	一	二	一
	抗震墙	三		三	二		二	一			一
抗震墙结构	高度/m	≤80	>80	≤24	25～80	>80	≤24	25～80	>60	≤24	25～60
	剪力墙	四	三	四	三	二	三	二	一	二	一
部分框支抗震墙结构	高度/m	≤80	>80	≤24	25～80	>80	≤24	25～80			
	抗震墙 一般部位	四	三		三	二	三	二			
	抗震墙 加强部位	三	二	三	二	一	二	一			
	框支层框架	二		二		一	一				
框架－核心筒结构	框架	三		二			一			一	
	核心筒	二		二			一			一	
筒中筒结构	外筒	三		二			一			一	
	内筒	三		二			一			一	
板柱－抗震墙结构	高度/m	≤35	>35	≤35		>35	≤35		>35		
	框架、板柱的柱	三	二	二		二	二		一		
	抗震墙	二	二	二		一	二		一		

7.3.2　框架梁构造要求

（1）梁的截面尺寸

宜符合下列各项要求：截面宽度不宜小于 200mm；截面高宽比不宜大于 4；净跨与截

面高度之比不宜小于4。

采用梁宽大于柱宽的扁梁时，楼板应现浇，梁中线宜与柱中线重合，扁梁应双向布置，且不宜用于一级框架结构。

扁梁的截面尺寸应符合下列要求，并应满足现行有关规范对挠度和裂缝宽度的规定：

$$b_b \leqslant 2b_c$$

$$b_b \leqslant b_c + h_b$$

$$h_b \leqslant 16d$$

式中　b_c——柱截面宽度，圆形截面取直径的0.8倍；

b_b、h_b——梁截面宽度和高度；

d——柱纵筋直径。

（2）梁的纵向钢筋配置

应符合下列各项要求：梁端纵向受拉钢筋的配筋率不应大于2.5%，且计入受压钢筋的梁端混凝土受压区高度和有效高度之比，一级不应大于0.25，二、三级不应大于0.35；梁端截面的底面和顶面纵向钢筋配置筋量的比值，除按计算确定外，一级不应小于0.5，二、三级不应小于0.3。

沿梁全长顶面和底面的配筋，一、二级不应少于2ϕ14，且分别不应少于梁两端顶面和底面纵向配筋中较大截面面积的1/4，三、四级不应少于2ϕ2。一、二级框架梁内贯通中柱的每根纵向钢筋直径，对矩形截面柱，不宜大于柱在该方向截面尺寸的1/20；对圆形截面柱，不宜大于纵向钢筋所在位置柱截面弦长的1/20。

（3）梁端箍筋加密区的长度

箍筋的最大间距和最小直径应按表7－2采用，当梁端纵向受拉钢筋配筋率大于2%时，表中箍筋最小直径应增大2mm。

表7－2　　梁端箍筋加密区的长度、箍筋的最大间距和最小直径　　单位：mm

抗震等级	四加密区长度（采用较大值）	箍筋最大间距（采用较小值）	箍筋最小直径
一	$2h_b$，500	$h_b/4$，$6d$，100	10
二	$1.5h_b$，500	$h_b/4$，$8d$，100	8
三	$1.5h_b$，500	$h_b/4$，$8d$，100	8
四	$1.5h_b$，500	$h_b/4$，$8d$，100	6

注：h_b—梁截面高度，d—纵向钢筋直径，100、500—据《建筑抗震设计规范》GB 50011—2010取的常数。

梁端加密区的箍筋肢距，一级不宜大于200mm和20倍箍筋直径的较大值，二、三级不宜大于250mm和20倍箍筋直径的较大值，四级不宜大于300mm。

7.3.3　框架柱构造要求

（1）柱的截面尺寸

宜符合下列各项要求：截面的宽度和高度均不宜小于300mm；圆柱直径不宜小于

350mm；剪跨比宜大于2；截面长边与短边的边长比不宜大于3。

柱轴压比不宜超过表7-3的规定；建造于Ⅳ类场地且较高的高层建筑，柱轴压比限值应适当减小。

表7-3　柱轴压比限值

结构类型	抗震等级			
	一	二	三	四
框架结构	0.65	0.75	0.85	—
框架拟剪力墙、板柱拟剪力墙及筒体	0.75	0.85	0.90	0.95
部分框支剪力墙	0.6	0.7	—	—

注：①轴压比指柱组合的轴压力设计值与柱的全截面面积和混凝土轴心抗压强度设计值乘积之比值；可不进行地震作用计算的结构，取无地震作用组合的轴力设计值。

②表内取值适用于剪跨比大于2、混凝土强度等级不高于C60的柱；剪跨比不大于2的柱轴压比限值应降低0.05；剪跨比小于1.5的柱，轴压比限值应专门研究并采取特殊构造措施。

③沿柱全高采用井字复合箍且箍筋肢距不大于200mm、间距不大于100mm、直径不小于12mm，或沿柱全高采用复合螺旋箍，螺旋间距不大于100mm、箍筋肢距不大于200mm、直径不小于12mm，或沿柱全高采用连续复合矩形螺旋箍，螺旋净距不大于80mm、箍筋肢距不大于200mm、直径不小于10mm，轴压比限值均可增加0.10。

④在柱的截面中部附加芯柱，其中另加的纵向钢筋的总面积不少于柱截面面积的0.8%，轴压比限值可增加0.05；此项措施与注③的措施共同采用时，轴压比限值可增加0.15，但箍筋的配箍特征值仍可按轴压比增加0.10的要求确定。

⑤柱轴压比不应大于1.05。

（2）柱的纵向钢筋配置

柱的钢筋配置应符合下列各项要求：纵向钢筋的最小总配筋率应按表7-4采用，同时每一侧配筋不应小于0.2%；对建于Ⅳ类场地且较高的高层建筑，表中的数值应增加0.1。

表7-4　柱纵向受力钢筋最小配筋百分率　单位:%

柱类型	抗震等级				非抗震
	一级	二级	三级	四级	
中柱、边柱	0.9（1.0）	0.7（0.8）	0.6（0.7）	0.5（0.6）	0.5
角柱	1.1	0.9	0.8	0.7	0.5
框支柱	1.1	0.9	—	—	0.7

注：①表中括号内数值适用于框架结构。

②采用335MPa、400MPa级纵向受力钢筋时，应分别按表中数值增加0.1和0.05采用。

③当混凝土强度高于C60时，上述数值应增加0.1采用。

宜对称配置；截面尺寸大于400mm的柱，纵向钢筋间距不宜大于200mm；柱总配筋率不应大于5%；一级且剪跨比不大于2的柱，每侧纵向钢筋配筋率不宜大于1.2%；边柱、角柱及抗震墙端柱在地震作用组合产生小偏心受拉时，柱内纵筋总截面面积应比计算值增加25%；柱纵向钢筋的绑扎接头应避开柱端的箍筋加密区。柱箍筋的类别见图7-12。

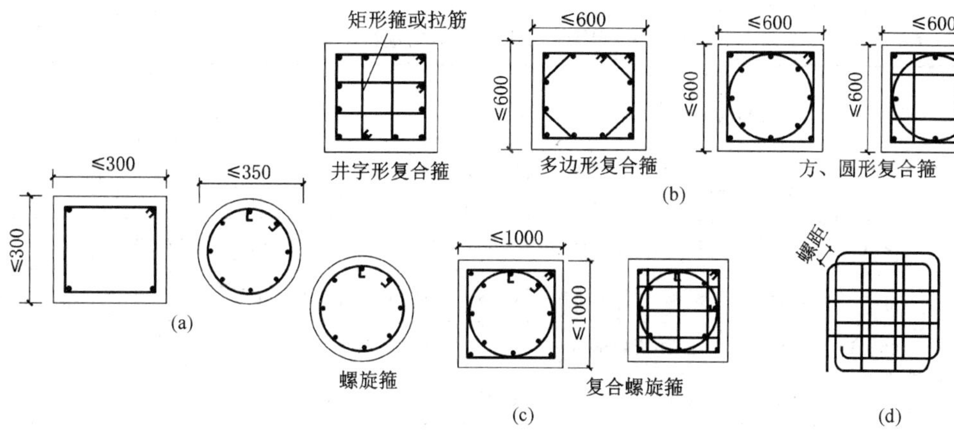

图7-12 柱箍筋的类别

（a）常见柱截面尺寸 （b）复合箍尺寸 （c）螺旋箍尺寸 （d）螺距尺寸

（3）柱的箍筋加密范围

应按下列规定采用：

①柱端：取截面高度（圆柱直径）、柱净高的1/6和500mm三者的最大值。

②底层柱：柱根不小于柱净高的1/3。当有刚性地面时，除柱端外尚应取刚性地面上下各500mm。

③剪跨比不大于2的柱和因设置填充墙等形成的柱净高与柱截面高度之比不大于4的柱，取全高。

一般情况下，加密区箍筋的最大间距和最小直径应按表7-5采用。

表7-5 **柱箍筋加密区箍筋的最大间距和最小直径** 单位：mm

抗震等级	一	二	三	四
箍筋最大间距（采用较小值）	6d，100	8d，100	8d，150（柱根100）	8d，150（柱根100）
箍筋最小直径	10	8	8	6（柱根8）

柱箍筋加密区的体积配箍率应符合下列要求：

$$\rho_v \geq \lambda_v f_c / f_{yv}$$

式中 ρ_v——柱箍筋加密区的体积配箍率，一级不应小于0.8%，二级不应小于0.6%，三、四级不应小于0.4%；计算复合箍的体积配箍率时，应扣除重叠部分的体积；

f_c——混凝土轴心抗压强度设计值，强度等级等于C35时，应按C35计算；

f_{yv}——箍筋或拉筋抗拉强度设计值，超过360MPa时，应按360MPa计算；

λ_v——最小配箍特征值，宜按表7-6采用。

柱箍筋非加密区的体积配箍率不宜小于加密区的50%；箍筋间距，一、二级框架柱不应大于10倍纵向钢筋直径，三、四级框架柱不应大于15倍纵向钢筋直径。

表7-6　柱箍筋加密区的箍筋最小配箍特征值

抗震等级	箍筋形式	柱轴压比								
		≤0.3	0.4	0.5	0.6	0.7	0.8	0.9	1.0	1.05
一	普通箍、复合箍	0.10	0.11	0.13	0.15	0.17	0.20	0.23		
	螺旋箍、复合或连续复合矩形螺旋箍	0.08	0.09	0.11	0.13	0.15	0.18	0.21		
二	复合箍、普通箍	0.08	0.09	0.11	0.13	0.15	0.17	0.19	0.22	0.24
	螺旋箍、复合或连续复合矩形螺旋箍	0.06	0.07	0.09	0.11	0.13	0.15	0.17	0.20	0.22
三	普通箍、复合箍	0.06	0.07	0.09	0.11	0.13	0.15	0.17	0.20	0.22
	螺旋箍、复合或连续复合矩形螺旋箍	0.05	0.06	0.07	0.09	0.11	0.13	0.15	0.17	0.20

注：①普通箍指单个矩形箍和单个圆形箍；复合箍指由矩形、多边形、圆形箍或拉筋组成的箍筋；复合螺旋箍指由螺旋箍与矩形、多边形、圆形箍或拉筋组成的箍筋；连续复合矩形螺旋箍指全部螺旋箍为同一根钢筋加工而成的箍筋。

②框支柱宜采用复合螺旋箍或井字形复合箍，其最小配箍特征值应比表内数值增加0.02，且体积配箍率不应小于1.5%。

③剪跨比不大于2的柱宜采用复合螺旋箍或井字形复合箍，其体积配箍率不应小于1.2%，烈度为9度、震级为一级时不应小于1.5%。

④计算复合螺旋箍的体积配箍率时，其非螺旋箍的箍筋体积应乘以换算系数0.8。

7.3.4　节点构造要求

节点是框架梁与柱的连接部位，节点设计是框架结构设计中极为重要的一部分，只有节点可靠，才可能保证结构整体安全。

框架节点破坏的主要形式是节点核心区剪切破坏和钢筋锚固破坏。节点主要受剪力和压力的组合作用，节点核心区未开裂前，箍筋应力很小，基本上是混凝土承受剪力。当剪力达到核心区极限抗剪能力的60%～70%时，混凝土突然发生对角贯通裂缝，节点刚度明显降低，箍筋应力也突然增大，个别甚至屈服，此后斜裂缝增多增宽，箍筋陆续达到屈服。

节点区的破坏与交于节点的梁、柱破坏顺序有关，弱柱强梁型的节点区破坏严重。直交梁对节点核心区有明显约束作用。满足一定条件的四边有梁的节点，核心区混凝土抗剪强度可提高50%～100%。

框架梁、柱的纵向钢筋在节点核心区的锚固和搭接如图7-13所示。

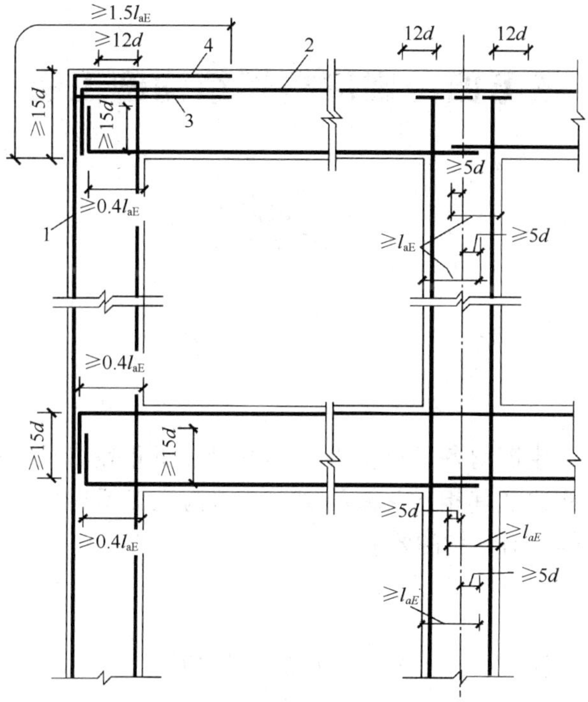

图 7－13　高层框架梁、柱的纵向钢筋在节点核心区的锚固和搭接

1—柱外侧纵向钢筋，截面面积 A_{cs}　2—梁上部纵向钢筋　3—伸入梁内的柱外侧纵钢筋，截面面积不小于 0.65A_{cs}　4—不能伸入梁内的柱外侧纵向钢筋，可伸入板内

任务技能

1. 掌握框架抗震等级的相关规定。
2. 掌握现浇框架在抗震条件下的构造要求。

任务习题

1. 什么是抗震设防烈度？如何划分？
2. 想一想框架梁在抗震设防要求下的构造要求有哪些。
3. 想一想框架柱在抗震设防要求下的构造要求有哪些。
4. 想一想框架节点在抗震设防要求下的构造要求有哪些。

任务四 现浇框架结构施工图

任务导航

任务导言

结构施工图是表示建筑物各承重构件（如基础、承重墙、柱、梁、板等）的布置、形状、大小、材料、构造及其相互关系的图样。结构施工图还反映其他专业（如建筑、给排水、暖通、电气等）对结构的要求。

任务目标

掌握现浇框架结构施工图，加深对结构施工图的理解。

任务布置

结构施工图是房屋建筑施工时的主要技术依据，必须具备相关读图识图的能力。

任务分析

通过对现浇框架结构施工图内容的学习，掌握并理解结构施工图所表达的含义。

知识导航

结构施工图是关于承重构件的布置、使用的材料、形状、大小及内部构造的工程图样，是承重构件以及其他受力构件施工的依据。现浇框架结构施工图作为重要的一部分的，是我们学习的重点内容。

7.4.1 框架结构施工图内容

（1）钢筋混凝土梁的配筋图

钢筋混凝土梁的配筋图包括钢筋混凝土梁的立面图、断面图及次梁配筋图和主梁配筋图，如图 7 – 14 所示。

（2）钢筋混凝土楼板的配筋图

现浇钢筋混凝土楼板配筋图如图 7 – 15 所示。

（3）钢筋混凝土柱的配筋图

柱配筋图如图 7 – 16 所示。

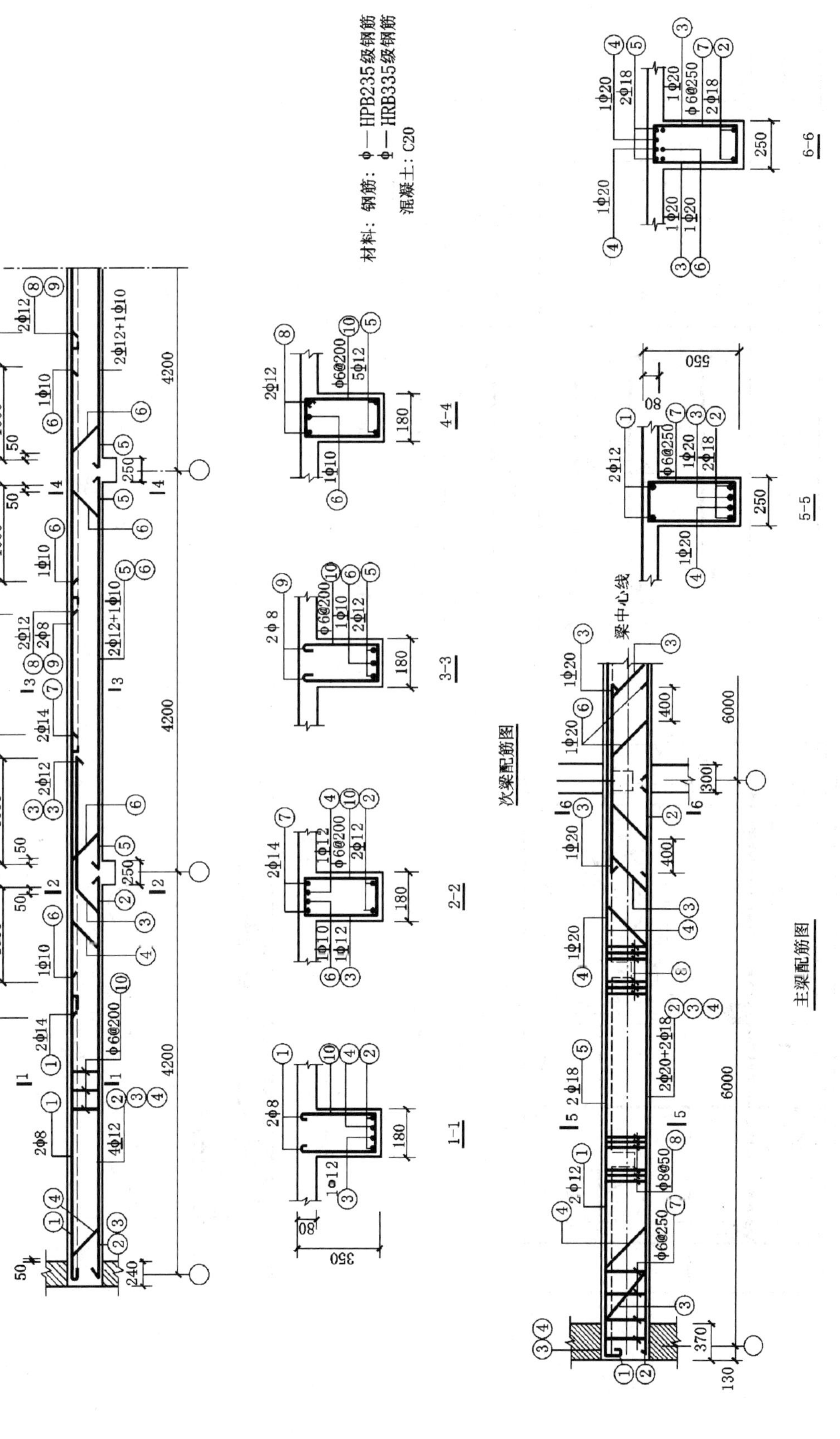

图7-14　钢筋混凝土梁的配筋图

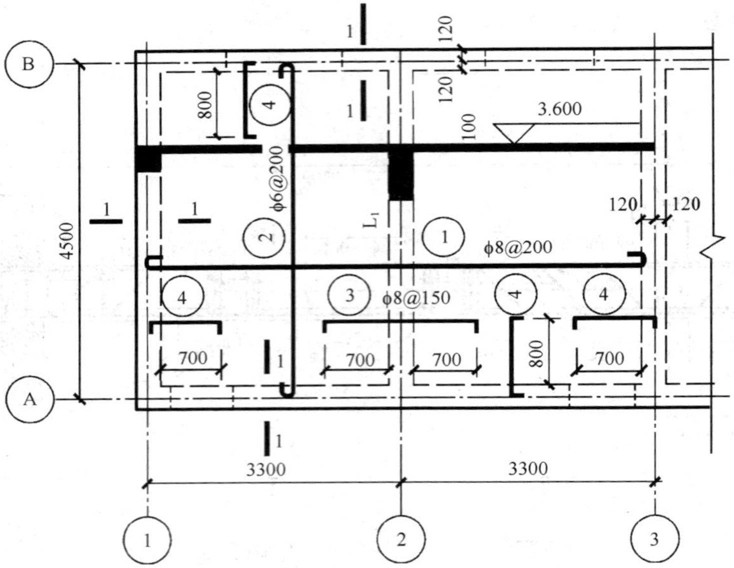

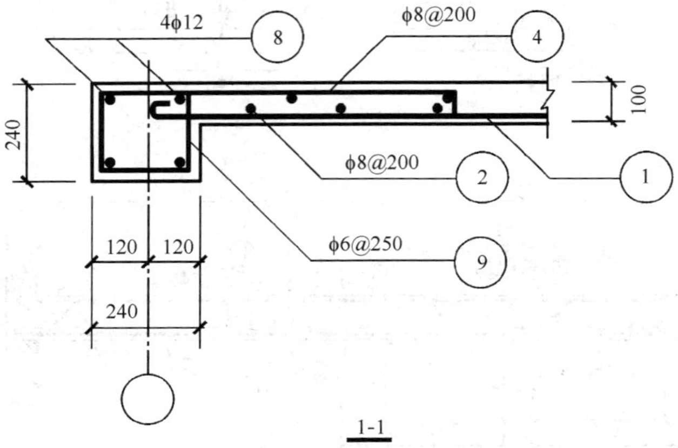

1-1

钢　　筋　　表

钢筋编号	钢筋简图	规格	长度(mm)	根数	备注
①	50　6580　50	ϕ8	6680	24	
②	50　4480　50	ϕ6	4580	34	
③	1600　90	ϕ8	1780	24	
④	700(800)　90	ϕ8	880 (980)	48 68	

材料：钢筋ϕ—HPB235级钢筋
　　　混凝土C15。

板的混凝土保护层为10mm。

图 7－15　现浇钢筋混凝土楼板配筋图

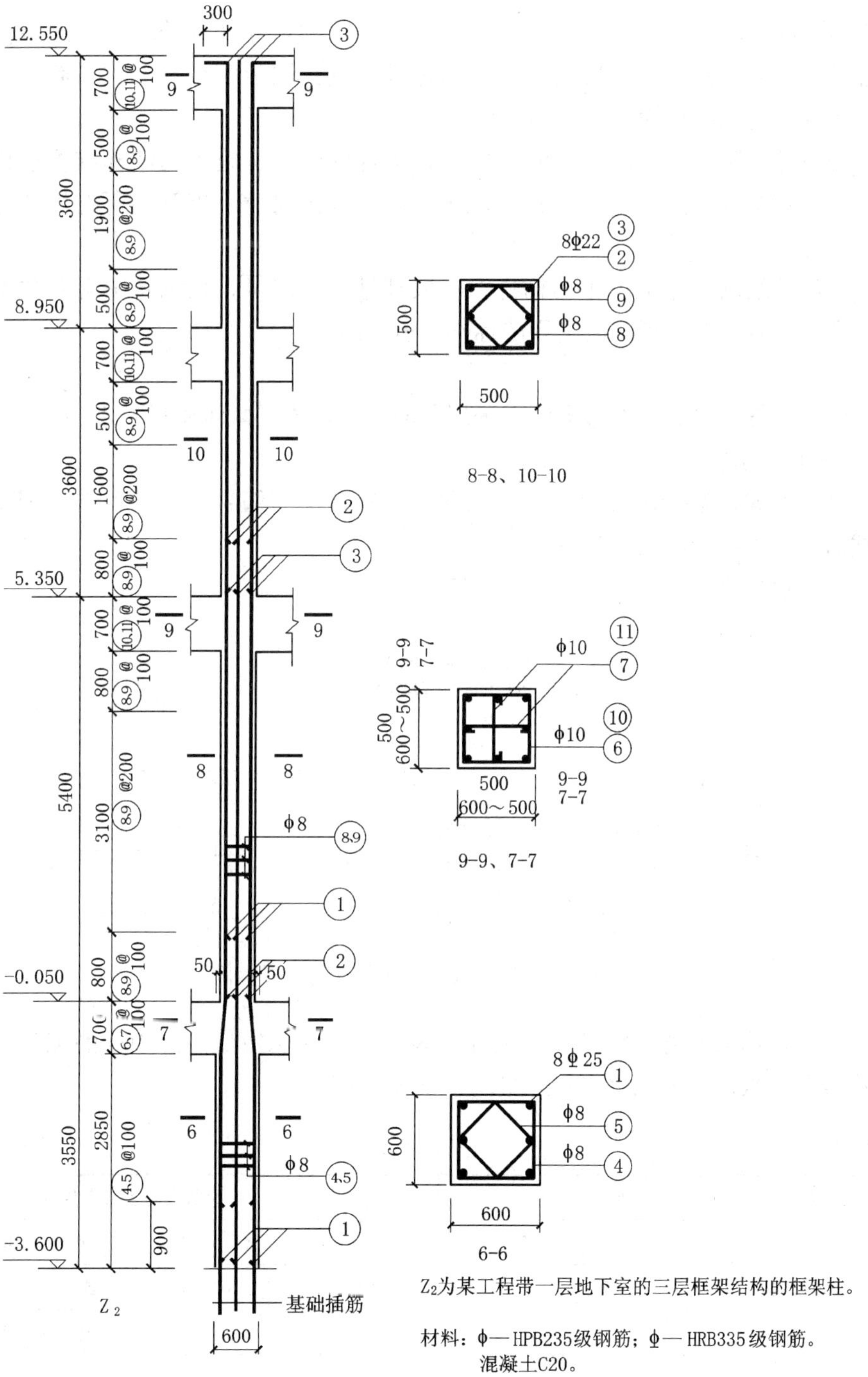
300
12.550
8.950
5.350
−0.050
−3.600
3600
3600
5400
3550
700
500
1900
500
700
500
1600
800
700
800
3100
800
700
2850
900
(10,11) @100
(8,9) @100
(8,9) @200
(6,7) @100
(4,5) @100
9
10
8
7
6
ϕ8
50
50
基础插筋
600
Z2
8Φ22
ϕ8
500
8-8、10-10
ϕ10
600～500
9-9
7-7
9-9、7-7
8Φ25
6-6
Z2为某工程带一层地下室的三层框架结构的框架柱。
材料：ϕ— HPB235级钢筋；Φ— HRB335级钢筋。
混凝土C20。

图 7－16　柱配筋图

7.4.2 混凝土结构施工图平面整体表示法制图规则及其识图

建筑结构施工图平面整体表示法，是将结构构件的尺寸和配筋等，一次整体直接地表达在各类构件的结构平面布置图上，并与标准构造详图相配合，形成一套表达顺序与施工一致且利于施工质量检查的结构设计。

按平法设计绘制的施工图，一般由各类结构构件的平法施工图和标准构造详图两大部分构成，且在结构平面布置图上直接表示了各构件的尺寸、配筋和所选用的标准构造详图。

按平法设计绘制的施工图中的构件，一般都进行了编号，且编号中含有类型代号和序号等。类型代号主要是指明所选用的标准构造详图。

7.4.2.1 梁

梁平法施工图在梁的平面布置图上采用平面注写方式或截面注写方式。

(1) 平面注写方式

平面注写方式，是指在梁的平面布置图上分别在不同编号的梁中各选一根梁，在其上注写截面尺寸和配筋的具体数值。

平面注写包括集中标注与原位标注，如图 7 - 17 所示。

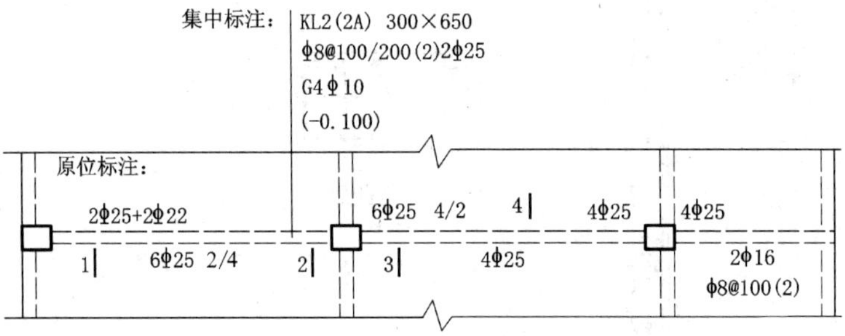

图 7 - 17 梁平法施工图平面注写方式示例

集中标注表达梁的通用数值，原位标注表达梁的特殊数值。图中梁的编号由梁类型代号、序号、跨数及有无悬挑代号等组成，见表 7 - 7。

表 7 - 7 **梁编号**

梁类型	代号	序号	跨数及是否带有悬挑
楼层框架梁	KL	××	(××)、(××A) 或 (××B)
屋面框架梁	WKL	××	(××)、(××A) 或 (××B)
框支梁	KZL	××	(××)、(××A) 或 (××B)
非框支梁	L	××	(××)、(××A) 或 (××B)
悬挑梁	XL	××	

注：(××A) 为一端有悬挑，(××B) 为两端有悬挑，悬挑不计入跨数。

①梁集中标注的内容有五项必注值及一项选注值：

a. 梁编号如图 7－17 中“KL2（2A）”表示第 2 号框架梁，2 跨，一端有悬挑。

b. 梁截面尺寸等截面梁，用 $b \times h$ 表示，如图 7－17 所示“300×650”表示宽为 300mm，高为 650mm；竖向加腋梁用 $b \times h\mathrm{GY}C_1 \times C_2$ 表示（C_1：腋长，C_2：腋高），如图 7－18 所示；水平加腋梁，一侧加腋时用 $b \times h\mathrm{PY}C_1 \times C_2$ 表示；悬挑梁且根部和端部的高度不同时，用斜线分隔根部与端部的高度值，即用 $b \times h_1/h_2$ 表示，如图 7－19 所示。

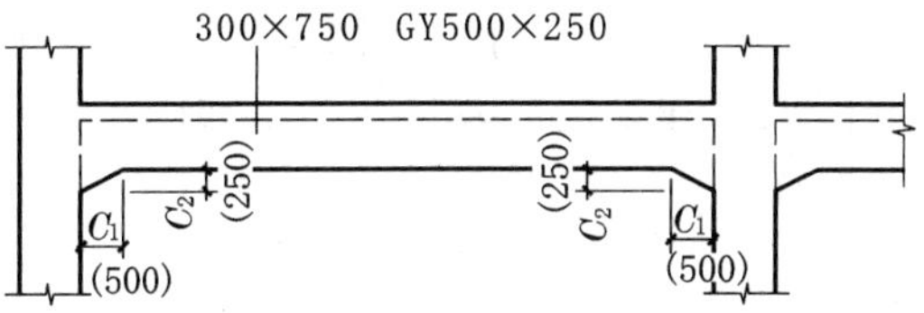

图 7－18 竖向加腋梁截面尺寸注写示意图

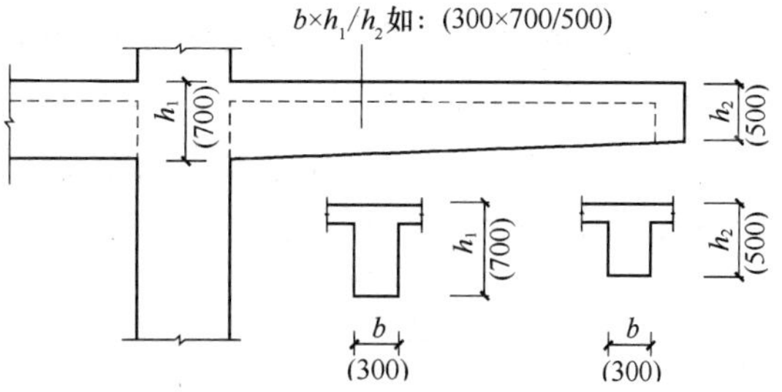

图 7－19 悬挑梁不等高截面尺寸注写示意图

c. 梁箍筋包括钢筋级别、直径、加密区与非加密区（不同间距及肢数，用“/”分隔）间距及肢数（写在括号内）。如图 7－17 中“ϕ8@100/200（2）”表示箍筋为 HPB235 级钢筋，直径 ϕ8mm，加密区间距为 100mm，非加密区间距为 200mm，均为双肢箍。

d. 梁上部通长筋或架立筋如图 7－17 中“2Φ25”用于双肢箍；但当同排纵筋中既有通长筋又有架立筋时，应用加号“＋”将通长筋和架立筋相连，且角部纵筋写在加号前面，架立筋写在后面的括号内，如“2Φ22＋（4Φ12）”用于六肢箍，其中 2Φ22 为通长筋，4Φ12 为架立筋。

e. 梁侧面纵向构造钢筋或受扭钢筋：

ⓐ如图 7－17 中“G4Φ10”表示梁的两个侧面共配置 4Φ10 的纵向构造钢筋，每侧各配置 2Φ10。

ⓑ梁侧面配置的受扭钢筋，用 N 开头，如“N6Φ20”表示梁的两个侧面共配置 6Φ20 的受扭纵向钢筋，每侧各配置 3Φ20。

f. 梁顶面标高高差，此项为选注值。如图 7－17 中“（－0.100）”表示该梁顶面标高低于其结构层的楼面标高 0.1m。

②梁原位标注的内容如下：

a. 梁支座上部纵筋：

ⓐ如上部纵筋多于一排时，用“/”将各排纵筋自上而下分开，如图 7－17 中“6Φ25 4/2”表示上一排纵筋为 4Φ25，下一排纵筋为 2Φ25；

ⓑ如同排纵筋有两种直径时，用“＋”将两种直径纵筋相连，且角部纵筋写在前面，如图 7－17 中“2Φ25＋2Φ22”表示梁支座上部有四根纵筋，2Φ25 放在角部，2Φ22 放在中部；

ⓒ如梁中间支座两边的上部纵筋相同时，可仅标注一边；但当不同时，应在支座两边分别标注。

b. 梁下部纵筋：

ⓐ下部纵筋多于一排时，同样用“/”将各排纵筋自上而下分开；

ⓑ同排纵筋有两种直径时，同样用“+”将两种直径纵筋相连，且角筋写在前面；

ⓒ梁下部纵筋不全伸入支座时，将梁支座下部纵筋减少的数量写在括号内，如“6Φ202（-2）/4”，表示上排纵筋为2Φ20，且不伸入支座，下一排纵筋为4Φ20，全部伸入支座。

c. 附加箍筋或吊筋，直接在平面图中的主梁上标注。

（2）截面注写方式

截面注写方式，是指在分标准层绘制的梁平面布置图上分别在不同编号的梁中各选择一根梁用剖面号引出配筋图，并在其上注写截面尺寸和配筋的具体数值，如图7-20所示。

层号	标高(m)	层高(m)
屋面2	65.670	
塔层2	62.370	3.30
屋面1(塔层1)	59.070	3.30
16	55.470	3.60
15	51.870	3.60
14	48.270	3.60
13	44.670	3.60
12	41.070	3.60
11	37.470	3.60
10	33.870	3.60
9	30.270	3.60
8	26.670	3.60
7	23.070	3.60
6	19.470	3.60
5	15.870	3.60
4	12.270	3.60
3	8.670	3.60
2	4.470	4.20
1	-0.030	4.50
-1	-4.530	4.50
-2	-9.030	4.50

结构层楼面标高
结构层高

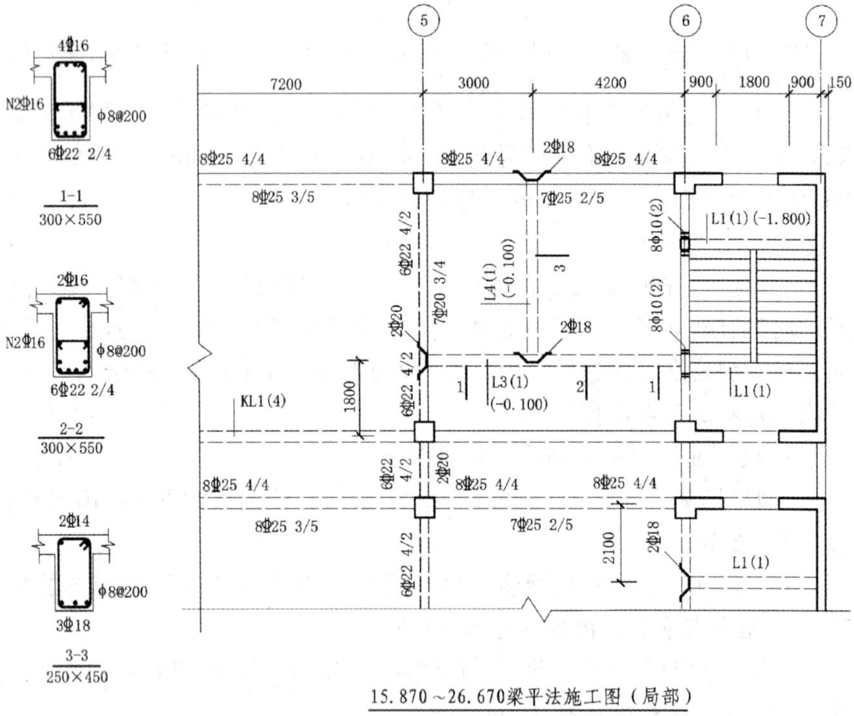

图7-20 梁平法施工图截面注写方式示例

7.4.2.2 柱

柱平法施工图在柱的平面布置图上采用列表注写方式或截面注写方式。

（1）列表注写方式

列表注写方式，是指在柱的平面布置图上分别在同一编号的柱中选择一个（或几个）截面标注几何参数代号，然后在柱表中注写柱号、柱段起止标高、几何尺寸与配筋的具体数值，且配以各种柱截面形状及其箍筋类型图，如图7-21所示。

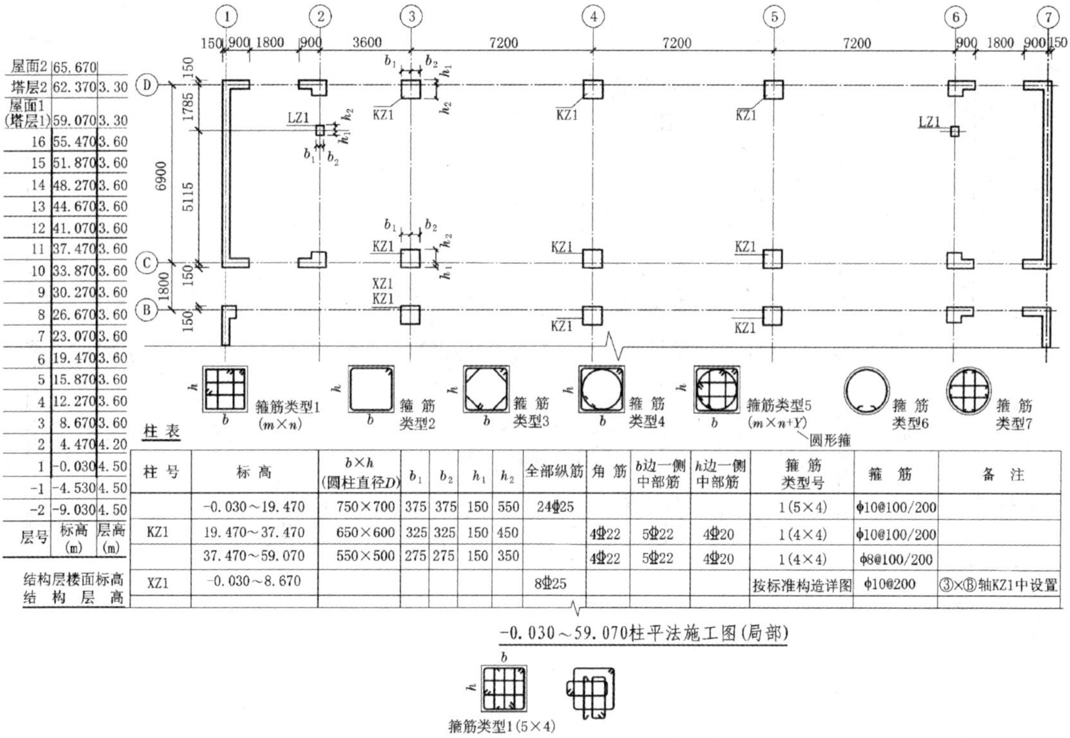

图 7－21　柱平法施工图列表注写方式示例

列表注写以下内容：

①柱编号。柱编号由类型代号和序号组成，见表 7－8。

②各段柱的起止标高。

表 7－8　　柱编号

柱类型	代号	序号	柱类型	代号	序号
框架柱	KZ	××	梁上柱	LZ	××
框支柱	KZZ	××	剪力墙上柱	QZ	××
芯柱	XZ	××			

③柱截面尺寸 $b \times h$ 及与轴线关系的几何参数数值。

④柱纵筋。柱纵筋直径相同，各边根数也相同时，则在“全部纵筋”栏中注写；除此之外，则分别注写。

⑤箍筋类型号及箍筋肢数。

⑥柱箍筋级别、直径与间距。

（2）截面注写方式

截面注写方式，是指在分标准层绘制的柱平面布置图的柱截面上分别在同一编号的柱中选择一个截面，直接注写截面尺寸和配筋具体数值，如图 7－22 所示。

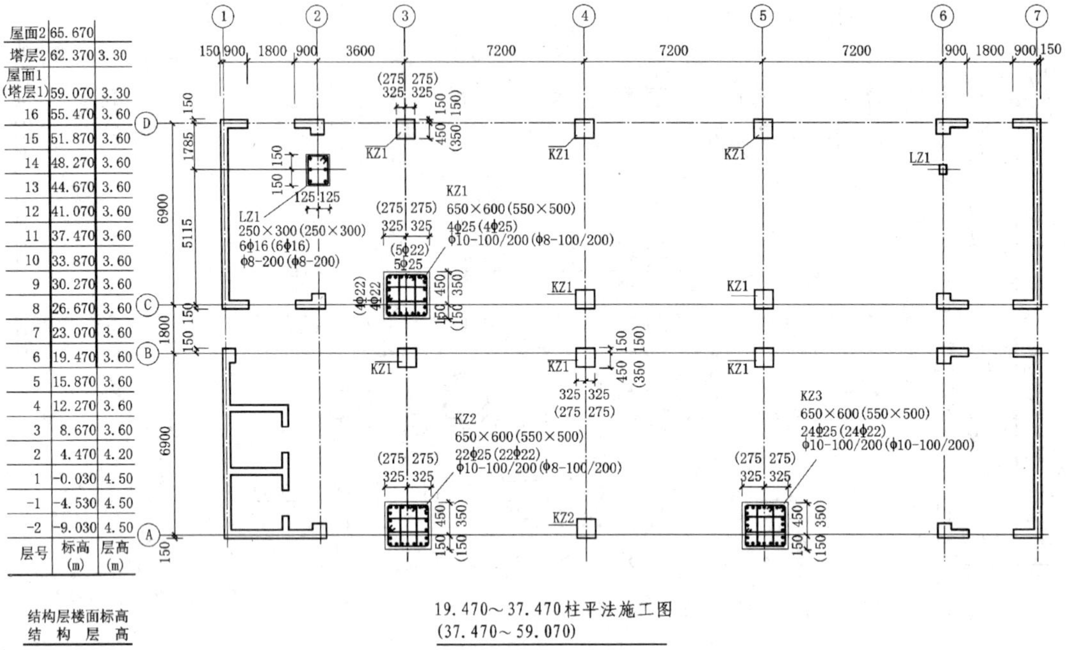

图 7－22　柱平法施工图截面注写方式示例

7.4.2.3　现浇混凝土楼面与屋面板

现浇混凝土楼面与屋面板平法施工图是在楼面板和屋面板布置图上采用平面注写的表达方式。

（1）有梁楼盖板

板平面注写主要包括板块集中标注和板支座原位标注。

①板块集中标注：板块集中标注的内容包括板块编号、板厚、贯通纵筋以及板面标高不同时的标高高差。

板块编号按表 7－9 的规定。

表 7－9　板块编号

板类型	代号	序号	板类型	代号	序号
楼面板	LB	××	悬挑板	XB	××
屋面板	WB	××			

注：延伸悬挑板的上部受力钢筋应与相邻跨内板的上部纵筋连通配置。

板厚注写为 $h=\times\times\times$（为垂直于板面的厚度）；当悬挑板的端部改变截面厚度时，用斜线分隔根部与端部的高度值，注写为 $h=\times\times\times/\times\times\times$。

贯通纵筋按板块的下部和上部分别注写，以 B 代表下部、T 代表上部；X 向贯通纵筋以 X 开头，Y 向贯通纵筋以 Y 开头。在某些板内配置构造钢筋时，X 向以 XC 开头注写，Y 向以 YC 开头注写。

板面标高高差是指相对于结构层楼面标高的高差，将其注写在括号内。

②板支座原位标注：板支座原位标注的内容为板支座上部非贯通纵筋和悬挑板上部受力钢筋。

如图7－23所示，图中一段适宜长度、垂直于支座的中粗实线代表支座上部非贯通纵筋，线段上方注写钢筋编号、配筋值及横向连续布置的跨数（当为一跨时可不注）。若为向支座两侧对称延伸时，可仅在支座一侧线段下方标注延伸长度，如图7－23（a）所示；若为向支座两侧非对称延伸时，应分别在支座两侧线段下方注写延伸长度，如图7－23（b）所示；贯通全跨或延伸至全悬挑一侧的长不注，只注明非贯通筋另一侧的延伸长度值，如图7－23（c）所示。

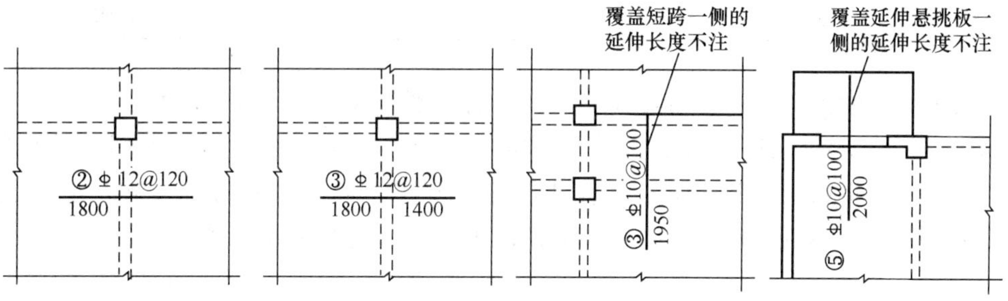

(a)　(b)　(c)

图7－23　板支座原位标注

（a）板支座上部非贯通筋对称伸出　（b）板支座上部非贯通筋非对称伸出

（c）板支座非贯通筋贯通全跨或伸出至悬挑端

图7－24为楼面板平法施工图示例。

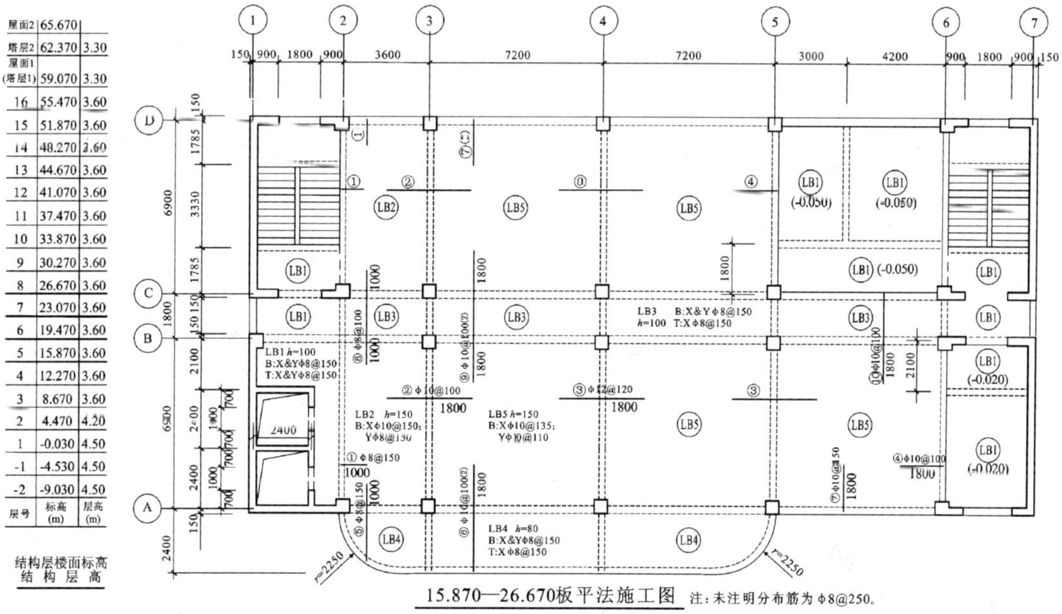

图7－24　现浇混凝土楼面板平法施工图示例

（2）无梁楼盖板

板平面注写主要包括板带集中标注和板带支座原位标注。

①板带集中标注：板带集中标注的内容包括板带编号、板带厚及板带宽和贯通纵筋。

板带编号按表 7－10 的规定。

表 7－10　　　　板带编号

板类类型	代号	序号	跨数及有无悬挑
柱上板带	ZXB	××	（××）（××A）或（××B）
跨中板带	KZB	××	（××）（××A）或（××B）

②板带支座原位标注：板带支座原位标注的内容为板带支座上部非贯通纵筋。

如图 7－25 所示，图中一段与板带同向的中粗实线段表示板带支座上部非贯通纵筋，在线段上方注写钢筋编号和配筋值，在线段的下方注写自支座中线向两侧跨内的延伸长度。若为向两侧对称延伸时，可仅在一侧线段下方标注延伸长度。

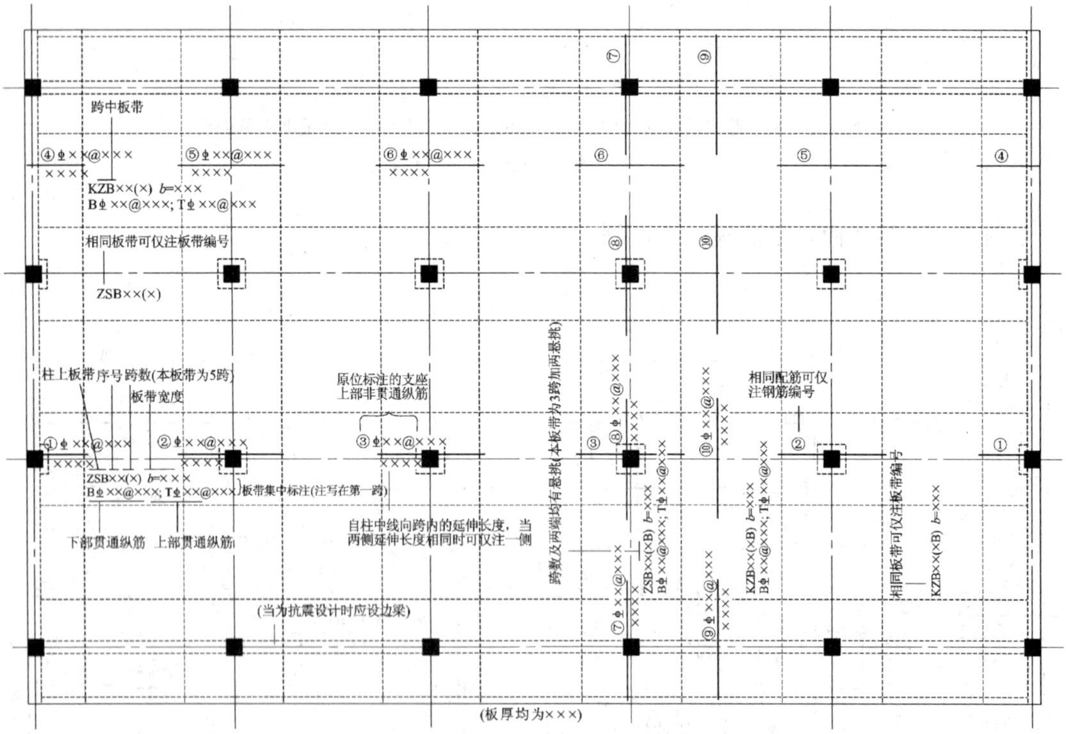

图 7－25　无梁楼盖平法施工图示例

（3）楼板相关构造

楼板相关构造编号按表 7－11 的规定。

楼板相关构造在板平法施工图上采用直接引注方式表达。

图 7－26 为纵筋加强带 JQD 引注图示，图 7－27 为后浇带 HJD 引注图示。

表 7－11　　**楼板相关构造类型与编号**

构造类型	代号	序号	说　明
纵筋加强带	JQD	××	以单向加强纵筋取代原位置配筋
后浇带	HJD	××	有不同的留筋方式
柱帽	ZMx	××	适用于无梁楼盖
局部升降板	SJB	××	板厚及配筋与所在板相同，构造升降高度不大于 300mm
板加腋	JY	××	腋高与腋宽可选注
板开洞	BD	××	最大边长或直径小于 1m；加强筋长度有全跨贯通和自洞边锚固两种
板翻边	FB	××	翻边高度不大于 300mm
局部加强筋	Crs	××	以上部双向非贯通加强钢筋取代原位置的非贯通钢筋
悬挑板阳角放射筋	Ces	××	板悬挑阳角上部放射筋
抗冲切箍筋	Rh	××	通常用于无柱帽无梁楼盖的柱顶
抗冲切弯起筋	Rb	××	通常用于无柱帽无梁楼盖的柱顶

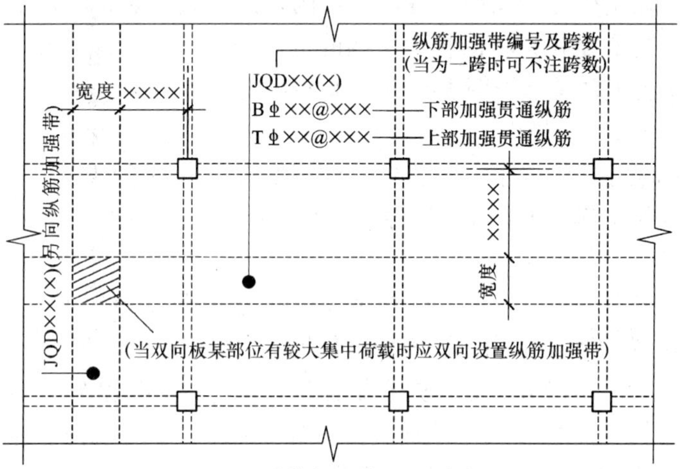

图 7－26　纵筋加强带 JQD 引注图示

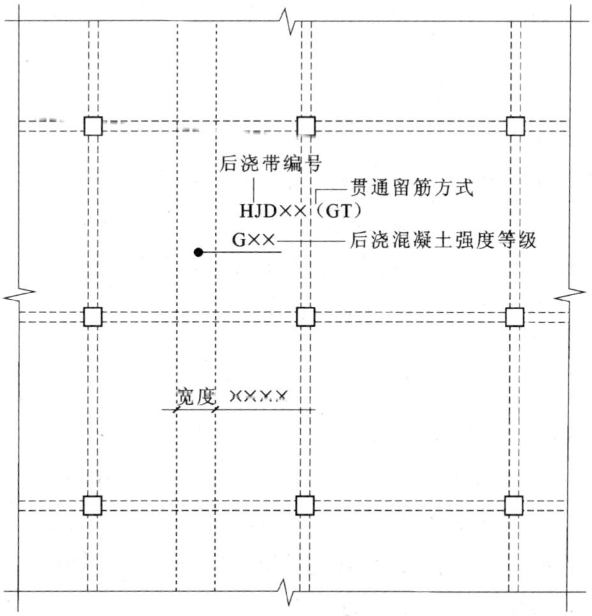

图 7－27　后浇带 HJD 引注图示

7.4.3 现浇框架结构平法施工图识读

7.4.3.1 施工图的特点

各种结构施工图所表达的内容和要求虽各不相同，但它们具有共同的特点。

（1）图示方法

结构施工图采用正投影法绘制而成。如基础平面图为沿房屋防潮层的水平剖面图；楼层结构平面图为沿房屋每层楼板面的水平剖面图等。

在比例较小的结构布置图中，构件的外形或材料图例难以表示清楚时，允许图内简化不画。

（2）表达方式

结构施工图采用由整体到局部并逐步详细的表达方式。如先由较小比例的结构布置图表明各构件的布置和定位，再由较大比例的构件详图表明构件的形状、大小、材料和构造，最后由更大比例的节点详图表明细部和连接构造。

（3）尺寸标注

结构施工图的尺寸标注要求与表达内容的深度有关。如结构布置图中主要标注各构件的定位尺寸，而结构详图则要标注构件的定型尺寸和构造尺寸。

（4）联系配合

结构施工图的各种图样之间是互相联系、密切配合的。如结构布置图仅表示出构件在房屋结构中的位置，而结构详图则表明构件的具体形状、大小和构造，两者缺一不可。

结构施工图识读的正确方法是：先看结构设计说明；再读基础平面图、基础结构详图；然后读楼层结构平面布置图、屋面结构平面布置图；最后读构件详图、钢筋详图和钢筋表。各种图样之间不是孤立的，应互相联系进行阅读。

识读施工图时，应熟练运用投影关系、图例符号、尺寸标注及比例，以达到读懂整套结构施工图。

7.4.3.2 钢筋混凝土梁的配筋图

钢筋混凝土梁的配筋图包括钢筋混凝土梁的立面图、断面图、钢筋详图及钢筋表。

以图 7－14 为例，说明钢筋混凝土梁配筋图的识读方法。

①看图名、比例。了解该梁为哪一根梁配筋图，比例大小。

②看梁的立面图和断面图。立面图表示梁的长度尺寸，钢筋在梁内上下、左右的配置；断面图表示梁中钢筋上下、前后的排列情况。

③看钢筋详图。

④看钢筋表。

7.4.3.3 钢筋混凝土板的配筋图

以图 7－15 为例，说明钢筋混凝土现浇板配筋图的识读方法。

①看图名、比例。了解该板为哪层哪一编号板详图，比例大小。

②看平面图。了解板在四周的支承情况、板内钢筋的布置情况。

③看断面图。了解板中钢筋上下位置关系。

④看钢筋详图、钢筋表。

7.4.3.4 钢筋混凝土柱的配筋

以图7-16为例，说明钢筋混凝土柱配筋图的识读方法。

①看图名、比例。了解该柱为哪一编号柱详图，比例大小。

②看柱的立面图和断面图。了解柱的截面大小、钢筋配置情况。

③看钢筋详图。

④看钢筋表。

任务技能

1. 重点掌握混凝土结构施工图平面整体表示法制图规则及其识图。
2. 明确框架施工图的内容及现浇框架结构平法施工图识读方法。

任务习题

1. 简述混凝土结构施工图平面整体表示法制图规则及其识图方法。
2. 结合所学课程及工程实践，自己独立完成一套结构施工图的读识。

项目小结

（1）现浇钢筋混凝土框架结构，是指框架柱、框架梁以及楼板都是现场浇注的。框架结构房屋一般由钢筋混凝土框架柱、框架梁和楼（屋）面板等构件组成房屋的承重骨架，由楼（屋）面板将荷载传递给梁，梁再传递给柱，再由柱传递给基础。墙体则由加气混凝土砌块、空心焦渣混凝土砌块、轻钢龙骨石膏板等轻质材料制作成填充墙，只起分隔和保温作用。

（2）框架结构施工图包括以下内容：①结构设计总说明；②基础平面图；③基础详图；④框架柱平法施工图；⑤框架梁平法施工图；⑥楼板平法施工图；⑦楼梯平法施工图。

（3）建筑结构施工图平面整体设计方法（简称平法），是目前我国混凝土结构施工图主要设计表示方法。平法的最大特点是：图面简洁，层次清晰，构件分类明确，图纸量少，并能适应分层提图施工的要求，正逐步取代传统的设计施工图表达方法。

（4）柱平法施工图，即在柱平面布置图上采用列表注写方式或截面注写方式，表达柱构件的截面形状、几何尺寸、配筋等设计内容，并用表格或其他方式注明包括地下和地上各层的结构层楼（地）面标高、结构层高及相应的结构层号（与建筑楼层号一致）。

（5）梁平法施工图是在梁平面布置图上，采用平面注写方式或截面注写方式表达梁的尺寸、配筋等信息。在梁平法施工图中，应注明结构层的顶面标高及相应的结构层号（同柱平法标注）。

（6）肋梁楼盖是由板、次梁和主梁组成的结构体系。《混凝土规范》规定，当 $l_2/l_1 \leqslant 2.0$ 时应按双向板计算；当 $2.0 < l_2/l_1 < 3.0$ 时宜按双向板计算；当 $l_2/l_1 \geqslant 3.0$ 时可按单向板计算。

（7）《建筑抗震设计规范》规定：应根据建筑物的设防类别、烈度、结构类型和房屋高度采用不同级别的抗震等级，并应符合相应的计算和构造措施要求。

项目八　多层与高层房屋结构

项目导读

随着经济社会的发展，建筑结构体系也在不断地创新，世界各城市的生产和消费的发展达到一定程度后，都积极致力于提高城市建筑的层数，多高层建筑也在不断向前发展。

学习目标

掌握多层与高层房屋结构的类型
明确多、高层建筑体系的确定方法及依据
掌握多、高层建筑结构常见类型的特点
掌握剪力墙结构的构造要求
掌握框架－剪力墙结构的构造要求
掌握筒体结构构造要求

任务一　多层与高层房屋结构的类型

任务导航

任务导言

多层建筑是指建筑高度大于 10m、小于 24m，且建筑层数大于 3 层、小于 7 层的建筑。但人们通常将 2 层以上的建筑都笼统地概括为多层建筑。10 层及 10 层以上或高度大于 28m 的住宅建筑和高度大于 24m 的公共建筑称为高层建筑，否则为多层建筑。正确理解多高层的概念是本任务的重点。

任务目标

理解剪力墙结构、框架－剪力墙结构、筒体结构的受力特点、构造要求（含抗震构造要求）。

任务布置

了解多层及高层房屋的常用结构体系的特点及适用高度。

任务分析

能正确理解剪力墙结构、框架－剪力墙结构、筒体结构的受力特点、构造要求。

知识导航

通过学习多层及高层房屋的常用结构体系的特点及适用高度，做到合理选用。

8.1.1　多、高层建筑体系的确定

中国《民用建筑设计通则》（GB 50352—2005）将住宅建筑依层数划分为：1 ~ 3 层为低层住宅，4 ~ 6 层为多层住宅，7 ~ 9 层为中高层住宅，10 层及 10 层以上为高层住宅。除住宅建筑之外的民用建筑高度不大于 24m 者为单层和多层建筑，大于 24m 者为高层建筑（不包括建筑高度大于 24m 的单层公共建筑），如图 8－1，图 8－2 所示；建筑高度大于 100m 的民用建筑为超高层建筑。

多层建筑的优点如下：

图 8-1　迪拜 哈利法塔

图 8-2　台北 101 大楼

①它比低层住宅在占地上要节省，同时又比高层住宅建设时期短，一般开工一年即可竣工。

②无须像高层住宅那样增加电梯、高压水泵、公共走道等方面的投资。

③结构设计成熟，通常采用砖混结构，建材可就地生产，可大量工业化标准化生产，工程造价较低，易被购房者接受。

多层建筑的缺点如下：

①底层和顶层的居住条件不理想。

②由于设计和建筑工艺定型，使得多层在结构、建材、布局上难以创新，造成多层住宅建筑立面、建筑风格的呆板和缺乏变化。

然而实践证明，世界各城市的生产和消费的发展达到一定程度后，都积极致力于提高城市建筑的层数。高层建筑可以带来明显的社会经济效益：首先，使人口集中，可利用建筑内部的竖向和横向交通缩短部门之间的联系距离，从而提高效率；其次能使大面积建筑的用地大幅度缩小，有可能在城市中心地段选址；再是，可以减少市政建设投资和缩短建筑工期。

高层建筑能够节约城市土地，缩短公用设施和市政管网的开发周期，从而减少市政投资，加快城市建设，这些优点已经逐渐得到公认。各国的大城市建设部门，都在不断地对已经出现的各种问题进行全面研究，采取改进措施。这些措施主要有：

①提前在城市发展规划中预作统筹安排，协调单个高层建筑、高层建筑群布点同周围环境、已有建筑、名胜古迹、城市风貌、市政公用设施等之间的矛盾。

②克服高层建筑使大量人口远离绿化地带、生活环境不如低层和多层建筑等缺点，设法增加每层绿化阳台、敞开式的公共休息层、屋顶花园等。

③大力开发高层建筑结构、构造、防火安全、竖向交通所必需的高级材料、设备和设计施工技术等基本条件，严格控制质量，力争降低工程造价和管理费用。

④在建筑设计方面，对高层建筑带来的日照阴影和电磁波干扰的影响，对体量高大突出的建筑造型风貌和城市空间天际线的艺术效果，以及高层建筑群大量集中的人口对城市供应和交通的影响等多种问题，采取新的科学分析和研究步骤，以求得最佳设计方案。

高层建筑是随着社会生产力、人们生活的需要发展起来的，是商品化、工业化、城市化的结果。但是当建筑物高度增加时，水平力（风荷载及地震作用）对结构起的作用将越来越大。除了结构内力将明显加大外，结构侧向位移增加更快。

图 8－3 是结构内力（N，M）、位移（Δ）与高度的关系，弯矩和位移都随高度呈指数曲线上升。

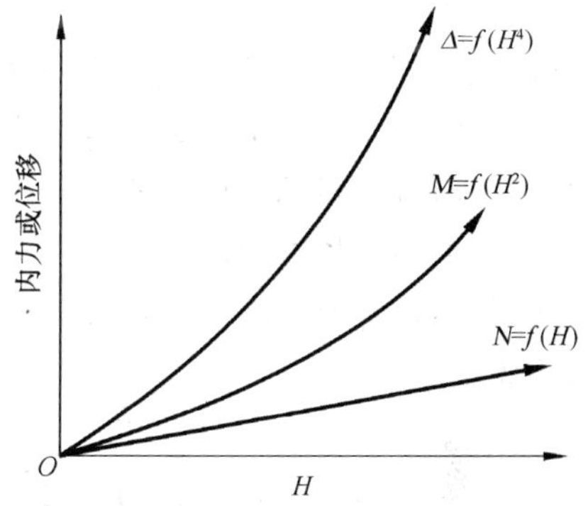

图 8－3 结构内力、位移与高度的关系

高层建筑中，结构要使用更多的材料来抵抗水平力，抗侧力成为高层建筑结构设计的主要问题。特别是在地震区，地震作用对高层建筑的威胁也比低层建筑要大，抗震设计应受到加倍重视。

综合了解多高层结构的相关内容，我们在结构体系的选择时，就要充分考虑他们的优缺点，做到切实可行。项目八主要讲述了多层中常用的建筑体系——混凝土框架结构体系，希望通过本项目的学习，大家对多高层有较为全面的了解。

8.1.2 多、高层建筑结构常见的类型

多层及高层钢筋混凝土房屋的常用结构体系可分为四种类型：框架结构、剪力墙结构、框架－剪力墙结构和筒体结构，各有不同的适用高度和优缺点。

（1）框架结构体系

当采用梁、柱组成的框架体系作为建筑竖向承重结构，并同时承受水平荷载时，称其为框架结构体系。其中，连系平面框架以组成空间体系结构的梁称为连系梁，框架结构中承受主要荷载的梁称之为框架梁，如图 8－4 所示。图 8－5 为框架结构柱网布置的几种常见形式。

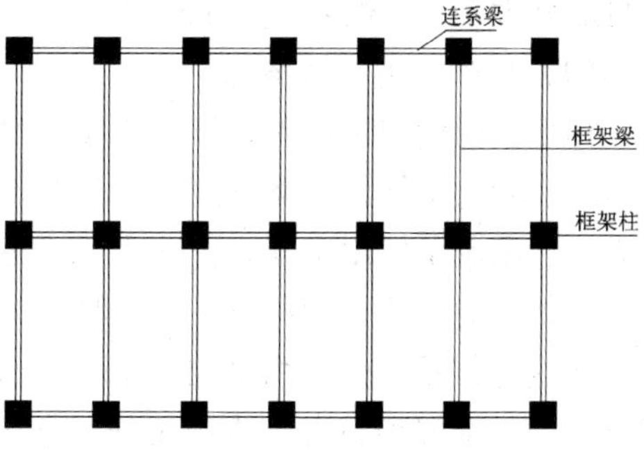

图 8－4 框架结构构件

框架结构的优点是建筑平面布置灵活，可做成需要较大空间的会议室、餐厅、办公室及工业车间、试验室等，加隔墙后，也可做成小房间。

通常，框架结构的梁、柱断面尺寸都不能太大，否则影响使用面积。

如果在地震区建造较高的框架结构，必须选择既减轻重量又能经受较大变形的隔墙材料

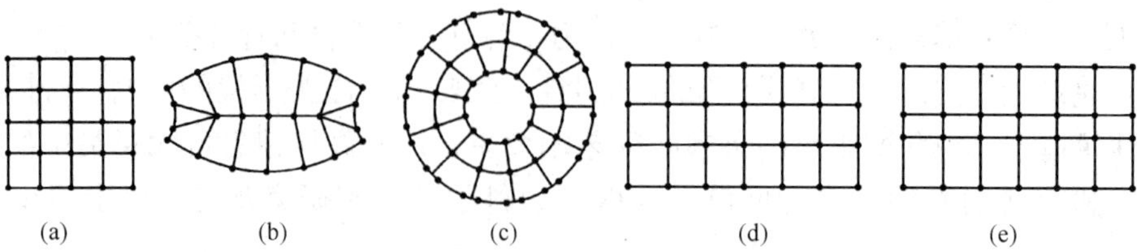

图 8－5　框架柱网布置举例

和构造做法。框架结构的适用层数为 6～15 层，非地震区也可建到 15～20 层。

柱截面为 L 形、T 形、Z 形或十字形的框架结构称为异型柱框架，其柱截面厚度一般为 180～300mm，目前一般用于非抗震设计或按 6、7 度抗震设计的 12 层以下的建筑中。

（2）剪力墙结构体系

如图 8－6 所示，将房屋的内、外墙都做成实体的钢筋混凝土结构，这种体系为剪力墙结构体系。

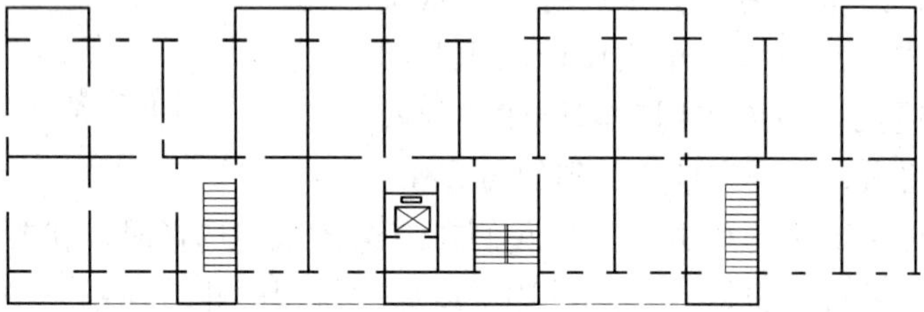

图 8－6　剪力墙结构的平面

剪力墙的间距受到楼板跨度的限制，一般为 3～8m，因而剪力墙结构适用于具有小房间的住宅、旅馆等建筑，此时可省去大量砌筑填充墙的工序及材料，如果采用滑升模板及大模板等先进的施工方法，施工速度很快。

现浇钢筋混凝土剪力墙结构的整体性好，刚度大，在水平力作用下侧向变形很小。墙体截面积大，承载力要求也比较容易满足。剪力墙的抗震性能也较好。

剪力墙结构的缺点和局限性也是很明显的，主要是剪力墙间距太小，平面布置不灵活，结构自重较大。为了减轻自重和充分利用剪力墙的承载力和刚度，剪力墙的间距要尽可能做大些，一般 6m 左右为宜。

（3）框架－剪力墙体系

框架结构侧向刚度差，抵抗水平荷载能力较低，地震作用下变形大，但它具有平面灵活、有较大空间、立面处理易于变化等优点。而剪力墙结构则相反，抗侧力刚度、强度大，但限制了使用空间。把两者结合起来，取长补短，在框架中设置一些剪力墙，就成了框架－剪力墙（简称框－剪）体系，北京饭店就是这种体系，如图 8－7 所示。

在这种体系中，剪力墙常常担负大部分水平荷载，结构总体刚度加大，侧移减小。同时，通过框架和剪力墙协同工作，通过变形协调，使各种变形趋于均匀，改善了纯框架或纯剪力墙结构中上部和下部层间变形相差较大的缺点，因而在地震作用下可减少非

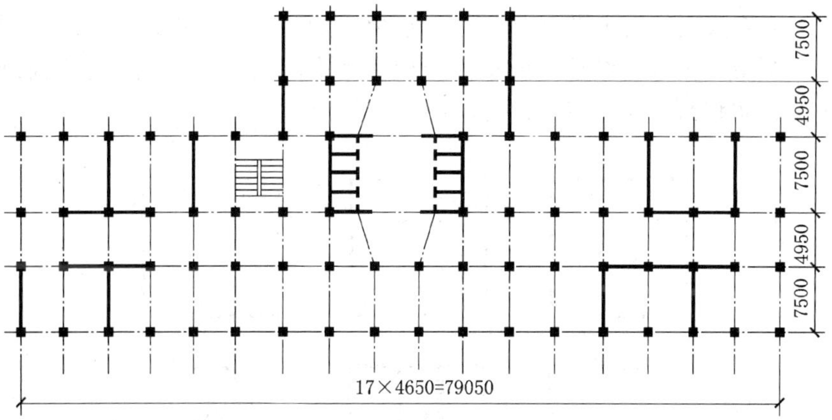

图 8－7　北京饭店平面布置

结构构件的破坏。从框架本身看，上下各层柱的受力也比纯框架柱的受力均匀，因此柱子断面尺寸和配筋都可比较均匀。所以，框－剪体系在多层及高层办公楼、旅馆等建筑中得到了广泛应用。框－剪体系的适用高度为 15～25 层，一般不宜超过 30 层。

（4）筒体体系

由筒体为主组成的承受竖向和水平作用的结构称为筒体结构体系。筒体是由若干片剪力墙围合而成的封闭井筒式结构，其受力与一个固定于基础上的筒形悬臂构件相似。根据开孔的多少，筒体有空腹筒和实腹筒之分，如图 8－8 所示。

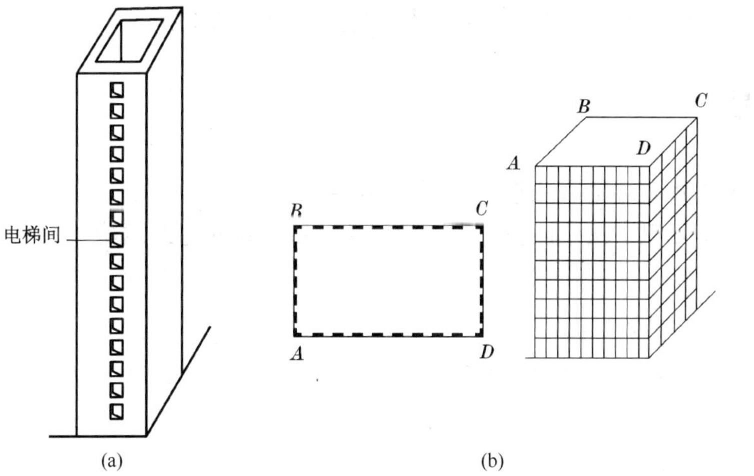

图 8－8　筒体示意

（a）实腹筒　（b）空腹筒

空腹筒一般由电梯井、楼梯间、管道井等形成，开孔少，因其常位于房屋中部，故又称核心筒。空腹筒又称框筒，由布置在房屋四周的密排立柱（柱距一般为 1.22～3.0m）和截面、高度很大的横梁组成。这些横梁称为窗裙梁，梁高一般为 0.6～1.22m。

由核心筒、框筒等基本单元组成的承重结构体系称为筒体体系。

根据房屋高度及其所受水平力的不同，筒体体系可以布置成核心筒结构、框筒结构、筒中筒结构、框架－核心筒结构、成束筒结构和多重筒结构等形式。筒中筒结构通常用框筒作为外筒，实腹筒作为内筒，如图8－9所示。

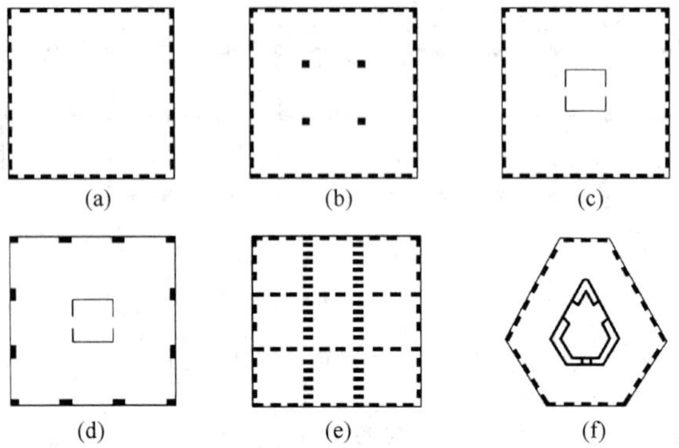

图8－9　筒体体系类别

（a）核心筒结构　（b）框筒结构　（c）筒中筒结构

（d）框架－核心筒结构　（e）成束筒结构　（f）多重筒结构

任务技能

了解多层及高层房屋的常用结构体系的特点及适用高度。

任务习题

1. 简述多层及高层房屋的常用结构体系的特点。
2. 结合所学知识，认一认我们周围的建筑都属于哪些建筑结构体系。

任务二　多层和高层钢筋混凝土房屋的构造要求

任务导航

任务导言

通过任务一对多高层常用体系的讲授，使大家对多高层建筑结构体系有了初步的认识，下面我们学习关于这些常见的多高层结构体系的相关构造要求，通过对这些结构构造要求的学习，使大家对剪力墙结构、框架－剪力墙结构和筒体结构的构造要求有所了解。

任务目标

掌握多层和高层钢筋混凝土房屋的构造要求。

任务布置

通过对多层和高层钢筋混凝土房屋的构造要求的学习，掌握相关结构形式构造做法。

任务分析

根据构造要求的教学，做到对多高层建筑结构心中有数。

知识导航

要判断结构有哪些构造要求，就得先确定其属于哪种结构体系，在清楚结构体系的前提下，学好该任务的内容。

8.2.1　剪力墙结构的构造要求

（1）截面尺寸

剪力墙的厚度，一、二级抗震设计不应小于160mm且不应小于层高的1/20，三、四级抗震设计不应小于140mm且不应小于层高的1/25。底部加强部位的墙厚，一、二级抗震设计不宜小于200mm且不宜小于层高的1/16；无端柱或翼墙时不应小于层高的1/12。

钢筋混凝土剪力墙中，混凝土不宜低于C20级。

（2）剪力墙的配筋要求

剪力墙的配筋有单排及双排配筋两种形式，如图 8－10 所示。

剪力墙分布钢筋的配置应符合下列要求：

①一般剪力墙竖向和水平分布筋的配筋率，一、二、三级抗震设计时均不应小于 0.25%，四级抗震设计和非抗震设计时均不应小于 0.20%。

②一般剪力墙竖向和水平分布钢筋间距均不应大于 300mm，分布钢筋直径均不应小于 8mm。

③部分框支剪力墙结构的剪力墙底部加强部位，纵向及横向分布钢筋配筋率均不应小于 0.3%，钢筋间距不应大于 200mm。

剪力墙竖向及水平分布钢筋的搭接连接如图 8－11 所示。

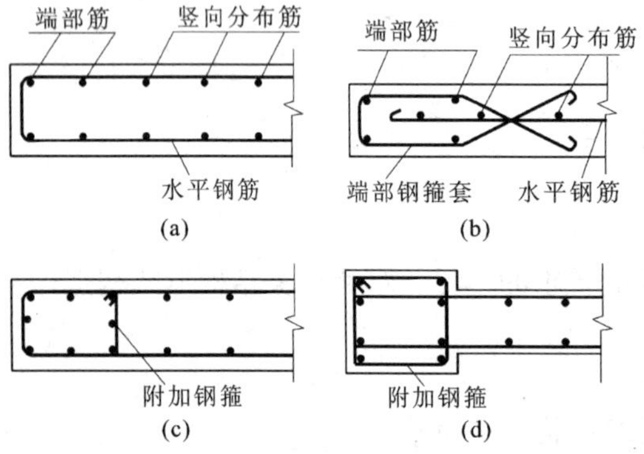

图 8－10　剪力墙截面配筋形式

（a）双排筋　（b）单排筋　（c）暗柱　（d）明柱

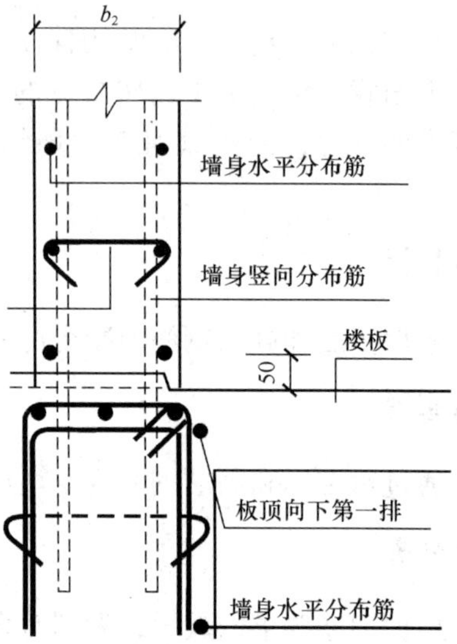

图 8－11　剪力墙竖向水平分布钢筋连接

（3）剪力墙洞口设计

剪力墙上开洞时，洞口边缘必须配置钢筋，必要时应配斜筋以抵抗洞口角部的应力中。

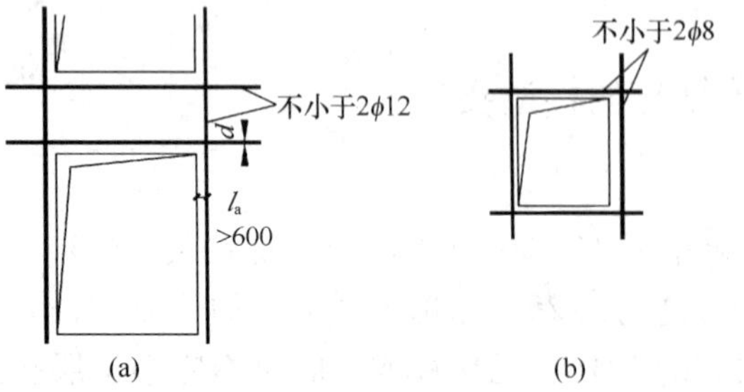

图 8－12　洞口配筋

（a）门窗洞口　（b）小洞口

当洞口较大，按整体小开口墙或联肢墙计算剪力墙内力时，洞口边的钢筋按连梁及墙肢截面计算要求配置；如洞口较小，按整体计算时，洞口按构造要求配置钢筋，每边不少于 2ϕ12，钢筋伸过洞口边至少 600mm 或等于 l_a 的长度，如图8－12 所示。

当开的洞口很小（如穿管道需要的小洞），未切断分布筋时，可利用分布筋作洞口边的钢筋。当洞口切断分布筋时，则洞口边应放置构造钢筋，其面积不小于切断的分布筋或不小于2ϕ8。

8.2.2　框架－剪力墙结构的构造要求

框架－剪力墙结构是由框架和剪力墙两类抗侧力单元组成的，这两类抗侧力单元的变形和受力特点不同。剪力墙的变形以弯曲型为主，框架的变形以剪切型为主。在框架－剪力墙结构中，框架和剪力墙由楼盖连接起来而共同变形。

剪力墙负担大部分水平力；另外，框架和剪力墙分担水平力的比例，房屋上部、下部是变化的。在房屋下部，由于剪力墙变形增大，框架变形减小，使得下部剪力墙担负更多剪力，而框架下部担负的剪力较少。在上部，情况恰好相反，剪力墙担负外载减小，而框架担负剪力增大。这样，就使框架上部和下部所受剪力均匀化。从协同变形曲线可以看出，框架结构的层间变形在下部小于纯框架，在上部小于纯剪力墙，因此各层的层间变形也将趋于均匀化。

（1）截面尺寸

框架－剪力墙结构中剪力墙的厚度与剪力墙结构中相同。剪力墙的周边应设置梁（或暗梁）和端柱组成的边框端；端柱截面宜与同层框架柱相同并应满足对框架柱的要求。

在框架－剪力墙结构中，剪力墙是主要的抗侧力构件，承担着大部分剪力，因此构造上应加强。

剪力墙的厚度不应小于160mm，也不应小于$h/20$（h为层高）。

（2）配筋要求

①剪力墙墙板的竖向和水平方向分布钢筋的配筋率均不应小于0.25%，直径不应小于8mm，间距不应大于300mm，并至少采用双排布置。各排分布钢筋间应设拉筋，拉筋直径不小于6mm，间距不应大于600mm。

②剪力墙周边应设置梁（或暗梁）和端柱组成边框。

③剪力墙水平和竖向分布钢筋的搭接长度不应小于$1.2l_a$。同排水平分布钢筋的连接如图8－13所示。竖向分布钢筋可在同一高度搭接。

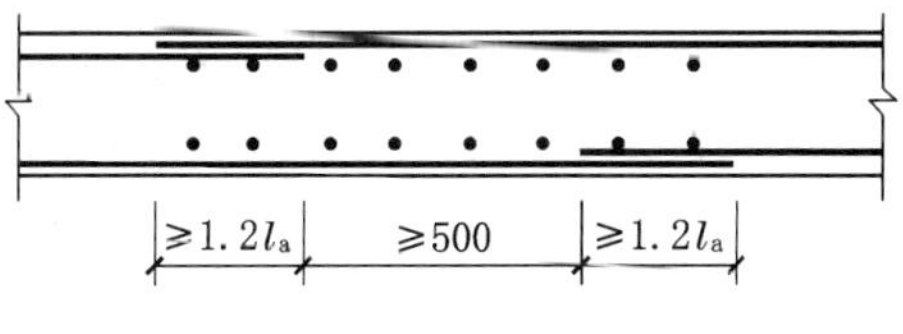

图8－13　剪力墙内分布钢筋的连接

注：抗震设计时，图中锚固长度取l_{aE}。

④剪力墙底部加强部位的端柱和紧靠剪力墙洞口的端柱宜按照柱箍筋加密区的要求沿全高加密箍筋。

⑤剪力墙洞口上下两边的水平纵向钢筋不应少于2根直径12mm的钢筋，钢筋截面面积分别不宜小于洞口截断面的水平分布钢筋总截面面积的1/2。连系梁配筋构造如图8－14所示。当剪力墙墙面开有非连续小洞口，且在整体计算中不考虑其影响时，应将洞口处被截断的分布筋量分别集中配置在洞口四边，且钢筋直径不应小于12mm，如图8－15（a）所示。穿过连系梁的管道宜预埋套管，洞口上下的有效高度不宜小于梁高的1/3，且不宜小于200mm，洞口处宜配置补强钢筋，如图8－15（b）所示。

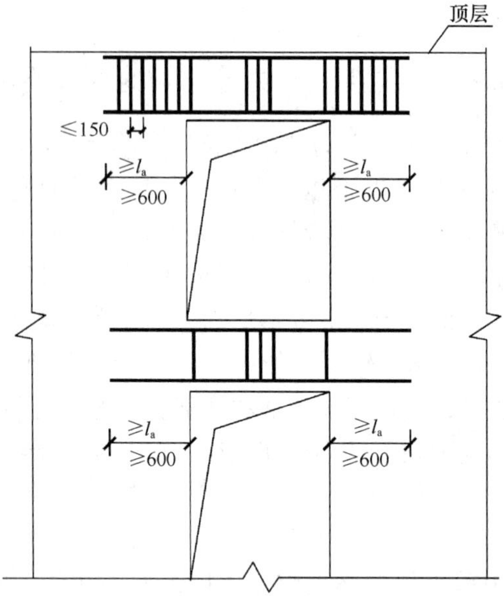

图 8－14　连系梁配筋构造

注：抗震设计时，图中锚固长度取 l_{aE}。

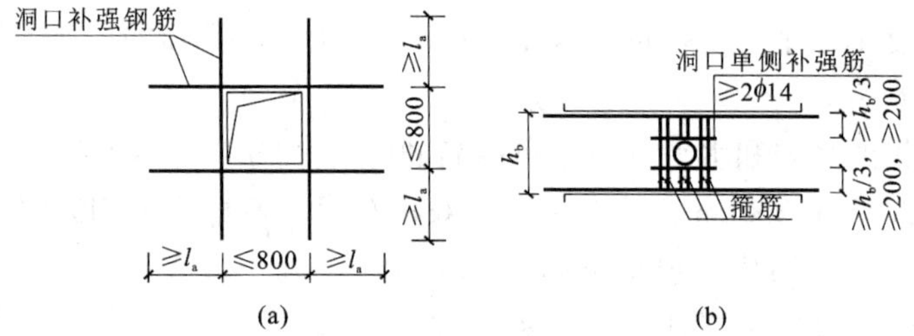

图 8－15　洞口补强配筋示意图

（a）剪力墙洞口补强　（b）连系梁洞口补强

注：抗震设计时，图中锚固长度取 l_{aE}。

⑥剪力墙端部应按构造配置不少于 4 根 12mm 的纵向钢筋，沿纵向钢筋应配置不少于直径 6mm、间距为 250mm 的拉筋。

8.2.3　筒体结构构造要求

①框架的混凝土强度等级不宜低于 C30。

②核心筒与框架之间的楼盖宜采用现浇梁板体系。

③低于设防烈度 9 度采用加强层时，加强层的大梁或桁架应与核心筒内的墙肢贯通；大梁或桁架与周边框架柱的连接宜采用铰接或半刚性连接。

④结构整体分析应计入加强层变形的影响。

⑤设防烈度为 9 度时不应采用加强层。

⑥在施工程序及连接构造上，应采取措施减小结构竖向温度变形及轴向压缩对加强层的影响。

任务技能

重点掌握几种多层、高层钢筋混凝土房屋的构造要求。

任务习题

1. 简述剪力墙结构的构造有哪几个方面的要求。
2. 简述框架 - 剪力墙结构的受力特点。
3. 筒体结构构造要求有哪些？

项目小结

（1）多层建筑是指建筑高度大于 10m、小于 24m，且建筑层数大于 3 层、小于 7 层的建筑。但人们通常将 2 层以上的建筑都笼统地概括为多层建筑。10 层及 10 层以上或高度大于 28m 的住宅建筑和高度大于 24m 的公共建筑称为高层建筑，否则为多层建筑。

（2）多层与高层房屋常用的结构类型有混合结构、框架结构、剪力墙结构、框架 - 剪力墙结构和筒体结构。

（3）多、高层建筑承受的竖向荷载较大，同时还承受控制作用水平力。结构布置的合理性对多、高层结构的经济性及施工的合理性影响较大。所以，多、高层建筑设计应该注重概念设计，重视结构选型与建筑平面、立面布置的规律性，选择最佳结构体系，加强构造措施以保证建筑结构的整体性，使整个结构具有必要的强度、刚度和变形能力。

（4）利用建筑物的墙体作为竖向承重和抵抗侧力的结构称为剪力墙结构。剪力墙实质上是固结于基础的钢筋混凝土墙片，具有很高的抗侧移能力。因其既承担竖向荷载，又承担水平剪力，故名剪力墙。

（5）在框架结构中的适当部位增设一定数量的钢筋混凝土剪力墙，形成的框架和剪力墙结合在一起共同承受竖向和水平力的体系叫作框架 - 剪力墙体系，简称框 - 剪体系。

（6）由筒体为主组成的承受竖向和水平作用的结构称为筒体结构体系。

参考文献

［1］孙训方，方孝淑，关来泰．材料力学［M］．4 版．北京：高等教育出版社，2002.
［2］李永光．建筑力学与结构［M］．北京：机械工业出版社，2007.
［3］杨力彬．建筑力学［M］．北京：机械工业出版社，2007.
［4］张学宏．建筑结构（3 版）［M］．北京：中国建筑工业出版社，2007.
［5］彭少民．混凝土结构（上、下册）［M］．武汉：武汉工业大学出版社，2002.
［6］宗兰，宋群．建筑结构［M］．北京：机械工业出版社，2003.
［7］周芝兰．建筑结构［M］．武汉：华中科技大学出版社，2007.
［8］沈蒲生．楼盖结构设计原理［M］．北京：科学出版社，2003.
［9］王铁成．混凝土结构（上、下册）［M］．北京：中国建筑工业出版社，2007.
［10］哈尔滨工业大学理论力学教研室．理论力学（6 版）［M］．北京：高等教育出版社，2002.
［11］宋小壮．工程力学（土木类）［M］．北京：机械工业出版社．2007.
［12］姜艳．工程力学［M］．北京：中国水利水电出版社，2004.
［13］邹德奎，李颖．土木工程力学［M］．北京：人民交通出版社，2007.
［14］侯治国．混凝土结构［M］．武汉：武汉理工大学出版社，2006.
［15］建设部工程质量安全监督与行业发展司中国建筑标准设计研究所．全国民用建筑工程设计技术措施结构［M］．北京：中国计划出版社，2003.
［16］GB 50010—2010 混凝土结构设计规范．北京：中国建筑工业出版社，2010.
［17］GB 50009—2012 建筑结构荷载规范．北京：中国建筑工业出版社，2012.
［18］GB 50011—2010 建筑抗震设计规范．北京：中国建筑工业出版社，2010.
［19］JGJ 3—2010 高层建筑混凝土结构技术规程．北京：中国建筑工业出版社，2010.